先进轻合金修复与强化技术

朱 胜　王晓明　王启伟　曹 勇　著

国防工业出版社

·北京·

内 容 简 介

轻合金修复强化是保持设备技术状态的重要基础、是恢复设备技术状态的主要手段、是设备全寿命周期管理的关键环节，已成为国际材料领域的研究热点和重要发展方向。本书秉持指导轻合金维修工程实践的目的，介绍了轻合金材料的独特理化特性、典型应用、失效模式和修复强化关键技术体系，系统研究并总结梳理了低温超声速喷涂、电弧熔敷-数控铣削复合成形、激光-电弧复合成形和磁控电弧熔敷成形等先进轻合金修复强化技术的基本理论及工程实践知识。

本书可供从事轻合金修复强化或相关行业的工程技术人员及生产管理人员阅读，也可供高等院校及科研院所开展轻合金修复强化研究或教学的技术人员参考。

图书在版编目(CIP)数据

先进轻合金修复与强化技术/朱胜等著. —北京：国防工业出版社，2017.6

ISBN 978-7-118-11322-8

Ⅰ.①先… Ⅱ.①朱… Ⅲ.①合金强化 Ⅳ.①TG131

中国版本图书馆 CIP 数据核字(2017)第 113653 号

※

国防工業出版社出版发行

（北京市海淀区紫竹院南路 23 号 邮政编码 100048）

三河市众誉天成印务有限公司印刷

新华书店经售

*

开本 710×1000 1/16 **印张** 17 **字数** 343 千字

2017 年 6 月第 1 次印刷 **印数** 1—2000 册 **定价** 86.00 元

国防书店：(010)88540777 发行邮购：(010)88540776

发行传真：(010)88540755 发行业务：(010)88540717

序

镁、铝、钛等金属的密度小，通常称为轻金属，相应的镁合金、铝合金及钛合金统称为轻合金。这其中，镁合金因具有高比强、高比模、高阻尼和易回收等特点，被誉为“21 世纪绿色工程材料”；钛合金因具有耐蚀性好、耐热性佳、比强度高等特点，在尖端科学技术中发挥着重要作用；铝合金因具有导热性好、易于成形和价格低廉等特点，在轻合金材料中的应用量最大。

轻合金材料因具有优异综合性能和巨大的发展潜力，使得世界各发达国家均高度重视其研究开发和推广应用。国际上，轻合金材料在近年来的发展势头十分强劲，在基础研究、加工制造和产业应用等方面均取得了显著成效，如美军 F-22 战斗机中应用的钛合金材料占机身全重的 40%以上；我国轻合金材料近年来的发展也非常迅速，在矿产冶炼、加工成形、工程应用及回收利用等方面均取得了重要研究进展，并取得了大量产业化成果，如近期下线了世界首辆镁合金轻量化电动客车。

轻合金修复强化是轻合金材料研究的重要组成部分，是保持设备技术状态的重要基础、是恢复设备技术状态的主要手段，是设备全寿命周期管理的关键环节，已成为国际材料领域的研究热点和重要发展方向，地位重要、意义重大。作者所在单位在我国率先开展了轻合金修复强化科学研究工作，多年来，朱胜教授带领研究团队先后完成了国家自然科学基金、国家 863、国防 973、军口预研等多项国家及军队重大/重点科研课题，有力推动了轻合金修复强化技术的发展。

《先进轻合金修复与强化技术》一书由朱胜教授等著，是作者基于自身多年的科研实践和研究成果，创造性地撰写出的我国第一部阐述轻合金修复强化基础理论与关键技术的著作。该书从轻合金材料的独特理化特性、典型应用和修复强化技术“瓶颈”入手，阐述了轻合金在设备材料体系中的地位作用、修复强化关键技术体系及发展现状与趋势；基于应用实践和领域相关成果甄别，归纳梳理了轻合金材料的典型失效模式，并分别介绍了镁、铝、钛合金件的典型损伤实例；重点阐述了低温超声速喷涂等先进轻合金修复强化技术的内涵及特点，成形过程、微观组织及使役性能，并列举了典型损伤零部件的修复强化实例。

该书融入了作者在轻合金修复强化领域开展的学科建设、理论研究、技术开发和工程应用等方面的自主创新成果和实践经验。该书内容翔实、结构科学、取材广泛，基础理论部分阐述精炼、针对性强；先进技术部分重点突出，与工程实践联系紧密；反映了我国轻合金修复强化科学研究的最新进展，颇具创新性、理论性和实用性。该书的出版发行将对我国轻合金材料修复强化技术的研究开发和产业化发展起到积极的促进和推动作用。

中国工程院院士 徐滨士

2017 年 4 月

前　　言

镁、铝、钛等金属的密度小，通常称为轻金属，其相应的合金统称为轻合金；因具有比强度、比刚度高等优异特性，已成为装备轻量化的首选，在航空航天、舰艇船舶、消费电子及国防军工等领域的应用日益增多。如，美军 F-22 战斗机中应用的钛合金占机身全重的 40%以上，美国特斯拉公司于近期下线了全铝合金车身电动汽车，我国也研制出了世界首辆镁合金轻量化电动客车等。

轻合金修复强化是指以损伤零部件为对象，在失效评估和前处理的基础上，基于专用合金材料，采用能束能场沉积成形的方法，来恢复其三维几何形貌和使役性能的过程。相较于钢等传统材料，轻合金具有化学活性高的共性特征，镁合金燃烧、铝合金偏析、钛合金氮化是其热加工的关键技术“瓶颈”，导致其修复强化的技术难度大、涉及的专业知识广、涵盖的学科领域宽，具有理论性、实用性、综合性等特点。目前，轻合金修复强化已成为国际材料领域的研究热点和前沿，对于保持设备技术状态、恢复设备技术性能、提升全寿命周期管理效益等均具有重要意义。

纵观轻合金领域的相关文献，尚未有系统阐述轻合金修复强化方面的相关书籍，目前大多数设备维修行业的企业及研究单位也深感理论资料缺乏，通常是参照制造行业的相关理论及自身经验开展工作，这在一定程度上制约了修复件性能质量的提升以及轻合金维修行业的发展。鉴于此，本书秉持指导轻合金维修工程实践的目的，研究并梳理了轻合金修复与强化涉及的基础理论、失效模式、先进技术、微观表征及性能评价等方面的专业知识。

本书兼具理论性和工程实用性，第 1 章阐述了轻合金材料的独特理化特性、典型应用、修复强化技术“瓶颈”及关键技术体系，读者可认知了解轻合金在设备材料体系中的地位作用及其修复强化技术的发展现状与趋势；第 2 章在应用实践和领域相关成果甄别的基础上，归纳梳理了轻合金材料的典型失效模式，并分别介绍了镁、铝、钛合金件的典型损伤实例，读者可认识到开展轻合金修复强化研究的必要性和紧迫性；第 3 章阐述了低温超声速喷涂技术的内涵与特点，以及镁合金表面修复强化层的成形过程、微观组织、性能评价和应用实例；第 4 章阐述了电弧熔敷

-数控铣削复合成形技术的原理与特点，以及钛合金修复强化的近净成形形态控制、净成形表面质量控制和应用实例；第 5 章阐述了激光-电弧复合成形技术的内涵与工艺流程，以及镁合金表面单层多道熔覆层、多层多道熔覆层的组织性能和应用实例；第 6 章阐述了磁控电弧熔敷成形技术的内涵与成形过程，以及铝合金磁控电弧熔敷的成形性、工艺影响因素、性能质量和应用实例。

本书由朱胜等撰写。各章撰写人员为：第 1 章，朱胜、王晓明、王启伟、杜文博，第 2 章，王晓明、赵阳、常青、袁鑫鹏，第 3 章，王晓明、韩国峰、周超极、张晓、江海波，第 4 章，朱胜、曹勇、李华莹、张垚，第 5 章，姚巨坤、殷凤良、王之千、邱六，第 6 章，王启伟、任智强、李显鹏、陈永星。全书由朱胜、王晓明和王启伟统稿。

本书的顺利出版得益于国家重点支持的轻合金修复强化技术的攻关成就，得益于科技部国际科技合作与交流专项“国家重点装备的绿色再制造技术与工程”（No. 2015DFG51920）。国家自然科学基金项目“基于微单元形态表征的钛合金 MIG 焊增材再制造生长调控”（No.51375493）、973 项目“面向＊＊＊的金属零件现场快速成形再制造基础研究”（No.613213）、预研项目“轻合金构（零）件损伤修复关键技术研究”（No.51327040301），以及军口科研等项目的资助，在此表示衷心感谢。

限于撰写人员水平，书中难免存在不当之处，恳请读者指正并提出宝贵意见。

作　者

2017 年 4 月

目　　录

第1章 绪 论

1.1 轻合金材料特性及应用

材料是装备的物质基础,是决定武器装备综合性能的重要因素。“一代材料、一代装备”已成为武器装备发展的重要特征[1]。铝、镁、钛金属的合金统称为轻合金,相较于通用铁基材料,其共同的基本特性是密度小,具有较高的比强度和比刚度(表1-1[2]),综合使役性能优异。在装备材料领域,铝、镁、钛三种轻合金材料的应用既相对独立,又相互关联,整体应用日益广泛。

表1-1 轻合金与铁基材料的物理化学特性比较

物理参数	温度范围	Mg	Al	Ti	Fe
密度/(g/cm^3)		1.75~1.85	2.55~2.95	4.3~4.5	7.8~9.0
硬度/HB	—	30~47	55~94	195	330
标准电极电位/V	—	-2.36	-1.71	-1.63	-0.44
熔点/℃	—	651	660	1725	1539
沸点/℃	—	1109	2056	3287	2750
燃点/℃	—	632	—	—	—
化学活性		活泼	活泼	活泼	稳定
热膨胀率/(10^{-6}/K)	25℃	25.8	23.9	8.36	12.2
热导率/(W/(m·K))	25℃	159	222	14.99	73.3
弹性模量/GPa		45	70	108	208
比弹性模量		25.86	25.9	24.55	24.3
拉伸强度/MPa		170~300	200~400	800~1200	600~1000
比拉伸强度		100~172	74~148	182~273	76~127

1.1.1 镁合金的特性及应用

镁合金具有比强度和比刚度高,导热性和电磁屏蔽性良好,可回收利用等优点,被誉为“21世纪绿色工程材料”,广泛应用于航空航天、汽车制造等领域[3]。我国镁资源丰富,约占世界总量的70%以上。镁及镁合金材料具有以下特点[4]:

(1) 镁是一种非常轻的金属材料,密度仅为1.74g/cm^3,约为铝密度的67%,

45 钢密度的 25%左右。采用镁合金制造机械零部件,可显著减小质量,达到轻量化和节能减排的效果[5]。

(2) 镁合金的比强度、比刚度高,分别为 138 和 25.86,远胜于 45 钢和 ABS 塑料。采用镁合金材料,有利于制造刚性要求高的整体构件。

(3) 镁合金具有优良的导热、电磁屏蔽及抗阻尼等性能。镁合金的弹性模量小,抗振系数大,有很强的抗冲击能力和减振效果,在相同载荷下,其减振效果是铝的 100 倍、钛合金的 300~500 倍[3]。AZ91D 镁合金与其他材料性能参数对比如表 1-2[4] 所列。

表 1-2 几种合金参数对比

性能参数	密度 /(g·cm^{-3})	熔点 /℃	抗拉强度 /MPa	比强度	屈服强度 /MPa
AZ91D	1.81	596	250	138	160
A380	2.70	595	315	116	160
45 钢	7.86	1520	517	80	400
ABS	1.03	90	96	93	—

性能参数	延伸率 /%	弹性模量 /GPa	比刚度	导热系数 /(W·m^{-1}·K^{-1})	减振系数
AZ91D	7	45	25.86	54	50
A380	3	71	25.9	100	5
45 钢	22	200	24.3	42	15
ABS	60	—	—	—	—

(4) 镁合金具有良好的切削性和可回收利用性。如果假设镁合金的切削阻力系数为 1,则其他金属的切削阻力如表 1-3[6] 所列。可见,镁合金的切削阻力小,切削加工较为容易。压铸过程中产生的废弃镁合金件,可以直接回收再利用,花费仅相当于新料价格的 4%,具有良好的环保特性。

表 1-3 几种合金的切削阻力

合金	切削阻力	合金	切削阻力
镁合金	1.0	黄铜	2.3
铝合金	1.8	铸铁	3.5
注:假定镁合金的切削阻力为 1			

(5) 镁合金还是一种良好的储氢材料。作为储氢材料的一个重要指标是储氢的质量密度,镁合金质量轻,有较大的储氢优势。MgNi 系合金是主要的储氢材料,如 Mg_2Ni 可以形成三元氢化物 Mg_3NiH_4,含氢 3.6%(质量分数),氢的单位体积容量高达 150kg·m^{-3}[7]。

综上,镁合金因其独特的系列优良特性,受到广泛青睐。同时,随着科学技术的发展进步,在汽车工业、航空航天、3C 产业及武器装备等领域中的应用日益广泛。

(1) 汽车工业。近年来,随着人们对节能、环保和安全需求的不断提高,镁合金在汽车、摩托车、自行车上的应用受到了更大的关注。采用高塑性的镁合金材料制造汽车零件,不仅可以减轻质量,而且由于镁合金的阻尼衰减能力强,还可提高汽车的抗振动及耐碰撞性能,降低汽车运行时的噪声。相关研究表明,汽车行驶所消耗的燃料中有60%用于抵消自重,而车辆自重每减轻 10%便可以节省约 5.5%的燃料;车辆自身质量降低 100kg,则百公里①的耗油量减少约 0.7L,而每节约 1L 油料消耗便可以减少排放的 2.5g 的 CO_2,据此推算,CO_2的年排放量将减少 30%以上[8]。目前,镁合金材料主要用于制造汽车的仪表板、变速箱体、发动机前盖、汽缸盖、方向盘、轮毂、转向支架、车镜支架等零部件(图 1-1)。在过去的 10 年中,镁合金压铸件在汽车上的使用量上升了 18%,采用镁合金制造车辆零部件成为汽车轻量化的必然趋势。

图 1-1　宝马汽车的镁合金轮毂

图 1-2　尼康 D700 相机的镁合金机身

(2) 3C 产业。3C 产业主要包括计算机类产品(Computer)、通信类产品(Communication)、消费类电子产品(Consumer Electronic Product)等。随着科学技术的进步,3C 产业向轻、薄、小、美观、可回收等方向发展。由于镁合金具有的质量轻、散热性好、电磁屏蔽能力强、震动吸收性能好且质感佳等优良特性,受到了 3C 产业的广泛关注[9]。如,佳能 D 系列、宾得 K 系列及尼康 D700(图 1-2)等数码相机均采用了镁合金机身。另外,为了达到减小振动、降低噪声效果,计算机硬盘驱动器读出装置、风扇风叶等振动源附近的零部件已使用了镁合金制造。

(3) 航空航天业。镁合金可吸收较多振动与多余热能量,受到了国内外研究学者的广泛关注。由于镁不与油反应,在油介质中性能稳定,是制造发动机机匣、

① 公里是法定计量单位千米(km)的俗称。

油泵等零部件的理想材料。美军 B-36 战略轰炸机使用了 6555kg 的镁合金材料；UH-60H 黑鹰直升机采用 ZE41A-T16 镁合金制造了传动箱箱体、镁磁发射器等部件；B-52 轰炸机的机身部分使用的镁合金板材达 635kg，极大地减小了飞机重量，提高了机动性及综合战技性能。目前，我国航空航天工业中，绝大多数的新型飞机、发动机、机载雷达、运载火箭、人造卫星、飞船等装备均应用了镁合金材料。如，某型飞机的轮毂、支架、汽缸盖等零件均由镁合金材料制造而成，单件镁合金零件的最大质量达 300kg[10,11]；某型直升机的机匣也由镁合金制造而成。另外，某导弹的仪表舱、尾舱、支座舱段、壁板等零部件均由镁合金制造，减轻了自重，大幅提高了飞行速度与飞行距离[12]。

(4) 兵器工业。现代战争中，重量是影响兵器装备实现战场快速反应能力的主要因素之一。因此，镁合金独特的优点成为了兵器轻量化的理想材料。用镁合金制造坦克座椅骨架、变速箱箱体等，可极大减轻重载车辆的重量，提高了机动性和战场生存能力。如，美军水陆两栖突击步兵战车（AAAV）采用镁合金 WE43A 作为功能性壳体，W274A1 型军用吉普车采用了全镁合金车身及桥壳。法国采用镁合金材料制造 MK50 式反坦克枪榴弹零件，大幅增大了火炮射程，并提高了弹药的威力。镁合金材料应用在枪械中，可减轻单兵负荷量，对于提高单兵的战斗力和生存能力意义重大。我国采用镁铝合金注射成型制造的 38mm 转轮防暴发射器，显著提高了武警部队在危急情况下的防暴能力。此外，使用镁粉制造照明弹，其照明强度可达到其他传统照明弹的数倍[13]。

1.1.2 铝合金的特性及应用

铝合金具有密度小、比强度高、抗疲劳性能好、耐腐蚀性能稳定等优良的使役特性，以及塑性大、焊接性好等优良的成形工艺特性，是轻合金中应用最广、用量最多的金属材料，已在航空航天、重载车辆、船舶建造等国防军工领域及民品制造领域广泛应用[14,15]。

目前，全世界已经正式注册的铝合金材料超千种，最常用的有 442 种，形成了 9 个牌号系列。近年来，铝合金材料的研发和应用主要向两个方向发展：一是航空航天、船舶重工等军事工业和特殊工业部门所需求的高强高韧等高性能铝合金材料；二是高档民用产品所需求的新型铝合金材料。铝合金的主要特点及典型应用如下[14]：

(1) 铝合金具有熔点低、密度小、可强化等特性，使其在飞机、太空飞行器、轨道车辆、桥梁、船舶、汽车、建筑结构、压力容器、集装箱、小五金及日用品等领域得到了广泛的应用。

(2) 铝合金具有耐腐蚀、可表面再处理、美观耐用、无毒等特性，使其大量应用于建筑壁板、门窗、幕墙、汽车装饰件、飞机蒙皮、仪器仪表外壳、精密零件、船上用品、石油化工、医疗器具及各种容器的制造。

(3) 铝合金具有导热和导电性能好等特性，使其广泛应用于电线、电缆、热交换器、散热器、各类电子元件的制造。

(4) 铝合金具有对光、热、电波的反射性能好及耐低温等特性，使其广泛应用于照明器具、反射镜、屋顶瓦板、抛物面天线、冷藏车、冷冻库、冷暖器隔热板、氧或氢生产装置的制造。

(5) 铝合金具有无磁特性，可用作罗盘、天线、操舵室等器具材料。

(6) 铝合金具有吸音特性，可用作各种阻尼材料及减振零部件。

(7) 铝合金具有中子吸收截面大和放射性半衰期短等特性，可用作防核辐射材料。

铝合金材料的主要特性和工业应用如表 1-4 和表 1-5[14] 所列。

表 1-4　铸造铝合金的特性和主要工业应用

铝合金合金系	性能特点	主要应用
Al-Cu 系	强韧性、耐热性好	自行车零件
Al-Cu-Si 系	铸造性好、强度高、能焊接	泵体、汽缸体、支架、汽车零件、阀体、曲轴箱、离合器壳
Al-Si 系	耐腐蚀性好、铸造性优良、热膨胀系数小、焊接性好	壳体类、盖类、复杂形状零件
Al-Si-Mg 系	铸造性好、强韧性好、能焊接	变速箱壳、曲轴箱、齿轮箱、舰船车辆发动机零件、飞机结合件、车轮、油压零件
Al-Si-Cu 系	铸造性好、强韧性好、能焊接	曲轴箱、汽缸体
Al-Si-Mg-Cu 系	强韧性好、能焊接	曲轴箱、汽缸体、燃料泵体、增压器壳
Al-Cu-Ni-Mg 系	强度和耐热性好	空冷汽缸体、发动机活塞
Al-Si-Cu-Mg 系	强度高、耐热性好、耐磨性好、热膨胀系数小	发动机活塞

表 1-5　变形铝合金的特性和主要工业应用

合金牌号	变形铝合金性能特点	典型应用
1×××	有良好的成形性和高的抗蚀性，但强度不高	化工设备、船舶设备、铁道油罐车、导电体材料、仪器仪表材料、焊条、管道、食品容器、建筑装饰材料、小五金件等
2×××	高强度与硬度、切削性能良好	航空航天器结构件与兵器结构零件，包括飞机结构（蒙皮、骨架、肋梁、隔框等），航空发动机汽缸、汽缸盖、活塞、导风轮、轮盘等零件，航天火箭焊接氧化剂槽与燃料槽，铆钉、导弹构件、卡车轮毂、螺旋桨元件，车轮、卡车构架与悬挂系统零件等
3×××	成形性良好、高的抗蚀性、可焊性好，比 1×××系合金强度高	运输液体产品的槽和罐等储存装置、热交换器、化工设备、飞机油箱、油管、反光板、厨房设备、洗衣机缸体、铆钉、焊丝，建筑材料等
4×××	高温条件下耐腐蚀性和耐磨性好	活塞及耐热零件等，硬钎焊料，散热器钎焊板和箔的钎焊层

（续）

合金牌号	变形铝合金性能特点	典型应用
5×××	中等强度，具有良好的抗蚀性，成形加工性能和可焊性	飞机蒙皮骨架部件，飞机油箱与导管，焊条，铆钉，船舶结构件，船舶及海洋设施管道，钻探设备，重载车辆、导弹零部件与甲板，高强度焊接结构、储槽、压力容器等
6×××	塑性好，可焊性与抗蚀性高	飞机发动机零件，建筑型材，装饰材料，器材材料，车辆结构件
7×××	高强度，高断裂韧度	航天器零部件，飞机机身框架，机翼蒙皮、舱壁、桁条、加强筋、肋、起落架、座椅导轨、铆钉等，重载车辆、导弹零部件，体育器材等

1.1.3 钛合金的特性及应用

钛合金具有密度小、熔点高、抗拉强度高、比强度高、屈强比高、耐热性好、耐蚀性好、抗低温脆性好、可焊接性好、生物相容性好、弹性模量低、导热系数小、无毒无磁性、表面活性大、表面可装饰性强等特性，广泛应用于航空、航天、船舶、重载车辆等装备制造领域以及化工、电力、建筑等领域[16-20]。钛合金是轻合金中强度最高、环境适应性最强的金属，在尖端装备方面发挥着重要作用，钛合金的特性及在工业中的具体应用见表1-6[20]。

表1-6　钛合金的应用

应用领域		材料特性	使用部位
航空工业	飞机	300℃以下具有高的比强度、高的韧性、足够的塑性。优异的疲劳性能、抗环境腐蚀性能、抗疲劳裂纹扩展性能、良好的焊接工艺性能	主要应用有机身部位的骨架、蒙皮、舱门、隔框、承力接头、防火壁、紧固件、液压油路导管等，机翼部位的承力梁、接头、发动机挂架、襟翼滑轨、纵梁、龙骨等；起落架部位的外筒、撑杆、扭力臂等，直升机桨毂、连接件等
	发动机	650℃以下具有高的屈服强度/比强度、热稳定性、抗氧化性能、抗蠕变性能、低周与高周疲劳性能和蠕变-疲劳交互作用性能等	主要应用部位是风扇叶片、盘、轴和机匣等部位。主要应用部件为压气机盘件、压气机罩、风扇静叶片、动叶片、机匣、燃烧室外壳、排气机构外壳、排气管、短轴等
火箭、导弹和宇宙飞船工业		常温及超低温下比强度高，有足够的塑性和韧性，耐高温、抗辐射性强	主要应用部位为固体或液体燃料火箭发动机壳体、燃料储箱、宇宙飞船的压力舱、燃料储箱球体构件、火箭发动机叶轮、蒙皮、飞船舱、结构骨架、起落架、登月船等部件

（续）

应用领域	材料特性	使用部位
舰船制造工业	在海水及海洋气氛下具有优异的耐腐蚀性、优良的焊接性、比强度高、记忆性能和无磁性	主要用于核潜艇、深潜器、原子能破冰船、扫雷艇等耐腐耐压部件。如耐压艇体，热交换器构件，冷凝器构件，浮力系统球体泵体，海水管路，甲板配件，推进器，发动机排气冷却管，推进轴、泵、阀门、管系，螺旋桨推进器，声纳导流罩等消声器，消防设备等
兵器工业	密度小、耐腐蚀性高、耐磨性好、成本低等	主要用于火箭发动机机体、燃料箱、外壳、导弹机翼、重载车辆、火炮尾架、迫击炮底板、炮管、喷管、坦克车轮及履带、装甲板、战车驱动轴、防弹衣和背心、头盔等
核电工业	高耐蚀性、抗海水腐蚀性、密度小、良好的焊接性、冷轧加工性能、较高的热稳定性、热导率、小的线膨胀系数等	代替铜合金管用于全钛凝汽器、冷凝器、冷油管、蒸汽涡轮叶片、搅拌器、加料机、风机等，还用于海洋热能转换电站的换热器等
石油化工业	在氧化性的中性介质中有良好的耐腐蚀性	石油化工行业中的热交换器、反应塔、合成器、阀门、管道、泵等
海洋工业	高的耐蚀性、抗海水腐蚀性、良好的加工性和焊接性能	用于海水淡化装置、海洋石油钻探、海洋热交换站的导热管、冷凝管、泵、阀门、换热器等
冶金工业	有高的化学活性和良好的耐腐蚀性	主要用于耐腐蚀容器、电解槽、反应器、热交换器、冷却装置、各种泵、阀门、连接配管等。在Ni、Co等有色金属冶炼中做耐腐蚀材料，在钢铁冶炼中是良好的脱氧剂和合金元素
医疗卫生工业	对人体有良好的相容性，无毒性，与肌肉组织亲和性好，低密度、耐腐蚀性、无毒性、超弹性、形状记忆功能等	用做手术刀、手术钳、手术镊子、缝合针等医疗器械，外科矫形材料，如钛合金骨头、牙、心脏内瓣、隔膜、骨关节、假肢等
超高真空系统	有高和化学活性，能吸附Cl_2、H_2、CO、CO_2等	制钛离子泵等
纺织与造纸业	耐腐蚀性、高比强度、良好的综合性能和较高的热稳定性	亚漂机耐腐蚀零件，泵、阀门、管道和搅拌器等部件
汽车工业	高的比强度、耐高温、低温性能好、低模量、低的热膨胀系数、耐腐蚀、抗磨损以及较低的加工成本	发动机排气阀和吸气阀、涡轮增压器转子、连杆、曲轴、挡圈、密封圈、轮圈螺栓紧固件、气门构件、弹簧、悬簧、刹车制动销、消声器等
体育用品等	耐腐蚀、轻质高强度、良好的加工性和力学性能、较高的热稳定性和较小的线膨胀系数等	高尔夫球头、自行车脚蹬轴等零件、表壳、光学仪器等；电脑、手提箱、照相机、打火机、手机等壳体，拐杖、鱼竿、眼镜架、手表、厨房用品等

1.2 轻合金装备修复强化的特点

镁、铝、钛轻合金作为结构件和零部件的大量应用,为实现装备的轻量化及整体性能的提升贡献巨大。然而,相较于传统钢质材料而言,镁、铝、钛轻合金不同程度存在着硬度较低、标准电极电位较负等固有的使役特性缺陷,使得各型装备投入使用后,其轻合金件均出现了不同程度的损伤问题。同时,镁、铝、钛轻合金材料均具有较高的化学活性,热作用下极易发生组织与性能的劣化,这给其修复强化带来了极大的技术挑战。

镁合金高温易氧化易燃烧,其损伤件修复强化的技术"瓶颈"主要是动态修复过程中基体氧化与燃烧的有效控制和高致密、高强度修复层的制备实现。主要表现在三个方面:一是在工艺上克服镁合金的高化学活性和高温易燃烧性,使修复金属材料与镁合金基体形成良好结合,避免结合界面处产生氧化、烧蚀、夹杂等缺陷,进而导致结合强度降低;二是修复层组织要足够致密且具有一定的硬度,避免由于修复层通孔及划伤诱发的严重电化学腐蚀;三是修复层的内聚强度要高,能够满足装备的使用要求。

铝合金易氧化易偏析,其损伤件修复强化的技术"瓶颈"主要是动态修复过程中铝合金表面氧化膜的去除及热影响的有效控制。主要表现在三个方面:一是由于铝合金表面氧化膜的存在,会阻碍熔池凝固时金属晶粒的结合,进而导致覆层结晶组织粗大;二是由于铝合金导热性好,热传输快,熔池中的氢来不及逸出,易造成气孔、脆裂缺陷及修复件变形;三是由于铝合金线膨胀系数大,热应力作用下易出现热裂纹,进而导致接头的强度降低。

钛合金易氮化且热导率低,其损伤件修复强化的技术"瓶颈"主要是动态成形过程中化学成分的精确调控及热影响的有效控制。主要表现在两个方面:一是钛合金在熔融状态下的高活性和高温下的强氧化和强氮化倾向,使得修复过程中修复区及本体保护成为制约提升钛合金修复性能质量的重要因素;二是钛合金热导率低,微熔池积储热量多,使得大面积或大体积损伤件修复过程中的热应力控制、变形控制对修复几何精度、性能质量及界面结合特性都有重要影响。

1.3 轻合金修复强化的技术体系

轻合金修复强化是世界装备维修领域的研究热点和前沿,世界各发达国家均开展了广泛深入的研究,并应用于维修实践。目前,我国已逐步开展了轻合金修复强化的应用基础研究、关键技术研究和工程应用转化等工作,开发了一系列具有自主知识产权的关键技术,初步构建了相对完备的轻合金修复强化理论和技术体系。

尤其是近年来以新材料技术、增材制造技术和信息技术为代表的大量高新技术的涌现,以及表面防护技术工艺的新发展,为装备轻合金的修复强化提供了技术基础。

装备轻合金修复强化是一项系统工程,属于多学科的交叉融合,现有的修复强化技术是在传统的装备修复技术的基础上发展起来的,同时吸纳了铝、镁、钛轻金属的特色理论与技术,其技术体系如图 1-3 所示,主要包括轻合金修复强化技术基础、轻合金修复强化关键技术、轻合金修复强化质量控制和轻合金修复强化工程设计几个部分的内容。

这其中,轻合金修复强化关键技术主要包括两大类:一是结构性体积型损伤修复强化技术,如激光熔覆成形技术、电弧熔覆成形技术、等离子熔覆成形技术及各种能束能场复合成形技术等;二是表面损伤修复强化技术,如热喷涂技术、冷喷涂技术、电刷镀技术、化学/物理气相沉积技术等。装备损伤件实际修复过程中,修复方法的选择应综合考虑如下因素:一是待修件特性,如材质牌号、制造工艺、理化特性、损伤模式、失效机理等;二是修复材料特性,如化学成分、存在形态(粉材或丝材等)、工艺特性及熔点等;三是修复层使役需求,如覆层厚度、使役环境、受力状态、使用时限等。以下介绍几种传统的轻合金修复强化技术。

1. 电刷镀技术

电刷镀是电镀的一种特殊形式。该技术是基于电化学沉积原理,在导电工件表面的选定部位快速沉积金属镀层的过程。其工作过程是采用专用的直流电源,电源的正极接镀笔,作为刷镀时的阳极,电源的负极接工件,作为刷镀时的阴极。刷镀时使浸满镀液的镀笔以一定的相对速度在工件表面上移动,并保持适当的压力。在镀笔与工件接触部位,镀液中的金属离子在电场力作用下迁移到工件表面,并获得电子被还原成金属原子,这些金属原子在工件表面沉积形成镀层。随着刷镀时间增长,镀层逐渐增厚,达到损伤修复的目的[21]。

电刷镀技术具有设备轻便、工艺灵活、沉积速度快、材料种类多、结合强度高、适用范围广等优点,是装备表面磨损失效修复和强化的有效手段,有较强的实用性和通用性。过去很长一个时期,镁合金的表面防护多采用化学氧化后涂漆的方法,这种表面膜薄而软,在使用过程很容易被划伤、擦伤或磨损,从而导致表面局部损坏或因此而造成超差而不得不报废、更换[22]。而采用电刷镀技术原位修复飞机镁合金零部件表面腐蚀,能有效地防止飞机腐蚀的进一步发展,防止因腐蚀而引起的零部件失效,从而增加装备返厂大修的时间间隔[23]。葛文军等[24]为解决飞机上硬铝材料零件局部损伤后的修复难题,对电刷镀技术在飞机铝合金零部件表面局部划伤的修复进行了可行性研究,结果证明,基体材料硬度为 538 HV,镀层硬度为 625HV,刷镀层磨损量为 18. 5mg/h,新零件磨损量为 23. 8 mg/h,镀层结合力良好,无起皮、脱落现象,镀层质量满足性能要求。实践证明,该技术适用于镁合金和铝合金零部件腐蚀的修复以及小尺寸的划伤磨损修复。

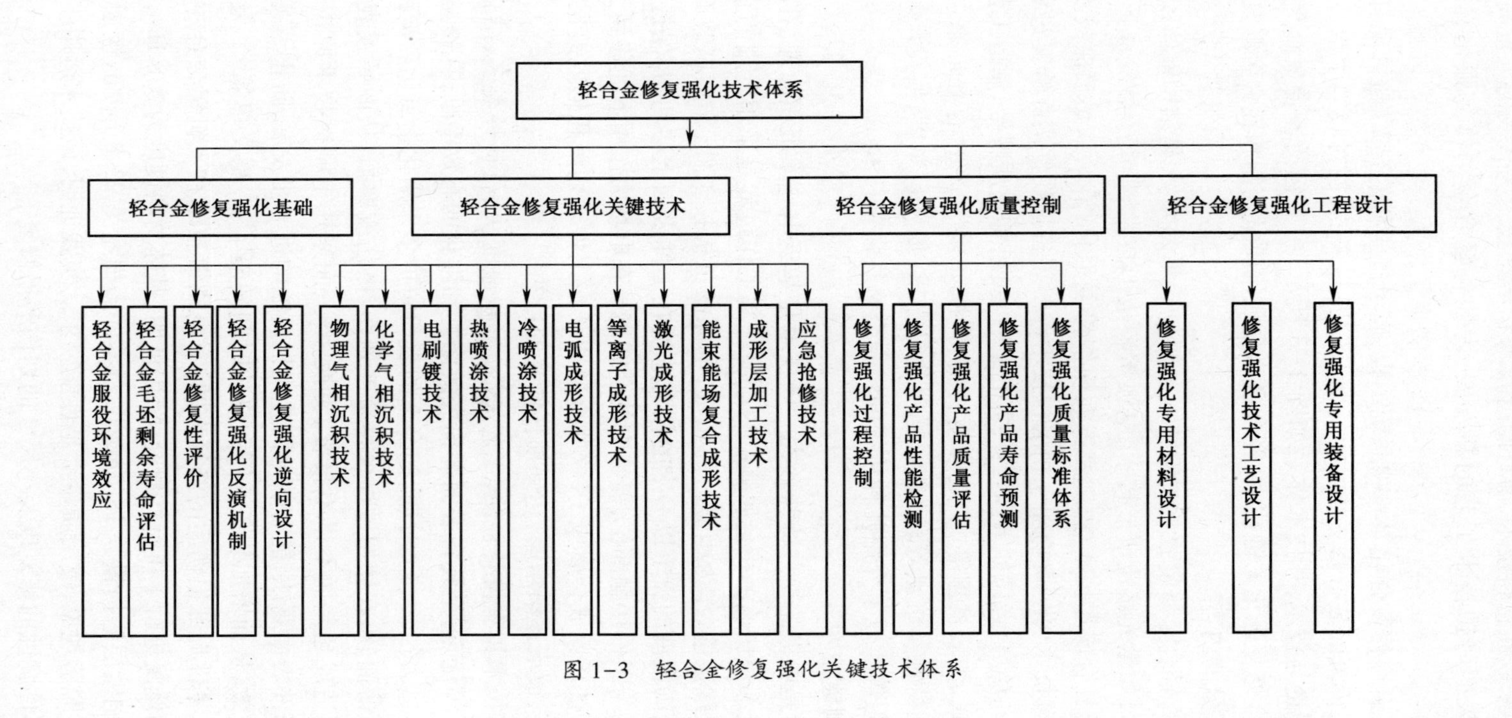

图 1-3　轻合金修复强化关键技术体系

2. 物理气相沉积技术

物理气相沉积(PVD)是金属原子直接从气相中沉积到合金表面的过程,该方法对环境污染少,理论上可以在各种基材表面上沉积各种高性能薄膜。多年来,薄膜技术和薄膜材料的发展突飞猛进,相继出现了离子束增强沉积技术、电子束物理气相沉积技术和多层喷射沉积技术。物理气相沉积主要包括真空蒸镀、溅射镀膜和离子镀膜等[25]。

物理气相沉积工艺的处理温度一般为450~550℃,高于镁合金的稳定温度,因此在镁合金的应用上还存在一定的难度,另一方面,气相凝固时,Mg的蒸气压很高,其他合金元素难以溶解进入表面,但可以使用高能束辅助物理气相沉积方法在镁合金表面沉积防护涂层。F. Stippich等使用15keV的Ar^+束在纯Mg、AZ91表面沉积MgO及MgO(Nd)、MgO(Sn)膜,膜层可达1μm厚,盐雾试验和极化曲线得出的耐蚀结果略有不同,但该结晶状低孔性膜都具有较好的耐蚀性[26]。李兆峰等[27]采用物理气相沉积技术,在TC4钛合金表面成功制备出CrN和DLC耐磨涂层。结果表明,与TC4合金基材和CrN涂层相比,DLC涂层的摩擦因数较小,只有0.073,具有较好的减摩和抗磨性。

3. 化学气相沉积技术

化学气相沉积(CVD)是在热、光或等离子体的激活和驱动下,使气态物质在气相或气固界面上发生化学反应,从而获得稳定固态沉积物的过程。由于化学反应的多样性,使得化学气相沉积作为一种材料表面改性技术具有灵活多样的特点,该技术可以在不改变基体材料的成分和不削弱基体材料强度的条件下,赋予其特殊的表面功能[28]。

李思思等为提高镁合金表面耐蚀耐磨性能,采用化学气相沉积法在镁合金表面制备了钨涂层,结果表明,沉积温度为440℃时可获得致密均匀、与基体结合良好的钨涂层;沉积钨涂层使表面硬度大幅度提高,表面耐磨性增加,能有效降低镁合金表面活性,腐蚀电位相对于镁合金基体正移了1.21V,大幅提高了其耐蚀性能[29]。在钛合金表面化学气相沉积$TiAl_3$、Al_2O_3、SiC等涂层,可以极大地提高钛合金的表面性能,获得高硬度、耐高温和耐腐蚀的表面[30-32]。

4. 热喷涂技术

热喷涂是以气体、液体燃料或电弧、等离子弧等为热源,将粉状或丝状金属或非金属材料加热至熔融或半熔融状态,经热源自身动力或外加高速气流雾化,以一定速度喷向经过预处理的工件表面,通过材料的物理变化和化学反应,形成特定功能层的加工方法[33]。多年来,热喷涂技术得到了快速发展,并在轻合金修复中得到了大量的应用。按照热源形式,热喷涂主要包括电弧喷涂、等离子喷涂、火焰喷涂、爆炸喷涂等。目前,热喷涂技术已广泛应用于航空、航天、国防、机械、冶金、石油、化工、地质、交通、建筑和电力等领域[34]。

在镁合金基体上制备热喷涂层的难度较大,主要原因如下:一是镁的化学性质比较活泼，而热喷涂温度较高，容易引起镁合金的相变、部分元素分解及氧化等问题，同时还存在安全隐患；二是镁合金的标准电极电位很负，在其表面喷涂其他金属涂层，如果涂层有通孔，则极易引起电偶腐蚀，会迅速破坏基体；三是由于镁合金与热喷涂中常用的喷涂材料在力学和物理等性能方面存在较大差异，容易在涂层内引发较大内应力，从而降低镁合金与涂层的结合力；上述因素，都制约了热喷涂技术在镁合金表面防护中的应用。

国内的学者在这方面进行了大量的研究。王林磊等[35]采用电弧喷涂在镁合金表面制备了 FeCrBSiMoNbW 非晶纳米晶涂层，该涂层不仅组织均匀致密，氧化物含量低，而且硬度、弹性模量以及结合强度等也得到了显著提高。冯亚如等[36]借助等离子喷涂工艺，在 AZ31 镁合金表面制备了 Al65Cu23Fe12 涂层，其硬度远高于基材。

受喷涂材料和工艺成熟度等条件的影响，目前制约铝合金表面热喷涂技术大力发展的主要瓶颈还是涂层与基体的结合强度不高，涂层均匀性不好。例如，在铝基金属表面热喷涂耐磨涂层，在铝基体表面易形成氧化膜，喷涂后氧化膜将夹杂于铝和涂层界面之间，阻碍了基体金属原子和涂层金属原子的良好接触，从而造成涂层与基体的结合强度差，这是铝合金表面热喷涂结合强度低的关键所在[37]。为获得良好的涂层和基体的结合，低的孔隙率、致密的涂层，其基本的条件首先是要选择合适的涂层材料，使涂层与基体有较好的浸润性和兼容性，这样附着力大，增大内压力；其次是喷涂粒子要在低温下较优较高的飞行速度和较大的动能，确保与基体有良好结合，以及沉积粒子之间的良好结合。同时焰流温度低，速度快，粒子受大气污染小，涂层产生压应力等也是有利条件[38]。

采用电弧喷涂技术可以在铝合金表面喷涂纯铝，涂层表面的孔隙因被腐蚀产物堵塞，对氯离子可起到暂时的隔离作用，从而促进了氧化膜的形成，使腐蚀电位提高、腐蚀电流减小、腐蚀速率减缓，涂层对铝合金基体能起到良好的保护作用[39]；采用等离子喷涂技术在 6063 铝合金表面喷涂 Al_2O_3/TiO_2 纳米陶瓷涂层，纳米陶瓷涂层较传统陶瓷涂层的硬度和耐磨性能都有明显的提高[40]。

5. 冷喷涂技术

冷喷涂又称为冷气动力喷涂，是一种较为新型的固态工艺过程，它是通过超音速气流将固体微粒（直径为 5~40μm）加速到一个高速状态（300~1200m/s），然后去撞击金属基体表面形成沉积层的工艺过程[41]。形成沉积层的粉末颗粒被注入到气流中，气流和粒子经拉瓦尔喷管的扩散段后膨胀获得加速。气流的温度总是低于固体颗粒的熔点，因此，当气体加速到超声速，其压力和温度会降低。固体颗粒离开喷嘴后撞击基体发生塑性变形，并且以冶金结合和机械结合的形式与周围的材料粘接，从而形成固态涂层或其他形状的成形层。但是，只有当颗粒的撞击速度超过该材料在某一温度下的临界值，即临界速度，材料才能发生沉积[49]。

冷喷涂不像热喷涂那样依赖于热能，而是更多依赖于高的速度和动能，其过程是通过加压的预热气流、逐渐缩放的喷嘴和加压的粉末送料器，产生细的高度聚焦的喷涂气流。冷喷涂有两大技术特点:一是低温。在冷喷涂过程中,当颗粒与基体撞击后实现沉积,沉积温度在金属熔点之下。因此可有效降低和消除氧化、相变、成分改变、晶粒生长等其他热喷涂中常见的问题[42]。利用其可实现对温度敏感、氧化敏感、相变敏感等材料的沉积,而不发生氧化或微观结构改变,如 Ni-Ti 合金粉末[43]、Cu[44]、Ti[45]、Mg[46]等涂层的制备。二是高动能。喷涂颗粒被加速至超声速,具有较高的动能。因此,可以采用冷喷涂技术对硬质材料进行喷涂,可克服硬度过大不易沉积的困难,同时较高的动能具有夯实作用,使沉积涂层的孔隙率很低[47]。低温和高能这两大技术特点相结合形成优势互补,不仅使涂层内部缺陷降低,同时可扩大沉积材料的范围[48]。

目前,冷喷涂的应用研究已经取得了很大的进展。研究表明,冷喷涂可以实现包括金属 A1、Zn、Cu、Ni、Ca、Ti、Ag、Co、Fe、Nb、NiCr 合金、MCrAlY 合金、高熔点 Mo、Ta 等涂层的制备,并且可以在金属、陶瓷或玻璃等基体表面上形成涂层[49]。

6. 激光技术

激光因具有能量密度集中、冷却速率块等特点,广泛应用于修复强化领域。主要有两种方式:

(1) 表面改性,该方法是采用激光扫描金属表面,在纳秒范围内可以产生极高的冷却速度,使金属快速熔化又发生凝固,形成亚稳结构固溶体改性层,获得具有耐磨、耐腐等功能表面。该快速熔化和凝固过程仅发生于表面浅层,对基体影响极小。A. K. Mondal[50]等用 Nd:YAG 激光器对 ACM720 镁合金进行了处理,结果表明,处理后的阻抗值提高了 300Ω,耐腐蚀性得到了改善。

(2) 激光焊接,是将高能量密度的激光束作为热源进行焊接的一种加工方式[51]。该方法主要利用"钥孔"效应来快速气化被焊金属,产生焊接小孔,通过小孔传热熔化母材和填充金属,从而形成熔池。这种方法在焊接中的优点在于能量密度高,焊接变形小;冷却速度快,成形质量好;焊接速度快,易实现自动化[52]。然而,这种方法的缺点却也很突出,主要是在焊接过程中金属容易被瞬间蒸发,易导致填充金属不足而产生气孔;同时,焊接过程冷却速度极快,气体不易逸出也会形成气孔。再者,金属对激光的反射较强,导致能量利用率低[53]。

7. 载能束熔敷成形技术

载能束熔敷成形技术是轻合金修复强化的主要手段,即通过高能热源熔化丝材或粉末,在基材表面堆敷一层或数层具有特殊性能的材料,通过提高熔敷层耐磨、耐蚀、耐热等性能,对损伤装备修复成形。常规的载能束熔敷技术只是一种表面强化和改性技术,可用于修复一些没有成形形状要求的表面缺陷。载能束熔敷成形修复则是把载能束立体成形技术应用于修复过程,可以实现具有三维形状缺陷零件的成形修复。

根据载能束热源的不同,可分为电弧熔敷、电子束熔敷、激光熔敷等。相较于喷涂等修复强化技术,载能束熔敷层与基体为冶金结合,界面结合强度较高,且覆层材料及表面材料几乎不受限制。但高能束在成形某些特定结构或特定成分构件时，会受到一定限制而无法实现或即使可以成形，其原材料、时间成本也很高，主要情况如下：一是对于激光热源，其成形效率低，尤其是成形铝合金等对激光吸收率低的材料时。二是对于电子束热源，其真空环境要求极大限制了对大尺寸构件修复强化的适应性。三是粉基金属原材料制备的成本较高、易受污染、利用率低等特点，均会增加修复强化整体成本[54]。

在电弧、电子束、激光三种热源中，由于激光的优异特性，使得激光熔敷成形技术得到了更加广泛的应用，特别是对于钛合金装备的修复。目前，美国及欧洲已将激光成形修复技术应用于飞机以及陆基和海基系统钛合金零部件的修复。在国内，西北工业大学黄卫东团队重点针对飞行器结构件和发动机部件的激光成形修复工艺及组织性能控制一体化技术进行了较为系统的研究，在保证激光修复区与基体形成致密冶金结合的基础上，通过对零件在修复中的局部应力及变形控制，实现了对零件几何性能和力学性能的良好恢复[55]。

8. 电火花沉积技术

电火花沉积是利用电源存储的高能量电能，使电极与金属基体之间瞬间高频放电，使空气电离，形成通道，在工件母材表面产生瞬间高温、高压微区，同时离子态的电极材料在微电场的作用下高速转移到工件表面，并扩散、融渗到工件母材基体，形成冶金结合的沉积层，以对装备损伤区域进行填充修复[56]。电火花沉积能有效改善零部件表面的物理、化学和力学性能，包括硬度、导热和导电性能等。

由于微弧放电形成的温度极高，可达万度以上，故该技术可以应用于高熔点材料的修复强化。该技术是瞬间的高温冷却过程，热输入量小且集中，放电时间很短，放电的热作用只发生在零部件表面的微小区域内，对工件造成的热影响区和变形都很小，强化件基体不会产生退火或热变形。沉积层与基体间为冶金结合，界面强度高，成形层具有较高的硬度及良好的耐高温、耐腐蚀性和耐磨性等特性。同时，该技术不受零部件形状限制，可以对平面或曲面形状零部件修复强化。

综上所述，目前我国对于轻合金损伤修复强化技术的研究尚处于起步跟进阶段。轻合金修复强化的技术“瓶颈”，总体上表现为现有的修复强化技术、工艺及材料不适合或对镁、铝、钛轻合金的修复强化质量不能满足装备的使役要求。具体表现为轻合金的失效机理不明晰、修复材料不完备、设备工艺不配套。因此，急需深入系统地开展轻合金修复强化的研究工作，以适应装备的使役需求。本书以装备再制造技术国防科技重点实验室科研团队多年来的研究成果为基础，结合实例，系统阐述了几种先进的轻合金修复强化技术，供广大读者参考借鉴。

参考文献

[1] 才鸿年.遵循材料预研科学规律大力加强先进材料技术应用开发研究[C]//2012年会论文集，480-481.

[2] 张津,章宗和.镁合金及应用[M].北京:化学工业出版社,2004.
[3] 陈振华,严红革,陈吉华,等.镁合金[M].北京:化学工业出版社,2004.
[4] 顾曾迪,陈宝根.有色金属焊接[M].北京:机械工业出版社 ,1995.
[5] 刘智超,李尧,杨俊杰.镁合金相关技术研究及应用[J].江汉大学学报(自然科学版),2014,03:41-46.
[6] 黎文献.镁及镁合金[M].北京:化学工业出版社,2004.
[7] 刘正,王越,王中光,等.镁基轻质合金的研究与应用[J].材料研究学报,2000,14(6):449- 456.
[8] 陈元华,杨沿平.轻合金在汽车轻量化中的应用[J].桂林航空工业高等专科学校学报,2008,1:20-22.
[9] 黄瑞芬,武仲河,李进军,等.镁合金材料的应用及其发展[J].内蒙古科技与经济,2008,14:158.
[10] 李凤梅.稀土在航空工业上的应用现状和发展趋势[J].材料工程,1998,(6):10-12.
[11] 王文先.镁合金材料的应用及其加工成形技术[J].太原理工大学学报,2001,32(6):599-601.
[12] 康鸿跃,陈善华,马永平,等.镁合金的发展[J].金属世界,2008,1:61-64.
[13] 唐全波,黄少东,伍太宾.镁合金在武器装备中的应用分析[J].兵器材料科学与工程,2007,30(3):69-71.
[14] 王祝堂 田荣璋.铝合金及其加工手册[M].3 版.长沙:中南大学出版社,2005.
[15] 刘志华,赵兵,赵青.21 世纪航天工业铝合金焊接工艺技术展望[J].导弹与航天运载技术,2002,5:63-64.
[16] 张喜燕,赵永庆,白晨光.钛合金及应用[M].北京:化学工业出版社,2005.
[17] 杨健.钛合金在飞机上的应用[J].航空制造技术,2006(11):41-43.
[18] 曹春晓.钛合金在大型运输机上的应用[J].稀有金属快报,2006(1):17-21.
[19] 彭艳萍,曾凡昌,王俊杰,等.国外航空钛合金的发展应用及其特点分析[J].材料工程,1997(10):3-6.
[20] 朱知寿.新型航空高性能钛合金材料技术研究与发展[M].北京:航空工业出版社 ,2013.
[21] 徐滨士,马世宁.点石成金的电刷镀技术[J].中国表面工程,2000,(4):44-47.
[22] 刘静安,李建湘.镁及镁合金材料的应用及其加工技术的发展[J].四川有色金属,2007,3(1):1-5.
[23] 罗湘燕,汪定江,扬苹.飞机镁合金零部件表面腐蚀的原位修复工艺[J].材料保护,2002,32(1):57-58.
[24] 葛文军.飞机高合金钢零件的电刷镀修复工艺[J].表面技术,2003,32(2):55-56.
[25] 李健,韦习成.物理气相沉积技术的新进展[J].材料保护 ,2000 ,33 (1) :91-93.
[26] 许越,陈湘,吕祖舜,等.镁合金表面的腐蚀特性及其防护技术[J].哈尔滨工业大学学报,2001 ,33(6):753-757.
[27] 李兆峰,李志强,赵朋举,等.TC4 钛合金表面 CrN 和 DLC 耐磨涂层制备及性能研究[J].材料开发与应用,2014,29(4):43-47.
[28] 田民波.薄膜技术与薄膜材料[M].北京:清华大学出版社,2006.
[29] 李思思,马捷,贾平平,等.AZ31 镁合金表面化学气相沉积钨涂层工艺及其耐蚀性和耐磨性[J].中国表面工程,2014 (01):40-44.
[30] Kung S.High TemperatureCoating for Titanium Aluminides using the Pack cementation Technique[J].Oxidation of Metals,1990,34(3,4):217-228.
[31] Taniguchi S,Shitaba T,Takeuchi K.Protectiveness of a CVD－Al_2O_3 Film on TiAl Intermetallic Compound against High-temperature Oxidation[J].Materials Transactions,1991,32:299-301.
[32] Gong S,Xu H,Yu Q,et al.Oxidation Behaviour of TiAl/TiAl-SiC Gradient Coatings on Gamma Titanium Aluminides [J].Surface and Coatings Technology,2000,130:128-132.
[33] Sharma A K,Suresh M R,Bhojraj H,et al.Electroless nickel plating on magnesium alloy[J].Metal Finishing,1998,96(3):10.
[34] 毕文远.镁合金热喷涂涂层组织与性能研究[D].长春:吉林大学,2012.
[35] 王林磊,梁秀兵,陈永雄,等.镁合金表面电弧喷涂 Fe 基非晶纳米晶涂层的性能[J].装甲兵工程学院学

报,2011,25(6):83-87.

[36] 冯亚如,张忠明,徐春杰,等.AZ31 镁合金表面等离子喷涂 Al65Cu23Fe12 涂层的研究[J].铸造技术,2006,27(2):160-162.

[37] 方学锋,王泽华,刘腾彬.铝合金热喷涂技术的研究进展和应用展望[J].轻合金加工技术,2005,3(10):13-18.

[38] 戴达煌,周克崧,袁镇海.现代材料表面技术科学[M].北京:冶金工业出版社,2004.

[39] 徐荣正,宋刚,刘黎明.铝合金表面电弧喷涂铝涂层工艺与性能[J].焊接学报,2008,29(6):112-115.

[40] 卢果,宋仁国,李红霞,等.6063 铝合金表面等离子喷涂 Al_2O_3/TiO_2 纳米陶瓷涂层组织与性能研究[J].热加工工艺,2009,38(16):97-100.

[41] Dykhuizen R C, Smith M F.Gas dynamic principles of cold spray[J].Journal of Thermal Spray Technology, 1998,7(2):205-212.

[42] Li Changjiu, Li Wenya.Deposition characteristics of titanium coating in cold spraying[J].Surface and Coating Technology, 2003,167(2-3):278-283.

[43] Zhou Yong, Li Changjiu, Yang Guanjun, et al.Effect of self-propagating high-temperature combustion synthesis on the deposition of NiTi coating by cold spraying using mechanical alloying Ni/Ti powder[J].Intermetallics, 2010,18:2154-2158.

[44] Fukumoto M, Mashiko M, Yamada M, et al.Deposition Behavior of Copper Fine Particles onto Flat Substrate Surface in Cold Spraying[J].Journal of Thermal Spray Technology, 2010,19:89-94.

[45] Bae G, Kumar S, Yoon S.Bonding features and associated mechanisms in kinetic sprayed titanium coatings.Acta Materialia, 2009,57:5654-5666.

[46] 余敏,李京龙,李文亚.冷喷涂在镁合金表面处理与成形中的应用前景[J].材料导报,2008,22:153-155.

[47] Li Changjiu, Li Wenya, Wang Yuyue, et al.A theoretical model for prediction of deposition efficiency in cold spraying [J].Thin Solid Films, 2005,489(1~2):79-85.

[48] King P C, Gyuyeol Bae, Zahiri S H, et al.An Experimental and Finite Element Study of Cold Spray Copper Impact onto Two Aluminum Substrates[J].Journal of Thermal Spray Technology, 2009,19(3):620-634.

[49] 李长久.李长久教授谈冷喷涂技术的发展与展望[J].中国表面工程,2004,3:48.

[50] Mondal A K, Kumar S, Blawert C, et al.Effect of laser surface treatment on corrosion and wear resistance of ACM720 Mg alloy[J].Surface & Coatings Technology, 2008,202:3187-3198.

[51] 王林志.活性剂对 AZ31 镁合金钨极氩弧焊和激光焊接接头微观组织和力学性能的影响[D].重庆:重庆大学,2011.

[52] 全亚杰.镁合金激光焊的研究现状及发展趋势[J].激光与光电子学进展,2012,05:5-15.

[53] 戴军,王新星,杨莉,等.异种镁合金激光焊接接头分析[J].热加工工艺,2014,15:167-169.

[54] 卢秉恒,李涤尘.增材制造(3D 打印)技术发展[J].机械制造与自动化 ,2013(4):1-4.

[55] 黄卫东, 林鑫, 陈静,等.激光成形[M].西安:西北工业大学出版社, 2007.

[56] 周永权,谭业发,赵洋,等.电火花表面强化技术及其应用[J].机械研究与应用,2010,04:159-162.

第2章 轻合金的典型失效模式

零部件失去原有设计的功能称为失效，包括完全丧失原定功能、功能弱化和存在损伤或隐患等形式，继续使用会失去可靠性及安全性[1]。服役环境、工况条件及使用时间等因素对零部件失效的影响极大。我国南方及沿海地区多高温、高湿、高盐雾环境，在这种特殊条件下使用，大量轻合金零部件出现不同程度的损伤问题。轻合金零部件的失效模式主要包括两大类：一是腐蚀、磨损、划伤等表面损伤；二是由上述表面损伤诱发的体积损伤，如整体腐蚀疏松、断裂、掉块等[2]。

2.1 轻合金的失效模式

2.1.1 腐蚀失效

金属材料在自然环境中或工况条件下，与环境介质发生化学或电化学作用而引起的变质和破坏现象，称为腐蚀。金属材料的腐蚀按照诱发机理分类，包括化学腐蚀和电化学腐蚀，这其中电化学腐蚀起重要作用。装备中的腐蚀失效类型，归纳起来主要包括以下几种形式[2]：

(1) 均匀腐蚀：指化学或电化学反应在金属表面均匀进行，导致金属从表面开始均匀变薄，直至破坏。该类腐蚀对装备的危害性较小，容易及时发现，进行修理。

(2) 电偶腐蚀：指在电解液存在的前提下，两种不同电位的金属相互连接所引起的腐蚀，又称接触腐蚀。该类腐蚀是装备上最普遍的腐蚀形式。

(3) 缝隙腐蚀：指处于腐蚀介质中的金属，由于在金属结构之间或金属与非金属构件之间形成了缝隙，使缝隙内部加速腐蚀从而引起了结构失效。镁、铝、钛轻合金材料对于缝隙腐蚀最为敏感。

(4) 点蚀：指金属表面在腐蚀环境中形成局部腐蚀小孔，并向深处发展的一种破坏形式。该腐蚀部位常被腐蚀产物覆盖，不易发现，且易产生应力集中，成为腐蚀疲劳的裂纹源。点蚀的危害性极大，易导致突发事故。

(5) 晶间腐蚀：指沿着金属的晶粒边界发生的腐蚀，造成晶粒间的结合力破坏，从而使金属的力学性能变差。在飞机结构中，一些铝合金构件的型材易发生晶间腐蚀，危害性极大。

(6) 剥蚀：指沿轧制、挤压和锻造过程中产生的扁平细长晶粒方向扩展的腐蚀，会引起表层金属鼓泡、翘起和剥落，导致材料强度下降。通常认为，剥蚀是晶间腐蚀的一种特殊形式。

(7) 应力腐蚀开裂:指金属在拉应力和特定的腐蚀介质共同作用下引起的腐蚀和开裂。该类腐蚀是危害性最大的腐蚀形式之一,往往引起结构件的突然断裂,造成灾难性事故。

(8) 腐蚀疲劳:指在腐蚀介质和交变应力共同作用下引起的疲劳破坏。该类腐蚀是结构中常见的腐蚀形式之一,危害性也较大。

上述几种腐蚀失效形式彼此存在一定的内在联系,如晶间腐蚀、剥蚀都是从点蚀开始而发展的,而局部腐蚀形成的坑、孔、缝隙等缺陷又成为应力腐蚀或腐蚀疲劳的裂纹源。通常,装备的腐蚀失效是几种腐蚀失效形式共同作用的结果。

2.1.2 变形失效

变形通常是机械构件在外力作用下,其形状和尺寸发生变化的现象。变形失效分为弹性变形失效和塑性变形失效两种。

从微观上讲,变形是由金属材料在外力作用下,造成的晶格畸变诱发的。若外力消除,晶格畸变亦消除时,这种变形为弹性变形;若外力消除,晶格畸变不能消除时,称这种变形为塑性变形[3]。从宏观上讲,弹性变形失效时,结构件表面不留任何损伤痕迹,仅是金属材料的弹性模量发生变化,而与机械构件的尺寸和形状无关。塑性变形失效时,机械构件出现表面损伤,其机械构件的形状与尺寸均发生变化[4]。

零部件变形失效的主要原因通常是承受的载荷超出了设计极限或变形量阈值,往往是多种因素综合作用和多次作用累积的结果。根据理论分析和实践观察,诱发零件变形的因素较多,主要包括受拉、受压等承力状况,温度、湿度、酸碱度、气压等环境因素,以及内应力分布与组织缺陷等材料自身特性等[5]。

2.1.3 断裂失效

断裂失效是由于超载、疲劳、应力、蠕变、氢脆等原因,造成的零件断裂行为。相较于腐蚀、磨损、变形等失效形式,断裂失效的发生概率较小,但造成的危害最大,往往会引发灾难性的后果。依据诱因,零件断裂失效主要包括以下几种形式[6]:

(1) 一次加载断裂失效。该类断裂失效主要由于拉伸、冲击或持久载荷或应力强度超过了材料的承载能力引起。

(2) 环境介质诱发的断裂失效。该类断裂失效主要由应力腐蚀、腐蚀疲劳、氢脆、液态金属脆化、辐照脆化等环境作用,以及应力共同作用引起。

(3) 周期交变作用力诱发的断裂失效。该类断裂可分为两种形式:一是低周疲劳断裂,如压力容器开裂等;二是高周疲劳断裂,如轴类,螺栓类及齿轮类零件的断裂等。

2.1.4 磨损失效

磨损是零件工作表面的物质，在受载条件下相对运动而不断损失的现象。依据破坏机理，磨损失效包括粘着磨损、磨粒磨损、疲劳磨损、腐蚀磨损和微动磨损等类型[7]。这其中，前三种是磨损的基本类型，后两种仅发生于某些特定工况环境条件下。

（1）粘着磨损：指摩擦副相对运动时，两个金属表面的微凸体在局部高压下产生局部粘结，随后相互滑动而使粘结处撕裂，造成接触面物质损耗。粘着磨损亦称为胶合、咬住、结疤等。

（2）磨粒磨损：指物体表面与硬质颗粒或硬质凸出物相互摩擦引起的表面材料损失。磨粒磨损起因于固体表面间的直接接触。若摩擦副两对偶表面被一层连续不断的润滑膜隔开，且中间没有磨粒存在，则该类行磨损不会发生。

（3）疲劳磨损：指摩擦副对偶表面做滚动或滚滑复合运动时，由于接触交变应力作用，使表面材料疲劳断裂而形成点蚀或剥落的现象。该类磨损一般是难以避免的，即便摩擦副润滑条件良好，疲劳磨损仍可能发生。

（4）腐蚀磨损：指零件在摩擦过程中，表面金属与周围介质发生化学或电化学反应，而出现的物质损失现象。该类磨损通常发生于环境恶劣的使役条件下，如海洋、高原等。

（5）微动磨损：指两接触表面间没有宏观相对运动，但由于外界变动负荷影响存在微小相对振动（振幅一般小于 100μm），此种工况下接触表面间会产生大量的微小磨损粉末，从而造成材料损失。

综上所述，腐蚀、磨损、变形及断裂是装备使用过程中最常见的失效形式。根据使用状况，装备零部件失效是一种或几种失效形式综合作用的结果。本书结合实例，就轻合金失效模式做进一步的阐述。

2.2 镁合金零部件的典型损伤

镁及其合金虽然具有丰富的储量和诸多优异性能，然而迄今为止，其应用仍然非常有限。主要原因如下：一是由于镁及镁合金的化学性质活泼，极易与环境介质交互作用而发生化学氧化；二是镁的标准电极电位仅为-2.36V（相对于标准氢电极），仅高于锂、钠、钾三种金属元素，当与电极电位较高金属偶接使用时，通常会作为阳极发生电化学腐蚀；三是镁合金虽然比强度、比刚度很高，但绝对承载能力有限。综合上述原因，目前镁合金主要是应用于航空装备的轻量化构件及发动机壳体等非主承力部件上，范畴有限。然而，从使用情况来看，腐蚀、磨损及微裂纹是镁合金零部件的典型损伤形式。

图 2-1(a)所示为某飞机座舱盖骨架，材质为 Mg-Al-Zn 系合金，使用过程中

发现,骨架外侧出现了大面积“豆腐渣”状的腐蚀产物,通条固定槽内侧出现了严重腐蚀超差,最大深度达1mm。图2-1(b)所示为某飞机的支架点蚀,该飞机使用仅两年后,其镁合金件的腐蚀概率就达50%以上。图2-1(c)为某飞机导管夹,材质为Mg-Al-Zn系合金,使用过程中发生了普遍点蚀,需定期更换,大幅增加了维修工作量。维修过程中发现,某飞机20%以上的镁合金轮毂发生了严重点蚀,70%以上的镁合金电动液压开关发生了严重的电化学腐蚀。某飞机机头罩的材质是AZ91D镁合金,使用过程中出现了约350mm×400mm的大面积腐蚀坑,深度达2/3板厚。

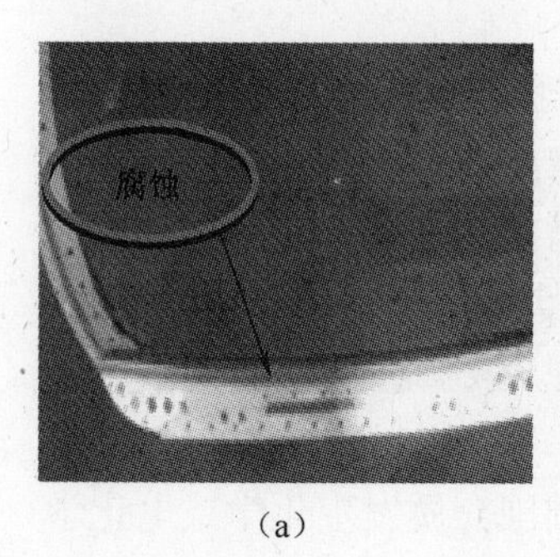

(a)

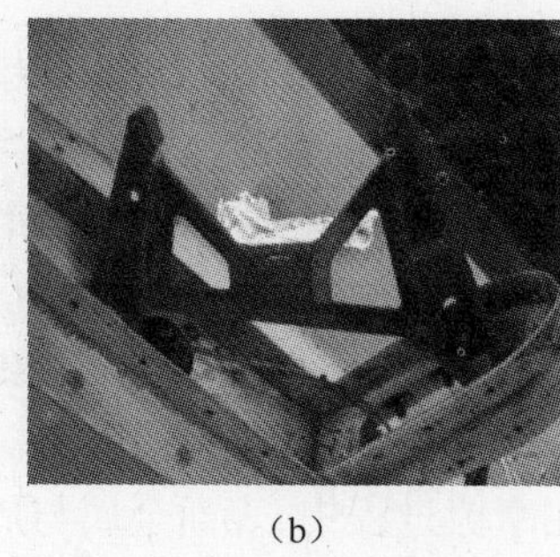
(b)

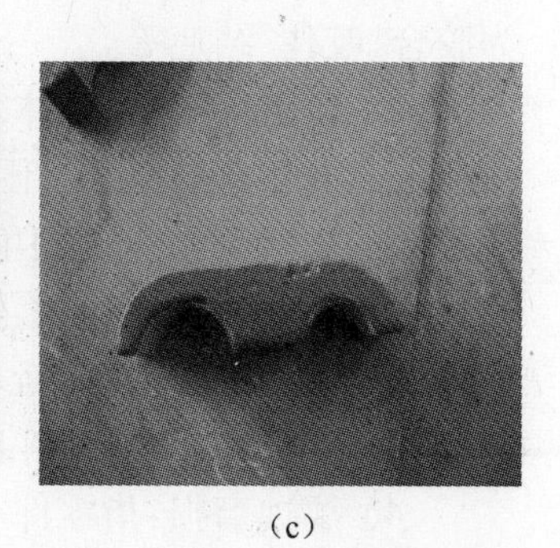
(c)

图2-1 镁合金零构件腐蚀损伤

(a)座舱盖骨架腐蚀;(b)支架腐蚀;(c)导管夹腐蚀。

图2-2所示为飞机发动机镁合金机匣,使用过程中出现了大量的裂纹损伤,该裂纹由腐蚀环境和机械疲劳共同作用而产生。首先,镁合金外壳与螺栓(钢材料)为异质连接,在腐蚀介质中发生了电化学反应,出现了腐蚀坑,诱发了局部应力集中;同时,由于发动机振动引起的机械疲劳促进了微裂纹的扩展,最终导致了开裂。

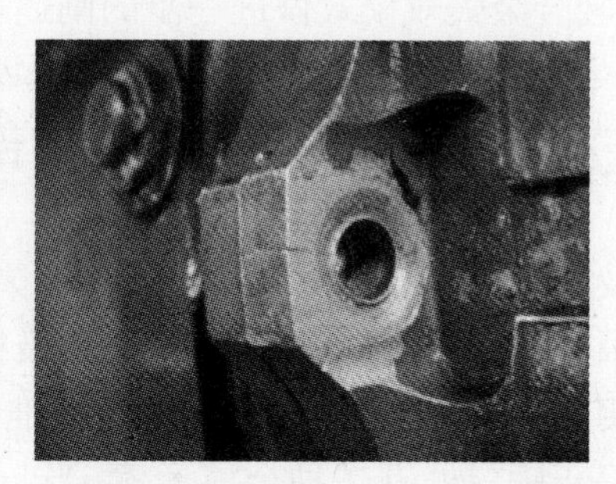

图2-2 镁合金机匣裂纹损伤

图2-3所示为飞机发动机镁合金滑油附件的磨损损伤。该发动机工作时,附件由于受振动,与其接触的部位受压并发生磨损,圆孔内径尺寸超差密封不严,导致无法正常工作。

从使用的角度看,镁合金发生腐蚀的主要原因有以下两个方面[8]:一是该类

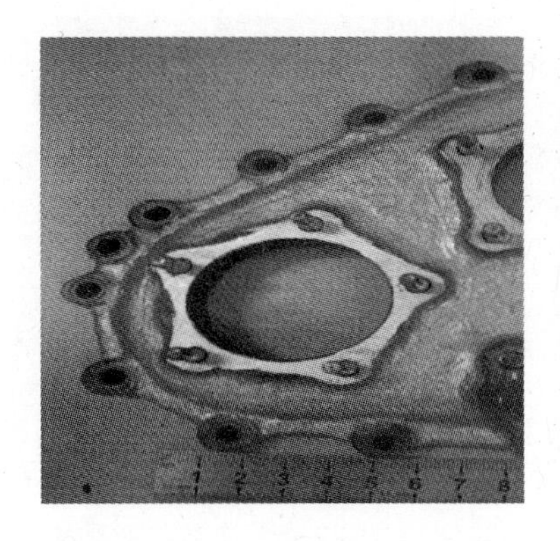

图 2-3　镁合金滑油附件磨损损伤

镁合金零部件表面通常涂有一层防护漆，飞机在飞行过程中这些部件受气流的冲刷，表面防护漆局部发生脱落，使基体金属裸露，与外部潮湿盐雾环境直接接触，加之露天停放时雨水的聚集，这些裸露的部位形成小阳极，防护漆未脱落部分形成大阴极，使得镁合金件的表面产生了坑坑洼洼的点蚀。外部环境条件对该类腐蚀的影响很大，尤其在酸性和中性介质中腐蚀更为严重，此时外部环境中的氯离子极易破坏镁合金表面的钝化膜，一旦表面钝化膜遭到破坏，点蚀就开始大面积发生，同时可以诱发应力腐蚀开裂或腐蚀疲劳。二是镁合金与异质金属接触，如本例中的镁质导管夹（导管为铝或钢制品），镁合金相对于其他金属结构件都是阳极，异质金属为阴极，因此发生电化学反应，引起腐蚀。

2.3　铝合金零部件的典型损伤

铝合金材料在轻合金中的应用最为广泛、用量最多，主要用于各类装备结构的制造。然而，相较于镁合金而言，铝合金的失效形式更为多样，既包括腐蚀、磨损、擦伤等表面损伤，又包括开裂、掉块等结构损伤。

图 2-4 所示为某重载车辆的车体裂纹，该裂纹较为普遍，形式基本一致，类似于材料本身的分层缺陷，呈平行分布，长短不等。该类层状裂纹产生的原因较为复杂，如型材化学成分因素、成形轧制工艺因素、车体结构设计因素、车体焊接工艺因素及使役环境因素等。图 2-5 所示为某重载车辆的牵引钩处裂纹，该裂纹位于焊趾部位，在外界载荷的作用下萌生，并沿焊趾方向扩展。

图 2-6 所示为某重载车辆附座裂纹，出现较为普遍。图 2-7 所示为某重载车辆座圈裂纹，该裂纹尺寸很小，覆于漆层下面，很难用肉眼发现。图 2-8 所示为某重载车辆车体焊接处裂纹，主要原因是车体焊接残余应力较大，并存在夹杂、气孔等缺陷，使得接头强度降低，加之车辆高强度运动受力后，形成微裂纹并扩展，最终形成长裂纹。

图 2-4　车体裂纹

图 2-5　牵引钩处裂纹

图 2-6　附座裂纹

图 2-7　座圈裂纹图

图 2-8　焊接处裂纹

图 2-9(a)所示为某重载车辆推进器壳体断裂损伤,该壳体材质为 Al-Si 系合金,采用分形铸造工艺制造而成。该断裂损伤原因是紫铜衬套与铝合金壳体之间产生电化学腐蚀,腐蚀产物导致铝合金壳体膨胀,同时叶片高速旋转带入大量泥沙对壳体产生强烈冲击,综合作用下导致了壳体破裂。图 2-9(b)所示为筒体与车体的连接锈死损伤,主要原因是筒体与车体的连接为钢/铝异质连接,发生电化学腐蚀,引起锈死无法拆卸。

(a)

(b)

图 2-9　腐蚀引起的断裂和锈死损伤

(a)推进器壳体断裂;(b)连接筒体锈死。

某型船艇的艇体、上层建筑、外板等关键结构均使用了铝合金材料，主要包括Al-Mg系合金、Al-Mg-Si系合金等。该艇主要使用于我国沿海地区，坞修时发现，铝合金艇体及构件均发生了明显的腐蚀损伤。

图2-10(a)所示为艇体连接桥处的腐蚀损伤，该点蚀通常发生于漆膜之下，直径约为ϕ3mm，深度约为0.3~0.5mm，分布密集。图2-10(b)为阀体腐蚀，该艇的截止阀、止回阀、蝶阀等各类阀门均采用了铝合金阀体，使用中发现，所有阀体均发生了严重的点蚀，因无法修复，通常做换件处理。图2-10(c)为喷水推进器尾板法兰腐蚀穿孔，类似损伤还普遍发生于冷却器端盖壳体、法兰、旋塞、注入头、管头、甲板漏水孔等铝合金附件中。图2-10(d)为铝合金管路外壁点蚀，主要包括燃油管、润滑油管等。

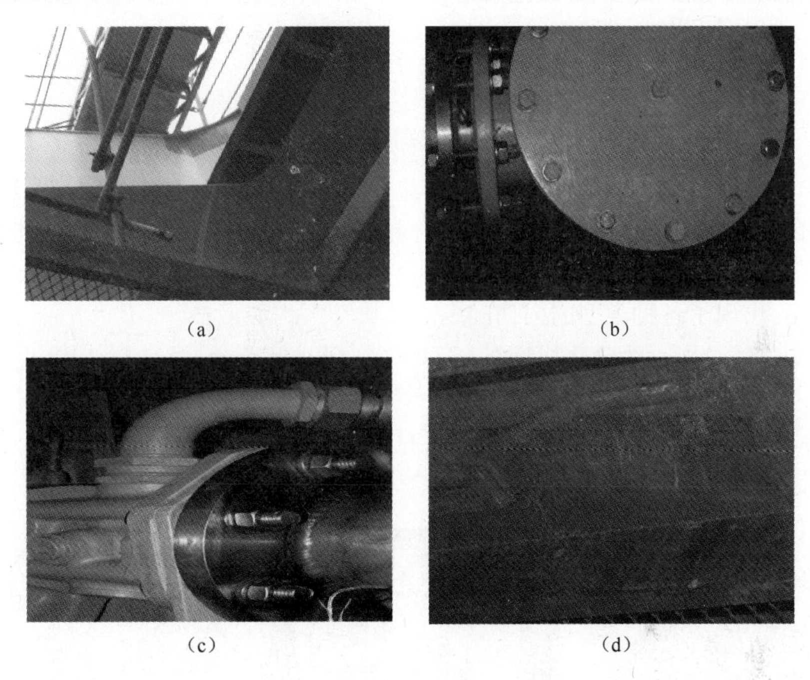

(a) (b) (c) (d)

图2-10 某艇各类零部件腐蚀

(a)连接桥处点蚀；(b)阀体腐蚀；(c)法兰腐蚀；(d)管路点蚀。

同时，铝合金材料虽然具有很高的比强度，但在高温和湿热环境下使用，其耐磨性、抗划伤性能较差，更为严峻的是，外界因素会造成其表面的划伤，防护层被直接破坏，使基体合金直接暴露于严苛的坏境中，加重诱发了腐蚀开裂等多种损伤形式。图2-11所示为某飞机操纵拉杆，材质为LY11铝合金，内部为空心结构，使用过程中由于机械磨损等原因，表面出现了长度为50~80mm，深度为1~2mm的划伤损伤。图2-12所示为某飞机油箱盖磨损损伤，在日常加油时，油箱盖需要经常开关，因而与油箱接触部位发生磨损失效。

综合上述分析可知，铝合金件主要的失效形式包括腐蚀、断裂和磨损等，且在海洋环境下服役的各类舰船铝合金零(构)件,其腐蚀程度较在内陆使用的各类零(构)件更为严重。

图 2-11　拉杆表面划伤

图 2-12　油箱盖磨损

2.4　钛合金零部件的典型损伤

钛合金材料在轻合金中的强度最高、耐蚀性最好、常温及高温力学性能最为优异,在国防工业领域应用广泛。然而,钛合金的耐磨损等性能较差,加之装备的高强度使用,出现了各种类型的损伤问题。其典型损伤如下:

图 2-13(a)所示为某飞机操纵杆,材质为 OT4 钛合金,属空心结构,壁厚约为 1.5mm,安装于发动机附近,使用过程中出现了压坑等表面损伤。图 2-13(b)、(c)所示为某飞机起落架前轮挡泥板轴,材质为 TC2 钛合金,使用中发生了 R 角处开裂和镀 Cr 层脱落损伤。

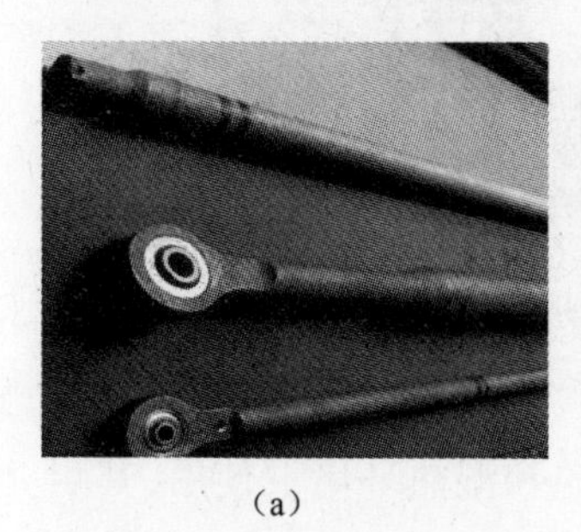

(a)

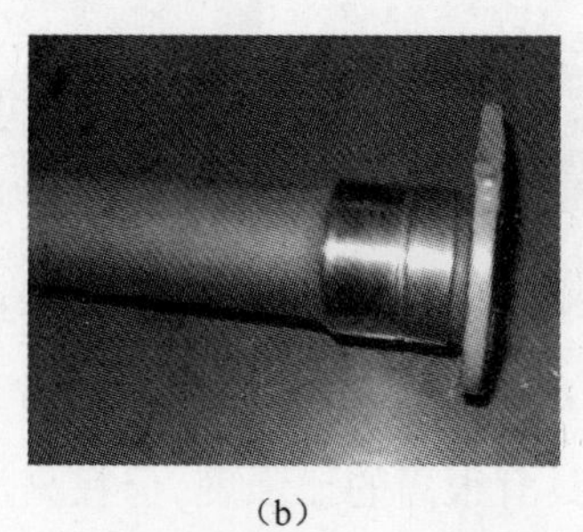

(b)

(c)

图 2-13　飞机钛合金件典型损伤

(a)空心操纵杆压坑损伤;(b)挡泥板轴 R 角开裂;(c)挡泥板轴镀层脱落。

另外,开裂、腐蚀亦是钛合金件的典型失效模式。图 2-14 所示为航空发动机钛合金主承结构的裂纹损伤,图 2-15 所示为某艇钛合金管路的腐蚀损伤。

综上分析可知,钛合金材料在飞机、舰船中应用较多。装备使用初期的损伤形式主要有腐蚀、磨损、划伤等;然而,随着使用时间的延长,上述表面损伤会进一步发展为开裂、掉块等结构损伤,造成结构静强度降低、应力腐蚀开裂、疲劳断裂等严重后果。

图 2-14　钛合金承力结构裂纹

图 2-15　钛合金管路腐蚀

参考文献

[1] 张栋,钟培道,陶春虎,等.失效分析[M].北京:国防工业出版社,2004.

[2] 刘贵民,杜军.装备失效分析技术 [M].北京:国防工业出版社,2012.

[3] 罗应兵.轻合金超塑性变形机理与成形工艺研究 [D].上海:上海交通大学,2007.

[4] 闫嘉琪,李力.机械设备维修基础[M].北京:冶金工业出版社,2009.

[5] 徐先锋,何柏林.机械工程材料[M].北京:化学工业出版社,2010.

[6] 费敬银.机械设备维修工艺学[M].西安:西北工业大学出版社,1999.

[7] 赵文珍,刘琦云.机械零件修复新技术[M].北京:中国轻工业出版社,2000.

[8] 罗湘燕,汪定江,扬苹.飞机镁合金零部件表面腐蚀的原位修复工艺[J].材料保护,2002,35(1):57-58.

第 3 章　低温超声速喷涂技术

3.1 技 术 概 述

超声速喷涂是材料表面防护与损伤修复的关键技术之一，属当前的国际研究热点和前沿。依据热源形式，超声速喷涂可分为超声速等离子喷涂（SPS）、超声速电弧喷涂（HAVS）、超声速火焰喷涂（HVOF/HVAF）及冷喷涂（CGDS）等[1-5]。虽然，各类超声速喷涂技术各有独特性，但具有明显的共性特征，既均是通过喷嘴设计来获得超声速气流及颗粒的。这其中，超声速等离子喷涂是在特定形面喷嘴外形成扩张性等离子弧，采用等离子弧来加热氢气或氮气形成超声速射流；超声速电弧喷涂以电弧为热源来熔化喷涂丝材或粉体，采用流经特定形面喷嘴获得的超声速气流来雾化熔融材料并形成超声速射流；超声速火焰喷涂是以高热焓气体或液体为燃料，在氧气或空气的助燃下燃烧，压缩焰流通过特定形面喷嘴后形成超声速射流；冷喷涂是以经预热的高压空气（氮气、氦气、氩气等）为热源，通过特定形面的缩放喷嘴来形成超声速射流[6]。

3.1.1　技术内涵与特点

图 3-1 所示为常见超声速喷涂技术中的颗粒温度与速度分布。可以看出，空气助燃超声速火焰喷涂（HVAF）、冷喷涂能够产生相对较低的喷涂粒子温度和较高的喷涂粒子速度，可归结为低温超声速喷涂技术范畴。本书以空气助燃超声速火焰喷涂为专指特例，来阐述低温超声速喷涂技术的工艺特性。

低温超声速喷涂是以丙烷为燃料，以空气为助燃气体，以氢气为还原气体，通过燃烧产生热值相对较低的高压焰流将热喷涂粒子加热至热塑态，经特殊形面的拉瓦尔喷嘴加速产生超声速射流，与基板高速碰撞发生高塑性畸变并协调变形，从而沉积形成涂层的工艺过程[7]。

低温超声速喷涂技术的原理如图 3-2 所示。压缩气体分两路：一路通过送粉器，作为载带气将粉末引入喷嘴；另一路通过加热器使气体膨胀，提高气流速度，然后两路气流进入喷枪，在其中形成气-固双相流。双相流中的高动能颗粒撞击工件表面后产生塑性变形沉积在工件的表面形成涂层。在喷涂过程中，工艺参数可根据不同的粉末要求进行调节。低温超声速喷涂技术采用以下两种途径来调控喷涂粒子的温度：一是通过调整燃气比例，使丙烷不能充分燃烧，燃烧室温度明显降

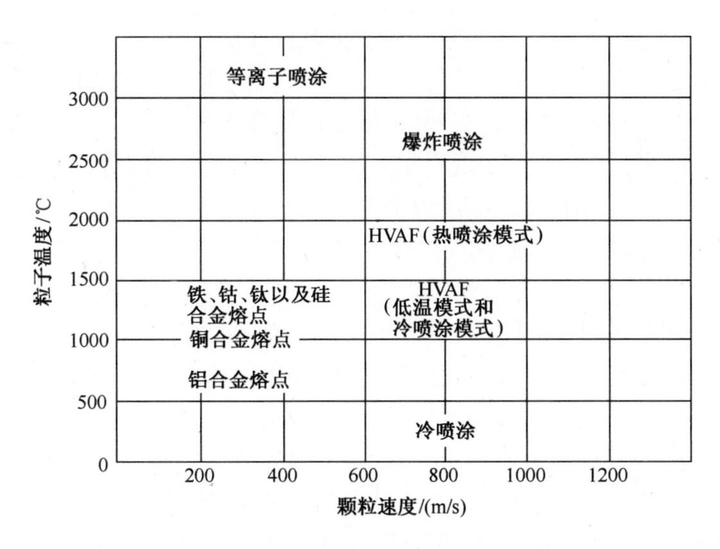

图 3-1 常见超声速喷涂技术中的颗粒温度和速度分布

低;二是通过优化喷枪内部结构,使颗粒在高压区注粉,减少颗粒在燃烧室内的停留时间。低温超声速喷涂喷涂过程区域由拉瓦尔喷管、直管段和自由射流区组成。粒子速度对于粒子成功沉积至关重要,因此,在喷管管流区气体裹挟粒子的加速过程及粒子在射流区速度的变化规律是研究重点。

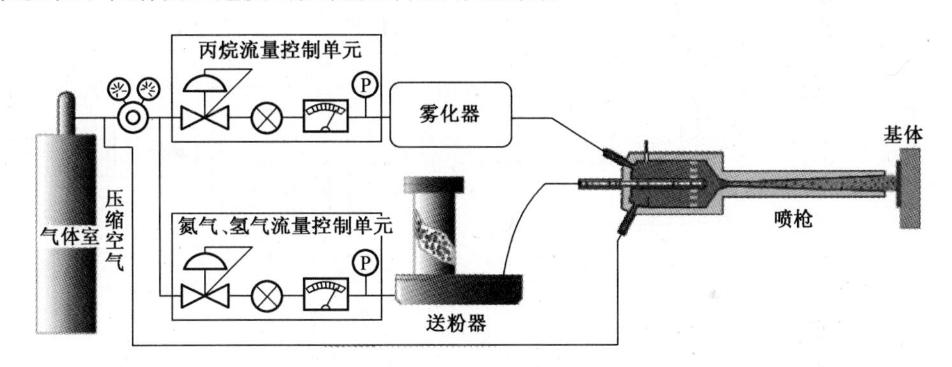

图 3-2 低温超声速喷涂原理图

低温超声速喷涂是以低温的高速焰流为动力,是在低温状态下完成了涂层制备的,具有如下技术独特性[8,9]:

(1) 涂层制备过程温度低。低温超声速喷涂技术制备的涂层,其化学成分与原始喷涂粉末的化学成分基本一致,其氧含量与原始喷涂粉末的氧含量十分相近,表明涂层制备过程中喷涂粉体基本可以实现原态沉积,因此特别适合于纳米、非晶、碳化物等温度敏感、氧化敏感及相变敏感材料涂层的制备。

(2) 对基材热影响小。相较于传统热喷涂技术,该技术具有明显的低温特性,喷涂粒子是在熔点温度附近的热塑态下实现沉积成形的,对工件基体的热输入很小,基本不会诱发基材微观组织的改变和理化性能的劣化,因此特别适合于在镁、铝、钛、铜、镍等敏感材质工件表面制备防护及修复涂层。

(3) 涂层致密度高。由于低温超声速喷涂颗粒的速度高、动量大，后续喷涂粒子的冲击会对已沉积层产生夯实效果，故涂层的致密度很高。

(4) 可制备厚涂层。由于低温超声速喷涂过程中，大部分颗粒是在固态或热塑态下实现沉积成层的，通常涂层内部是完全压应力或压应力、拉应力共存状态，故可实现较大厚度涂层的制备。

(5) 结合强度较高。相较于冷喷涂，低温超声速喷涂技术以低温焰流作为载气热流，热焓相对较高，喷涂颗粒具有更大的内能和更高的动能，在与基板及先期沉积层的高速碰撞过程中，会有更多的热能、动能转化为变形颗粒的塑性变形能及热能，更加利于粉末颗粒与基材的结合及颗粒与颗粒之间的结合，甚至在局部微区诱发颗粒熔化，实现局部微冶金结合，故结合强度较高且沉积效率较大。

(6) 经济效益好。该低温超声速喷涂技术直接使用压缩空气进行涂层制备，成本低。同时，可将空气作为冷却气体，使成本进一步降低。

3.1.2 设备系统与工艺因素

一套功能完备、运行可靠、适用范围广的低温超声速喷涂设备系统应包含燃料分系统、送粉分系统、超声速喷枪、运动机构和冷却分系统等，如图 3-3 所示。

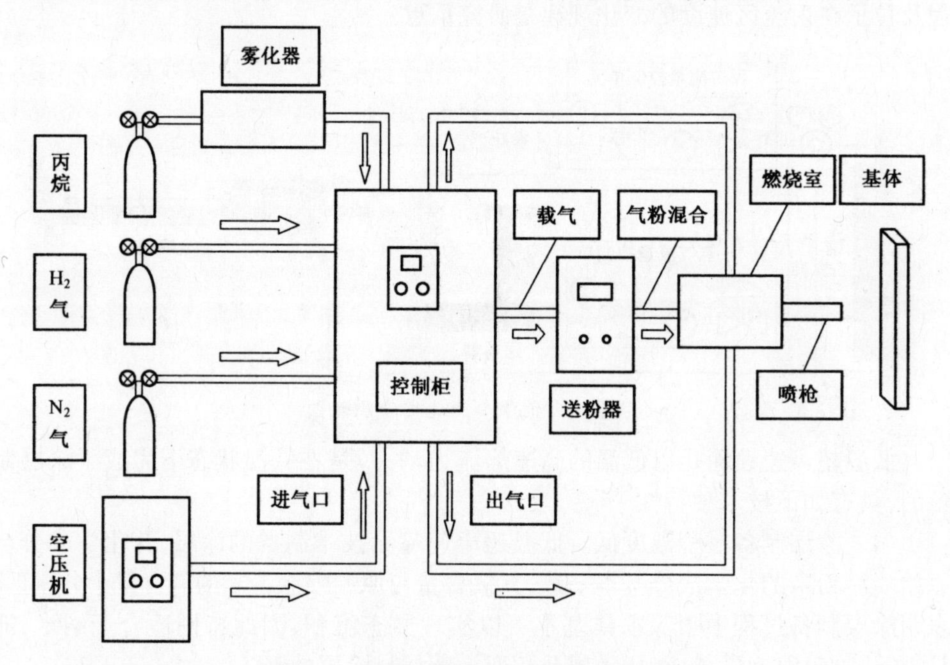

图 3-3 低温超声速喷涂设备系统构成图

1. 燃料分系统

采用丙烷作为燃料，高压空气作为助燃气体，氮气作为送粉气体，氢气作为还原性气体。高压空气由大型专用空气压缩机提供，液态丙烷经雾化器加热气化后通入超声速喷枪与高压空气混合，经点燃体积迅速膨胀，可有效对喷涂颗粒进行预热和加速，使喷涂颗粒达到超声速。喷涂颗粒由氮气作为载气沿轴向送入超声速喷枪，氩气在喷涂过程中起到防止喷涂颗粒氧化的作用。氮气和氩气由高压汇流排提供。燃料分系统中各类气体的压力和流量由控制柜整体控制。

2. 送粉分系统

优选配置刮板式送粉器，通过控制转轮的转速对送粉速度进行调控。主要特点是操作方便、控制精确、安全性高。

3. 超声速喷枪

该喷枪主要由枪体、拉瓦尔喷嘴、连接法兰等零件组成，实现的功能如下：

（1）对高压气体进行有效加速以产生具有一定质量流量的超声速射流；

（2）可将喷涂颗粒与高压气体有效混合形成超高速的气固两相流；

（3）可对喷枪自身实现冷却；

（4）可方便地固持在运动机构上。

4. 运动机构

为提高轻合金表面超声速喷涂修复的质量，采用专用运动机构夹持喷枪做多方位、复杂轨迹运动，采用回转变位机构夹持待修复的轻合金损伤件做高速回转运动。该设备系统采用的是六轴机器人系统和回转工装。

5. 冷却系统

为提高轻合金表面超声速喷涂效率并防止先期沉积层过热氧化，特配置冷却分系统，在喷涂过程中对工件进行实时冷却。冷却系统由供气装置和气体喷嘴组成，冷却气使用压缩空气。该冷却系统具有经济、环保、易操作等特点。

基于上述关键组件及分系统，结合中央控制单元开发，综合集成了一套结构组合式、功能模块化、作业多模式的低温超声速喷涂设备系统，如图 3-4 所示。

涂层性能质量受到工件状态、粉体特征、燃料类型、设备性能、喷涂工艺等多种因素的影响。这其中，工件状态包括基材牌号、理化性能、表面粗糙度、活化程度等；粉体特征包括粒度分布、球形度、松装密度、硬度、弹性模量等；拖带射流类型包括燃料种类、雾化状态、流量及压力等，以及助燃气体种类、流量及压力等；设备性能包括喷嘴形状、自动化程度、运行可靠性等；工艺参数包括送粉速率、喷涂距离、线扫描速度、喷涂角度等。

1）工件状态

颗粒沉积成层需要工件基体或喷涂颗粒在撞击过程中产生足够大的塑性变形，而基体的变形能力与其硬度密切相关[10-12]。研究表明[13-16]，在工艺参数一定的条件下，硬度低的工件基体容易发生塑性变形，在其表面更容易形成第一层沉积层；而硬度高的工件变形能力较差，不能吸收足够的颗粒动能，颗粒在其表面仅发生反弹现象，只形成弹坑。

图 3-4 低温超声速喷涂设备系统

2）粉体特征

（1）氧化物含量。研究表明[17]，当载气温度较低时，颗粒表面氧化物的存在会明显降低涂层的沉积效率，当载气温度高于 500℃时，颗粒表面的氧化物对沉积效率无明显影响；但随着氧化物含量的增加，在涂层内部发现了氧化物颗粒，涂层结合强度降低。主要原因是当颗粒与基体撞击时，塑性变形使表面的氧化膜破坏并使其沿接触面向外挤出，但大多数氧化层仍存在于内部，最终在足够大的局部压力下使颗粒同基体结合。同时，绝热剪切失稳发生于局部集中变形区，产生金属射流，这有助于清除破碎的氧化物；随着颗粒表面氧化膜厚度的增加，需要更大的动能将其清除，因此需要更高的颗粒速率[18]。

（2）颗粒尺寸。喷涂过程中，小直径颗粒受气体流场变化的影响很大，出口处膨胀波对小颗粒加速作用更明显，可以加速至更接近载气流速度，颗粒也更分散[19]，这对于喷涂过程是有益的；但是，在超声速流场中存在各种激波，如基板前的弧形波区会对颗粒产生减速作用，此区域对大颗粒的减速作用不明显，而小颗粒则会被吹离基体表面[20]。随着颗粒粒径的减小，应变率硬化作用起主要作用[21]，这会使得变形更加困难，小粒径颗粒仍会保持原形状。这两方面影响对涂层的形成是不利的，故喷涂粉末的颗粒直径不宜过小[22]。

（3）颗粒组成。喷涂颗粒中加入硬质相会提高成形涂层的硬度和结合强度。一方面颗粒含量增加可使涂层硬度增加。另一方面，由于硬质颗粒对基体表面有清洁作用，并使基体表面积增大，从而对表面有活化作用，最终增加结合强度。此外，硬质相的引入，对成形涂层起夯实作用，以提高成形涂层的致密度[23]。

3）拖带射流

拖带射流类型影响喷涂颗粒的分散度和速度。相同气压条件下，分子量越小的气体其加速性能越好，这种趋势对于小直径和低密度的颗粒更明显[24]。在氮气中加入少量氦气，可以明显提高气体和颗粒的出口速度，随着氦气含量的增加，气体和颗粒的速度不断增加，利于制备致密、结合强度高的涂层，同时避免完全使用氦气而带来的昂贵成本[25]。

当拖带射流温度升高时，会引起沉积层硬度下降[26]，但会使沉积层的拉伸强度提高。主要有两个方面的原因：一是提高拖带射流温度可增大喷涂颗粒的动能；二是拖带射流对喷涂颗粒的加热作用增强[27]。但是较高的拖带射流温度，会使颗粒发生氧化[28]，此时载气对基体的热作用不能忽略。

4）设备性能

研究表明[29]，采用圆形和方形横截面喷管的喷枪，其出口处的颗粒束流更加集中，且具有更高的速度；对比可知，在椭圆形喷管内，喷涂粒子的速度下降量要小，且大的颗粒分散度有利于获得均匀分布的涂层。

5）工艺参数

（1）喷枪线扫描速度。当保持其他参数不变，仅改变喷枪线扫描速度时，基体温度随之发生变化，进而引起基体表面硬度变化，最终影响成形涂层质量。研究表明[30]，当喷枪低速扫描时，制备的涂层更为致密，但由于退火的影响其显微硬度则有所降低；同时，在沉积过程中存在再结晶现象，有时还会诱发氧化物和氮化物的生成[31]。

（2）喷涂距离。在其他工艺参数一定的情况下，增大喷涂距离会导致颗粒速度降低，进而造成沉积效率下降[32]，但对涂层孔隙率的影响不大[33]。当喷涂距离较小时，基板前的弓形激波延长，造成超声速喷管内的气体膨胀不充分，对粒子加速造成不利影响。对于特定种类的喷涂材料以及特定粒径的喷涂粉体，存在一个最佳的喷涂距离区间[34]。

（3）喷涂角度。研究表明[35]，当采用非垂直角度喷涂时，会引起涂层孔隙率的增大、结合强度的降低和力学性能的下降，这是由于有角度撞击影响了颗粒的变形程度。在斜碰撞过程中，颗粒沿基体表面切线方向的分速度产生张力，减小了颗粒与基体之间的接触面积，在基体和颗粒之间形成了缝隙[36]。随着喷涂角度的增大，垂直速度分量迅速降低，这导致沉积效率大幅度下降[37]。

3.2　低温超声速喷涂沉积成形过程的数值模拟

超声速喷涂过程中，具有一定速度的颗粒撞击基板，与基板发生协调变形从而成功沉积为涂层。研究表明，颗粒达到临界速度后，才会产生绝热剪切失稳现象，颗粒产生绝热失稳及基板的热软化使颗粒与基板塑性变形，从而粒子和基体接触表面产生广泛的粘附,使得粒子和基体相结合形成涂层。因此,颗粒的临界速度是形成涂层的一个必要条件。本节采用非线性有限元分析软件 LS-DYNA,模拟颗粒撞击基板和涂层形成过程以及颗粒和基体的变形规律。

3.2.1　几何模型的建立

通过 ANSYS 建立二维模型,其中颗粒为球体,基体采用圆柱体结构。基体相对于颗粒可以看作无限大厚靶。根据实际喷涂过程,建立简化的几何模型。图 3-5(a)为实际喷涂过程,图 3-5(b)为建立的几何模型。

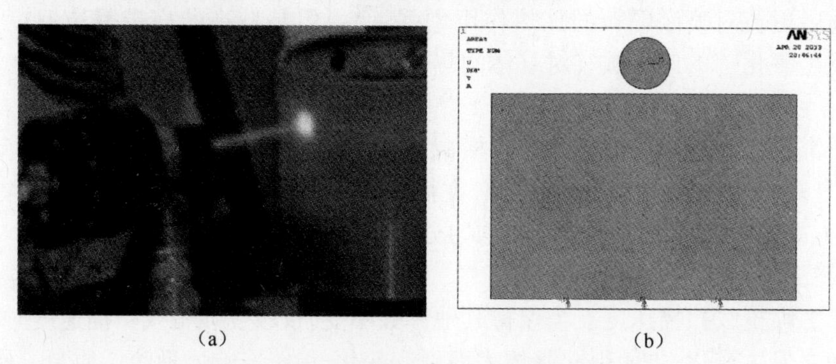

(a)　　　　　　　　　　(b)

图 3-5　喷涂过程及碰撞几何模型的建立

(a)喷涂过程;(b)几何模型。

3.2.2　有限元模型的建立及边界条件

考虑涂层沉积过程高速、大应变的特点,对颗粒和基体的材料模型考虑率相关方程及材料失效方程,选取 Johnson-Cook 本构塑性材料模型,其状态方程为 Gruneisen 状态方程。

对模型进行网格划分。模型采用单点积分的四节点二维薄壳单元划分网格,并对碰撞区域进行网格加密处理以满足计算精度,网格划分结果如图 3-6 所示。

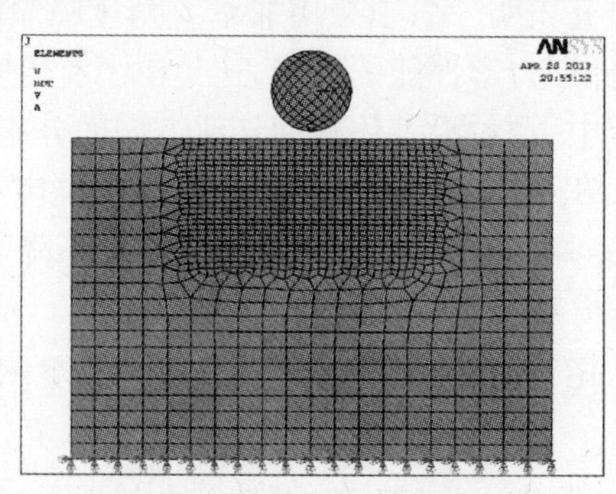

图 3-6　模型网格划分结果

对于颗粒和基体碰撞的二维有限元模型,约束基体底面 X、Y 方向的位移自由度，其他面设为自由面。为了得到颗粒/基体碰撞体系的临界速度，需要设计不同的颗粒碰撞初始速度进行研究。因此设颗粒初始速度分别为 500m/s、600m/s、650m/s、700m/s、750m/s、800m/s，进行颗粒/基体的碰撞及变形的模拟分析。

3.2.3 单颗粒碰撞过程的数值模拟结果及分析

1. 不同初始速度下颗粒与基体的变形规律

采用上述单元类型及材料模型，颗粒分别以 500m/s、600m/s、650m/s、700m/s、750m/s、800m/s 的碰撞初始速度，初始温度设为 27℃，垂直撞击基板在 35ns 时颗粒及基体塑性变形情况，如图 3-7 所示。可以看出，当颗粒速度在 700m/s 以下时，颗粒未产生溅射，不能成功在基体上沉积，只是撞击在基体上，对基体形成冲蚀效果。而当颗粒速度大于 700m/s，颗粒在撞击基体的同时发生了塑性变形，颗粒与基体均产生金属射流。此时，颗粒温度的升高使颗粒的热软化效果超过加工硬化效果，此时的颗粒速度达到了临界速度，从而使得颗粒成功在基体上沉积。

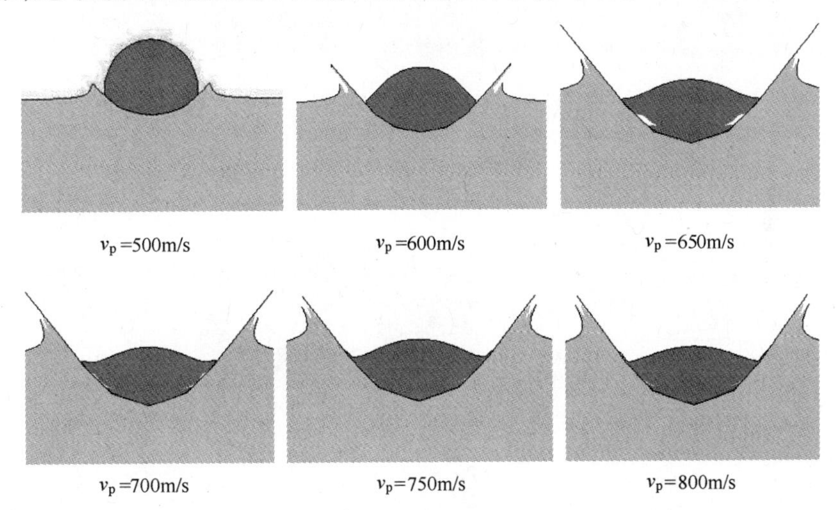

图 3-7 颗粒不同初始速度碰撞基体 35ns 时变形形态

图 3-8 为颗粒初始速度为 700m/s，颗粒初始温度为 27℃，垂直撞击基体过程中不同时刻颗粒变形图及有效塑性应变图。可以看出，颗粒与基体碰撞后，在基体上产生凹坑。基体上凹坑的直径和深度随着颗粒速度增大而增大，在颗粒一定速度时随接触时间的延长而增大，颗粒的高度与直径则相应减小。颗粒和基体的塑性变形集中在颗粒/基板接触表面的一个狭小的区域，而在此区域内发生了金属溅射现象，表明接触区域产生了剧烈的塑性畸变。剧烈塑性畸变使接触区域温度和应力累积，材料发生剪切失稳现象，促使颗粒和基体的结合。

对颗粒和基体接触面上的单元进行分析，研究塑性应变最大的单元有效塑性应变、温度和应力随时间变化规律，如图 3-9~图 3-11 所示。

由图 3-9 可知，对于颗粒速度小于 700m/s 的碰撞过程，其有效塑性应变随着

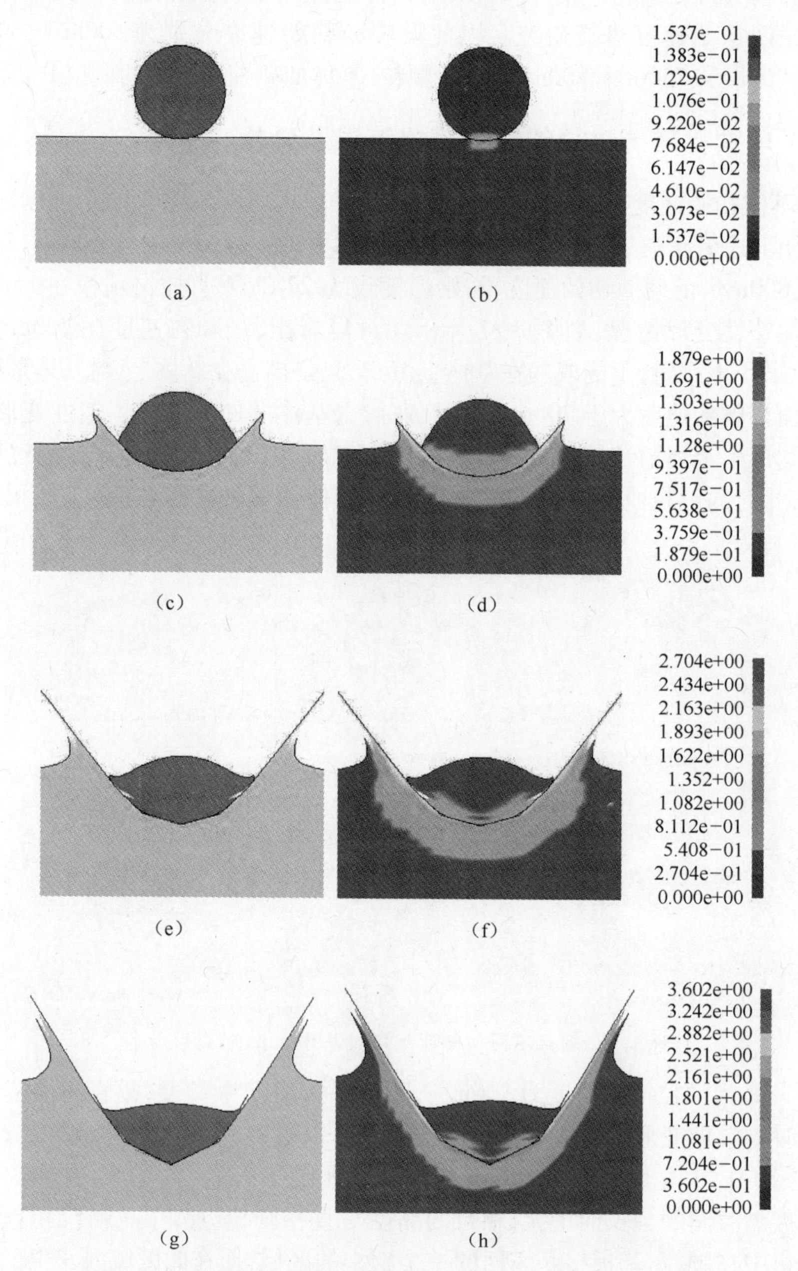

图 3-8　颗粒/基体在不同时刻的变形图((a)、(c)、(e)、(g))
以及塑性应变图((b)、(d)、(f)、(h))
(a)2ns;(b)2ns;(c)15ns;(d)15ns;(e)30ns;(f)30ns;(g)50ns;(h)50ns。

时间单调变化;当颗粒速度 750m/s 时,有效塑性应变在 15ns 左右经历一个突然的增加,表明颗粒此时发生了强烈的塑性变形,发生剪切失稳现象。

图 3-10 表明，在颗粒速度小于 650m/s 时，温度逐渐增加，但温度梯度减小，最终趋于稳定保持在 300℃左右，温度升高表明颗粒的动能转化为颗粒和基体的内能。当颗粒速度为 700m/s 和 750m/s 时，碰撞 5ns 时间内，温度急剧增大；而在 5~10ns 之间，颗粒温度梯度急剧减小并随时间趋于稳定值。在此颗粒碰撞速度下温度的异常变化表明颗粒速度达到临界速度以上，此时碰撞后颗粒和基体中由颗粒动能转化的内能导致材料绝热温升，从而颗粒热软化效果会导致颗粒/基体接触区域产生广泛的粘附，促进了颗粒和基体牢固结合。

图 3-11 表明，碰撞过程中变形最大单元应力值在碰撞初期急剧增加 10^9Pa 量级，瞬时应力的最大值能达到 9×10^9Pa，表明碰撞初期材料发生高压流变，接触界面薄层发生剪切失稳。当颗粒速度小于临界速度（700~750m/s）时，碰撞初期最大应力剧增，随时间增加而缓慢下降至 2×10^9Pa，而当颗粒速度大于临界速度时，最大应力随时间增加快速下降至 0。表明随时间增加，粒子速度不断消耗，应力降低至低于材料强度，此时界面剪切失稳停止，颗粒形变趋于稳定，而当颗粒速度过大时，应力降低至零导致颗粒弹性应变，从而导致颗粒的反弹。

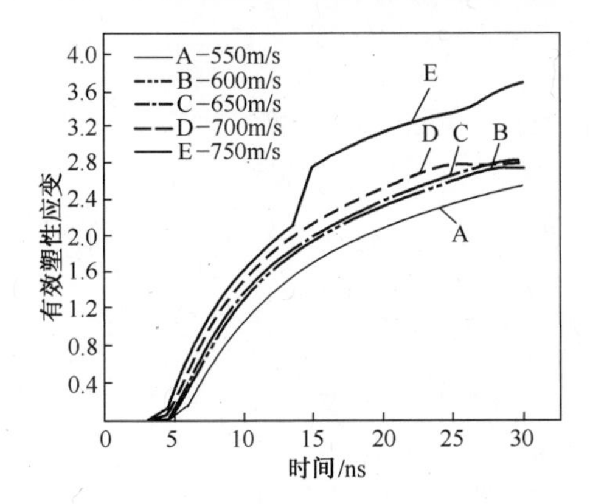

图 3-9　有效塑性应变随时间变化曲线

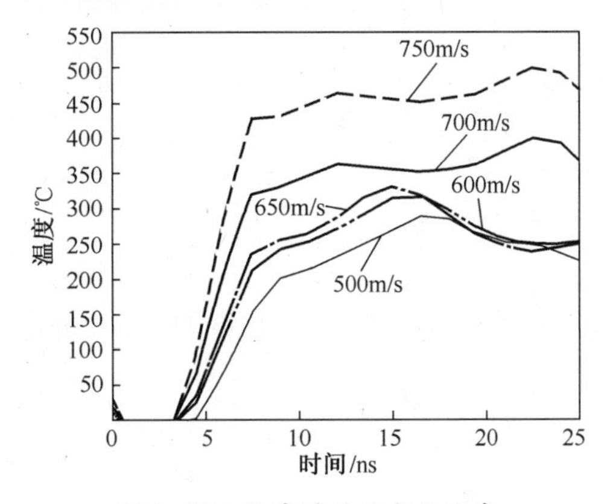

图 3-10　温度随时间变化曲线

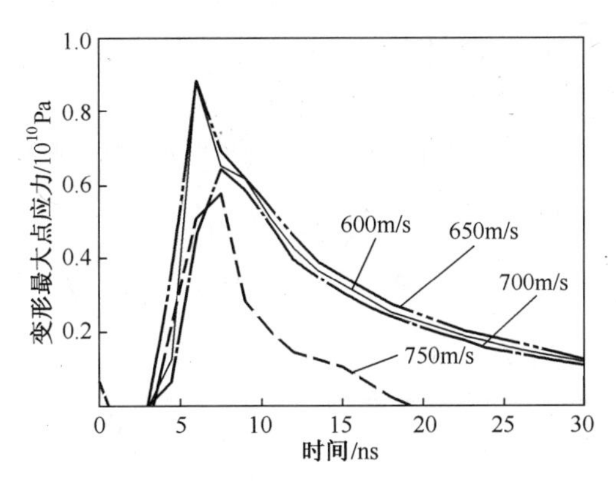

图 3-11　应力随时间变化曲线

2. 颗粒扁平率及变形量计算

对于颗粒和基体碰撞的变形程度用扁平率来表征,可表示为

$$f_r = \frac{d_1}{d_2} \quad (V_1 = V_2) \tag{3-1}$$

式中:d_1、V_1为碰撞后颗粒的直径和体积;d_2、V_2为碰撞前球形颗粒的直径和体积。

假设颗粒碰撞前为球形,粒径为 50μm,则碰撞前的体积为

$$V_2 = \frac{4\pi r^3}{3} \approx 6.5412 \times 10^4 \mu m^3 \tag{3-2}$$

碰撞后颗粒可视为椭球,假设 $V_1 = V_2$,则椭球的三个半轴长分别为 $a = 34\mu m$,$b = 20\mu m$,$c = 23\mu m$,颗粒碰撞后的体积可表示为

$$V_1 = \frac{4\pi abc}{3} \approx 6.5479 \times 10^4 \mu m^3 \tag{3-3}$$

由此得到碰撞后椭球形颗粒的最大轴长为 $a = 68\mu m$,即 $d_1 = 68\mu m$。则可得颗粒的扁平率

$$f_r = \frac{d_1}{d_2} = 1.36 \tag{3-4}$$

分析超声速喷涂过程中颗粒和基体碰撞过程,压缩率 f_c 更能反映颗粒的变形状态,且压缩率不受计算机模拟中网格大小的影响。压缩率可表示为

$$f_c = \frac{d_2 - h_p}{d_2} \tag{3-5}$$

式中:h_p为扁平颗粒在撞击方向上的高度,如图 3-12 所示。

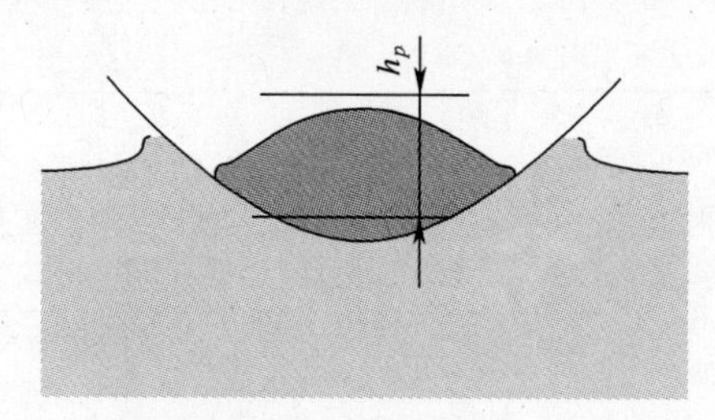

图 3-12　颗粒初始碰撞速度为 700m/s 时颗粒变形图

计算可知 $h_p = 2b = 40\mu m$,则压缩率计算如下:

$$f_c = \frac{d_2 - h_p}{d_2} = 0.2 \tag{3-6}$$

计算不同初始颗粒速度时扁平率和压缩率变化曲线如图 3-13 所示。

由图 3-13 可以看出,在颗粒速度为 700~750m/s 之间,颗粒的扁平率和压缩率对速度的变化梯度较大,表明在 700~750m/s 的颗粒速度撞击基体,颗粒发生更大的变形,即颗粒在临界速度时,更容易塑性变形。

对于不同的颗粒速度,颗粒变形程度不同,则颗粒对基体的冲击程度也不同,

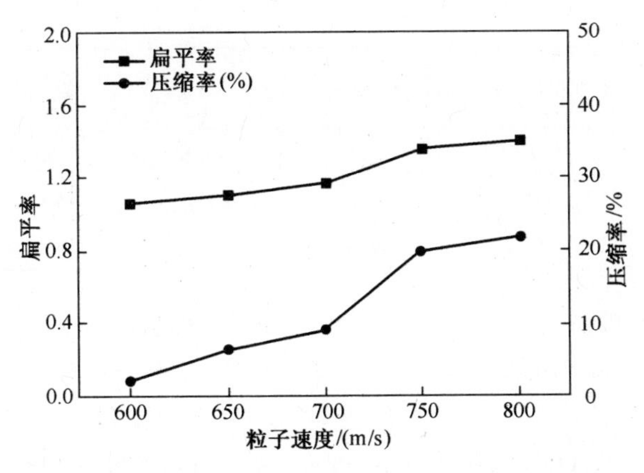

图 3-13 不同速度下颗粒的扁平率和压缩率变化曲线

颗粒与基体的接触面积和基体的凹坑体积更好的反应了颗粒/基体的整体变形状态。图 3-14 所示为沉积颗粒与基体接触面积及基体凹坑体积随颗粒速度变化曲线。

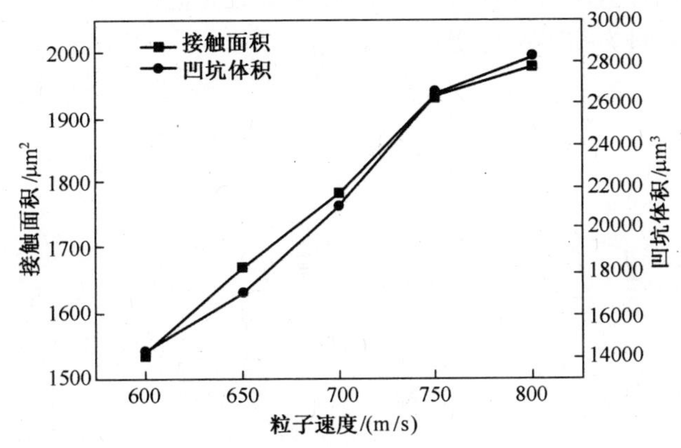

图 3-14 不同速度下颗粒和基体接触面积和凹坑体积变化曲线

由图 3-14 可得，颗粒和基体碰撞接触面积和基体凹坑体积随着颗粒初始速度的增大而增大。对于基体上的凹坑体积，当颗粒速度达到 800m/s 时，凹坑体积是 600m/s 时的 2 倍，而颗粒在临界速度(700m/s)时，颗粒和基体均产生了剧烈塑性变形，有效避免了颗粒的反弹现象。

3. 初始温度对颗粒变形的影响

通过模拟得到颗粒在不同初始速度、温度下颗粒碰撞之后局部最高温度，并得到了不同温度下颗粒临界速度值，如表 3-1 所列。

表 3-1 不同初始速度和温度下颗粒撞击基体界面颗粒温度变化

初始速度 / 初始温度	600m/s	650m/s	700m/s	750m/s	v_c
27℃	598K	599K	658K	775K	<750m/s

（续）

初始速度 初始温度	600m/s	650m/s	700m/s	750m/s	v_c
200℃	719K	741K	792K	846K	680 m/s
400℃	776K	806K	919K	937K	630m/s
600℃	855K	965K	1024K	1095K	590 m/s

可见，随着速度的增大，颗粒的局部最高温度随之增大。在温度为27℃时，临界速度为750m/s，其局部最高温度为775K；当颗粒温度为200℃，在速度为650～700m/s时，此时颗粒撞击基体的最高温度为741～792K，颗粒已经发生了剪切失稳，产生了塑性流变，此时颗粒速度为680m/s，表明当温度为200℃时，颗粒的临界速度由750m/s降低为680m/s左右。通过表中不同温度下的临界速度值可得到，随着温度的升高，临界速度的值明显降低。而当温度从室温升高到200℃时，颗粒的临界速度降低最大。

图3-15为不同速度、初始温度下接触区域最高温度曲线，图3-16为不同温度下颗粒成功沉积的临界速度变化曲线。

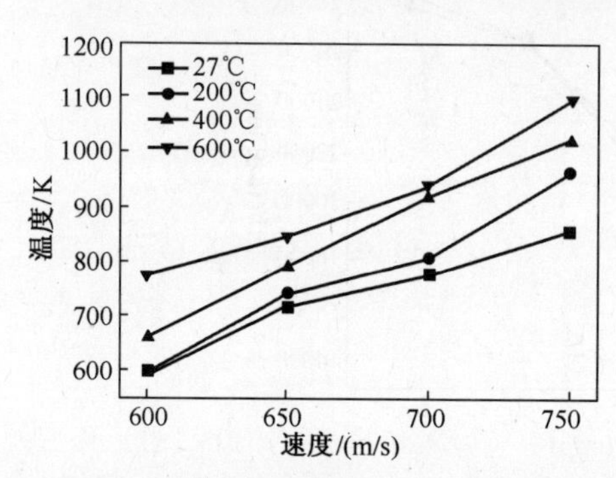

图3-15　不同撞击速度下颗粒初始温度对接触区域最高温度影响

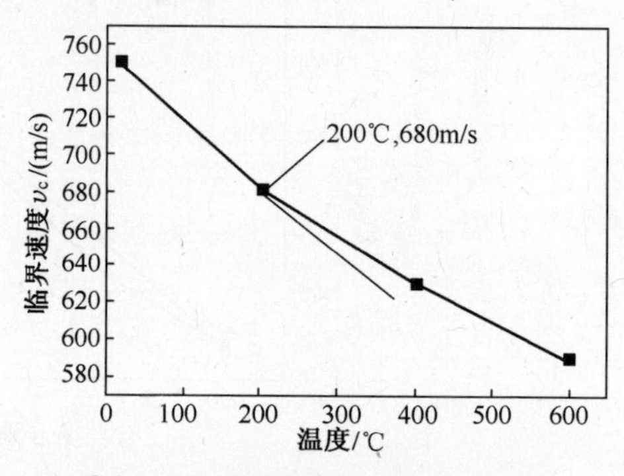

图3-16　不同温度下颗粒成功沉积的临界速度曲线

随着颗粒初始温度的升高，颗粒的变形增大，颗粒和基体接触局部最高温度升高，颗粒产生绝热剪切失稳的临界速度降低。当颗粒速度达到临界速度以上时，局部最高温度接近颗粒的熔点，使颗粒发生局部熔化。升高颗粒的初始温度可降低颗粒的临界速度，从而可以通过升高颗粒温度参数，降低颗粒的临界速度，减轻颗粒成功沉积对高速喷涂设备的依赖。

3.2.4　基底层成形过程的数值模拟结果及分析

1. 单层颗粒碰撞基体模拟结果及分析

研究喷涂过程中颗粒对相邻颗粒及基体变形的影响，材料模型为J-C模型，网格划分结果如图3-17所示。

当颗粒速度为700m/s,初始温度为27℃时,颗粒垂直撞击基体,颗粒与基体不同时刻变形及有效塑性应变如图 3-18 所示。可见,基体在碰撞后发生塑性应变从而形成金属射流,后续颗粒限制了先沉积颗粒的铺展,与先沉积颗粒发生交互作用,产生了机械互锁现象。由塑性应变云图可知,先沉积颗粒受到后续冲击,塑性

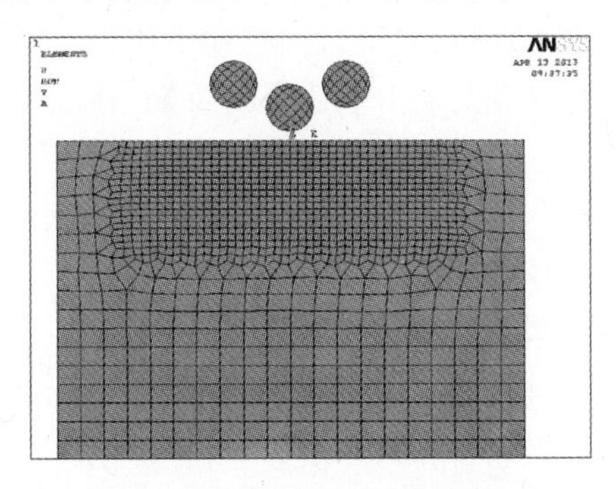

图 3-17　单层颗粒沉积过程有限元模型

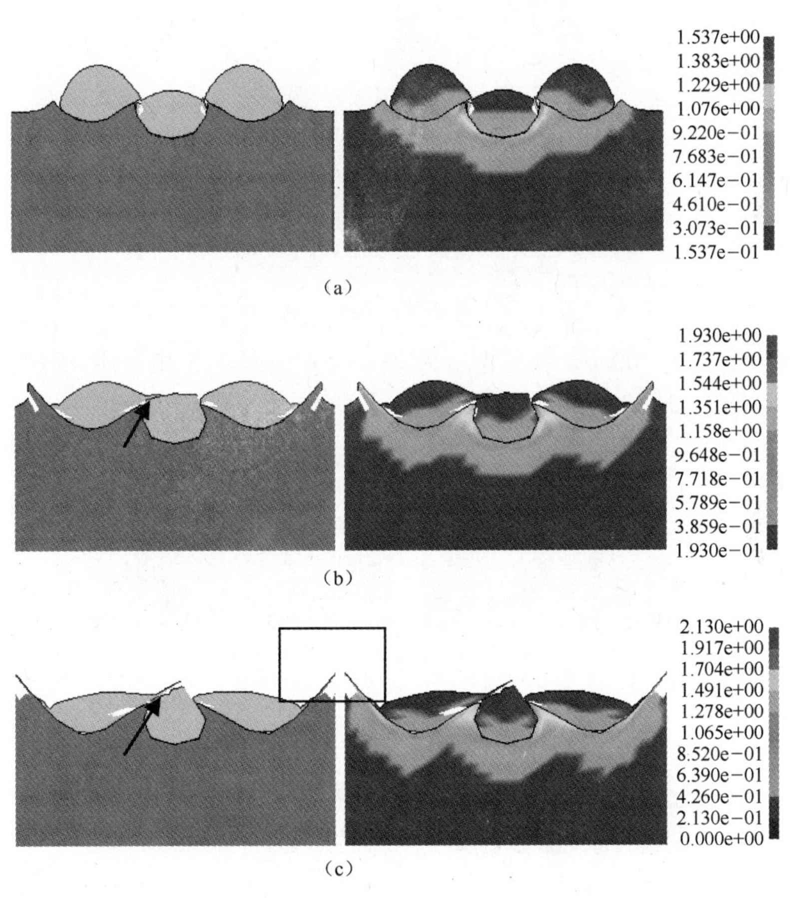

图 3-18　单层颗粒与基体碰撞过程变形及有效塑性应变图

(a)13ns;(b)18ns;(c)24ns。

应变加剧。由图 3-18(b)可知,在碰撞 18ns 时,后续颗粒在基体表面平行的方向上铺展,并在先沉积颗粒上产生射流,如黑色箭头所示。同时对先沉积颗粒产生挤压,防止了先沉积颗粒的回弹,有利于涂层的结合,但同时由于先沉积颗粒扁平化程度较低,容易在其周围形成孔隙。由图 3-18(c)可得颗粒在基体上产生射流,如黑色箭头和图框所示。并随时间的延长,颗粒扁平化程度加剧。塑性应变在颗粒/颗粒、颗粒/基体接触界面上最大。由上述分析可知:在沉积过程中,随着后续颗粒的撞击,颗粒扁平化程度进一步加强,动能产生的热量以及塑性应变产生的热量在下层颗粒内积累,造成下层颗粒的局部熔化。由此可知涂层结合机制以机械嵌合为主,并在局部微区出现熔化现象。

2. 两层颗粒碰撞基体模拟结果及分析

研究喷涂过程中后续颗粒对先沉积颗粒变形的影响,再次对有限元模型进行修改。网格划分结果如图 3-19 所示。

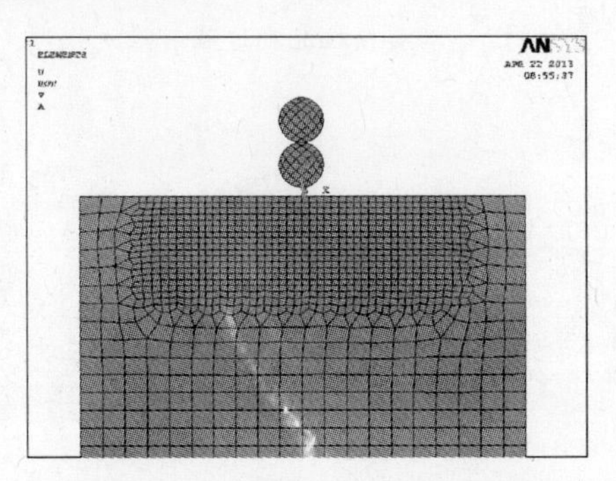

图 3-19　两层颗粒碰撞有限元模型

当颗粒速度为 700m/s,初始温度为 27℃时,颗粒垂直撞击基体,颗粒在不同时刻的变形图如图 3-20 所示。

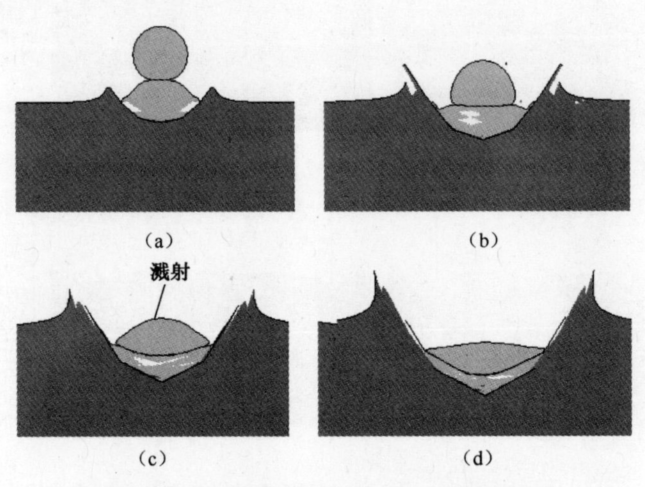

图 3-20　后续颗粒对先沉积颗粒碰撞变形图

(a)10ns;(b)20ns;(c) 30ns;(d)40ns。

为了观察后续颗粒的变形情况，将碰撞时间延长至40ns。从图3-20(a)可以看出，当时间为10ns时，先沉积颗粒首先与基体接触发生变形，变形程度大于后续颗粒；当时间为20ns时，后续颗粒开始变形，先沉积颗粒发生更大的变形；当时间为30ns时，先沉积颗粒发生了明显的溅射，溅射程度远大于20ns时的情形，此时后续颗粒开始扁平化；当时间为40ns时由于后续颗粒的夯实作用，使得先沉积颗粒的变形更大，则扁平化程度变大。

图3-21为颗粒在有无后续颗粒时，先沉积颗粒压缩率和扁平率随时间变化曲线，有后续颗粒时称为起到夯实作用，无后续颗粒时称为无夯实作用。由图3-21可知，夯实作用对颗粒扁平率影响不大，但对压缩率有较大影响，压缩率更能反映颗粒的变形程度。在时间为30ns时，颗粒无夯实作用时的压缩率为20%，而有后续颗粒的夯实作用时的压缩率达到了68%。在多层颗粒的模拟中，后续颗粒对先沉积颗粒的夯实作用有利于颗粒的变形和铺展。

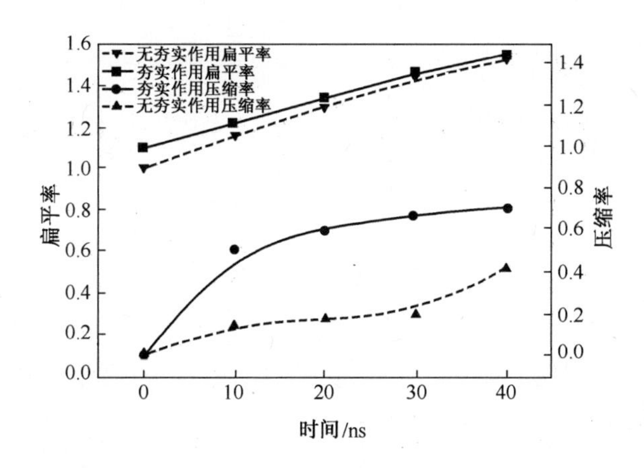

图3-21　夯实作用对先沉积颗粒压缩率和扁平率的影响

3.2.5　多层连续成形过程的数值模拟结果及分析

对沉积过程有限元模型进一步修改，得到多层颗粒沉积过程颗粒变形及有效塑性应变如图3-22所示。

如图3-22所示，当时间为10ns时，每个颗粒的变形形貌都与单个颗粒碰撞后的变形形貌相似，先与基体接触的最下层颗粒的有效塑性应变较大；当时间为20ns时，颗粒的变形量明显增大，最上层颗粒的变形和单颗粒撞击的变形形貌相似，下层颗粒由于后续颗粒的撞击，呈现出明显的扁平化，颗粒之间接触区域的有效塑性应变也明显增强，表明颗粒之间结合良好；当时间为30ns时，颗粒的扁平化程度进一步加强，由于后续颗粒的撞击，塑性应变产生的热量在下层颗粒内积累，造成下层颗粒产生局部熔化。

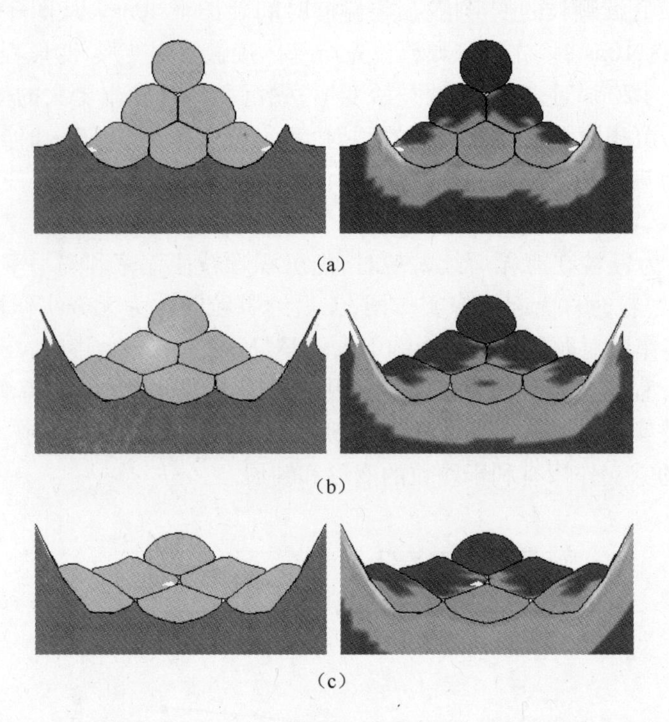

图 3-22　速度为 750m/s 时多层颗粒不同时刻变形和有效塑性应变图

(a)10ns;(b)20ns;(c)30ns。

3.3　低温超声速喷涂射流过程的数值模拟

本书 3.2 节采用 LS-DYNA 软件得到了不同温度下铝硅合金颗粒的临界速度,以及碰撞过程中颗粒/基体变形与应力应变变化规律。对于已知结构的喷枪,影响颗粒临界速度的因素主要是喷枪入口的温度、压力、喷涂距离以及颗粒尺寸等。本节采用流体动力学软件 FLUENT,根据颗粒/基体体系的临界速度对喷涂射流过程进行数值模拟,以获得颗粒沉积的入口压力、温度、喷涂距离以及颗粒尺寸,为喷涂工艺设计提供依据。

3.3.1　喷涂射流区模型

1. 数学模型

喷管中气体状态方程的研究已经成熟,对气流作以下假设:准一维、稳态、等熵流动,因此,喷管中流场可以表达为连续性方程、动量方程以及能量方程。

连续性方程:

$$\rho_1 v_1 A_1 = \rho_2 v_2 A_2 \tag{3-7}$$

动量方程：

$$p_1A_1 + \rho_1v_1^2A_1 + \int_{A_1}^{A_2} p\mathrm{d}A = p_2A_2 + \rho_2v_2^2A_2 \tag{3-8}$$

能量方程：

$$h_1 + \frac{v_1^2}{2} = h_2 + \frac{v_2^2}{2} \tag{3-9}$$

忽略重力、热辐射和流动中化学反应影响，二维直角坐标可压缩流动的 N-S 方程在守恒形式下可表示为

$$\frac{\partial W}{\partial t} + \frac{\partial F}{\partial x} + \frac{\partial G}{\partial y} = \frac{\partial Q}{\partial x} + \frac{\partial R}{\partial y} \tag{3-10}$$

压强 p 和总能量 E 的关系可用理想气体状态方程表示如下：

$$p = (k - 1)\left[E - \frac{1}{2}\rho(u^2 + v^2)\right] \tag{3-11}$$

对于理想气体，$k=1.4$。

湍流运动和层流运动均可用 N-S 方程来描述。本节采用 Reynolds 平均法的湍流模型，其是将非稳态的 N-S 方程对时间作平均，即把湍流运动看成两个流动的叠加，一是时间平均流动，二是瞬时脉动流动。采用 Reynolds 平均法中的湍流黏性系数法（涡黏模型），并使用两方程模型中的 Realizable k-ε 模型，该模型在含有射流和混合流的自由流动、管道内流动、边界层流动以及带有分离的流动中具有优势。上述模型均是针对湍流发展非常充分的湍流流动来创建的，是针对高 Re 的湍流计算模型，适用于离开壁面一定距离的湍流区域。

目前计算机模拟处理多相流有两种方法：欧拉-拉格朗日方法和欧拉-欧拉方法。在 FLUENT 中的拉格朗日离散相模型遵循欧拉-拉格朗日方法，流体相被处理为连续相，通过直接求解均化的纳维-斯托克斯方程获得结果，而离散相是通过计算流场中大量的粒子、气泡或液滴的运动得到的，离散相与流体相之间可进行动量、质量和能量的交换。

离散相模型（Discrete Phase Model，DPM）。离散相模型将流体作为连续介质，分散相作为离散介质，并由二者组成的弥散多相流体体系下的模型。假设硬质固体颗粒为球形，密度相同，表面光滑。作为稀疏离散相的硬质固体颗粒在湍流流场中运动时，作用于其上的作用力有稳态气动阻力、重力、视质量力、热泳力、布朗力、Saffman 升力、曳力等。虽然颗粒受到的力比较多，但各种力相对重要性不同，其中稳态气动阻力是最重要的，所以在实际中只考虑稳态气动阻力，忽略其他作用力。对于颗粒在可压缩空气中的湍流扩散，可采用随机轨道模型来模拟颗粒在流场中的运动特性。在随机轨道跟踪模型中，通过颗粒的作用力平衡方程和流体的脉动引起的瞬时速度来计算颗粒轨迹。

在 FLUENT 模型中，可以通过定义颗粒的初始位置、速度、尺寸以及每种颗粒

的速度使用此模型。依据对颗粒物理属性的定义确定颗粒初始条件可用来初始化颗粒的轨道和传热/质计算。由于颗粒体积分数很低(小于10%),颗粒间的相互作用以及颗粒对连续相的影响可忽略不计,所以采用非相间耦合法计算由喷射源开始的颗粒轨道。稳态离散相问题的设定、求解的一般过程如下:求解连续相流场,在自由射流和冲击射流中已经得到流场结果;创建离散相喷射源(射流源)。

气固两相流模型的算法为:在气相流场中加入硬质固体Al-Si颗粒,计算从喷射源开始的颗粒运动轨迹。首先建立颗粒射流源,设定粒子的物理属性和边界条件,其次采用随机跟踪模型模拟颗粒的湍流扩散,从而求出从喷射源开始的颗粒速度和运动轨迹。

模拟过程流程如图3-23所示。

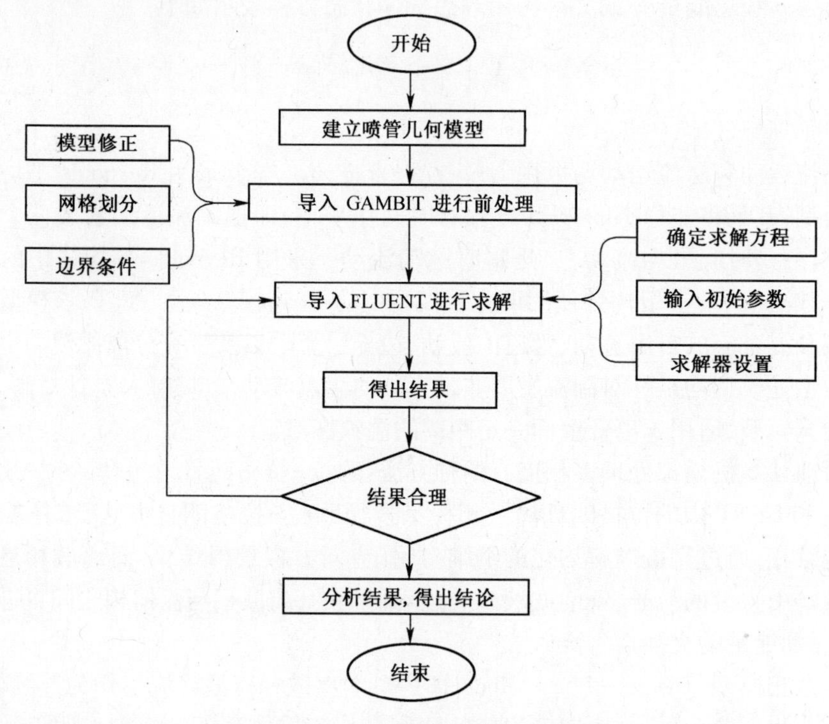

图3-23 涂层射流区模拟流程图

2. 计算模型

本节所采用的几何模型根据超声速喷涂喷枪的实际喷管几何参数构建,通过CATIA软件得到喷管二维尺寸,建立的喷管几何模型如图3-24所示。根据实际工程需要,画出计算区域,考虑到模型的对称性,因此只画出模型的一半,如图3-25所示,用于模拟喷涂计算区域。

采用GAMBIT软件进行网格划分,GAMBIT提供了对复杂几何模型生成边界层内网格的重要功能,而且边界层内的贴体网格能很好地与主流区域的网格自动衔接,大大提高了网格的质量。另外,GAMBIT能自动将四面体、六面体、三棱柱体

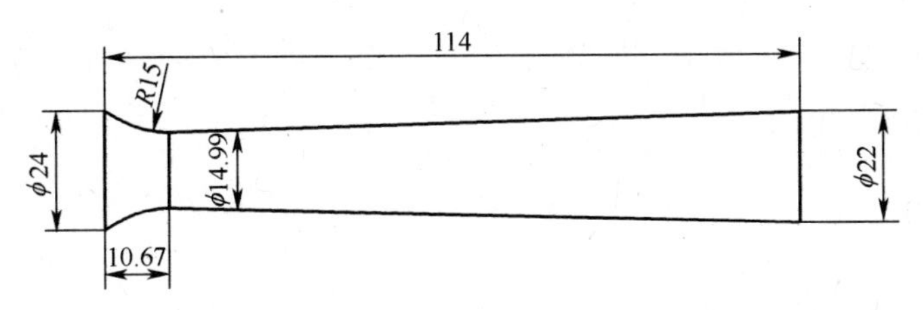

图 3-24　超声速喷涂喷管几何尺寸

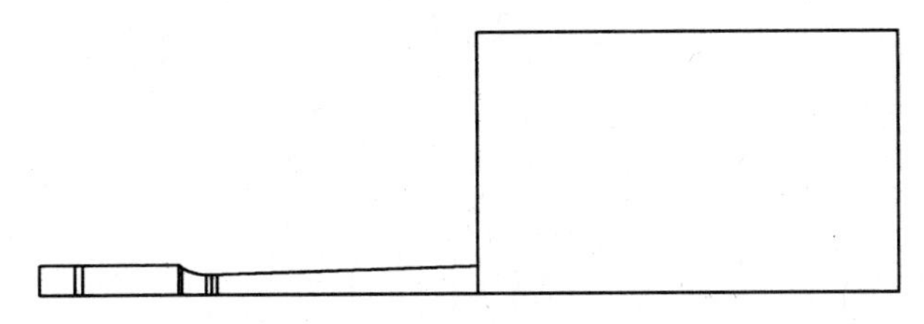

图 3-25　超声速喷涂喷涂计算区域

和金字塔形网格混合起来，这对复杂外形尤其重要。图 3-26 所示为采用结构化网格方法获得的喷管网格，图 3-27 所示为模型计算域的结构网格。

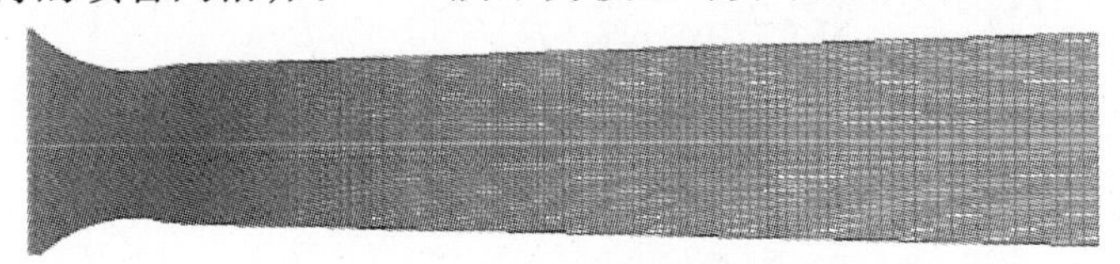

图 3-26　喷管部分网格划分

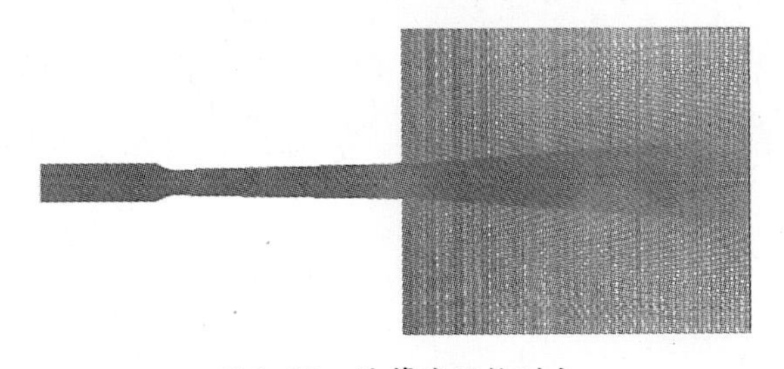

图 3-27　计算域网格划分

计算流域模拟结果的准确性依赖于模拟过程中边界条件的正确设置，在 GAMBIT 中进行边界条件的设置如图 3-28 所示。

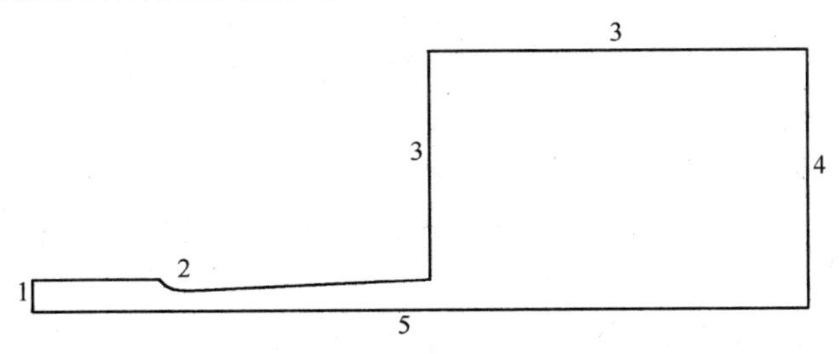

图 3-28　边界条件设置

1—压力入口；2—固壁边界；3—压力出口；4—压力出口或者固壁边界；5—轴线。

FLUENT 提供了三种流场求解方法：非耦合求解（Segregated）、耦合隐式求解（Coupled Implicit）、耦合显式求解（Coupled Explicit）。本章采用耦合隐式求解方法进行模拟计算。

3.3.2 喷涂射流区模拟

1. 入口压力对自由射流的影响

根据超声速喷涂工程实际，采用入口压力分别为 0.65MPa、0.59MPa、0.53MPa，温度为 300K，基板距喷枪出口距离为 160mm 时，模拟了自由射流区气流压力、速度、马赫数和温度随 X 轴距离的变化，如图 3-29 所示。

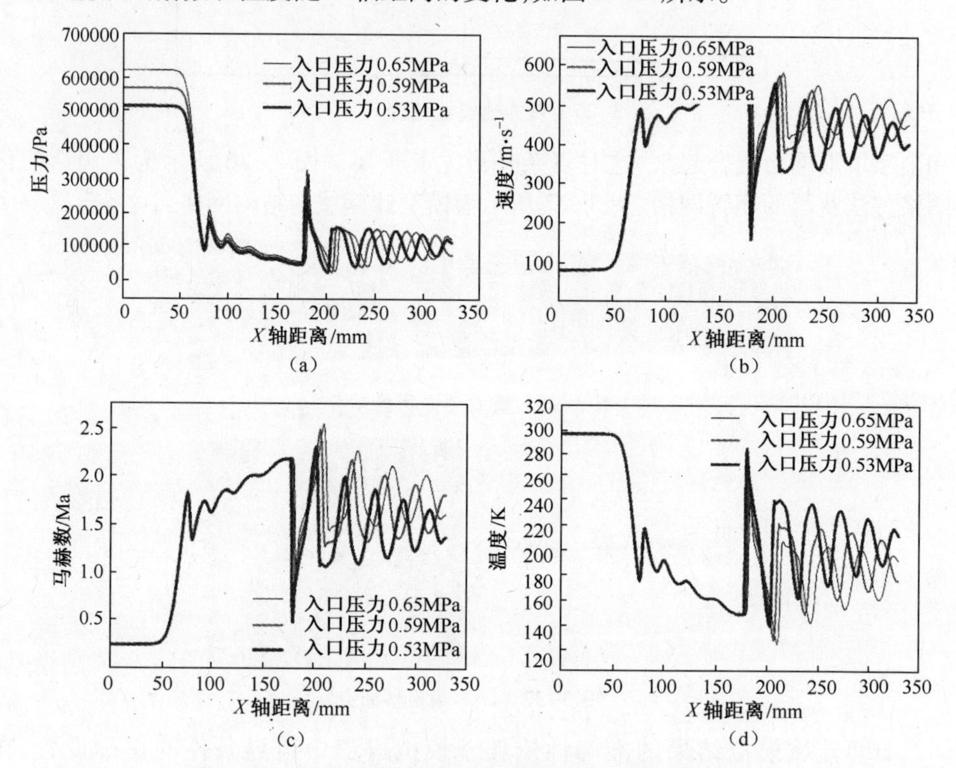

图 3-29 不同压力下自由射流区气流状态沿 X 轴变化

(a)压力；(b)速度；(c)马赫数；(d)温度。

计算结果表明，超声速气流在喷管出口（X 轴 175mm 处）到射流区出口（X 轴 350mm 处）之间形成连续振荡的数道激波。分析可知，气流从喷枪高速喷射出后，由于环境压力骤降，形成的激波受到突然的压缩，速度、马赫数下降，气流变成亚声速，相反压强、温度则会升高。随后气流经历一个膨胀过程，速度和马赫数增高，气流从亚声速变为超声速，而压强和温度会降低。图中所示速度、马赫数、压强和温度的振荡变化即是气流穿过激波前后的气体状态的变化。从图中可知，随着距离的增加，激波振荡振幅逐渐减小，而速度、马赫数、压强和温度变化趋于平稳。

由图 3-29(b)可知,在喷管内气流速度在不同压力下变化趋势一致且气流速度值也一致。当气流进入射流区域之后,气流速度随着入口压力增大有所增大,气流最大速度值约为 600m/s。但在基体处,入口压力为 0.53MPa 时,速度值降低至 450m/s,而入口压力为 0.65MPa 时,气流速度值为 520m/s,表明压力的提高能够提高气流速度,但效果不显著。

2. 初始温度对冲击射流的影响

设压力为 0.65MPa,喷涂距离为 160mm 时,冲击射流区气流在温度分别为 600K、800K、1000K、1200K 时气流状态变化情况。图 3-30 为不同温度下冲击射流速度云图。

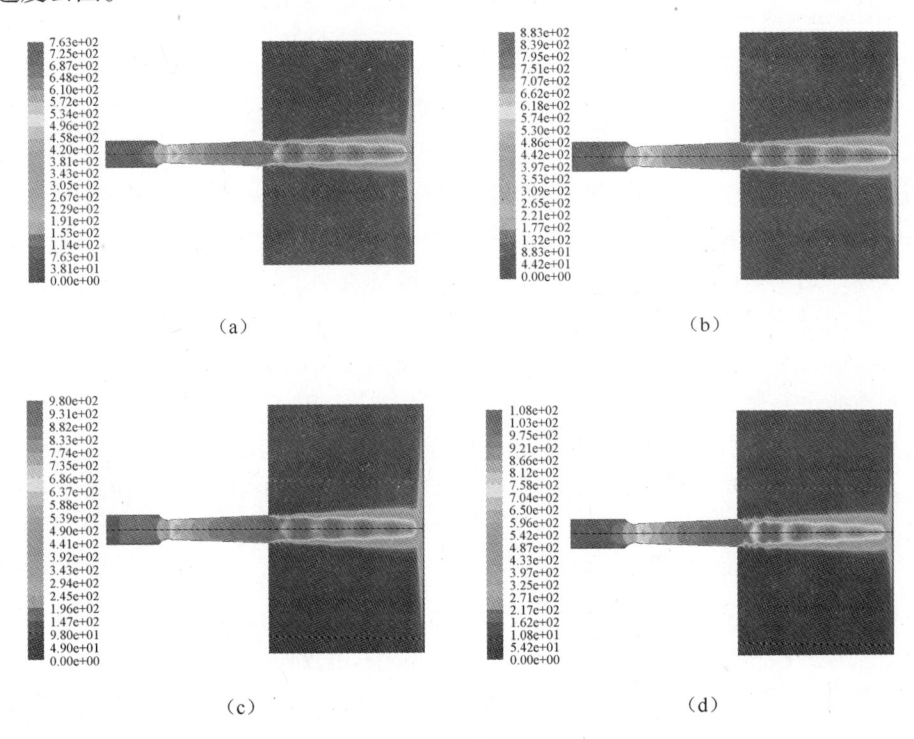

图 3-30 不同温度下冲击射流速度云图

(a)600K;(b)800K;(c)1000K;(d)1200K。

由图 3-30,在冲击射流区不同入口温度下速度分布云图可以看出,当射流到达基板时都会出现一个速度几乎为零的滞止区,在滞止区之前均出现一个椭圆形的正激波,保证了在基板之前有一个较大的冲击速度。当入口温度达到 1200K 时,气流从喷管出口喷射出时,速度出现局部振荡,可解释为高温气流与常温空气发生对流,在对流面产生热交换,从而使空气振荡,但并不会对气流速度造成衰减。

如图 3-31 和图 3-32 所示为冲击射流区,在入口压力为 0.65MPa,喷涂距离为 160mm 时,气流速度、温度随 X 轴距离变化曲线。

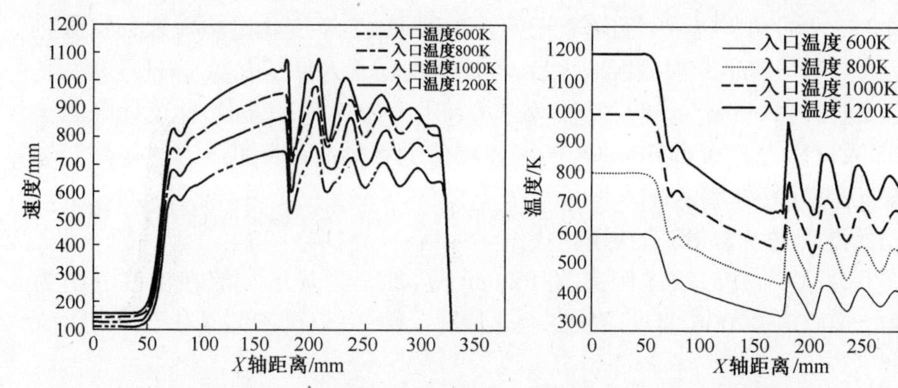

图 3-31　不同入口温度时冲击射流区域速度随 X 轴距离变化曲线　　图 3-32　不同入口温度时冲击射流区域速度随 X 轴距离变化曲线

由图 3-31 和图 3-32 可知，入口温度能明显增加气流速度及温度，在冲击射流区气流未到基板之前，气流由于经历一系列的激波，导致速度和温度震荡变化。由图 3-31 可知，入口温度不同时喷管内气流速度变化趋势一致。在喷管出口处，入口温度为 1200K 时速度为 1170m/s，而入口温度为 600K 时气流速度只有 750m/s。高速气流到达基板时，由于板激波的存在导致速度急剧下降，此时高速气流能量由动能转化成热能，气流温度会明显升高，如图 3-10 所示。而在基板前，气流速度在入口温度为 1200K 时为 850m/s，在入口温度为 800K 时为 750m/s。而高速气流携带颗粒撞击基体，导致基体温度的升高，有利于基体和颗粒的塑性变形。但入口温度不宜过高，过高的温度会导致颗粒在喷涂过程中发生相变，而且会使得基板温度过高导致基体变形。综合考虑速度和温度，选择温度为 1000K 作为颗粒沉积的预设温度。

3. 喷涂距离对冲击射流的影响

基于压力和温度的模拟结果，本节模拟采用入口压力为 0.65MPa，入口温度为 1000K，基板距喷枪出口距离分别为 120mm、160mm 和 200mm 时的气流状态变化。图 3-33 所示为不同喷涂距离时气流速度云图。

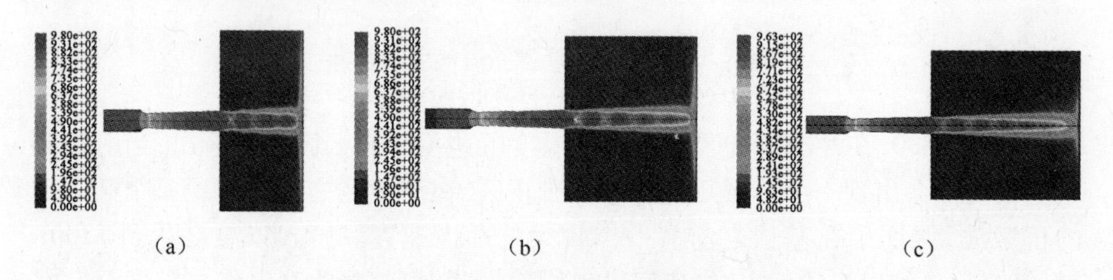

图 3-33　不同喷涂距离时气流速度云图

(a) 120mm；(b) 160mm；(c) 200mm。

从图 3-33 可以得出，随着基板距喷枪出口距离增大，基板对于超声速射流的发展阻碍作用减弱，在距离 120mm 时基板前形成较强的板激波，在距离为 160mm、

200mm 时，超声速射流得到更大的发展。在距离较小时，由于板激波存在导致超声速射流变成亚声速射流，随着距离的增大，射流充分发展，在基板前仍然为超声速射流。对于喷涂距离为 200mm 时，射流发展已经很充分，此时若继续增大喷涂距离则会使得气流速度明显降低，导致颗粒无法在基体上沉积，难以形成涂层。

图 3-34 为入口压力为 0.65MPa，入口温度为 1000K，基板距喷枪出口距离分别为 120mm、160mm 和 200mm 时的速度沿 X 轴距离增加的变化曲线。

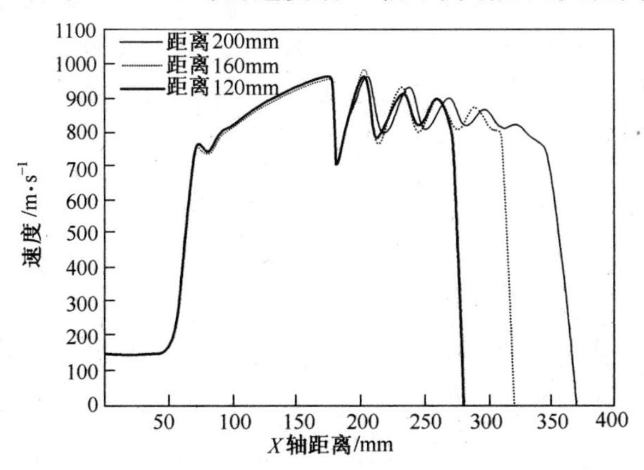

图 3-34　基板距喷枪出口不同距离时速度变化曲线

由图 3-34 可知，气流在喷管内的速度变化在不同喷涂距离时趋势一致且速度值一致。由图可知，气流从喷管喷出后由于激波产生了振荡现象，当喷涂距离为 120mm 时，气流仅仅振荡了三次，在基板处直接降低为 0；而距离为 200mm 时，气流穿过激波在基板处保持一段时间的稳定，说明气流经过了充分发展。可知在基板前，当喷涂距离为 160mm 时，气流速度约为 750m/s，而喷涂距离为 200mm 时，气流速度仅为 700m/s 左右，表明喷涂距离不宜过大，否则会降低气流速度。

3.3.3　喷涂两相流模拟

气固两相流模型采用上述气流模型，并对其进行修正，得到有限元模型如图 3-35 所示。对模型进行网格划分，并设置边界条件，其边界条件设置如下：

(1) 初始条件：设定颗粒的初始位置、速度、尺寸和温度，进而初始化颗粒的轨迹；

(2) 边界条件：设置“reflect”边界条件，颗粒在此边界反弹而发生动量变化，变化量由弹性恢复系数确定。弹性恢复系数可分为法向恢复系数和切向恢复系数。法向(切向)恢复系数等于“1”表示颗粒与壁面发生完全弹性碰撞，即碰撞前后没有动量损失；法向(切向)恢复系数等于“0”表示颗粒在碰撞后损失了所有的动量。本节中设定壁面为“reflect”边界条件。设置“escape”边界条件，颗粒在此处终止了轨迹计算。设定压力入口、压力出口为“escape”边界条件。

根据前述分析采用如下参数：入口压力为 0.65MPa，入口温度为 1000K，喷涂

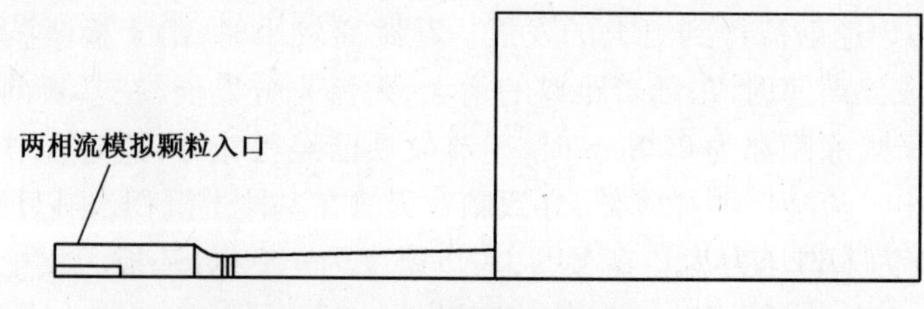

图 3-35　两相流计算区域

距离为 160mm，采用不同粒径铝硅合金粉末进行模拟分析。粉末粒径分别为 0.075mm，0.040mm，0.015mm。图 3-36 为三种不同粒径颗粒运动轨迹及速度曲线。

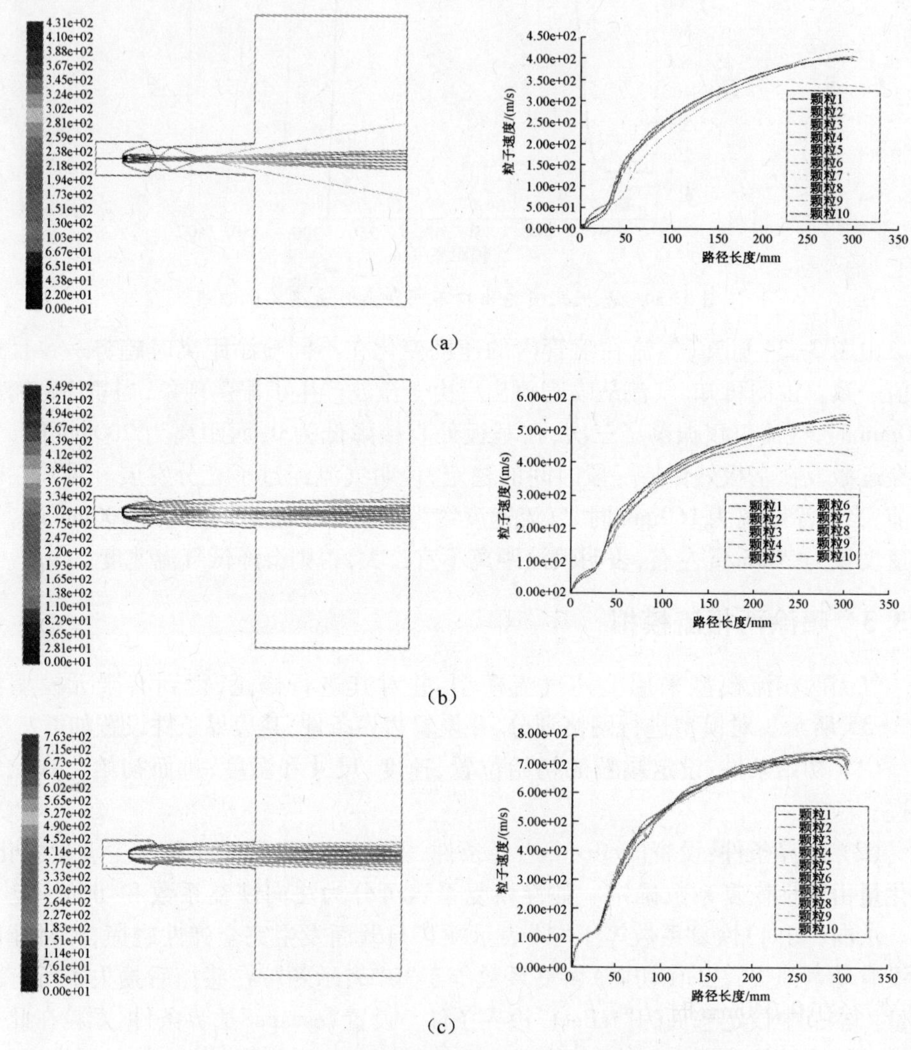

图 3-36　不同颗粒粒径时颗粒运动轨迹及速度曲线

(a)粒径 0.075mm；(b)粒径 0.040mm；(c)粒径 0.015mm。

由图 3-36(a)可知,随着颗粒粒径的减小,颗粒速度增大。当颗粒粒径为 0.075mm 时,大部分粒子轨迹在射流中央,呈现团聚状态,只有少量颗粒的轨迹偏离中心线。表明大量颗粒平均粒径为 0.075mm 时,少量粒径远小于 0.075mm 的颗粒经过喷管加速之后,由于速度很大而飞离中心线,不能沉积在基体上形成涂层。当颗粒平均粒径为 0.040mm、0.015mm 时,颗粒平均粒径较小,不会出现速度轨迹偏离中心线的情况,如图 3-36(b)(c)所示。当粒径为 0.075mm 时,在喷管的喉部附近颗粒轨迹振荡较大,表明大颗粒粒径在通过喷枪喉部时会出现更剧烈的速度梯度差,因此速度轨迹呈现双钮线形状,而平均粒径为 0.040mm、0.015mm 的颗粒群未出现类似情况。

图 3-37、图 3-38 为不同粒径颗粒速度及温度随入口温度 T 变化曲线。

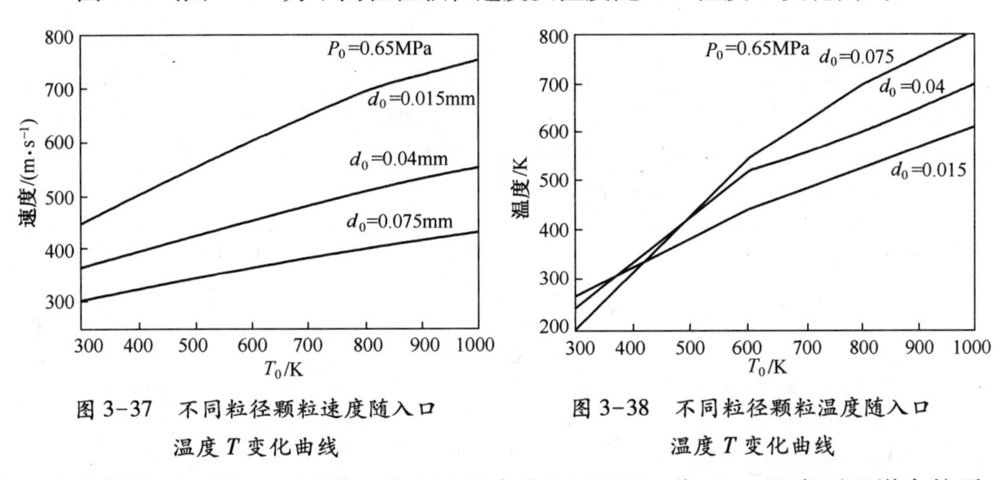

图 3-37 不同粒径颗粒速度随入口温度 T 变化曲线

图 3-38 不同粒径颗粒温度随入口温度 T 变化曲线

由图 3-37、图 3-38 可知,在入口压力为 0.65MPa 时,入口温度可以增大粒子速度及温度,显然粒子温度的升高能大幅提高颗粒和基板塑性变形。颗粒粒径越小,同温度下颗粒速度越大。但在入口温度大于 500K 时,粒子温度表现为粒径越大温度越高。粒子粒径越小,速度越高,但由于小粒径颗粒具有低的惯性力,因此小粒径颗粒容易在飞行过程中偏转而难以形成有效的涂层,因此颗粒粒径不宜过小。由图 3-38 可知,当颗粒粒径为 0.075mm,入口温度为 1000K 时,颗粒的温度能够达到 800K 以上,而铝硅合金颗粒的熔点约为 660℃,因此入口温度过高会造成颗粒的烧蚀。

分析可知,在入口温度为 1000K 时,粒径为 0.075mm 的颗粒在出口处温度大于 800K,而颗粒临界速度随着颗粒与基体碰撞之前颗粒温度的升高而降低,由此可知,此时颗粒平均粒径为 0.075mm 时,颗粒的临界速度为 590~630m/s 左右。此粒径下颗粒速度的模拟结果是 431m/s,小于临界速度,不能形成涂层。相似的,颗粒粒径在 0.040mm 时,出口处颗粒温度为 700K,对应的临界速度为 590~630m/s 左右,而颗粒速度模拟结果为 549m/s,接近临界速度。在颗粒粒径 0.015mm 时,出口处颗粒温度 600K,对应临界速度为 630~680m/s,而颗粒速度模拟结果为

753m/s,远大于临界速度。因此,在模拟参数压力 0.65MPa,温度 1000K,喷涂距离 160mm 下最佳颗粒粒径为 0.015~0.040mm。

3.3.4 低温超声速喷涂工艺设计

基于上述数值模拟,由射流区气流及两相流在不同压力、温度、喷涂距离及颗粒粒径的模拟结果分析可得,对于超声速喷涂中铝硅合金颗粒在喷涂过程中颗粒需要达到临界速度,在镁合金基体上形成涂层的最优模拟工艺参数为:入口压力为 0.65MPa,入口温度为 800~1000K,喷涂距离为 160~200mm,颗粒粒径为 0.015~0.040mm。考虑到颗粒较小时难以有效的形成涂层,而且在实际喷涂中,颗粒平均粒径较小会导致颗粒容易加热至熔化状态,一方面易被氧化,另一方面颗粒会黏附在枪管上,损坏设备,因此颗粒的粒径选择为 0.040mm 左右。

针对实际喷涂过程工艺要求,制定了实际喷涂工艺参数,与模拟工艺参数对比如表 3-2 所列。根据表 3-2 模拟工艺参数值及喷涂设备运行状态,得到实际喷涂过程 5 因素 5 水平的喷涂实验方案如表 3-3 所列。

表 3-2 低温超声速喷涂喷涂工艺设计

喷涂体系参数	工艺模拟优化值	实际喷涂过程工艺设计
喷嘴入口压力/MPa	0.65	—
喷嘴入口温度/K	800~1000	—
系统空气压力/MPa	—	0.50~0.62
系统丙烷压力/MPa	—	0.36~0.43
系统氢气流量/(L/min)	—	35
系统氮气流量/(L/min)	—	35
粉末粒径/mm	0.015~0.075	0.040~0.075
喷涂距离/mm	120~200	120~280
送粉速度/(g/s)	0.48~0.80	0.48~0.80
喷嘴运动线速度/(mm/s)	—	2400~3200
有效喷涂时间/s	—	13~25
喷涂次数/遍	—	2~5
出口马赫数	2.3~2.5	—
气流出口压力/MPa	0.045	—
粒子出口速度/(m/s)	<838.11	>680

表 3-3 低温超声速喷涂实际喷涂方案

水平数	喷涂距离 /cm	喷枪线速度 /(mm/s)	空气压力 /MPa	送粉转速 /(r/s)	氢气流量 /(L/min)
1	12	3400	0.50	6	28
2	16	3600	0.53	7	30
3	20	3800	0.56	8	32
4	24	4000	0.59	9	34
5	28	4200	0.62	10	36

3.4　镁合金表面Al基合金涂层的组织结构表征

3.4.1　涂层表面截面形貌观察

1. 涂层表面宏观形貌

图3-39所示为镁合金表面Al基合金涂层的宏观形貌。可以看出，铝硅合金涂层整体呈银灰色，厚度均匀，无裂纹、孔隙等缺陷。涂层铣削后，铣削面较为致密，有金属光泽，伴有金属屑产生。

图3-39　涂层宏观形貌

(a)涂层表面宏观形貌(厚度0.3mm)；(b)涂层表面宏观形貌(厚度0.3mm)；
(c)涂层铣削后的表面宏观形貌(厚度3mm)。

2. 涂层表面微观形貌

图3-40所示为不同放大倍数下的涂层表面SEM形貌图。由图(a)可以看出，在低倍下涂层表面凹凸不平，有球状颗粒存在。由图(b)可以看出，在400倍下可观察到涂层局部呈薄片状，喷涂颗粒在高速撞击过程中出现了熔化现象。由图(c)可以看出，较大颗粒嵌合在涂层表面上。由图(d)可以看出，大颗粒碰撞后发生了碎裂现象。综合上述观察可知，此种工艺参数下，Al-Si合金涂层中同时存在机械嵌合与冶金结合两种结合方式，且以机械嵌合方式为主导。

喷涂颗粒高速撞击在基体表面，剪切应力导致颗粒的塑性变形和较大的应变，在此过程中，高动能转化为热能，产生的热量引起材料软化克服了应变率硬化作

(a)　　(b)

(c)　　(d)

图 3-40　涂层表面 SEM 观察

(a)50 倍表面形貌观察；(b)400 倍表面形貌观察；

(c)400 倍表面形貌观察；(d)800 倍表面形貌观察。

用，从而促使更大的塑性变形和热量产生，最终导致剪切失稳。在这个过程中，温度可达到材料的熔点附近，材料发生粘滞流动，这有助于消除应力。热量主要产生于撞击颗粒和基体接触处，是由于此处为剪切应力最高的区域，从而实现涂层的沉积。

图 3-41 所示为涂层表面的微观形貌。由图 3-41(a)可以看出，喷涂颗粒高速撞击后外形呈堆塑状，发生了强烈的塑性变形，与基体接触处有金属射流产生。由图 3-41(b)可以看出，喷涂颗粒高速撞击出现了明显的裂纹，并在后续喷涂颗粒的撞击下发生了碎裂。由图 3-41(c)可以看出，绝大多数颗粒都不同程度发生了碎裂。由图 3-41(d)可以看出，仅有数量极少喷涂颗粒在高速碰撞后能保持完整形状。由图 3-41(e)可以看出，部分小颗粒喷涂粉末在较大颗粒表面发生沉积，如白色箭头所示。由图 3-41(f)可以看出，还有少数颗粒未发生明显变形，夹杂于涂层中缝隙处(黑色箭头所示)，由于此类颗粒呈完整球状，对相邻颗粒有支撑作

用,这有可能成为涂层中的孔隙。

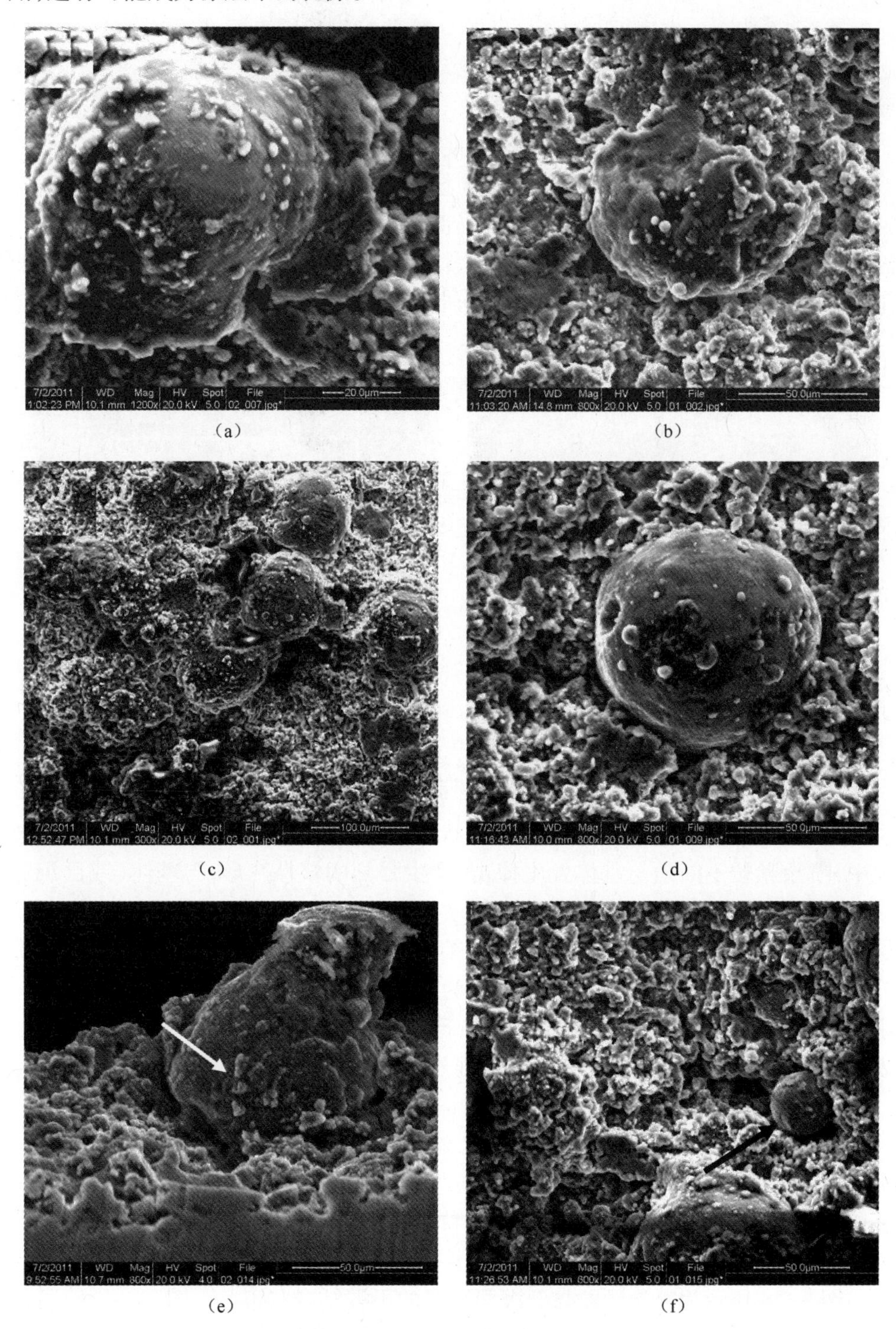

图 3-41　涂层表面微观形貌

低温超声速喷涂过程中，还存在这样一类颗粒，它们的速度未达到沉积成层的临界速度，不能在工件表面形成涂层，但会对已沉积涂层表面产生冲蚀和夯实作用。图 3-42(a)所示为已沉积颗粒在后续颗粒撞击下发生进一步变形的情况(如黑色箭头所示)，可以看出，在沉积过程中，后续颗粒与已沉积颗粒发生撞击，颗粒高动能转化为内能，颗粒发生塑性流变，使颗粒与颗粒之间发生粘着，但是这种粘着状态很不稳定，在已沉积颗粒对后续颗粒的反弹过程中会飞离沉积表面，而发生脱落。图 3-42(b)方框中所示为涂层局部区域的断裂特征，并观察到了凹坑，分析可知，这是由于未达到临界速度的喷涂颗粒对涂层产生的冲蚀作用所致，该冲蚀作用对涂层的沉积效率会产生不利影响，但对提高涂层致密度可起到有益作用。

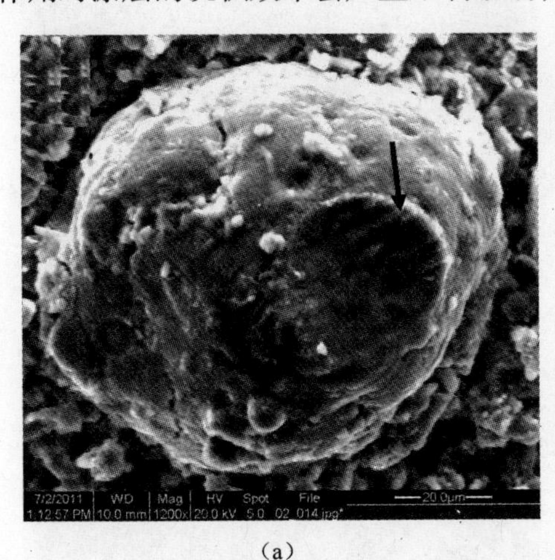

(a)

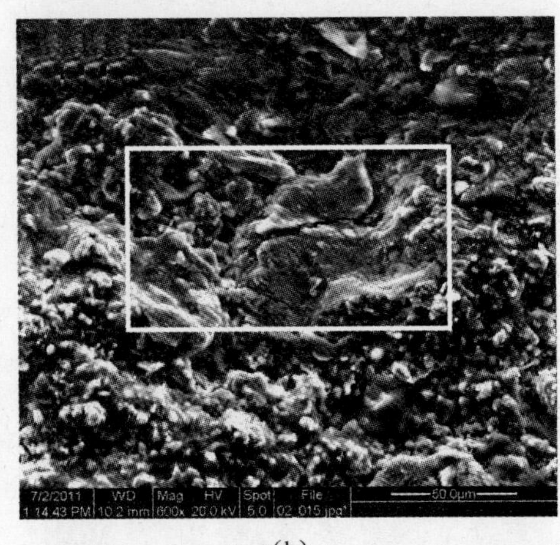

(b)

图 3-42　涂层表面微观形貌

由以上两组涂层表面处于不同沉积状态的颗粒微观形貌观察可知：在沉积过程中，喷涂颗粒不断地与基体发生撞击，产生强烈的塑性变形，与基体(或已沉积涂层)发生结合，但此过程仍未结束，随着沉积过程的继续，喷涂颗粒对已沉积涂层不断撞击，在此过程中，一部分与涂层结合不紧密的颗粒被撞离涂层表面，一部分颗粒在受其他颗粒撞击的过程中碎裂为更小的颗粒，但仍与涂层相结合，只有一小部分喷涂颗粒以整个颗粒的形式存在于涂层内部。在沉积过程中，颗粒对涂层表面的夯实作用不可忽视，正是由于在强烈的撞击作用下，才使得涂层更为致密。

3. 涂层截面微观形貌

图 3-43 所示为涂层截面微观形貌，在靠近涂层表面处可观察到不同程度的金属射流。由图 3-43(a)可以看出，颗粒整体呈塑性流变状态，边缘处向四周发生翘曲。由图 3-43(b)可以看出，喷涂颗粒与涂层表面接触处有金属射流产生，这说明涂层形成过程中颗粒发生强烈的塑性变形(如白色箭头所示)。

图 3-44 所示为喷涂颗粒与已沉积涂层的不同结合状态。由图 3-44(a)可以看出，喷涂颗粒与已沉积涂层结合紧密，界面处无裂纹、孔隙等缺陷。由图 3-44(b)

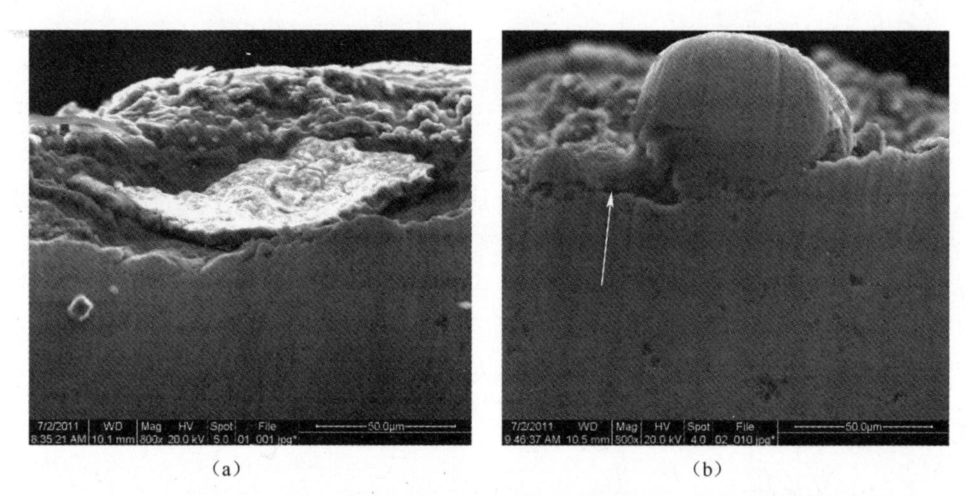

(a) (b)

图 3-43 涂层截面微观形貌

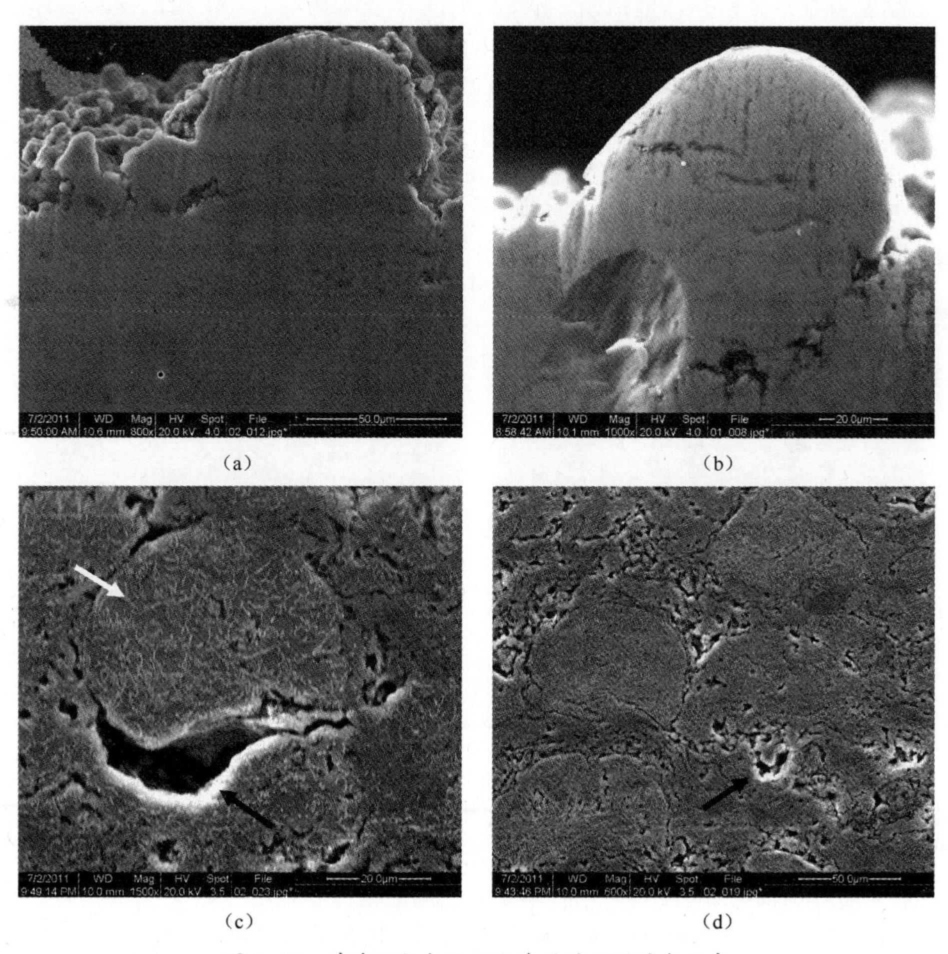

(a) (b)

(c) (d)

图 3-44 喷涂颗粒与已沉积涂层的不同结合状态

可以看出，喷涂颗粒与基体结合处有裂纹，此沉积颗粒在继续沉积过程中可能有以下三种情况出现：①此颗粒由于与涂层结合不够牢固，在受到其他颗粒的撞击下而脱离涂层表面；②在受其他颗粒撞击的过程中发生断裂，成为小颗粒沉积在涂层表面；③此颗粒以整个颗粒的形式与其他颗粒结合沉积在涂层内部；该颗粒下方的裂纹有可能在继续沉积过程中消失，但是增加了在涂层内部留有孔隙的风险。由图3-44(c)可以看出，涂层内部存在以较完整方式沉积的喷涂颗粒（如白色箭头所示），该类颗粒呈蘑菇状，这是由于其在撞击过程中发生强烈堆塑变形和金属射流所致。由图3-44(d)可以看出，涂层内部颗粒边缘位置处孔隙较多（如黑色箭头所示），这是由于颗粒变形过程不充分，而对相邻区域产生支撑所致。

3.4.2 涂层微观组织结构分析

1. 涂层组织结构

涂层为亚共晶铝硅合金结构，亚共晶铝硅合金由初晶 α-Al 和铝硅共晶体组成，α-Al 呈树枝状，Al-Si 共晶体呈粗大的板片状。如图 3-45(a)为低倍 SEM 图片，可以看出，涂层内部颗粒沿沉积方向（黑色箭头方向）有条状变形趋势（白色箭头所指），说明颗粒在沉积过程中受到沿沉积方向的变形。图 3-45(b)为高倍 SEM 图片，可以看出，黑色枝晶为先共晶 α-Al 相，白色细小颗粒状为 α-Al 与硅的两相共晶体，其结构与铸造铝硅合金相同，未发生明显改变。

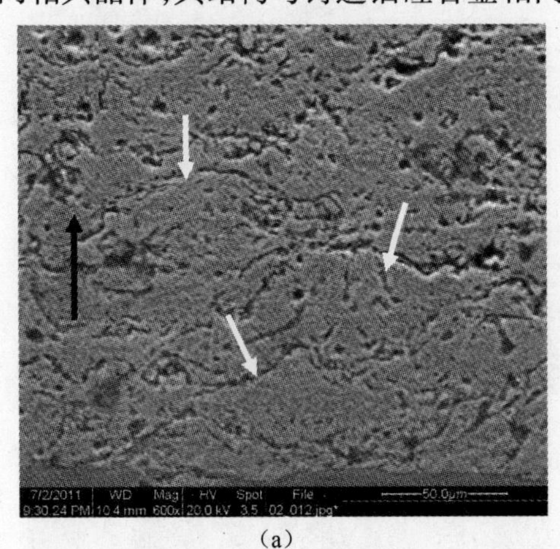

(a)

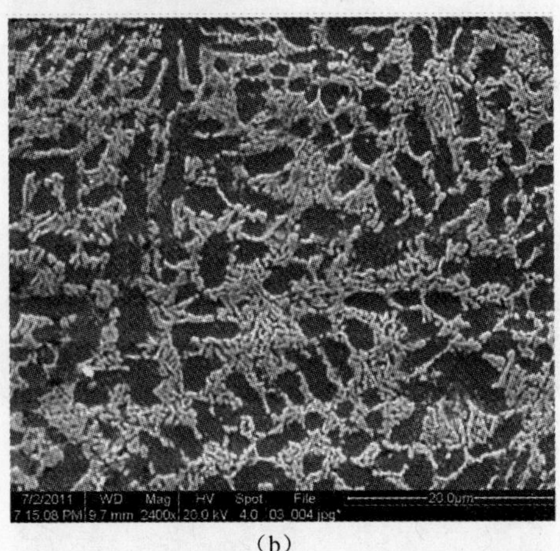

(b)

图 3-45 涂层截面腐蚀后的 SEM 照片

2. 涂层透射电镜分析

图 3-46 所示为涂层 TEM 明场像及其电子衍射斑点。可以看出，图(a)中箭头所指的黑色块状物中存在明显的位错滑移带；图(b)所示为 a 点处的电子衍射斑点，表明其为面心立方结构；结合对 a 点处的能谱分析（图 3-47 和表 3-4）可知，此黑色块状物为 α-Al 相。上述分析表明，α-Al 相在涂层成形过程中有大量位错产生。

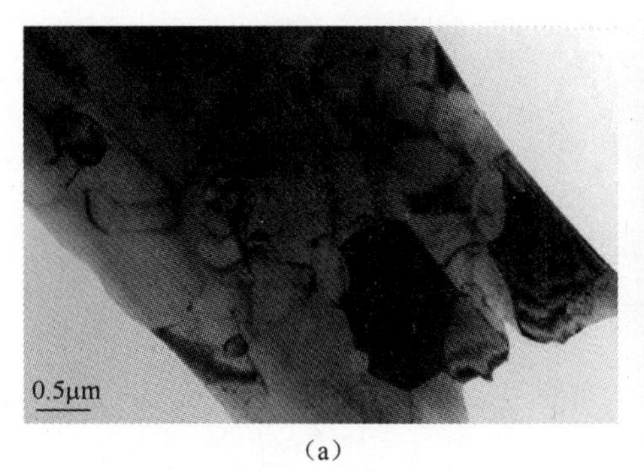

(a)　　　　　　　　　　　　　　　(b)

图 3-46　涂层 TEM 明场像及其电子衍射斑点

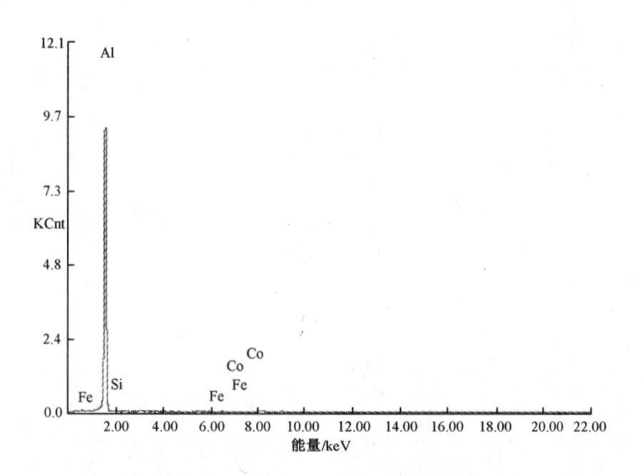

图 3-47　涂层 a 处能谱图

表 3-4　涂层 a 处元素百分含量

元素	含量/%(质量分数)	含量/%(原子分数)
AlK	99.30	99.50
SiK	00.30	00.30
FeK	00.20	00.10
CoK	00.20	00.10

图 3-48 所示为涂层 TEM 明场像及能谱图。由图(a)可以看出,位错墙中存在大量高密度位错;图(b)所示为 A 点能谱图,结合 A 处元素百含量(表 3-5)分析可知,该处为 α-Al 与硅的两相共晶体,表明共晶体在颗粒沉积过程中由于强烈的塑性变形产生了大量的位错。

图 3-49 所示为铝硅合金涂层 TEM 明场像。其中,图(a)为涂层内部的位错胞(白色箭头所指),图(a)为涂层内部的孪晶结构(黑色箭头所指)。

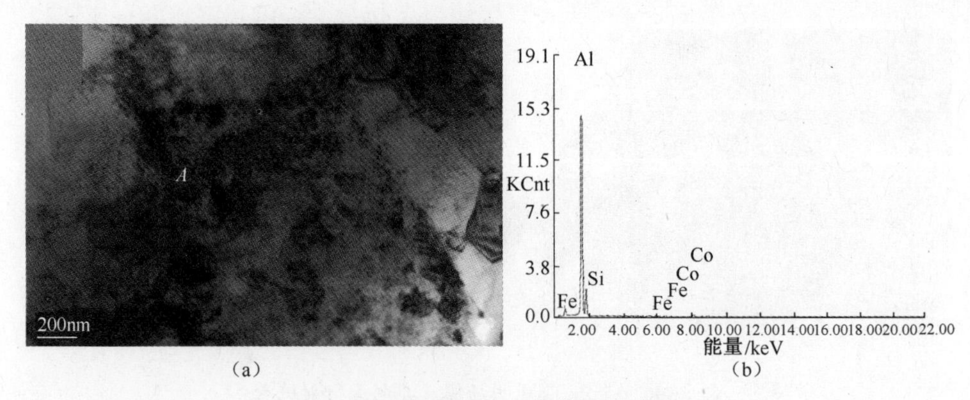

(a) (b)

图 3-48 涂层 TEM 明场像及能谱图

表 3-5 涂层 A 处的元素百含量

元素	含量/%(质量分数)	含量/%(原子分数)
AlK	88.90	89.50
SiK	10.60	10.20
FeK	00.50	00.20
CoK	00.00	00.00

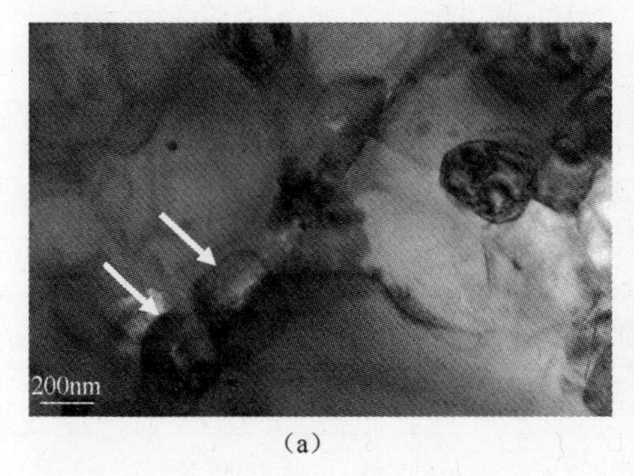

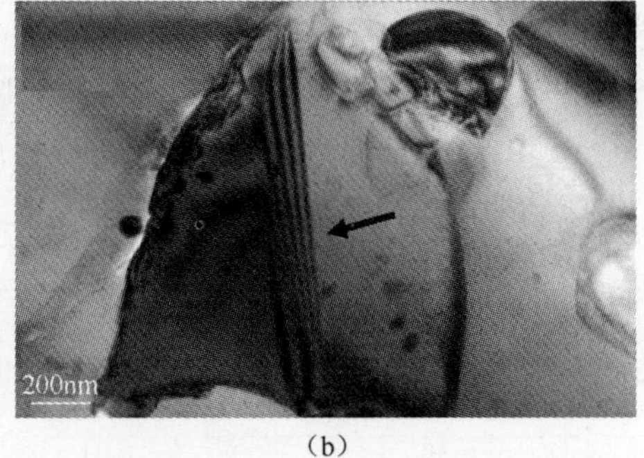

(a) (b)

图 3-49 涂层 TEM 明场像

综合上述分析可知，喷涂颗粒在高速撞击过程中发生了强烈的塑性变形，最终沉积为涂层。同时，在涂层内部有高密度位错和孪晶产生，无论是 α-Al 相还是α-Al 与硅的共晶体中都不同程度的有位错存在。位错缠结形成位错胞，对涂层起到强化作用。

3.4.3 涂层中氧元素含量测定

图 3-50 所示为涂层表面能谱(EDS)，结合元素含量测试结果(表 3-6)可知，涂层表面氧元素的质量百分含量为 1.8%，与原始喷涂粉末基本一致。图 3-51 所示为涂层截面 XRD 图谱，没有观察到明显的氧化物峰，表明颗粒在喷涂沉积过程

中没有发生氧化,验证了低温超声速喷涂技术在制备氧化敏感材料涂层方面的优越性。

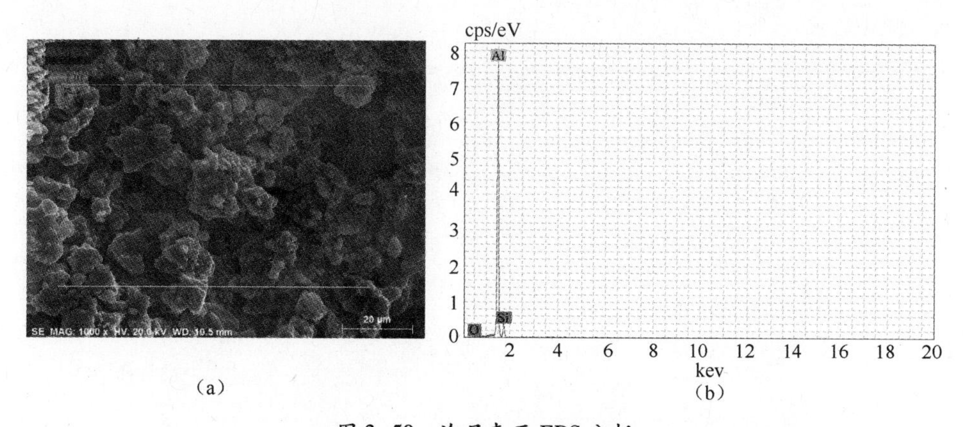

(a) (b)

图 3-50 涂层表面 EDS 分析

表 3-6 元素含量测试结果

El	AN	Series	C/%(质量分数)
O	8	K-series	1.51
Al	13	K-series	88.44
Si	14	K-series	10.06

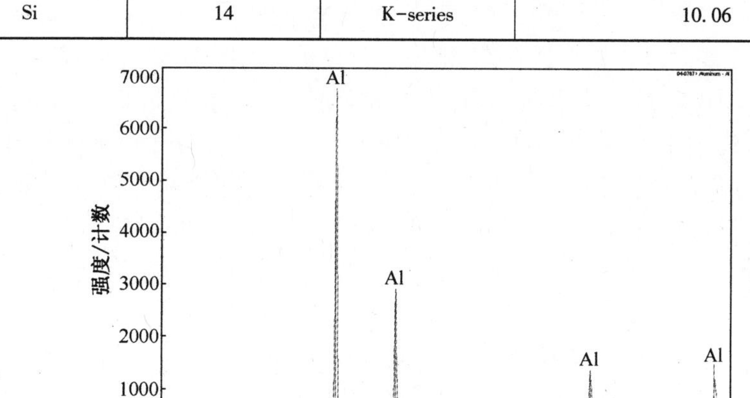

图 3-51 涂层截面 XRD 图谱

3.4.4 涂层化学元素价态判定

铝硅合金涂层中的主要元素为 Al、Si,镁合金基体中的主要元素为 Mg、Al、Zn。对涂层与镁合金基体的结合界面处(图 3-52)进行 X 射线光电子能谱(XPS)分析。由涂层向基体方向逐一打点测量，测量点数为 18 个，各点间距为 10 μm。图 3-53(a)~(f)所示分别为 Al2p、Si2p、O1s、Mg1s、Mg2p、Zn2p 在 1、2、3、4 点处的峰位测试结果。

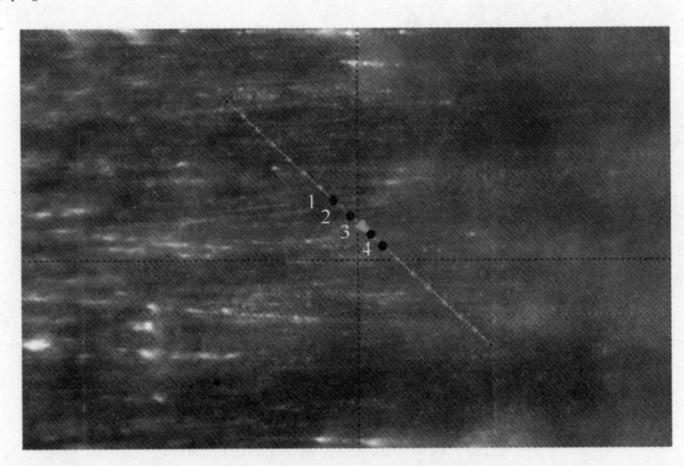

图 3-52　XPS 测试点照片

图 3-53(a)所示为 Al2p 谱线，可以看出，铝元素结合能以 72.5eV 为主，其氧化物峰值(75.0eV)并不明显，说明由铝硅合金涂层向镁合金基体的过渡过程中，铝元素主要以单质形式存在，并随测试深度的增加，铝元素含量降低。图 3-53(b)所示为 Si2p 谱线，可以看出，硅元素的结合能为 99.15eV，表明在界面过渡过程中，硅元素主要是以单质形式存在，未发生明显扩散。图 3-53(c)所示为 O1s 谱线，可以看出，O1s 峰位在 1 点时，只存在一个峰值，其能量为 531.6eV，此时氧元素以 Al_2O_3形式存在；随着测试点向基体方向移动，O1s 出现两个明显的峰值，表明在过渡到基体位置时，氧元素存在于两种氧化物中，结合 Mg1s 谱线(图 3-53(d))、Mg2p 谱线(图 3-53(e))、Zn2p 谱线(图 3-53(f))可知，这两种氧化物分别为 MgO 和 ZnO。图 3-53(e)所示为 Mg2p 谱线，可以看出，从点 1 到点 4，镁元素的计数峰值没有明显变化，说明镁元素向铝硅合金涂层中的扩散较为明显，镁元素的峰值为 50.7eV 和 49.4eV，说明其分别以单质和氧化物的形式存在。图 3-53(f)所示为 Zn2p 谱线，可以看出，从点 1 到点 4，锌元素的计数峰值增加明显，一方面说明镁合金中锌元素含量较多，另一方面表明锌元素未发生明显扩散。

综合上述分析，在铝硅合金涂层与镁合金基体的结合界面处，并没有发现高价铝元素的存在，而从氧元素的结合能测试结果可知，有少量氧化铝存在；这是由于铝硅涂层侧富含铝元素，生成的氧化铝较少，Al^{+3}2p 峰值被覆盖，不能被检测到。在喷涂作业前，作者对镁合金基体进行了预处理，以清除其表面污染物，但是镁合金的化学活性极高，处理后很快又会被氧化，这可能是镁元素在界面处以单质和氧化物两种状态存在的原因。同时发现，界面处镁元素的扩散现象最为明显，表现为在界面两侧其计数峰值无明显变化。

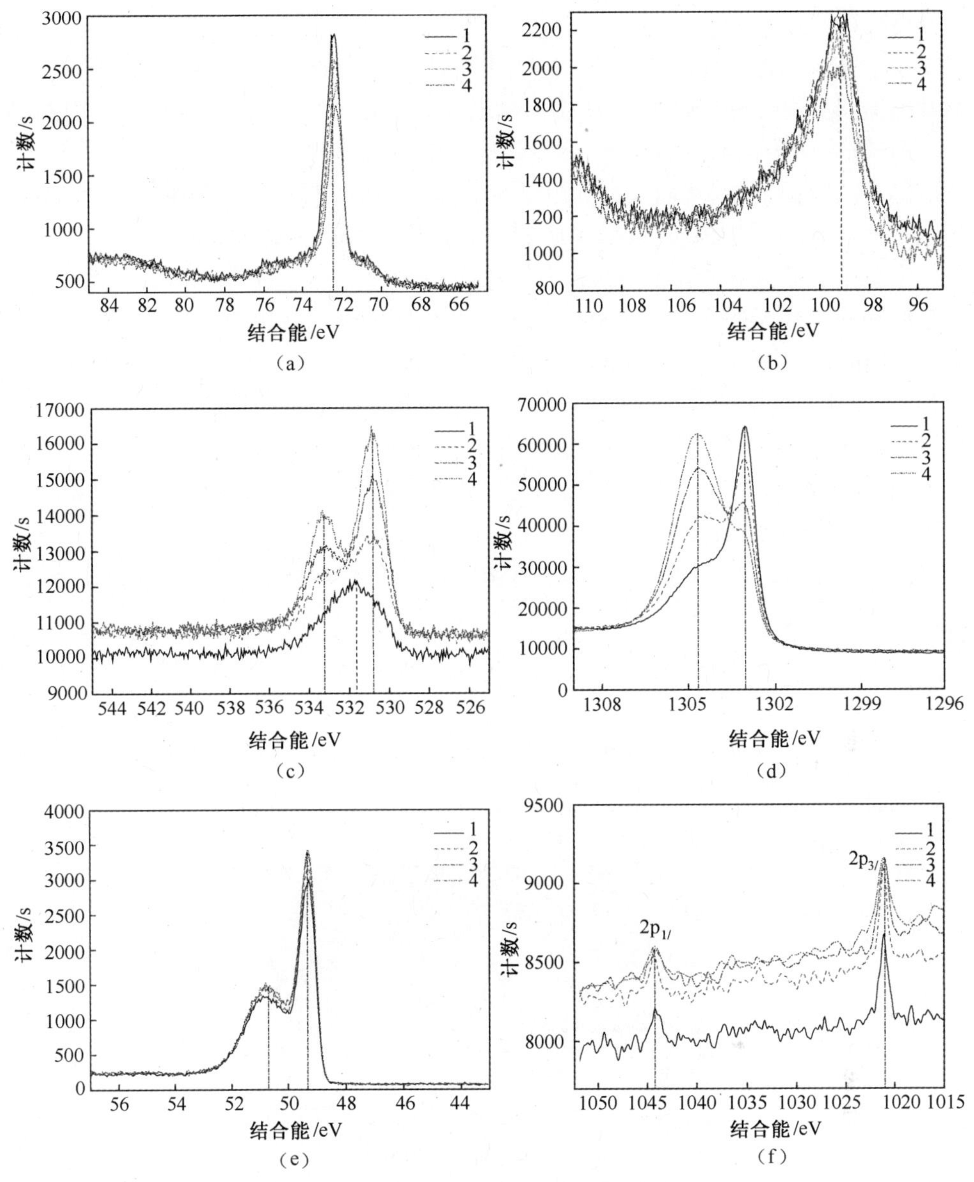

图 3-53　涂层与基体界面处的元素 XPS 图谱

(a) Al2p 谱线;(b) Si2p 谱线;(c) O1s 谱线;(d) Mg1s 谱线;
(e) Mg2p 谱线;(f) Zn2p 谱线。

3.5　粉体特性对涂层组织和性能的影响

喷涂材料的选择首先应考虑涂层与基体界面的物理冶金相容性,即基体与涂层,以及涂层内部薄层之间的合理匹配,从而得到内部元素亲和力好、界面能低、结合强度高的涂层。

镁为密排六方晶体结构，工业上常用的ZM5镁合金为Mg-Al系共晶合金，防腐性能差，易发生深孔腐蚀，在其表面制备防护涂层可大幅度提高其耐磨耐蚀性能。Al-Si合金为面心立方结构，耐磨耐蚀性能均优于镁合金，并且容易与镁相互扩散形成间隙固溶体，从而大大提高结合强度。此外，两者的电极电位相近，电化学匹配性良好。因此，铝硅系粉体是ZM5镁合金表面防护的理想材料。

本节重点研究Si元素含量、粒径等粉体特性对镁合金表面Al-Si合金涂层微观组织和使役性能的影响。Al-Si系合金粉体的化学成分如表3-7所列，可以看出，三种粉体中均加入了一定量的Fe作为强化元素，可形成较高硬度的金属间化合物，与Si相一起增强合金的耐磨性；同时，Fe元素的加入还保证了合金具有一定程度的耐热性，为制备的涂层在一定高温条件下应用创造了条件。

图3-54所示为Al-12Si合金粉体的SEM形貌，粉体呈椭球形，有部位微小卫星球黏附于大颗粒之上。

表3-7　Al-Si系合金粉体的化学成分(%)

种类	Si	Fe	P	B	Ti	O	N	Cu	Mg	Mn	Al
Al-12Si	11.8	0.16	—	—	—	—	—	0.02	<0.01	<0.01	余量
Al-13Si	13.07	0.187	0.0001	0.0001	0.13	$<400\times10^{-6}$	$<350\times10^{-6}$	—	—	—	余量
Al-15Si	15.23	0.197	0.001	0.0002	0.032	$<300\times10^{-6}$	$<400\times10^{-6}$	—	—	—	余量

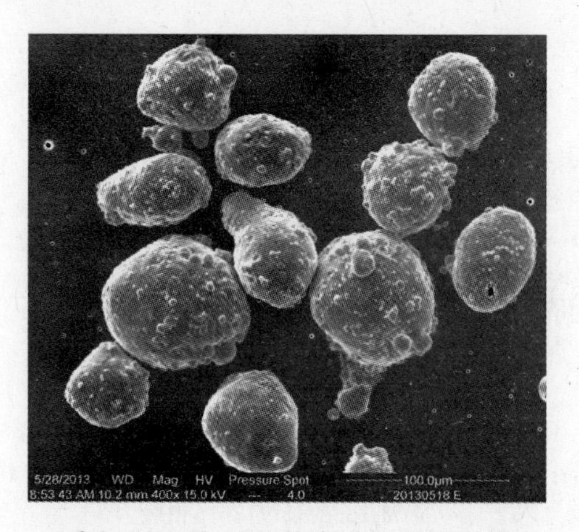

图3-54　Al-12Si粉体颗粒SEM形貌

3.5.1　Si元素对Al基合金涂层组织的影响

依据优化后的工艺参数，分别选择Al-12Si、Al-13Si和Al-15Si粉体，制备了三种合金涂层。

1. 表面宏观形貌观察

图3-55所示为三种合金涂层的宏观形貌，整体上差别不大，颜色均为银灰色，色泽和厚度均匀，没有出现裂纹、气孔等缺陷。

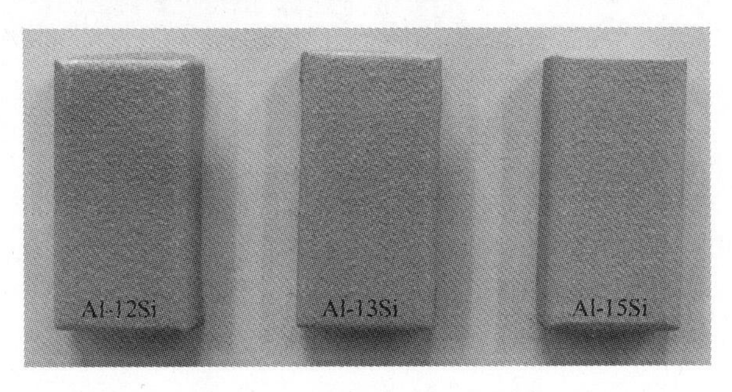

图3-55　涂层宏观形貌照片

2. 表面微观形貌观察

图3-56所示为三种Al-Si合金涂层的表面微观形貌。由50倍率下的图(a)、(c)、(e)可以看出，Al-Si涂层的表面存在球状颗粒，导致表面不平整，使得表面粗

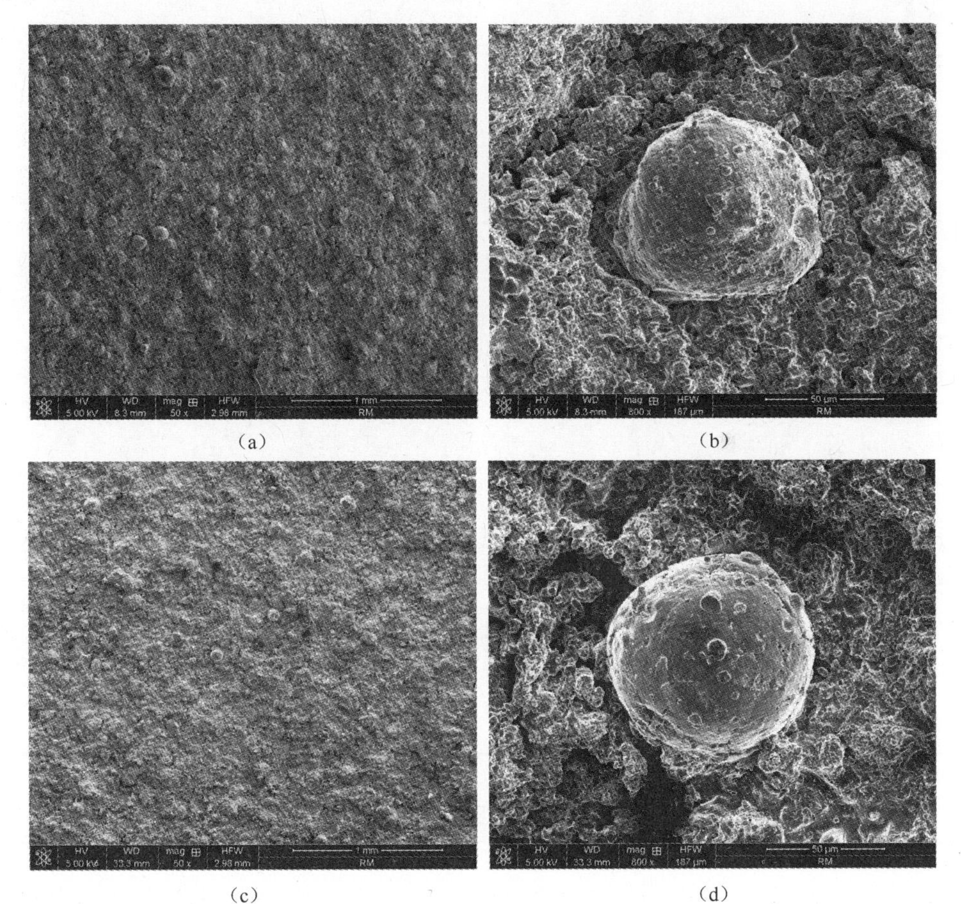

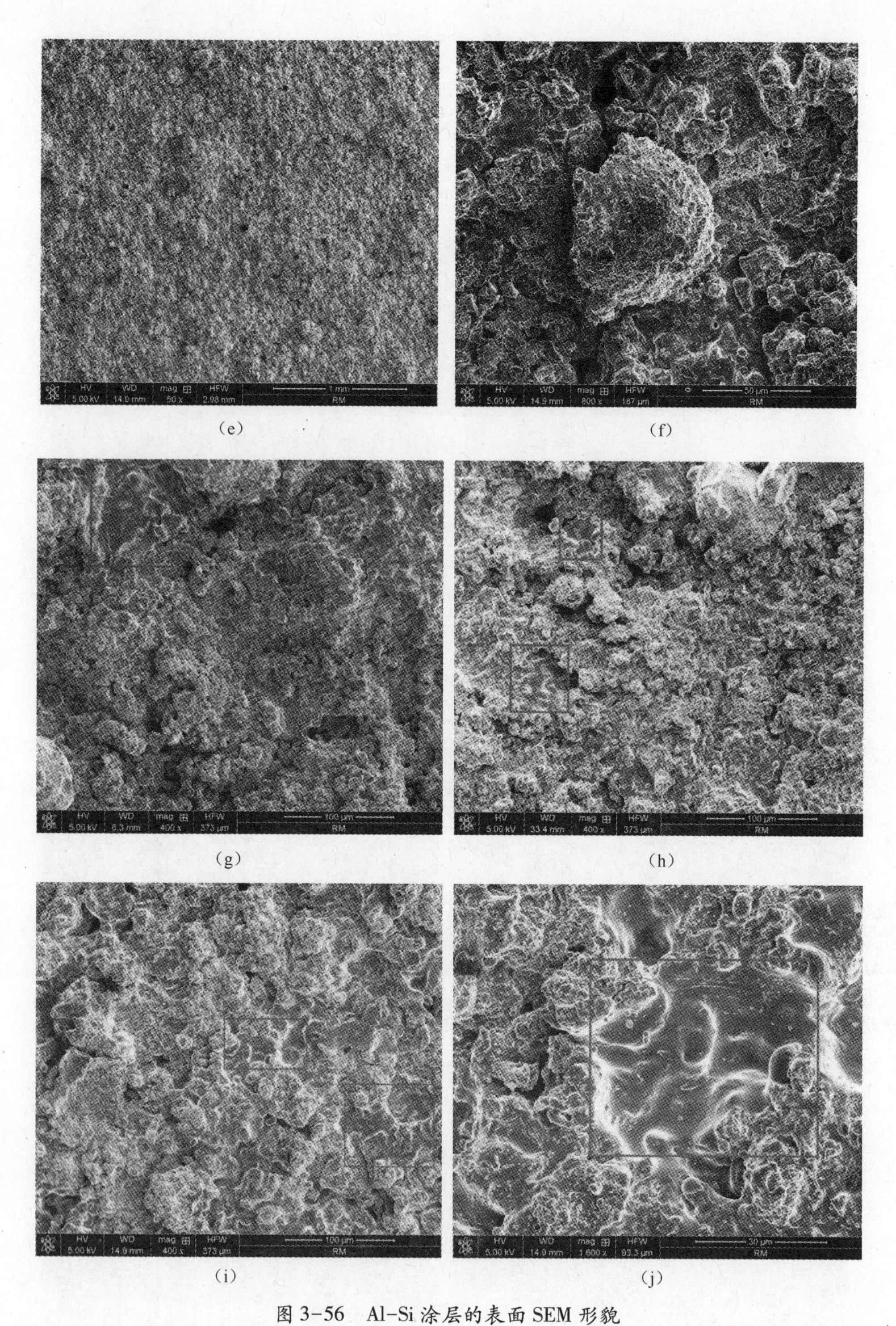

图 3-56　Al-Si 涂层的表面 SEM 形貌

(a)Al-12Si　50 倍;(b)Al-12Si　800 倍;(c)Al-13Si　50 倍;(d)Al-13Si　800 倍;(e)Al-15Si　50 倍;(f)Al-15Si　800 倍;(g)Al-12Si　400 倍;(h)Al-13Si　400 倍;(i)Al-15Si　400 倍;(j)Al-15Si　1600 倍。

糙度增加。图(b)、(d)、(f)分别为三种 Al-Si 涂层在 800 倍下的形貌图，三种涂层在沉积过程中均出现了少量粒径为 80~90μm 的大颗粒，且有部分小颗粒在其上面沉积，表明大部分颗粒在与基体或已沉积涂层碰撞时会发生碎裂现象，已沉积涂层在后续颗粒的撞击下也会出现碎裂，仅有极少数以完整的形状保存下来。图(g)、(h)、(i)分别为三种 Al-Si 涂层在 400 倍下的形貌图，图(j)为 Al-15Si 涂层在 1600 高倍数下的形貌图，三种 Al-Si 涂层中均有一些部位呈现薄片状，且部分喷涂颗粒在高速撞击过程中熔化(如图中框线标记所示)。

图 3-57 所示为 Al-Si 涂层表面微观形貌。如图(a)所示，中间图框内的形貌表明 Al-15Si 涂层发生了烧蚀现象，原因为大量的热量来不及扩散，高温使得局部区域产生烧蚀；右下角的图框内为一个保存相对完整的大颗粒，中间裂纹显示大颗粒出现了碎裂现象，且其下部发生了一定程度的塑性流变。图 3-57(b)、(c)、(d)中均存在少数颗粒未发生明显变形(如图中小图框所示)，直接沉积在涂层的缝隙处，这些颗粒呈完整的球形，可以支撑相邻部分，并且可能发展为涂层的孔隙。图 3-57(b)中两个图框显示 Al-13Si 涂层出现了塑性流变现象，原因为飞行的粒子在发生碰撞后，由动能转化的热能，使得材料的软化克服了硬化作用，引起塑性变形，同时产生了更多热量，进而发展为剪切失稳。图 3-57(c)上部框线内显示出现了凹坑，原因是喷涂颗粒的飞行速度在发生碰撞时，未达到临界沉积速度，撞击后飞离涂层，对涂层产生了冲蚀作用，留下凹坑。图 3-57(d)的上部图框线内同样显示涂层制备过程中存在烧蚀现象，中间框线内显示大颗粒的中部存在一定程度的碎裂现象。

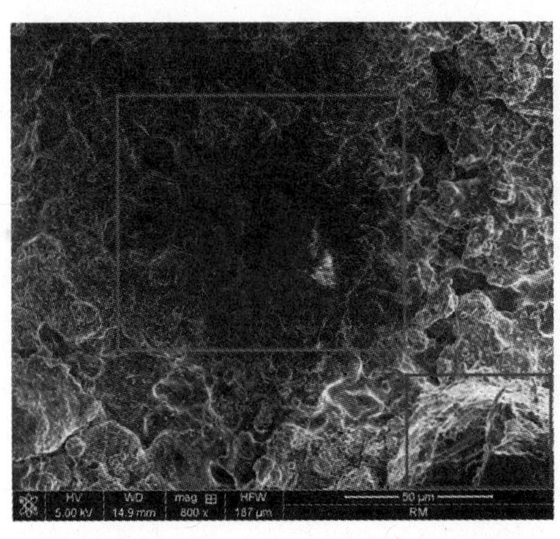

(a)

(b)

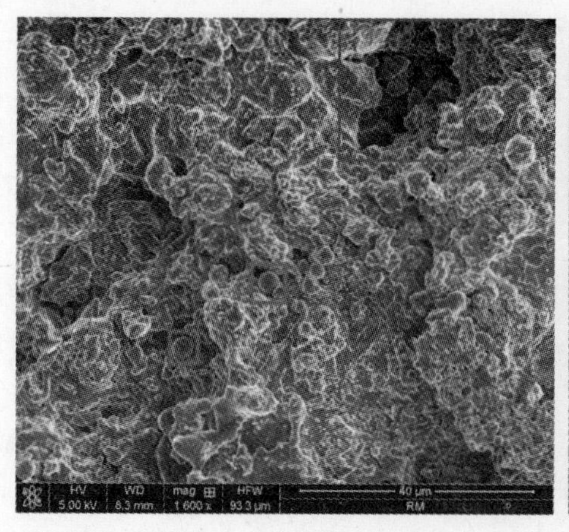

（c）

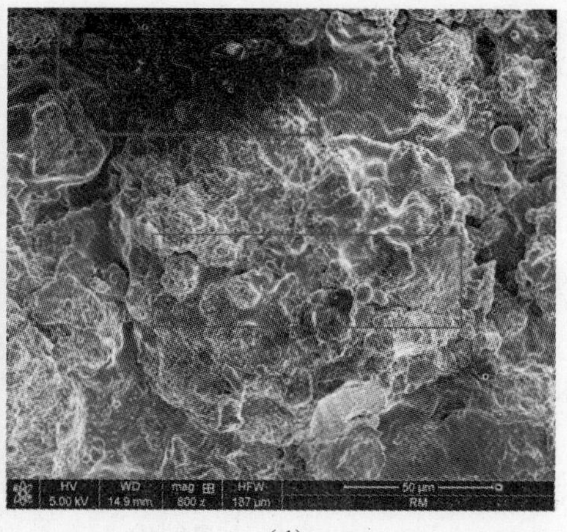

（d）

图 3-57　Al-Si 涂层表面微观形貌

(a)Al-15Si 800 倍；(b)Al-13Si 400 倍；(c)Al-12Si 1600 倍；(d)Al-15Si 800 倍。

综上分析，在涂层的沉积过程中，铝硅颗粒不断地与基体（或已沉积涂层）发生碰撞，产生强烈的塑性变形，进而结合在一起。并且随着沉积过程的继续，后续颗粒对已沉积涂层不断撞击。此过程中有些颗粒碎裂为更小的颗粒，但仍然与涂层结合；有些颗粒与涂层结合不紧密，离开涂层；仅有很少颗粒以整个颗粒的形式存在于涂层中。在低温超声速喷涂沉积过程中，颗粒对涂层的夯实作用非常重要，正是因为颗粒强烈的撞击作用，使得涂层的致密度提高。

3. 截面微观形貌观察

对三种 Al-Si 合金涂层的涂层截面微观形貌进行观察，对比分析可知，在靠近涂层表面处可观察到程度不同的金属射流，表明飞行颗粒与镁合金基体发生了高速碰撞。同时，碰撞瞬时动量变化所产生的压应力，使得颗粒与已沉积涂层产生互锁。涂层基本没有孔隙以及裂纹等缺陷，形成良好的紧密结合。此外，涂层厚度达到 300μm，可对基体形成良好的防护作用。由图 3-58(b)、(d)、(f) 可以看出，三种 Al-Si 合金涂层与基体的界面结合紧密，没有裂纹等缺陷存在。

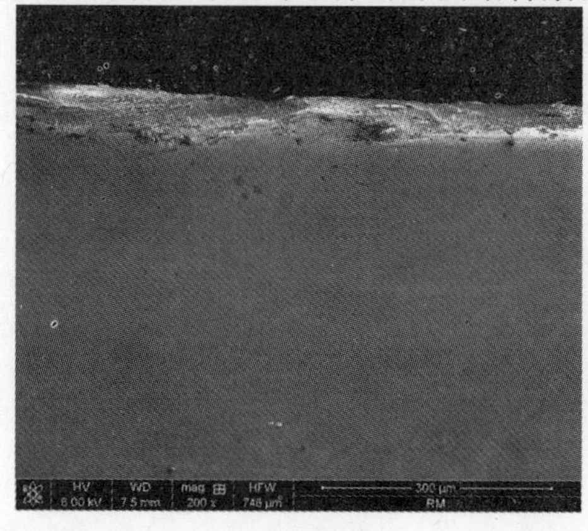

(a)

(b)

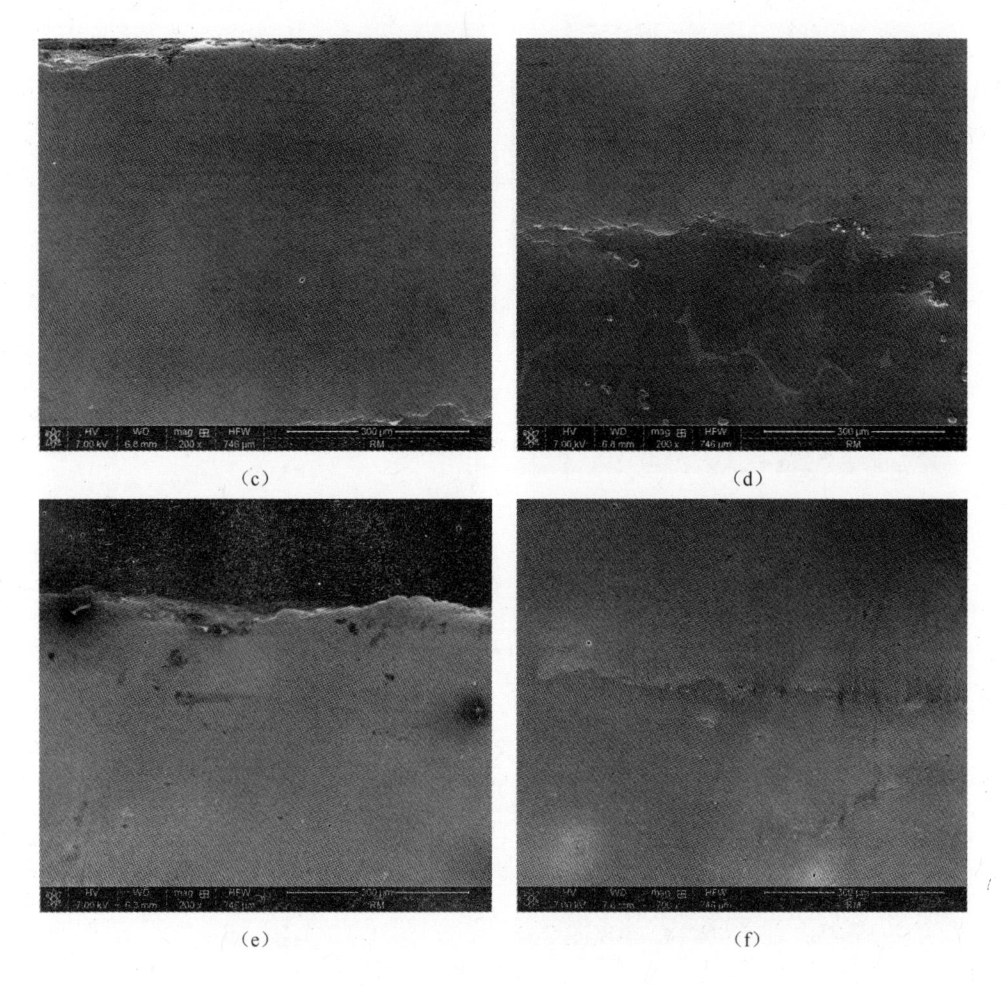

图 3-58　Al-Si 涂层截面/界面微观形貌

(a) Al-12Si 截面 200 倍;(b) Al-12Si 界面 200 倍;(c) Al-13Si 截面 200 倍;
(d) Al-13Si 界面 200 倍;(e) Al-15Si 截面 200 倍;(f) Al-15Si 界面 200 倍。

4. 涂层氧元素含量测定及分析

采用聚焦离子束扫描电镜对 Al-12Si 涂层、Al-13Si 涂层与 Al-15Si 涂层进行微观形貌(SEM)与能谱(EDS)分析,结果如图 3-59 所示。图 3-59(a)、(b)、(c)分别为三种 Al-Si 涂层的 SEM 和 EDS 照片,左图内图框为面扫描区域,右图为框线内区域的元素含量百分比。能谱分析的元素含量如表 3-8 所列。由表可知,在低温超声速喷涂形成过程中,Al、Si 两种元素的含量均在烧蚀的影响范围之内。而涂层中氧元素的含量分别为 0.69%、1.29%与 1.36%,表明 Al-Si 涂层未发生明显氧化,该工艺适用于喷涂氧化敏感的材料。

5. 涂层微观组织结构分析

图 3-60 为 Al-Si 合金相图[38],共晶点为 12.6%;随着 Si 含量的升高,Al-Si

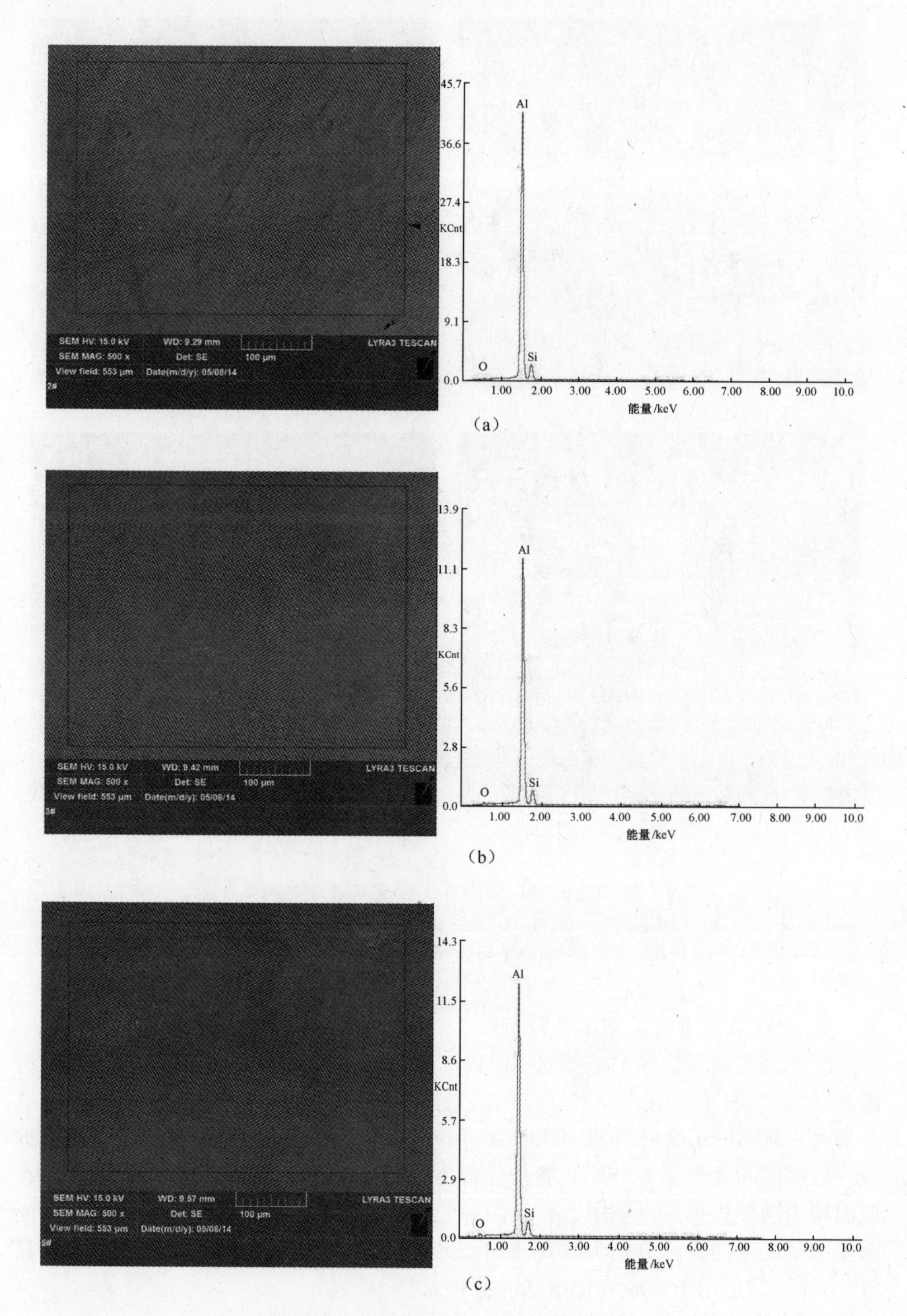

图 3-59 Al-Si 涂层的 SEM 和 EDS 分析

(a)Al-12Si 涂层的 SEM 和 EDS 分析;(b)Al-13Si 涂层的 SEM 和 EDS 分析;(c)Al-15Si 涂层的 SEM 和 EDS 分析。

表 3-8　Al-Si 涂层的 EDS 对比分析

元素	O/%	Al/%	Si/%(质量分数)
Al-12Si	0.69	87.34	11.97
Al-13Si	1.29	86.51	12.20
Al-15Si	1.36	86.14	12.50

合金会出现初晶 α-Al 相、Al-Si 共晶组织、二次 α-Al 相和初晶 Si 相。亚共晶合金中为 α-Al 相与共晶组织，过共晶合金中为二次 α-Al 相、共晶组织与初晶 Si 相。Al-12Si 涂层的 Si 含量为 11.97%，Al-13Si 涂层的 Al 含量为 12.20%，Al-15Si 涂层的 Al 含量为 12.50%。

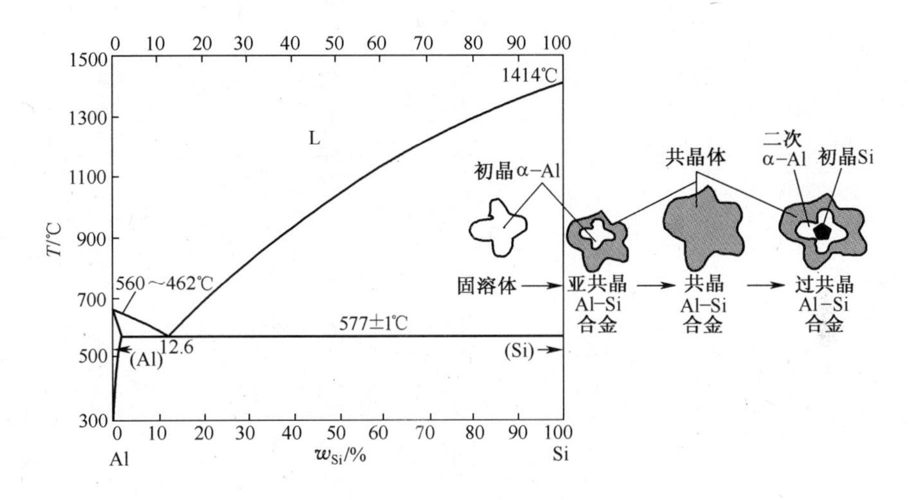

图 3-60　Al-Si 合金相图

图 3-61(a)、(b)、(c)分别为 Al-12Si、Al-13Si 与 Al-15Si 涂层的 XRD 图谱与组织结构图。通过比较分析，得出几种 Al-Si 涂层主要由 α-Al 相和共晶组织组成(左图)；图中的粗大板片状为共晶组织，枝晶为初晶 α-Al 相(右图)。比较这些 Al-Si 涂层的组织结构，与铸态铝硅合金相同，基本没变化，表明低温超声速喷涂对粉体颗粒的组织结构基本没有影响。

6. 涂层的孔隙率测算

采用 ImageJ2x 孔隙率计算软件分析计算三种 Al-Si 涂层的表面及截面孔隙率，得出 Al-12Si 涂层的表面和截面孔隙率分别为 0.6%与 0.1%，Al-13Si 涂层的表面和截面孔隙率分别为 0.4%与 0.1%，Al-15Si 涂层的表面和截面孔隙率分别为 0.5%与 0.2%(图 3-62)。上述计算结果表明三种 Al-Si 涂层的致密性优良，并且同一涂层的表面的孔隙率均大于截面孔隙率，表明喷涂过程中颗粒的夯实作用可以有效提高涂层的致密度。

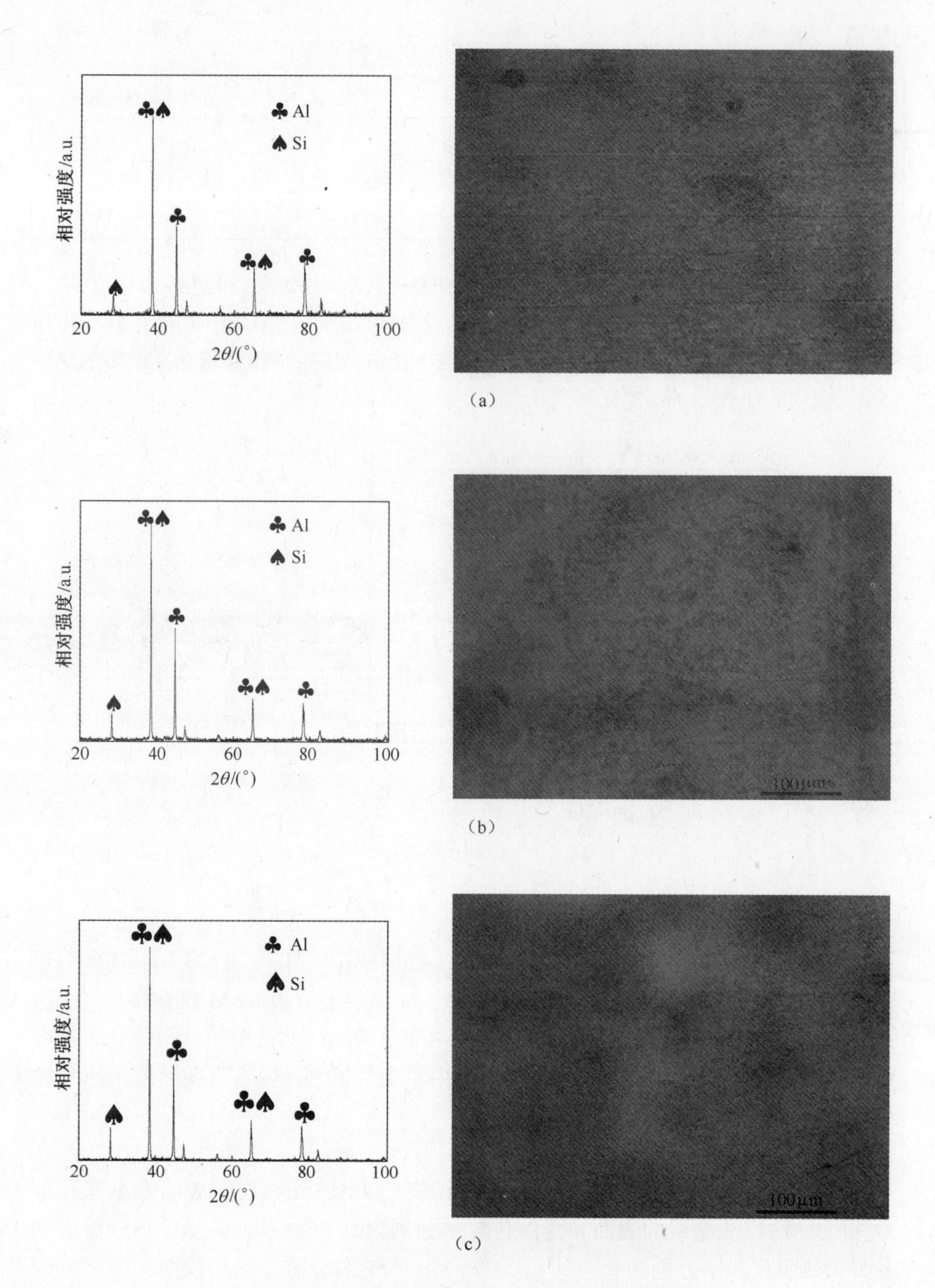

图 3-61　Al-Si 涂层表面的 XRD 图谱与金相图

(a)Al-12Si 涂层的 XRD 图谱与组织结构图;(b)Al-13Si 涂层的 XRD 图谱与组织结构图;(c)Al-15Si 涂层的 XRD 图谱与组织结构图。

（a）

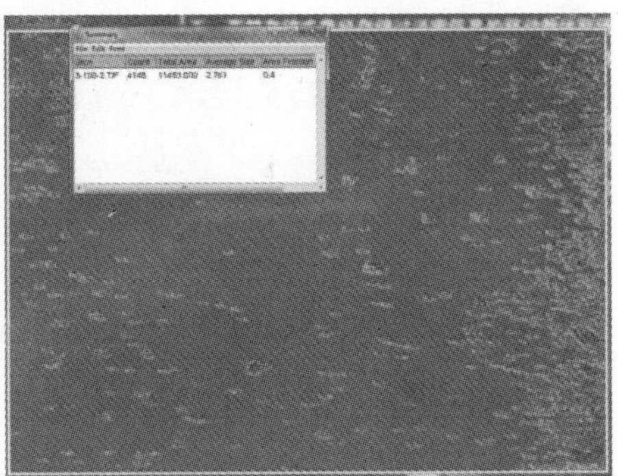

（b）

（c）

图 3-62　Al-Si 涂层的 OM 照片及孔隙率计算结果

(a)Al-12Si 涂层表面 OM 照片及孔隙率计算结果;(b)Al-13Si 涂层表面 OM 照片及孔隙率计算结果;(c)Al-15Si 涂层表面 OM 照片及孔隙率计算结果;(d)Al-12Si 涂层截面 OM 照片及孔隙率计算结果;(e)Al-13Si 涂层截面 OM 照片及孔隙率计算结果;(f)Al-15Si 涂层截面 OM 照片及孔隙率计算结果。

Al-Si 涂层的孔隙率会受到喷涂粉体与基材理化性质等多种因素的影响，粒子伴随送粉热流一同喷出，与基材碰撞后发生协调变形，后续颗粒则与已沉积涂层碰撞而变形。由于其中有些粒子变形不充分，造成不完全重叠，继而形成了孔隙。低温超声速喷涂技术中粒子的飞行速度快，与基材颗粒撞击时产生的瞬时撞击力大，变形充分，从而大大降低了孔隙率，获得了致密性优良的涂层。

7. 涂层的表面粗糙度

Al-Si 涂层的表面粗糙度见表 3-9。

表 3-9　Al-Si 涂层的表面粗糙度

组别		1	2	3	4	5	平均值
Al-12Si	粗糙度值/μm	8.366	7.466	8.485	6.492	6.931	7.548
Al-13Si		7.654	8.226	8.547	8.766	8.148	8.268
Al-15Si		8.307	8.375	8.061	8.246	8.106	8.219

3.5.2　Si 元素对 Al 基合金涂层性能的影响

1. 涂层力学性能

采用对偶拉伸法测试了涂层的拉伸强度，结果如表 3-10 所列，可以看出，三种 Al-Si 合金涂层的结合强度均大于 34MPa，表明该工艺制备的 Al-Si 涂层与 ZM5 基体结合良好。这一结果，与从截面 SEM 形貌中观察到的涂层/基体界面清晰、无裂纹及夹杂等缺陷的结果相一致。

表 3-10　涂层结合强度测试结果

类　别	Al-12Si	Al-13Si	Al-15Si
结合强度/MPa	42.33	54.46	34.02

图 3-63 所示为三种铝硅涂层的显微硬度分布，可以看出，Al-12Si、Al-13Si 与 Al-15Si 涂层的显微硬度平均值分别为 113.2$HV_{0.05}$、135.0$HV_{0.05}$与 135.9$HV_{0.05}$，Al-15Si 涂层的显微硬度值最大。硬度不同的原因是三种 Al-Si 涂层的主要组织相同，但是 Al-15Si 涂层中的 Si 含量最多，形成硬度较大的共晶组织最多，从而使得 Al-15Si 涂层的显微硬度较大。对于同一涂层，因为多种组织的存在，导致了不同部位的显微硬度值出

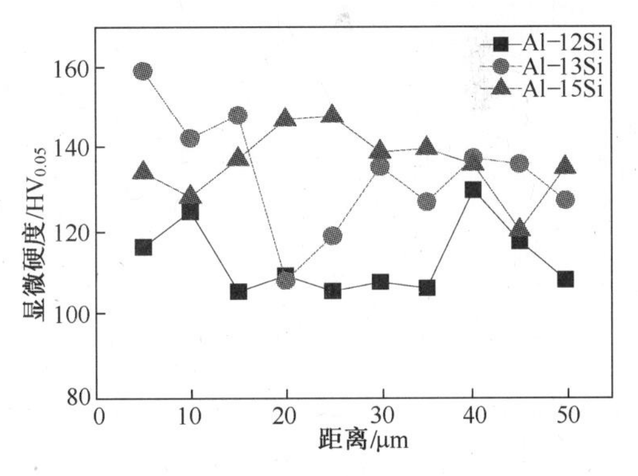

图 3-63　铝硅涂层显微硬度值($HV_{0.05}$)

现了一定的差异。

2. 涂层摩擦学性能

图 3-64(a)、(b)、(c)分别为不同载荷下镁合金表面 Al-12Si 涂层、Al-13Si 涂层与 Al-15Si 涂层的摩擦因数(COF)变化情况。可以看出,三种 Al-Si 涂层在摩擦初期的摩擦因数都相对较大,随后在短时间内降低,接下来进入相对稳定阶段并一直持续。不同载荷下的平均摩擦因数如图(d)所示,Al-13Si 涂层的摩擦因数均最小,Al-12Si 涂层在 10N 与 20N 时的摩擦因数稍大于 Al-15Si 涂层,在 30N 时稍小。综合分析,具体不同之处是在载荷 10N 的情况下,Al-12Si 涂层的摩擦因数稍大,且在第 150s 附近出现了一个峰值;Al-13Si 涂层在初期和末期波动较大,中间运行较平稳;Al-15Si 涂层在前期波动较大,后半段系数波动较小。在载荷 20N 的情况下,Al-12Si 涂层的摩擦因数稍大,且 Al-12Si 涂层在第 100s 附近出现了两个峰值;Al-13Si 涂层大部平稳,在初期及 600s 附近出现了几个峰值;Al-15Si 涂层在 70s 附近出现了一个峰值。在载荷 30N 的情况下,Al-12Si 涂层波动相对较大;Al-15Si 涂层居中;Al-13Si 涂层最平稳。

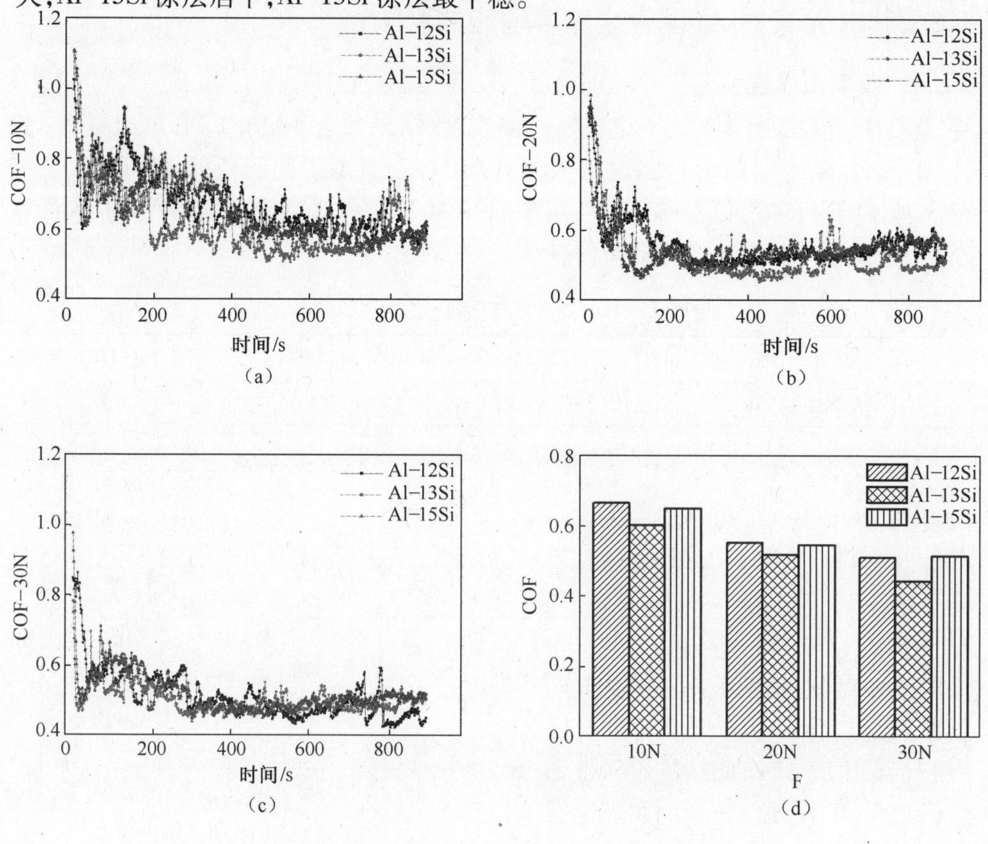

图 3-64　Al-12Si、Al-13Si 与 Al-15Si 涂层的摩擦因数图

(a)10N;(b)20N;(c)30N;(d)平均摩擦因数。

综合几条曲线，均有一定幅度的波动，甚至出现了几个峰值。其原因是因为低温超声速喷涂技术制备的 Al-Si 涂层以机械嵌合为主，涂层内部不同部位的组织不同，进而引起表面硬度的差异。在摩擦磨损实验过程中，摩擦副在压力作用下与三种涂层接触并发生摩擦，造成涂层表面的形变不同，引起克服相对摩擦运动所需的犁耕力不同，最终引起摩擦因数一定幅度的波动。

图 3-65 所示为 Al-12Si、Al-13Si 与 Al-15Si 涂层在 10N、20N、30N 载荷下干摩擦的磨损形貌图。可以看出，在干摩擦条件下，三种涂层的磨痕表面差别不大，均呈现为明显的撕裂和擦伤，甚至发生了卷曲现象，表明 Al-Si 涂层的主要失效形式均为粘着磨损。此外，有些部位发生了塑性变形，形成了光滑承载面与犁沟相间的现象，表明其中存在疲劳磨损。

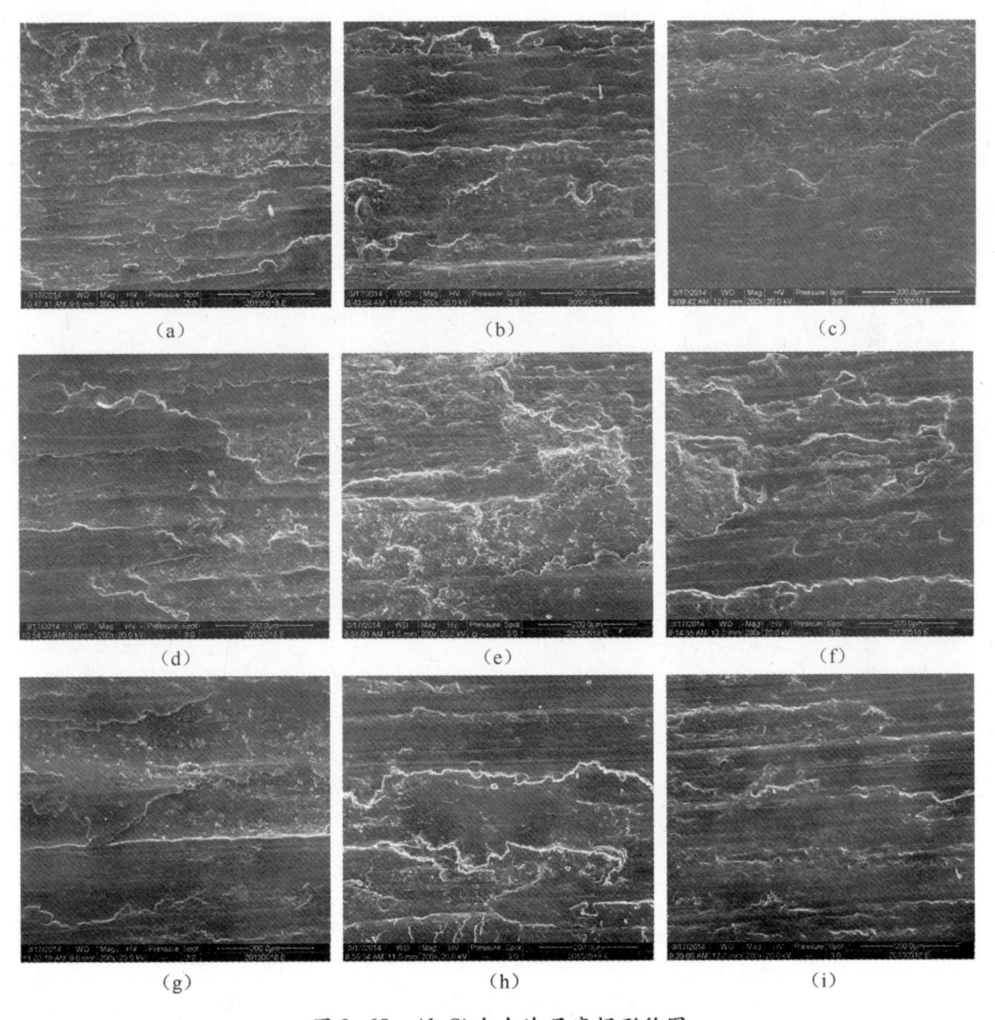

图 3-65　Al-Si 合金涂层磨损形貌图

(a) Al-12Si 10N; (b) Al-13Si 10N; (c) Al-15Si 10N; (d) Al-12Si 20N; (e) Al-13Si 20N; (f) Al-15Si 20N; (g) Al-12Si 30N; (h) Al-13Si 30N; (i) Al-15Si 30N。

在干摩擦时，表面压力使对偶小球压紧涂层，之后的相对摩擦运动导致接触部位的温度急剧升高，引起涂层部分区域硬化、软化、相变乃至熔化[39]。发生接触金属的表层被软化，转移到另一金属表面，进而形成撕裂等。

图 3-66 所示为 Al-12Si、Al-13Si 与 Al-15Si 涂层在 10N、20N、30N 载荷下磨损体积的测试结果，由图可得，随着摩擦试验载荷的增加，三种 Al-Si 涂层的磨损体积均呈现增大的趋势，而且在三种载荷下，Al-13Si 涂层的磨损体积均大于 Al-15Si 涂层的磨损体积，小于 Al-12Si 涂层的磨损体积。原因为 Al-15Si 涂层中较多的 Si 元素形成了较多硬度较大的共晶组织，可以相对较大程度的阻碍摩擦小球对 Al-Si 涂层的磨损，使得 Al-15Si 涂层的耐磨性能最优。

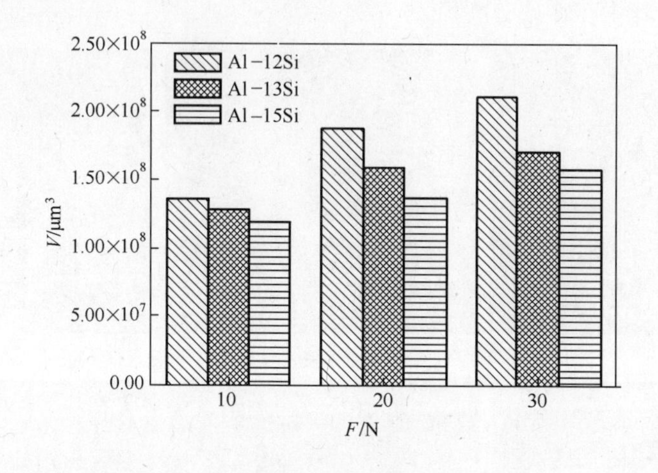

图 3-66　Al-Si 涂层的磨损体积测试结果

图 3-67 为三种涂层的三维磨痕形貌，可见，三种 Al-Si 涂层的磨痕形貌差别不大，表面均高低不平，从小载荷到大载荷的过程中均未将涂层磨透，表明涂层的耐磨性能良好。三种 Al-Si 涂层的喷涂颗粒主要以机械嵌合的方式沉积，从而形成涂层，由此引起涂层内部组织结构的不均匀，摩擦小球与不同组织接触导致摩擦力变化，摩擦因数波动。

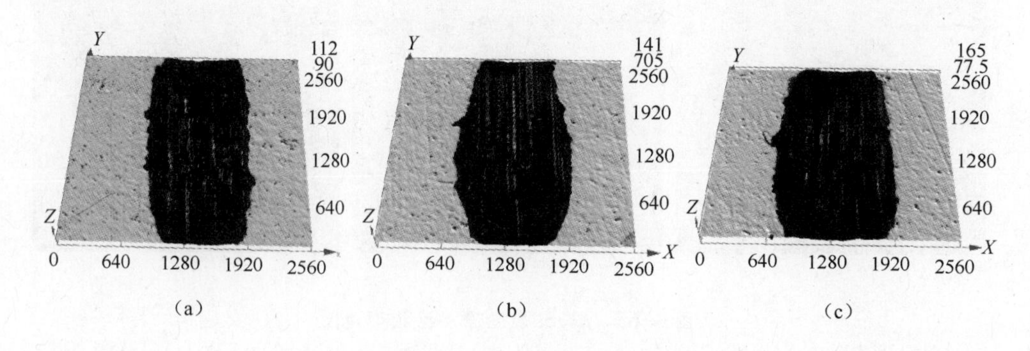

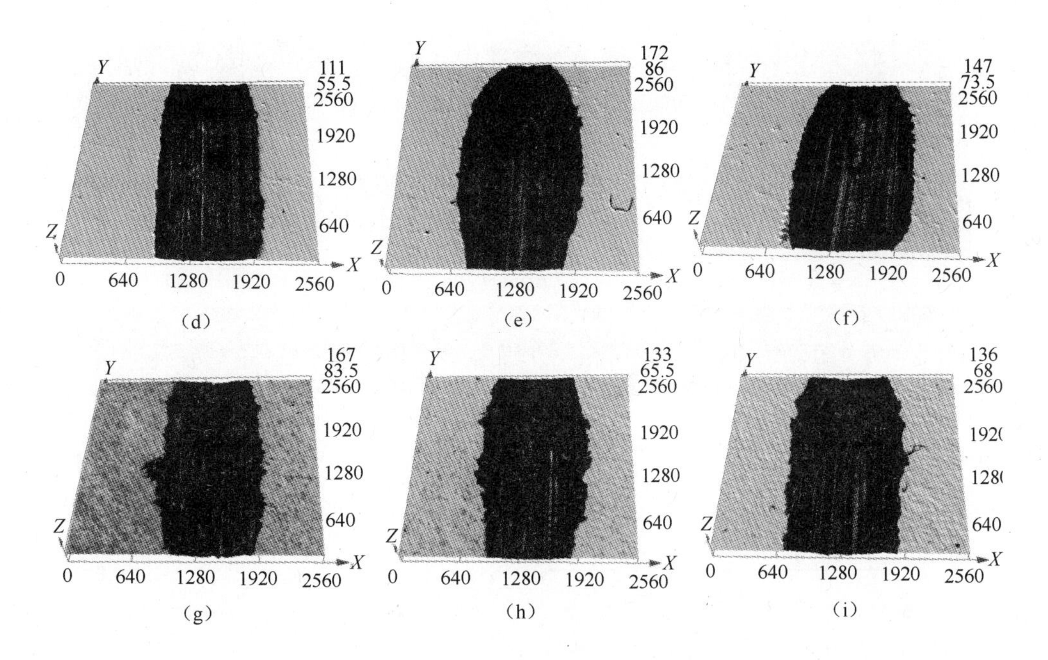

图 3-67　Al-Si 合金涂层磨痕的三维形貌图

(a) Al-12Si 10N; (b) Al-12Si 20N; (c) Al-12Si 30N; (d) Al-13Si 10N; (e) Al-13Si 20N; (f) Al-13Si 30N; (g) Al-15Si 10N; (h) Al-15Si 20N; (i) Al-15Si 30N。

3. 涂层抗划伤性能

采用划痕仪对三种 Al-Si 涂层进行了抗划伤性能测试，设定初始载荷 1N，终止载荷 20N，划痕长度 5mm。图 3-68 为三种 Al-Si 涂层划痕深度随划痕长度的变化曲线，可以得出，Al-12Si 涂层划痕的斜率最大，Al-13Si 涂层居中，Al-15Si 涂层最小；Al-12Si、Al-13Si 与 Al-15Si 涂层的最大划痕深度分别为 36.29μm、33.88μm 与 27.91μm，涂层均未被划穿，Al-15Si 涂层的划痕深度最小是因为较多的 Si 元素形成了较多的共晶组织，具备了更佳的抗划伤性能。图 3-69 为三种 Al-Si 涂层的划痕形貌，可以看出，三种涂层整体差别不大，划痕边缘均受到一定程度的破坏。由测试结果可知，Al-15Si 涂层的抗划伤性能较优，Al-13Si 涂层的居中，Al-12Si 涂层的较差。

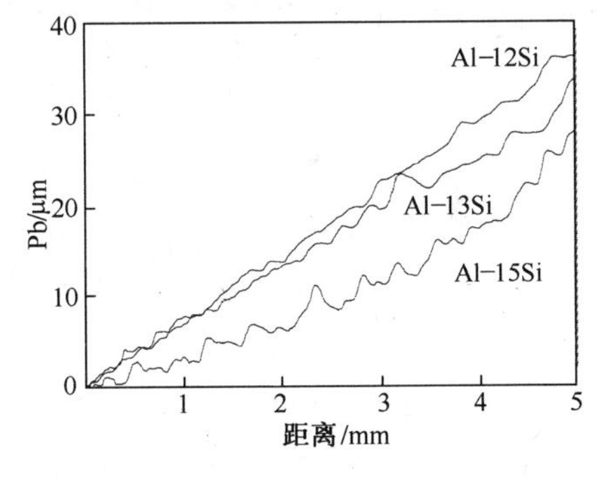

图 3-68　Al-12Si 涂层与 Al-15Si 涂层划痕深度随划痕长度变化曲线

4. 涂层耐腐蚀性能

图 3-70(a) 为 Al-12Si 原始涂层与封孔涂层在 3.5%NaCl 溶液中的极化曲线，可以看出，Al-12Si 合金涂层的自腐蚀电位为-820.132mV，对应封孔涂层电位

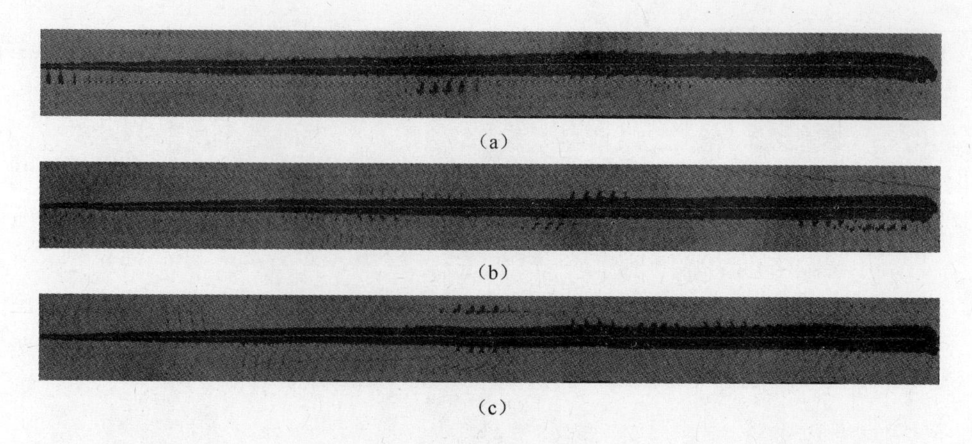

图 3-69　Al-Si 涂层划痕形貌图

(a) Al-12Si 涂层划痕形貌；(b) Al-13Si 涂层划痕形貌；(c) Al-15Si 涂层划痕形貌。

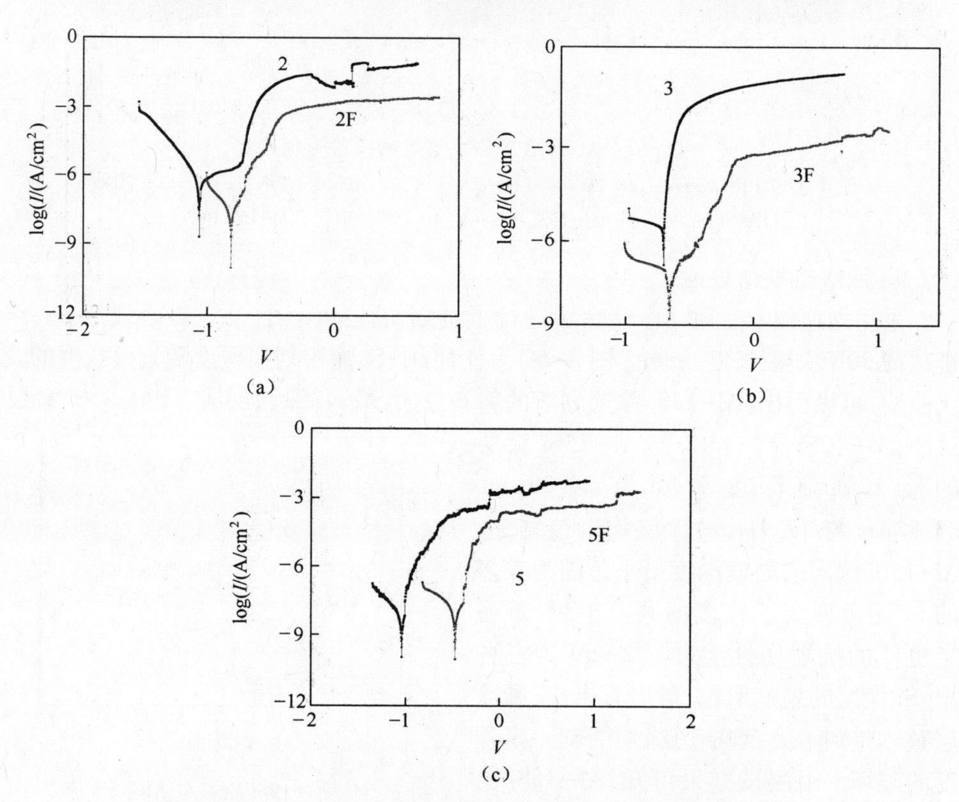

图 3-70　Al-Si 涂层与封孔涂层在 3.5%NaCl 溶液中极化曲线

(a) Al-12Si 涂层与封孔涂层在 3.5%NaCl 溶液中极化曲线；(b) Al-13Si 涂层与封孔涂层在 3.5%NaCl 溶液中极化曲线；(c) Al-15Si 涂层与封孔涂层在 3.5%NaCl 溶液中极化曲线。

为-756.03mV，封孔涂层腐蚀电位明显正移。阴极极化过程中，涂层主要由铝硅合金组成，电极电位低，导致发生析氢腐蚀。涂层试样在溶液中浸泡时，表面会出现

一层 Al_2O_3薄膜，抑制腐蚀，电流密度仅为 0.835μA/cm²，而封孔涂层的抑制作用进一步增强，电流密度下降为 52.117nA/cm²。随着电极电位的增加，Cl^-会穿透薄膜，与 Al-12Si 涂层反应，生成 $Al(OH)_3$，堆积在涂层表面。当电位为-0.95V 附近时，铝硅涂层发生钝化现象，腐蚀速度减小。此外，阳极的过钝化区出现震荡，表明 Cl^-击穿了 $Al(OH)_3$薄膜，使得涂层重新活化。由腐蚀电流密度可知，封孔涂层的腐蚀电流密度比未封孔涂层降低 1~2 个数量级。

图 3-70(b)为 Al-13Si 原始涂层与封孔涂层在 3.5%NaCl 溶液中的极化曲线，可以看出，Al-13Si 合金涂层的自腐蚀电位为-823.199mV，对应封孔涂层为-711.374mV，封孔涂层腐蚀电位明显正移。涂层的电流密度为 5.877μA/cm²，而封孔涂层电流密度仅为 0.688μA/cm²，可见封孔涂层的腐蚀电流密度比未封孔涂层降低 1 个数量级。

图 3-70(c)为 Al-15Si 原始涂层与封孔涂层在在 3.5%NaCl 溶液中的极化曲线，可以看出，Al-15Si 合金涂层的自腐蚀电位为-1.034V，对应封孔涂层为-672.914mV，封孔涂层腐蚀电位正移。涂层的电流密度为 13.52nA/cm²，而封孔涂层电流密度仅为 3.406nA/cm²，可见封孔涂层的腐蚀电流密度低于未封孔涂层。对比三种 Al-Si 涂层与封孔涂层的自腐蚀电位和自腐蚀电流密度，可知封孔处理可进一步提高对镁合金基材的腐蚀防护作用。

图 3-71(a)为 Si 含量不同的三种 Al-Si 涂层在 3.5%NaCl 溶液中的极化曲线，Al-12Si、Al-13Si 与 Al-15Si 涂层的自腐蚀电流密度分别为 0.835μA/cm²、5.877μA/cm²和 13.52nA/cm²，可知 Al-15Si 涂层的耐腐蚀性能最强。从图 3-71(b)可以得出三种 Al-Si 封孔涂层在 3.5%NaCl 溶液中的自腐蚀电流，Al-12Si、Al-13Si 与 Al-15Si 封孔涂层的自腐蚀电流密度分别为 52.117nA/cm²、0.688μA/cm²和 3.406nA/cm²，可知 Al-15Si 封孔涂层的耐腐蚀性能最强。综合分析，Al-15Si 原始涂层与封孔涂层的自腐蚀电流均最小，表明 Si 元素的增加能

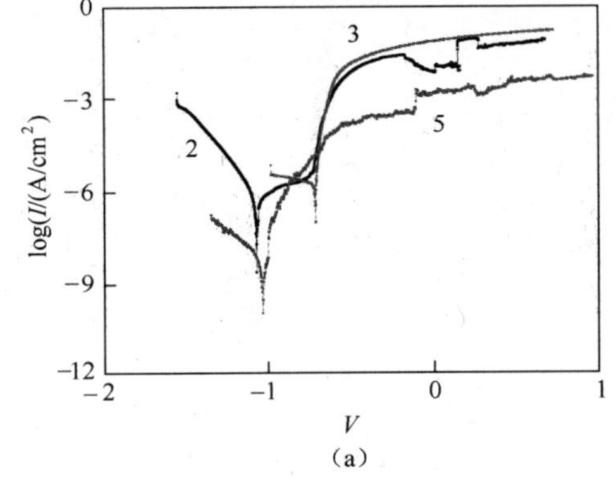

(a)

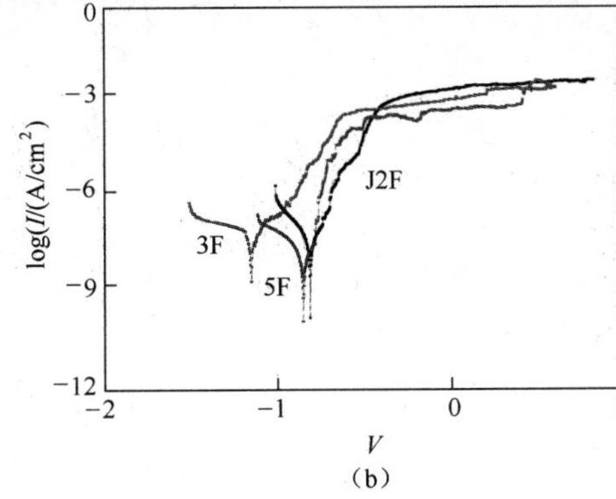

(b)

图 3-71 Si 含量不同的涂层与封孔涂层在 3.5%NaCl 溶液中的极化曲线

(a) Al-12Si、Al-13Si 与 Al-15Si 涂层在 3.5%NaCl 溶液中极化曲线；

(b) Al-12Si、Al-13Si 与 Al-15Si 封孔涂层在 3.5%NaCl 溶液中极化曲线。

够使合金涂层的耐蚀性能增强。

对极化曲线测试后的三种 Al-Si 合金涂层与封孔涂层试样表面进行宏观形貌观察,并对未封孔涂层试样进行微观形貌观察,如图 3-72 所示。由宏观形貌可知,三种 Al-Si 合金涂层与封孔涂层的表面均不同程度的出现了点蚀,由微观形貌图 3-72(g)、(h)、(i)可以看出,三种涂层的表面均出现了一定程度的腐蚀现象,Al-12Si 涂层的腐蚀最重,Al-13Si 涂层的居中,Al-15Si 涂层的最轻,由此推断 Si 元素利于减弱涂层的导电能力,提高涂层的耐蚀性能。

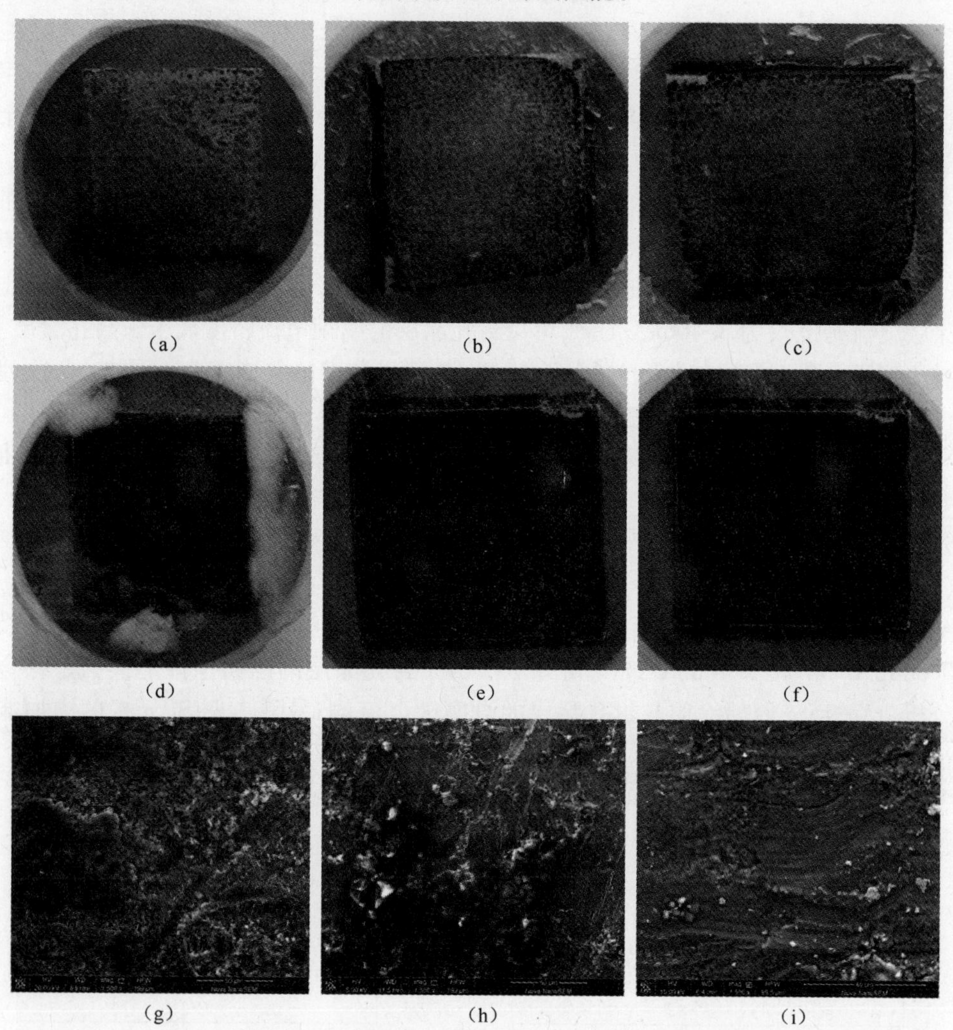

(a)　(b)　(c)

(d)　(e)　(f)

(g)　(h)　(i)

图 3-72　Al-Si 涂层和封孔涂层极化曲线后的形貌图

(a)Al-12Si;(b)Al-13Si;(c)Al-15Si;(d)Al-12Si;(e)Al-13Si;(f)Al-15Si;(g)Al-12Si;(h)Al-13Si;(i)Al-15Si。

表 3-11 为三种 Al-Si 合金涂层与封孔合金涂层试样的极化曲线特性,可见 Si

含量的增加会使涂层的自腐蚀电流减小，因而 Al-15Si 涂层耐蚀性能最强，且各涂层在封孔之后的耐蚀性能进一步增强。

表 3-11 Al-Si 涂层极化曲线特性

涂层类别		电极电位/mV	自腐蚀电流密度/(μA/cm²)
Al-12Si	未封孔	-820.132	0.835
	封孔	-756.03	0.052
Al-13Si	未封孔	-823.199	5.877
	封孔	-711.558	0.688
Al-15Si	未封孔	-1034	0.027
	封孔	-672.914	0.008

表 3-12 电化学阻抗测试参数

频率	扰动电位	周期	取样时间点
$10^4 \sim 10^{-2}$Hz	10mV	500h	24h、48h、96h、192h、288、500h

表 3-12 为对涂层试样进行电化学阻抗谱测试的参数。图 3-73(a)、(b)、(c)分别为 Al-12Si、Al-13Si 与 Al-15Si 涂层/封孔涂层 Bode 图的阻抗模值图，可知封孔处理使三种涂层的阻抗模值明显增大，提高了 1~2 个数量级，表明封孔处理能够显著提高 Al-Si 涂层的耐蚀性能。图(d)为三种封孔 Al-Si 涂层 Bode 图的阻抗模值图，可以得出低频阶段 Al-13Si 封孔涂层的阻抗模值最大，Al-15Si 封孔涂层的居中，Al-12Si 封孔涂层的最小；中低频阶段 Al-15Si 封孔涂层的阻抗模值最大，Al-13Si 封孔涂层的居中，Al-12Si 封孔涂层的最小；在中高频及高频阶段，Al-15Si 封孔涂层的阻抗模值最大，Al-12Si 封孔涂层的居中，Al-13Si 封孔涂层的最小。综合分析得出 Al-15Si 封孔涂层的阻抗模值最大，腐蚀电流最小，耐蚀性能最强；Al-13Si 封孔涂层的居中；Al-12Si 封孔涂层的最小，耐蚀性能相对较差。

图 3-73(f)、(g)、(h)分别为 Al-12Si、Al-13Si 与 Al-15Si 封孔涂层在不同时间点的 Nyquist 曲线图。根据交流阻抗的测试原理，若在曲线实轴上存在半圆，则表明控制步骤为电化学步骤，且半圆直径的大小与传递电阻相关，直径越大则涂层对电荷的渗透阻力越大，耐蚀性越强。并且分析三种封孔涂层的阻抗模值的变化趋势，原因是封孔涂层在浸泡的初期，Cl^-会对起封孔层进行腐蚀，造成封孔层出现腐蚀小孔，容抗值减小，腐蚀速率加快；而后期 Cl^-与涂层的腐蚀产物堵塞了小孔，阻碍了 Cl^-的继续渗入与反应，因此容抗增加，耐腐蚀性能增强。

对三种 Al-Si 原始涂层/封孔涂层进行中性盐雾腐蚀试验，分别在 2h，10h，24h，48h，72h，144h，288h，500h 和 1000h 时间点取出试样，进行观察、称重和对比。

图 3-74 所示为三种 Al-Si 涂层试样在未腐蚀时和腐蚀试验 2h、72h、144h 时的宏观形貌图，从左到右依次为 Al-12Si、Al-13Si 和 Al-15Si 涂层和封孔涂层的

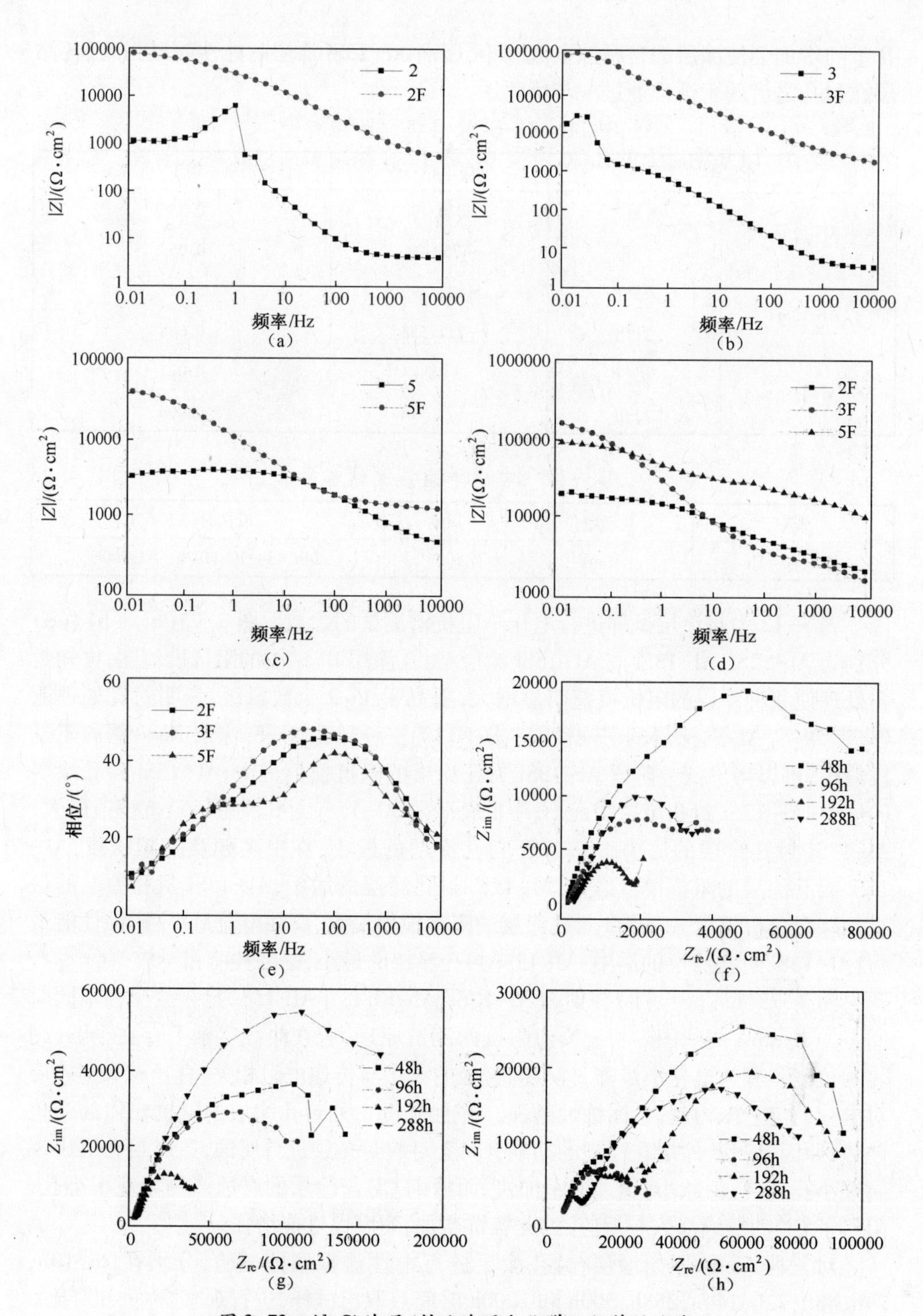

图 3-73 Al-Si 涂层/封孔涂层电化学阻抗特性曲线

(a) Al-12Si 涂层/封孔涂层阻抗模值;(b) Al-13Si 涂层/封孔涂层阻抗模值;(c) Al-15Si 涂层/封孔涂层阻抗模值;(d) Al-Si 封孔涂层阻抗模值;(e) Al-Si 封孔涂层相频曲线;(f) Al-12Si 封孔涂层 Nyquist 图;(g) Al-13Si 封孔涂层 Nyquist 图;(h) Al-15Si 封孔涂层 Nyquist 图。

试样。试验 2h 之后涂层试样均没有明显变化，之后在三类未封孔涂层表面逐渐出现了一些亮斑、白色腐蚀产物，72h 时腐蚀产物已经很明显地聚集在涂层表面上，144h 之后腐蚀产物明显增多。原因是 Al-Si 涂层在盐雾腐蚀的过程中会产生细小的 Al_2O_3，堵塞涂层上的孔隙，隔离 Cl^- 离子，在涂层表面形成腐蚀锈斑。随着实验进行，氧化铝溶解，腐蚀继续进行，形成白色腐蚀产物。同一时刻点 Al-12Si 的腐蚀产物最多，Al-13Si 的稍少，Al-15Si 最少，而所有封孔涂层均未发生明显变化。表明 Al-15Si 涂层的耐蚀性能最强，且封孔处理可以极大增强涂层的耐蚀性能。

(a)

(b)

(c)

(d)

图 3-74　盐雾腐蚀试验过程 Al-Si 涂层照片

(a)盐雾腐蚀前照片；(b)Al-Si 涂层试样(2h)；(c)Al-Si 涂层试样(72h)；(d)Al-Si 涂层试样(144h)。

随着腐蚀时间增加，未封孔试样表面的腐蚀产物逐渐增多，图 3-75(a)为 Al-12Si 涂层在 500h 时的宏观形貌，表明 Cl^- 离子通过涂层间隙穿透涂层，与镁基体发生反应，腐蚀过程主要在一侧进行，腐蚀产物使得体积急剧增加，不但使得试样外的塑料白管发生变形，而且积聚在涂层表面，中部为左上部凸出掉落的腐蚀产物。图 3-75(b)为对应的封孔涂层,均在涂层的表面出现了斑点,一侧出现了裂纹,说明封孔处理可以在涂层表面形成一层保护膜,增强涂层的耐蚀性能。

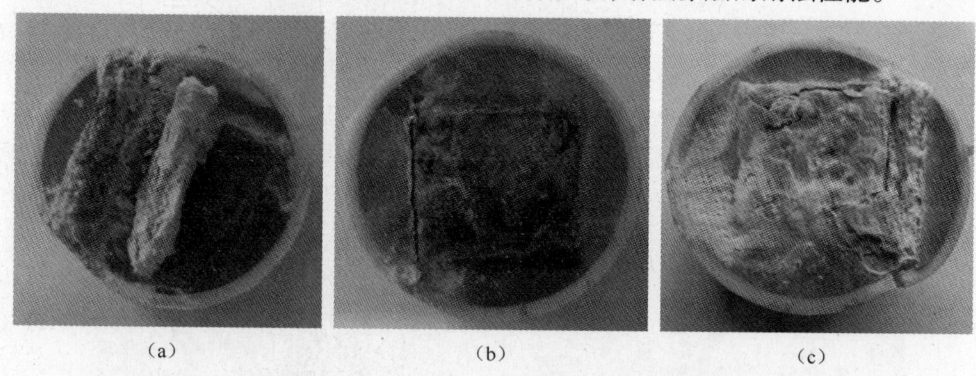

(a)　　(b)　　(c)

图 3-75　Al-12Si 涂层及封孔涂层宏观形貌

(a) Al-12Si 500h;(b) Al-12Si 封孔 500h;(c) Al-12Si 封孔 865h。

在盐雾试验的过程中,Al-Si 涂层首先逐渐出现了亮斑和白色腐蚀产物等现象,之后对应的涂层封孔试样也逐渐发生裂纹等腐蚀现象,图 3-75(c)为 Al-12Si 封孔涂层在 865h 时的宏观形貌。三种 Al-Si 涂层及对应封孔涂层在盐雾腐蚀试验中具体的质量变化如图 3-76 所示,未封孔涂层在 500h 左右报废,Al-12Si 的封孔涂层在 836h 与 865h 时失去研究价值,而 Al-13Si 和 Al-15Si 的封孔涂层在 1000h 时均有一个轻微腐蚀,而另外一个腐蚀相对严重。图 3-77(a)、(b)分别为 Al-13Si 封孔涂层和 Al-15Si 封孔涂层的宏观形貌图。

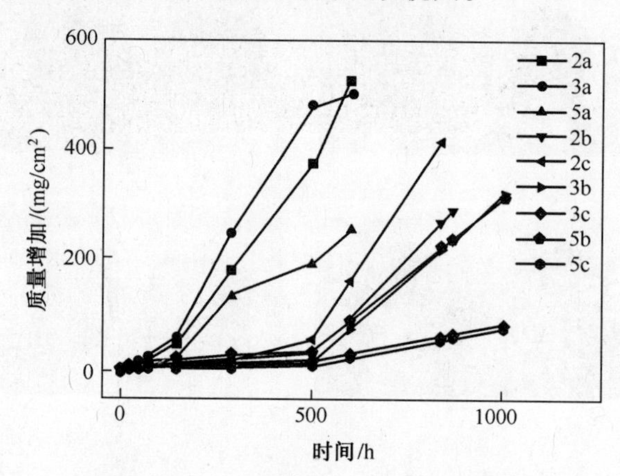

图 3-76　Al-Si 涂层及封孔涂层腐蚀增重曲线

Al-Si 涂层的封孔处理可以大大增强涂层的耐蚀性能。Al-12Si 涂层的耐蚀性能较差,Al-13Si 涂层的居中,Al-15Si 涂层的最好。Al-12Si 封孔涂层的耐蚀性能较差,Al-15 封孔涂层的耐蚀性能稍强于 Al-13Si 封孔涂层。原因为 Si 含量的增多可以减弱涂层的导电能力,使耐蚀性能增强;封孔处理可以在涂层表面形成一

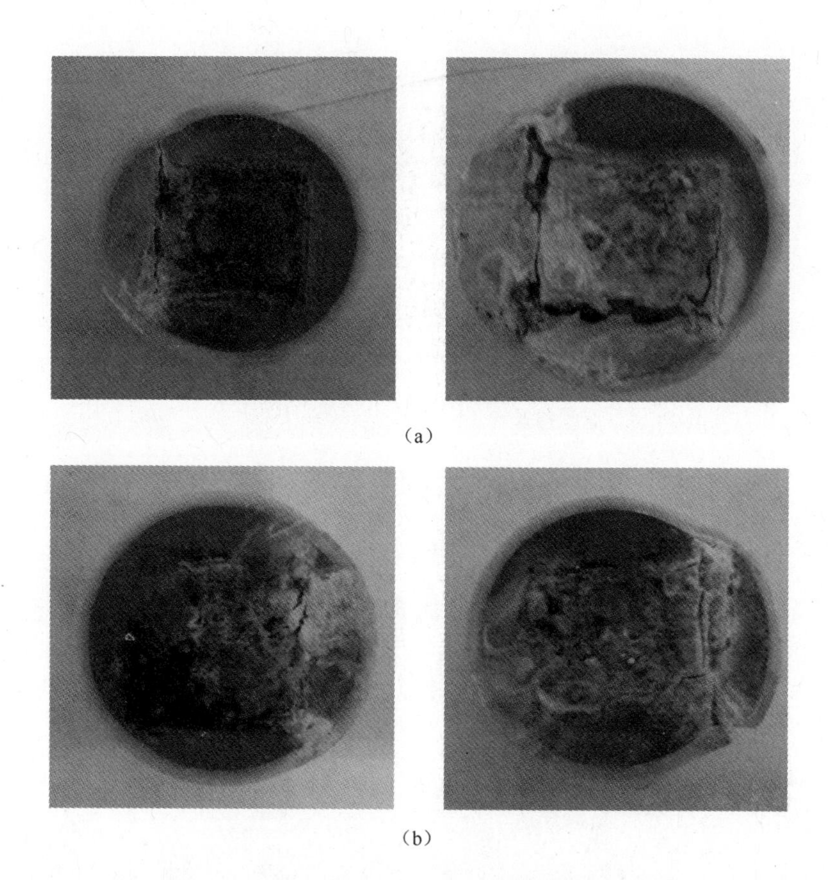

图 3-77　Al-13Si 与 Al-15Si 封孔涂层形貌图

(a) Al-13Si 封孔涂层(1000h);(b) Al-15Si 封孔涂层(1000h)。

层保护层,进一步增强涂层的耐蚀能力。

3.5.3　粉体粒径对 Al-13Si 涂层组织的影响

1. 不同粒径的 Al-13Si 粉体制备的铝基涂层的表面宏观形貌观察

如图 3-78 所示,图(a)1 号试样(Al-13Si-1)为小粒径(20~40μm)粉体制备的涂层,2 号试样(Al-13Si-2)为大粒径(41~106μm)粉体制备的涂层,图(b)为小粒径颗粒制备的涂层。由图(a)可以观察到 1 号涂层的表面整体较亮,2 号涂层表面稍暗,颜色均为银灰色,两种 Al-13Si 涂层色泽和厚度均匀,没有出现裂纹、气孔等缺陷。

2. 不同粒径的 Al-13Si 粉体制备的铝基涂层的表面微观形貌观察

图 3-79 所示为未经磨抛处理的涂层表面原始微观形貌图,图 3-79(a)、(b)分别为两种 Al-13Si 涂层在 100 倍下的微观形貌图,涂层表面均有球状颗粒存在。Al-13Si-1 涂层较平整,而 Al-13Si-2 涂层相对粗糙一些。由图 3-79(c)可知,Al-13Si-2 涂层有少数较大的颗粒嵌合在涂层上,并且有部分小颗粒喷涂粉末在

（a）　　　　　　　　（b）

图 3-78　不同粒径粉体制备的 Al-13Si 涂层的宏观形貌

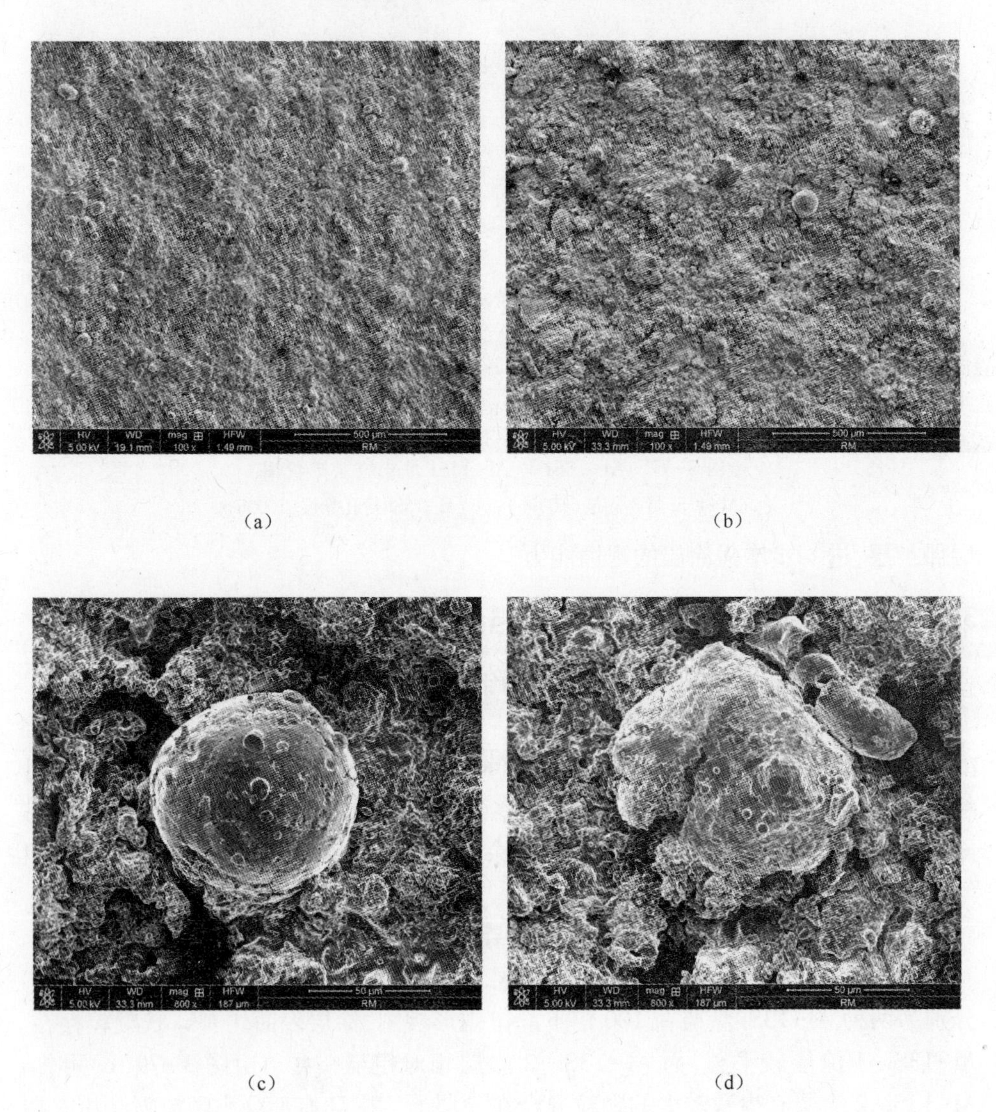

（a）　　　　　　　　（b）

（c）　　　　　　　　（d）

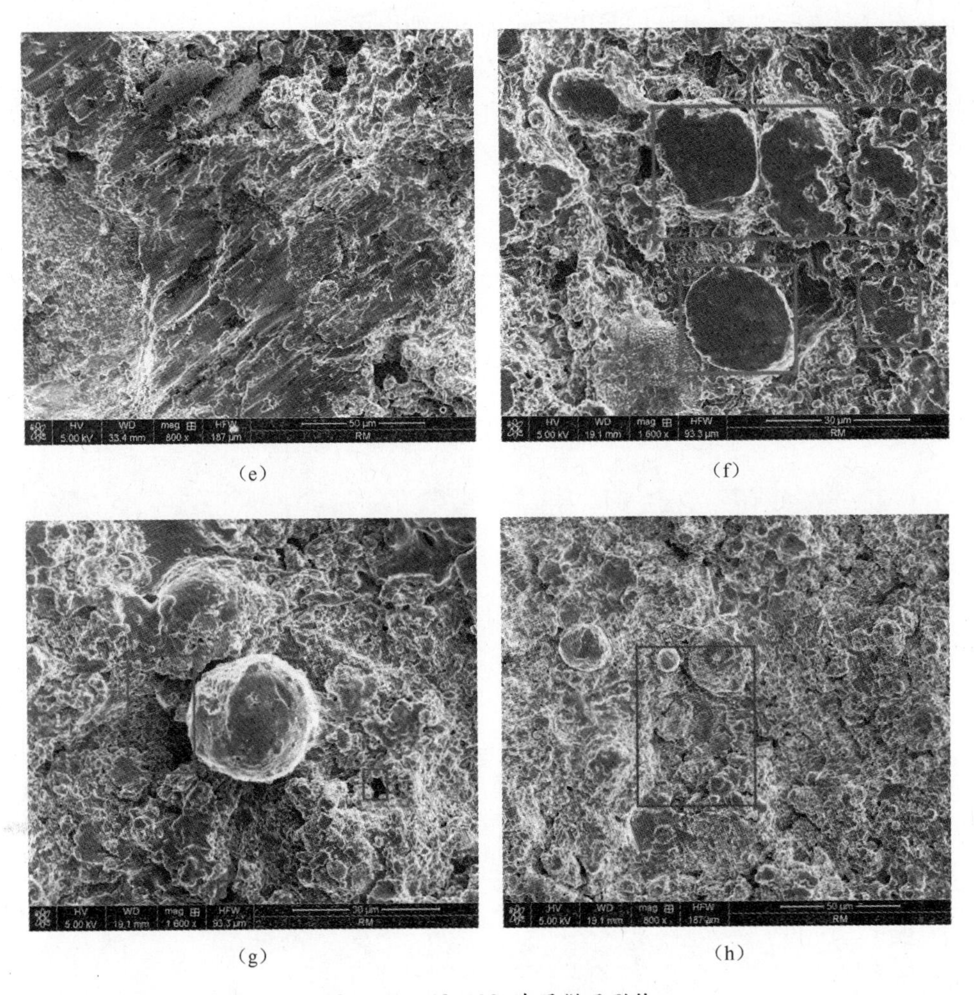

图 3-79　Al-13Si 涂层微观形貌

(a) Al-13Si-1　100 倍;(b) Al-13Si-2　100 倍;(c) Al-13Si-2　800 倍;(d) Al-13Si-2　800 倍;
(e) Al-13Si-2　800 倍;(f) Al-13Si-1　1600 倍;(g) Al-13Si-1　800 倍;(h) Al-13Si-2　800 倍。

大颗粒表面粘结。图 3-79(d)为 Al-13Si-2 涂层表面的大颗粒碎裂图,颗粒在与已沉积涂层高速撞击后呈堆塑状,发生了强烈的塑性变形,由于撞击时各部分变形不一致出现了碎裂现象,或者后续颗粒的撞击使其发生了碎裂。图 3-79(e)、(f)所示为已沉积涂层在后续颗粒的撞击下产生了塑性流变现象,原因为颗粒在与基体发生撞击时,高动能转化为内能,进而使颗粒与已沉积涂层处于粘着状态。但有时部分颗粒能量较小,导致这种粘着状态很不稳定,由于已沉积层的反弹而飞离,产生类似“切割”的效果。

图 3-79(g)中框线内所示为极少数部位存在的孔隙,因为附近沉积了相对较大的颗粒,阻碍了小颗粒在其附近的沉积,从而造成了孔隙的产生。图 3-79(h)中框线内区域呈现凹坑,这是因为喷涂颗粒的速度在撞击时未达到临界沉积速度,

在与涂层碰撞后飞离,对涂层产生了一定的冲蚀作用。

3. 不同粒径的 Al-13Si 粉体制备的铝基涂层的截面/界面微观形貌

图 3-80 为两种 Al-13Si 涂层的截面/界面 SEM 形貌,由图 3-80(a)、(c)可知,低温超声速喷涂层的内部结合紧密,无裂纹,两种涂层没有明显差别。由图 3-80(b)、(d)可知,涂层与基体的结合紧密,边界处不存在裂纹等缺陷。

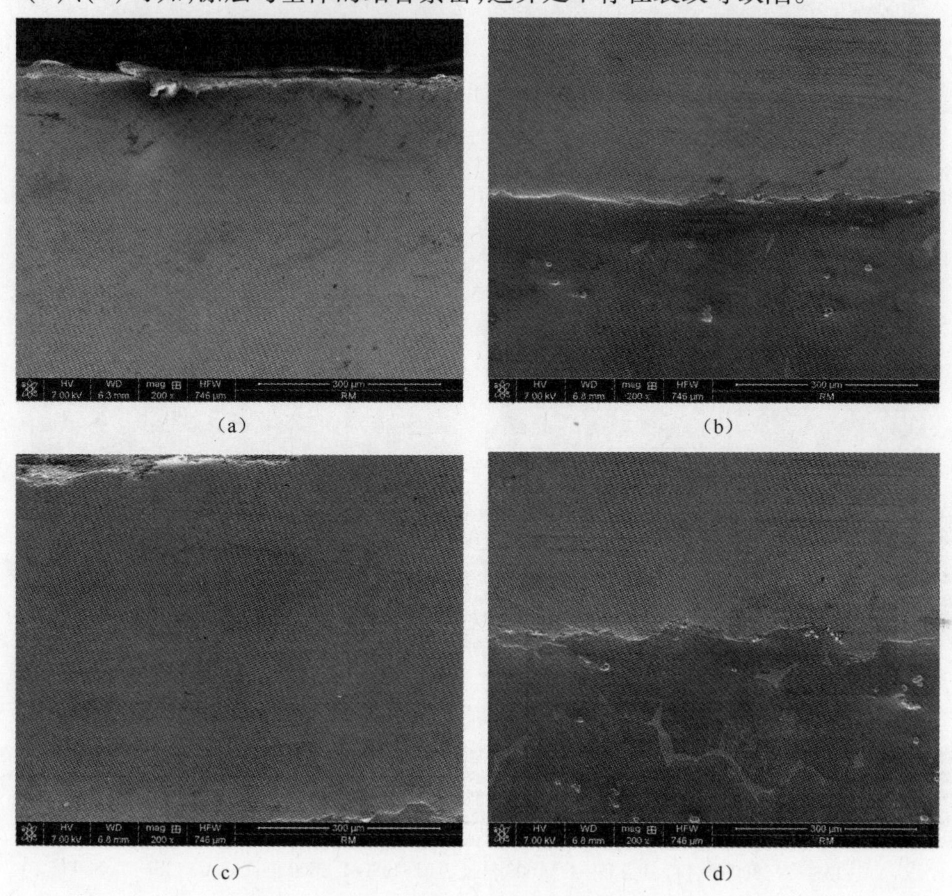

图 3-80　Al-13Si 涂层截面/界面微观形貌

(a) Al-13Si-1 截面　200 倍;(b) Al-13Si-1 界面　200 倍;

(c) Al-13Si-2 截面　200 倍;(d) Al-13Si-2 界面　200 倍。

4. 不同粒径的 Al-13Si 粉体制备的铝基涂层的氧元素含量测定及分析

对两种 Al-13Si 涂层进行能谱(EDS)分析,结果如表 3-13 所列。图 3-81(a)、(b)分别为两种 Al-Si 涂层的 SEM 和 EDS 照片,左图框线内为面扫描区域,右图为框线内区域的元素含量百分比。由图表可得,在低温超声速喷涂形成涂层的过程中,Al、Si 两种元素含量均在烧蚀的影响范围之内。而涂层中氧元素的含量分别为 1.17%和 1.29%,表明喷涂过程中粒径不同的粉体均未发生明显氧化,粉体粒径大小对所制备涂层的氧化程度影响很小。

表 3-13 Al-Si 涂层的 EDS 对比分析

元素	O/%(质量分数)	Al/%(质量分数)	Si/%(质量分数)
Al-13Si-1	1.16	86.54	12.30
Al-13Si-2	1.29	86.51	12.20

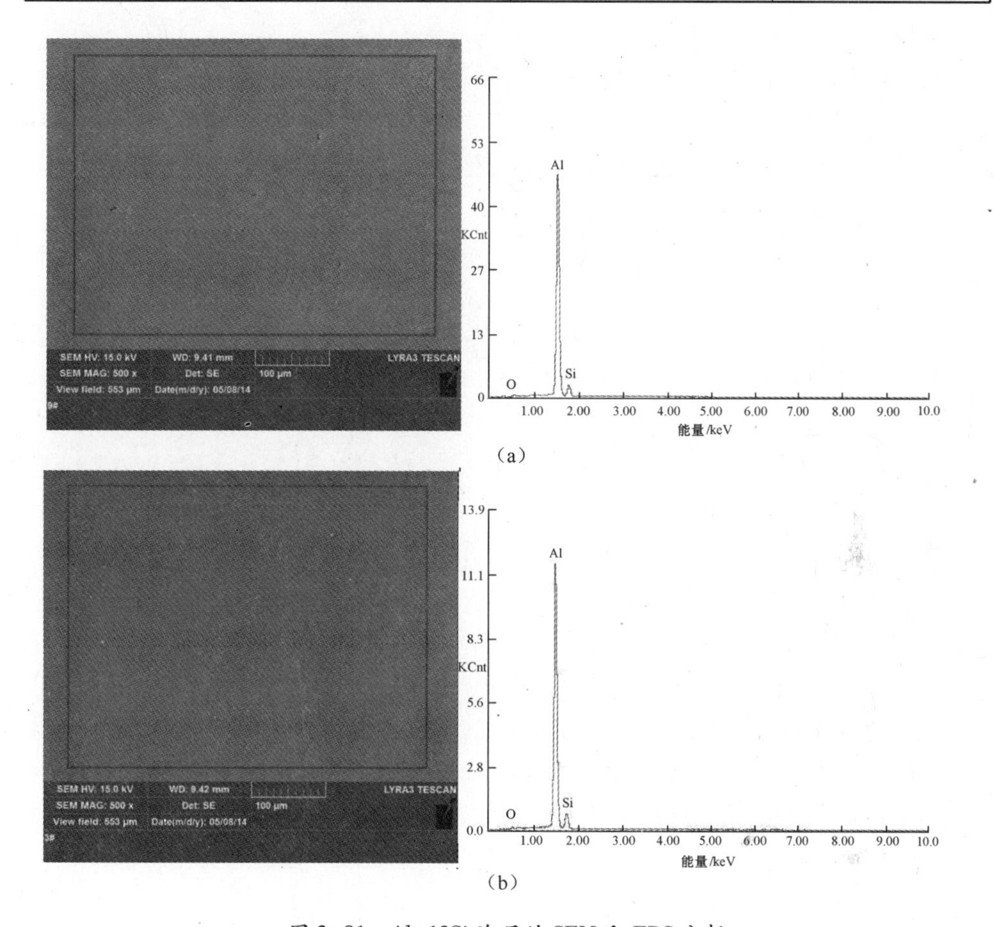

图 3-81 Al-13Si 涂层的 SEM 和 EDS 分析

(a)Al-13Si-1 涂层的 SEM 和 EDS 分析;(b)Al-13Si-2 涂层的 SEM 和 EDS 分析。

5. 不同粒径的 Al-13Si 粉体制备的铝基涂层的组织结构

图 3-82(a)、(b)所示为 Al-13Si-1 与 Al-13Si-2 涂层的 XRD 图谱与组织结构图。比较分析可知,两种 Al-13Si 涂层的主要组织均为 α-Al 相和共晶组织(左图);图中的粗大板片状为共晶组织,枝晶为初晶铝相(右图)。比较这些 Al-Si 涂层的组织结构,与铸态铝硅合金相近,基本未发生变化,表明该工艺对喷涂粉体颗粒的组织结构基本没有影响。

6. 不同粒径的 Al-13Si 粉体制备的铝基涂层的孔隙率测算

采用 ImageJ2x 软件分别对 Al-13Si 涂层进行了孔隙率分析计算,得出 Al-

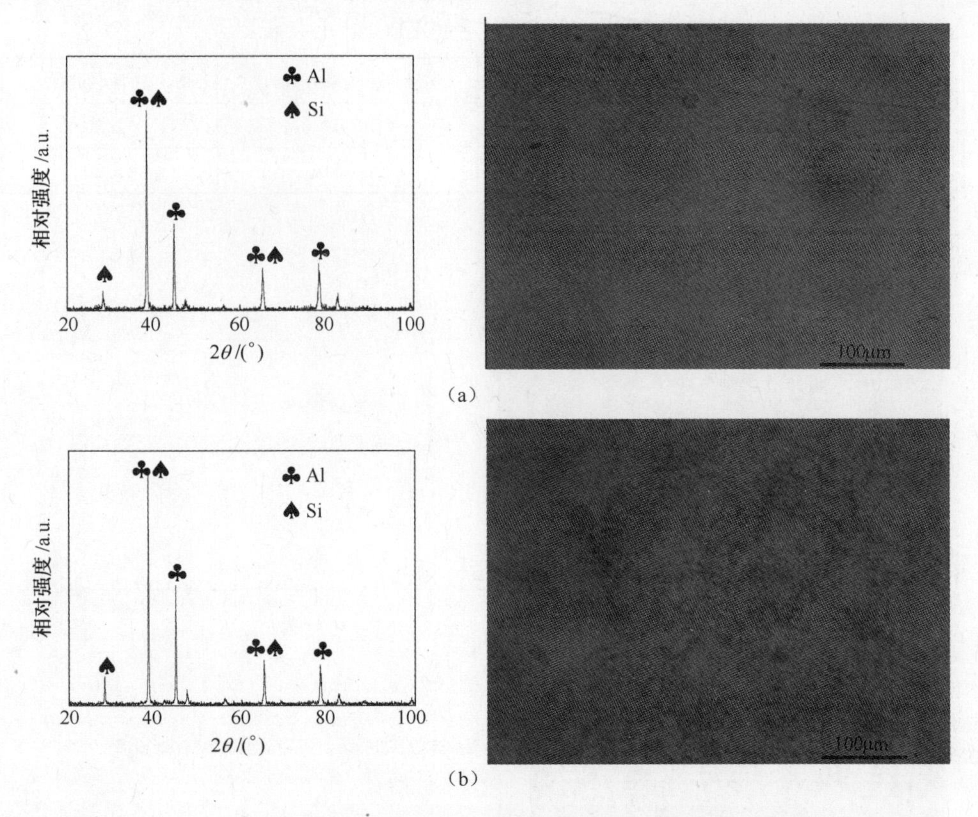

图 3-82　Al-13Si 涂层表面的 XRD 图谱与金相图

(a) Al-13Si-1 涂层组织结构图;(b) Al-13Si-2 涂层组织结构图。

13Si-1 涂层的表面/截面孔隙率分别为 0.2%与 0.1%,Al-13Si-2 涂层的表面/截面孔隙率分别为 0.4%与 0.1%(图 3-83),两种 Al-13Si 涂层的孔隙率都很小。对于表面孔隙率,小粒径的颗粒在碰撞碎裂后粒度更小,与已沉积涂层结合更好,所以 Al-13Si-1 涂层的较低。对于截面孔隙率,由于后续颗粒的夯实作用,所以小于表面孔隙率。

(a)

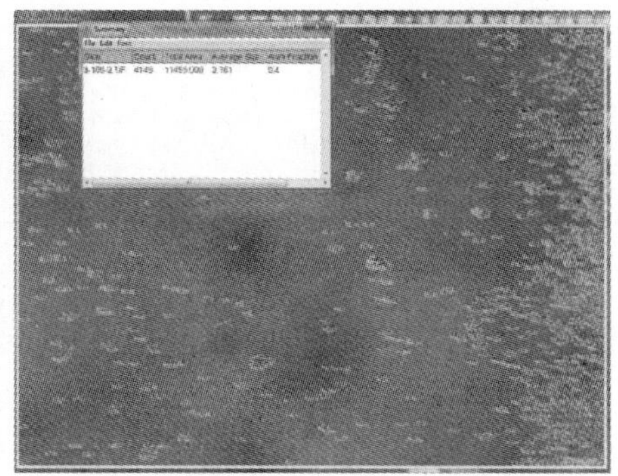

(b)

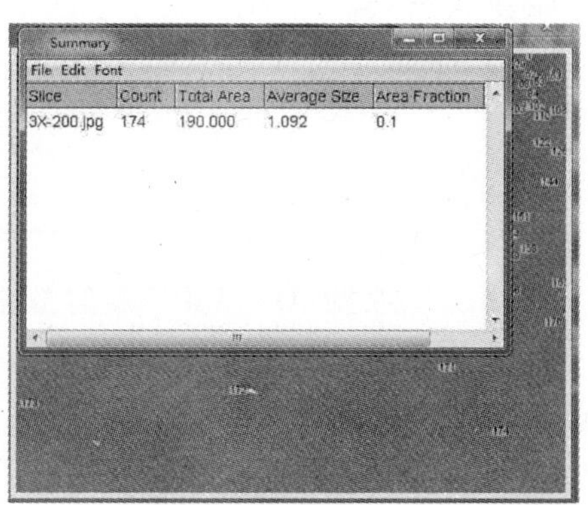

(c)

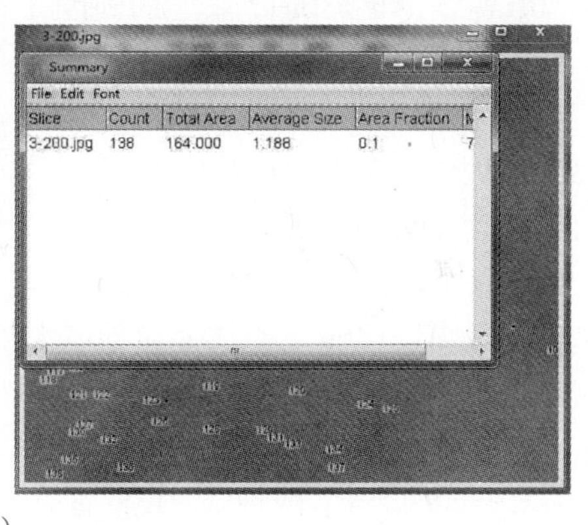

(d)

图 3-83 Al-13Si-1、Al-13Si-2 涂层表面/截面 OM 照片及孔隙率计算结果
(a)Al-13Si-1 涂层表面 OM 照片及孔隙率计算结果;(b)Al-13Si-2 涂层表面 OM 照片及孔隙率计算结果;(c)Al-13Si-1 涂层表面 OM 照片及孔隙率计算结果;(d)Al-13Si-2 涂层表面 OM 照片及孔隙率计算结果。

7. 不同粒径的 Al-13Si 粉体制备的铝基涂层的表面粗糙度

两种 Al-13Si 涂层表面粗糙度的测试结果见表 3-14。

表 3-14　Al-13Si 涂层的表面粗糙度

组　别		1	2	3	4	5	平均值
Al-13Si-1	粗糙度值	8.217	8.002	8.581	9.146	8.013	8.392
Al-13Si-2	/μm	7.654	8.226	8.547	8.766	8.148	8.268

3.5.4　粉体粒径对 Al-13Si 涂层性能的影响

1. 粉体粒径对 Al-13Si 涂层结合强度的影响

如表 3-15 所列，Al-13Si-1、Al-13Si-2 涂层结合强度分别为 48.60MPa 与 54.46MPa。Al-13Si-1、Al-13Si-2 涂层与基体的结合面均没有裂纹，清晰连贯，故结合强度较高。

表 3-15　涂层结合强度测试结果

类　别	Al-13Si-1	Al-13Si-2
结合强度/MPa	48.60	54.46

2. 粉体粒径对 Al-13Si 涂层显微硬度的影响

两种 Al-13Si 涂层的表面显微硬度测试结果分析如图 3-84 所示。Al-13Si-1、Al-13Si-2 涂层的显微硬度平均值分别为 141.5$HV_{0.05}$ 和 135.0$HV_{0.05}$，Al-13Si-2 涂层的硬度值小于 Al-13Si-1 涂层。硬度不同的原因为两种 Al-13Si 涂层的主要组织结构相同，但是 Al-13Si-1 涂层中的 Si 含量较多（喷涂过程中烧蚀较少），形成硬度较大的共晶组织较多，进而使 Al-13Si-1 涂层显微硬度大于 Al-13Si-2 涂层。而对于同一涂层，因为不同组织的存在，导致了同种 Al-13Si 涂层不同部位的硬度值出现变化。

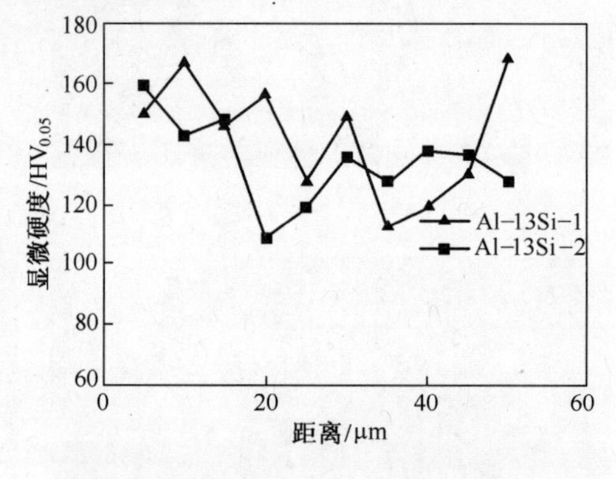

图 3-84　铝硅涂层显微硬度值（$HV_{0.05}$）

3. 粉体粒径对 Al-13Si 涂层摩擦学性能的影响

图 3-85 给出了两种 Al-13Si 涂层的摩擦因数随时间的变化规律，整体看来，涂层的摩擦因数在磨损初期变化较大，之后逐渐趋于平稳，在较小的范围内波动，中后期达到动态平衡。由图（a）可以看出，在载荷 10N 时，两种 Al-13Si 涂层的摩擦因数在初期较慢下降，中期一直在较小的范围内波动；Al-13Si-1 涂层在 600s 和 700s 附近分别出现了波峰，后期波动较大。由图（b）可以看出，在载荷 20N 时，Al-13Si-1 涂层在初期较大，之后下降，在中后期基本没有波动，非常稳定；Al-13Si-2 涂层的变化趋势与 Al-13Si-1 涂层相近，只是在中后期波动较大，出现了

几个波峰。由图(c)可以看出,在载荷 30N 时,两种 Al-13Si 涂层在初期均较大,之后下降并进入相对稳定阶段,没有明显区别。图(d)为两种 Al-13Si 涂层在不同载荷下的平均摩擦因数图。

综合分析,高能高速的喷涂粉体颗粒与基体碰撞时,以机械嵌合的方式沉积形成 Al-Si 涂层,其组织结构不够均匀,摩擦副小球在与涂层表面的往复运动摩擦过程中会遇到硬度不同的组织,从而引起摩擦力出现差异,进一步导致摩擦因数出现波动。

两种 Al-13Si 涂层在三种载荷下的摩擦因数均在初期较大,之后减小并趋于稳定。原因可能为摩擦副在发生相对运动时,涂层磨损与摩擦热同时产生,且摩擦热主要来源于相对滑动时的摩擦力。Al-Si 涂层在摩擦初期为粘着磨损,摩擦副之间的粘着作用使得摩擦因数急剧上升。而对于涂层内部的一些硬质颗粒,会对相对摩擦过程起到阻碍的作用,造成摩擦系数的瞬间增大,表现为出现波峰。而对于 Al-13Si-2 涂层的摩擦因数在后期突然增大,可能是氧化膜遭到破坏,导致磨损作用加剧,进而摩擦因数变大。

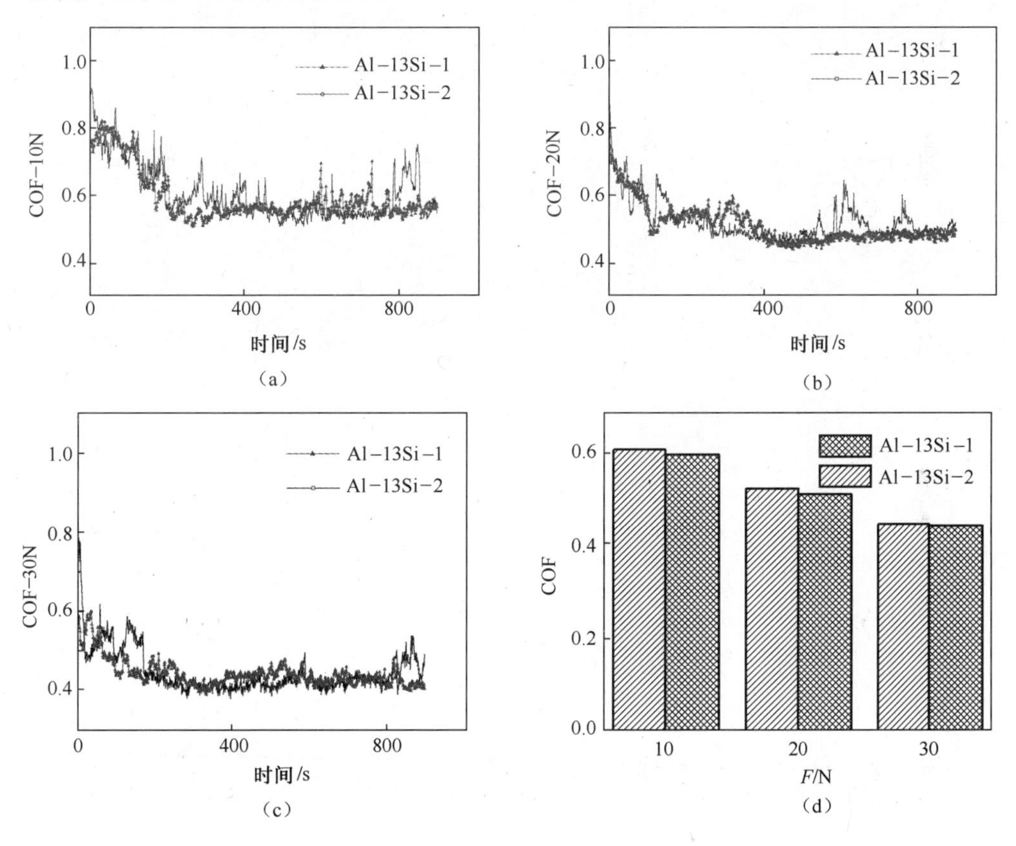

图 3-85　Al-13Si 涂层在不同载荷下的摩擦因数
(a)10N;(b)20N;(c)30N;(d)平均摩擦因数。

图 3-86 所示为两种 Al-13Si 涂层在 10N、20N 与 30N 载荷下的干摩擦磨损形貌。可以看出,两种 Al-13Si 涂层的磨痕形貌差别不大,均存在明显的犁沟和粘着

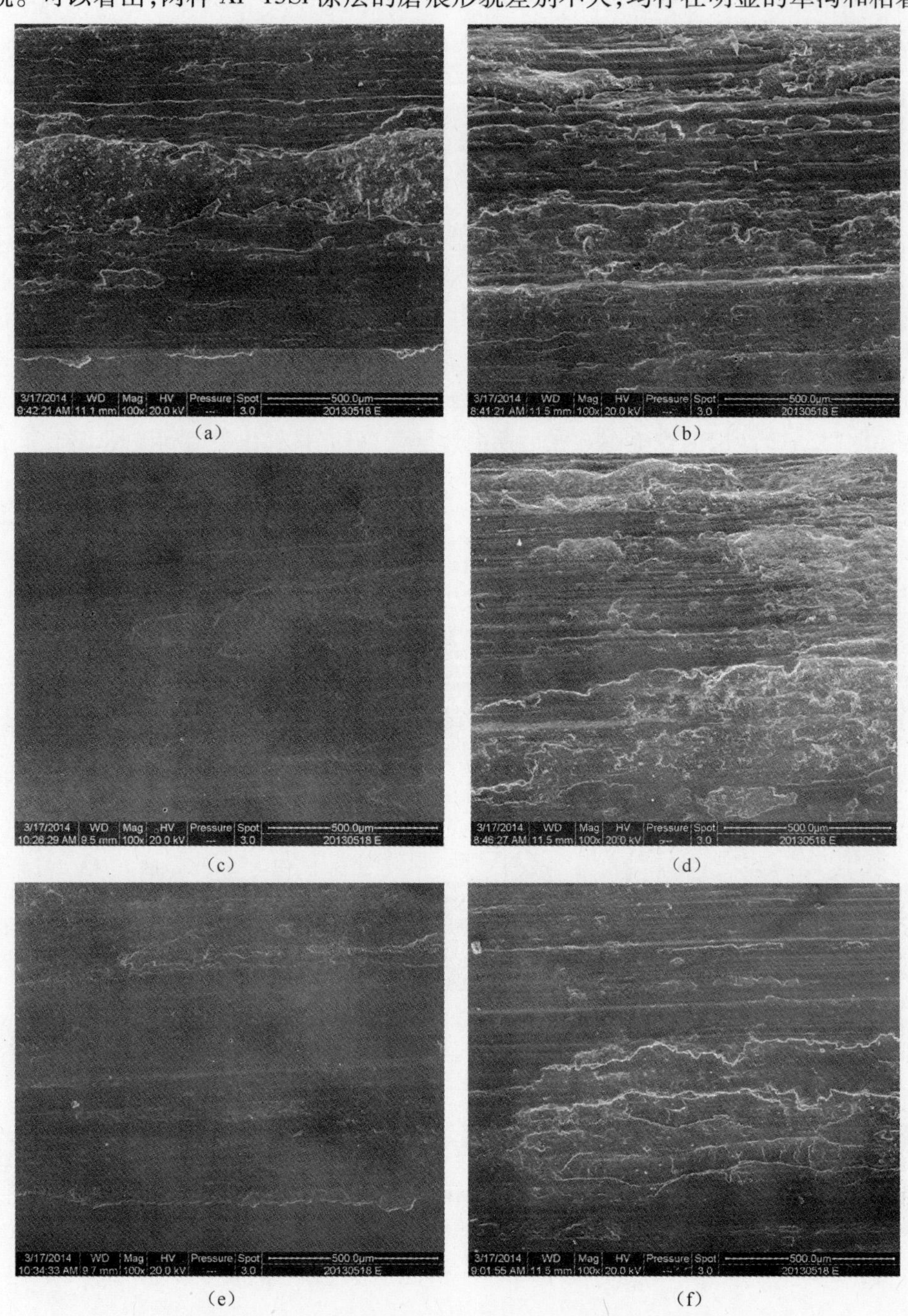

(a)　(b)

(c)　(d)

(e)　(f)

图 3-86　不同载荷下两种 Al-13Si 涂层的磨痕形貌

(a)Al-13Si-1　10N;(b)Al-13Si-2　10N;(c)Al-13Si-1　20N;
(d)Al-13Si-2　20N;(e)Al-13Si-1　30N;(f)Al-13Si-2　30N。

剥落，且存在个别深度较大的损伤，说明磨损过程中存在粘着磨损。另外磨损表面存在的撕裂、擦伤以及卷曲现象也进一步验证了粘着磨损现象的存在。此外，通过Al-Si涂层磨损表面光滑承载面和犁沟相间存在的现象，可以判定磨损过程中存在疲劳磨损。综合分析，在干摩擦条件下，两种Al-13Si涂层的主要磨损失效形式均为粘着磨损和疲劳磨损。

图3-87为两种Al-13Si涂层在10N、20N与30N载荷下的磨损体积测试结果，由图可得，随着摩擦磨损试验载荷的增加，两种涂层的磨损体积均呈现增大的趋势，而且在三种载荷下，Al-13Si-1涂层的磨损体积均小于Al-13Si-2涂层的磨损体积。原因为Al-13Si-1涂层中Si元素含量较多，较多的Si元素可以形成较多的共晶组织，可以相对较大程度的阻碍对偶小球对涂层的磨损，使得Al-13Si-1涂层的耐磨损性能较优。

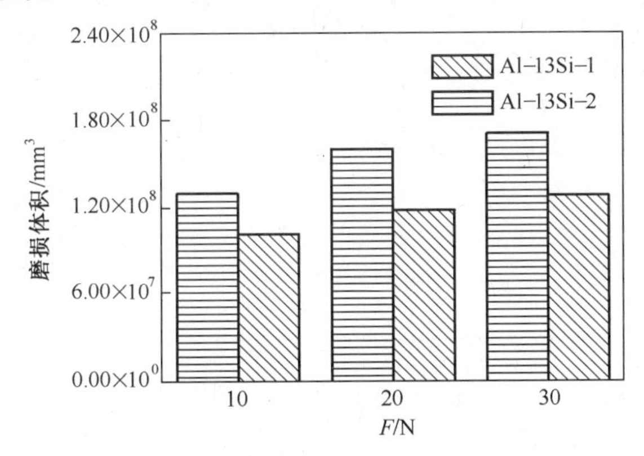

图3-87　Al-13Si涂层的磨损体积测试结果

图3-88为两种Al-13Si涂层的三维磨痕形貌对比图，两种Al-Si涂层的磨痕表面均高低不平，从小载荷到大载荷的过程中，磨痕深度呈现增大的趋势，其最大磨痕深度为87.569μm，小于涂层厚度300μm，未将涂层磨透，表明Al-13Si涂层的耐摩擦性能良好。粒径不同的Al-13Si颗粒主要以机械嵌合的方式沉积形成涂层，继而引起涂层内部组织结构的不均匀，摩擦球与不同相接触并发生相对滑动导致摩擦力变化，进而引起摩擦因数的波动。

4. 粉体粒径对Al-13Si涂层抗划伤性能的影响

图3-89为Al-13Si-1涂层与Al-13Si-2涂层划痕深度随划痕长度的变化曲线，可以看出，Al-13Si-1涂层划痕的斜率较Al-13Si-2涂层划痕的斜率小，Al-13Si-1涂层的最大划痕深度为27.91μm，Al-13Si-2涂层的最大划痕深度为33.88μm，但涂层均未被划穿。图3-89为两种Al-13Si涂层的划痕形貌图，可以看出，Al-13Si-2涂层划痕宽度宽于Al-13Si-1涂层划痕宽度，两种Al-13Si涂层的划痕边缘均受到一定程度的破坏。由测试结果可知，Al-13Si-1涂层的抗划伤性能较优。因为较小粒径的颗粒制备的涂层致密度较高，且Si含量较高，形成硬

度较大的共晶组织较多,故抗划伤性能较优。

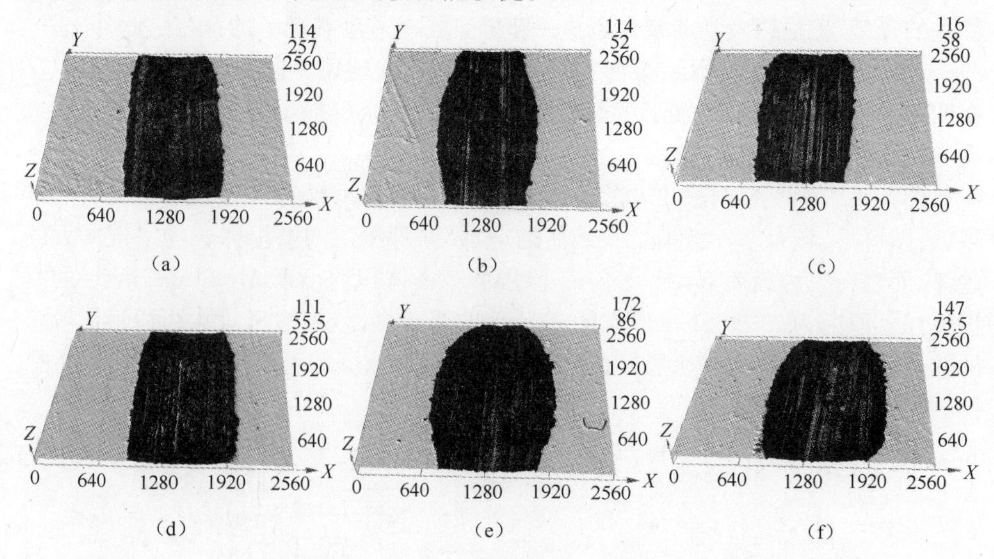

图 3-88　Al-13Si 涂层在不同载荷下的磨痕三维形貌

(a)Al-13Si-1 10N;(b)Al-13Si-1 20N;(c)Al-13Si-1 30N;
(d)Al-13Si-2 10N;(e)Al-13Si-2 20N;(f)Al-13Si-2 30N。

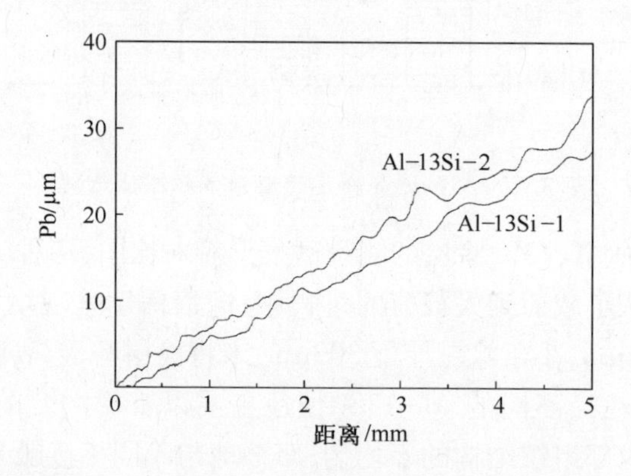

图 3-89　Al-13Si 涂层划痕深度随划痕长度变化曲线

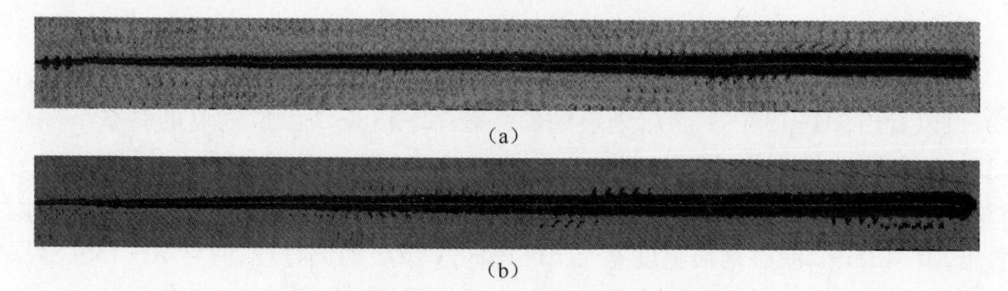

图 3-90　Al-13Si 涂层的划痕形貌图

(a)Al-13Si-1 涂层;(b)Al-13Si-2 涂层。

5. 粉体粒径对 Al-13Si 涂层耐腐蚀性能的影响

Al-13Si 涂层的极化曲线如图 3-91 所示,图 3-91(a)为较小粒径粉体制备的原始涂层与封孔涂层,原始涂层的电位为-1.221V,封孔涂层的电位为-1.203V,电位正移。原始涂层的自腐蚀电流为 4.128μA,封孔涂层的为 0.663μA,电流密度减小一个数量级,表明封孔处理使得涂层的耐蚀性能进一步增强。图 3-91(b)为较大粒径粉体制备的原始涂层与封孔涂层,原始涂层电位为-823.199mV,封孔涂层电位为-711.558mV,电位正移。原始涂层的自腐蚀电流为 5.876μA,封孔涂层的为 0.688μA,电流密度减小一个数量级。图 3-91(c)为两种粒径粉体制备的Al-13Si 合金涂层,图 3-91(d)为对应的两种封孔涂层,大粒径粉体制备的涂层电位明显正移,但是电流密度相差很小,表明粒径大小对制备的 Al-Si 涂层耐腐蚀性能影响很小。

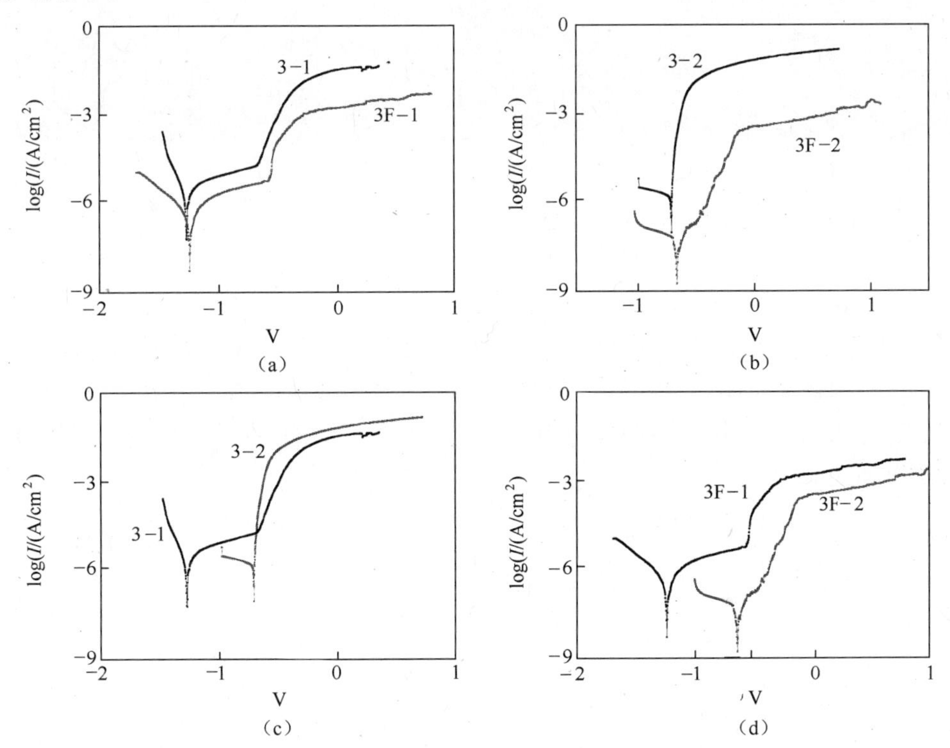

图 3-91 Al-13Si 涂层与封孔涂层在 3.5%NaCl 溶液中极化曲线

(a)Al-13Si-1 涂层;(b)Al-13Si-2 涂层;(c)Al-13Si 涂层;(d)Al-13Si 封孔涂层。

经极化曲线测试后,对两种 Al-13Si 合金涂层与封孔涂层进行宏观形貌观察,并对未封孔涂层进行微观形貌观察,如图 3-92 所示。可以看出,两种未封孔涂层表面均出现了点蚀,而封孔涂层无明显变化,表面封孔涂层的耐蚀性显著增强。未封孔涂层的微观形貌显示两种涂层表面均出现了一定程度腐蚀,并且有腐蚀产物附着于涂层表面。

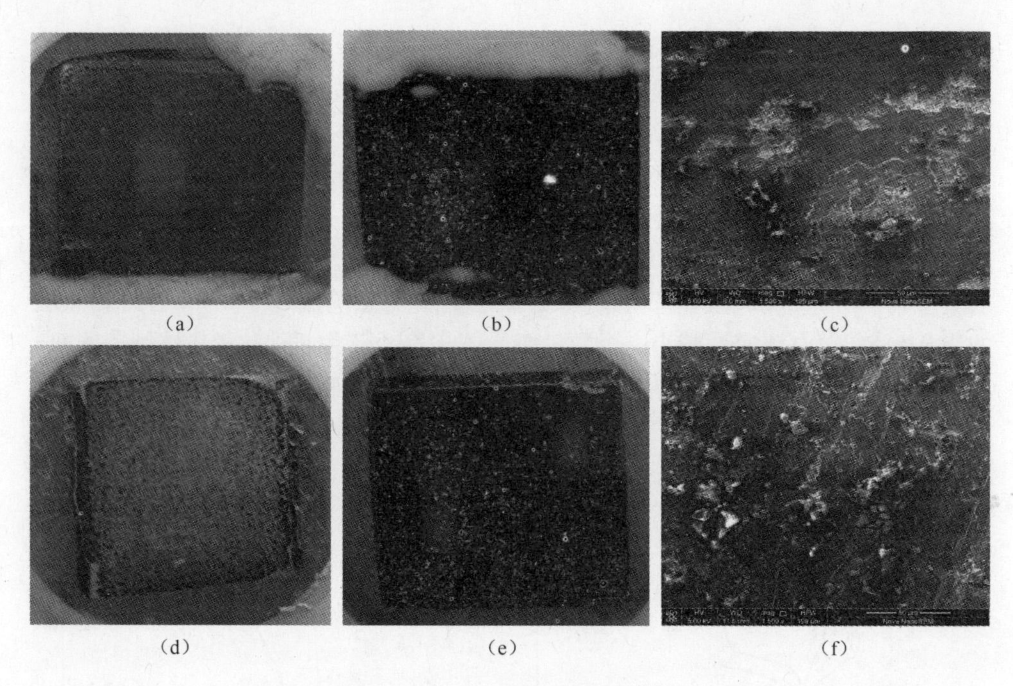

图 3-92　Al-13Si 合金涂层形貌

(a) Al-13Si-1 涂层;(b) Al-13Si-1 封孔涂层;(c) Al-13Si-1 涂层;
(d) Al-13Si-2 涂层;(e) Al-13Si-2 封孔涂层;(f) Al-13Si-2 涂层。

表 3-16 所示为两种 Al-13Si 合金涂层与封孔合金涂层的极化曲线特性,通过测试试样的塔菲尔曲线,测得它们的自腐蚀电位和自腐蚀电流。由表中数据和本节分析可知:两种涂层的耐蚀性能相近,封孔处理可以在其表面形成一层保护膜,使耐腐蚀性能进一步增强。

表 3-16　两种 Al-13Si 涂层的极化曲线特性

涂层类别		电极电位/mV	自腐蚀电流密度/($\mu A/cm^2$)
Al-13Si-1	未封孔	-1221	4.128
	封孔	-1203	0.663
Al-13Si-2	未封孔	-823.199	5.877
	封孔	-711.558	0.688

对涂层进行电化学阻抗谱测试,并对腐蚀后的试样进行微观形貌观察、对比与分析,得出粉体粒径对涂层耐腐蚀性能的影响。

图 3-93(a)、(b)分别为 Al-13Si-1 原始涂层/封孔涂层、Al-13Si-2 原始涂层/封孔涂层的阻抗模值图,可知两种 Al-Si 涂层在封孔处理之后阻抗模值均明显增大,提高 2~3 个数量级,表明封孔处理能够显著提高 Al-13Si 涂层的耐腐蚀性能。图 3-93(c)为两种 Al-13Si 封孔涂层 Bode 图的阻抗模值图,可以得出低频和

低中频阶段 Al-13Si-1 封孔涂层的阻抗模值大于 Al-13Si-2 封孔涂层的；在中高频及高频阶段，Al-13Si-1 封孔涂层的阻抗模值与 Al-13Si-2 封孔涂层的相近。综合分析为 Al-13Si-1 封孔涂层的阻抗模值大于 Al-13Si-2 封孔涂层，耐蚀性能较强。

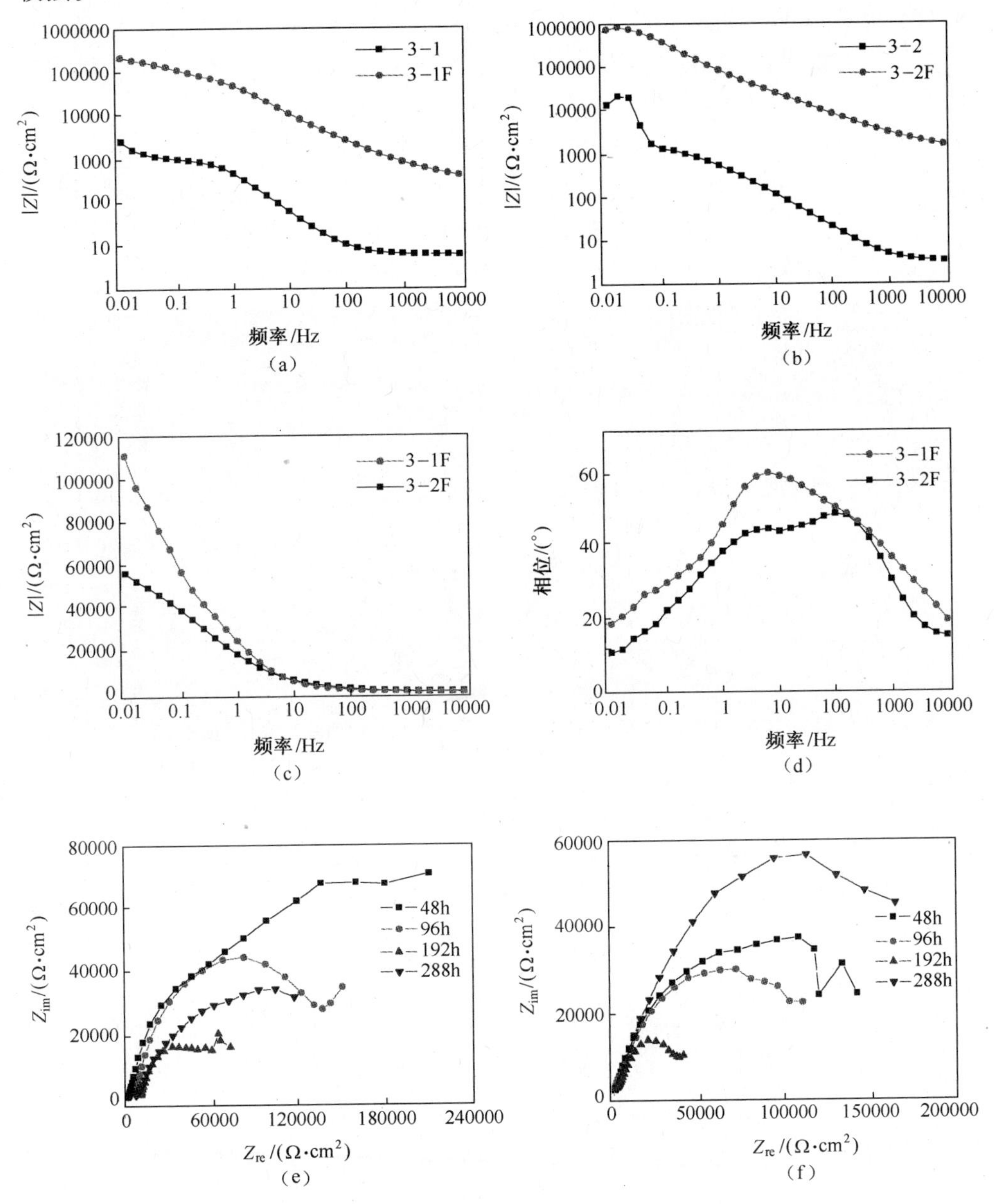

图 3-93　Al-13Si 涂层/封孔涂层电化学阻抗特性曲线

(a) Al-13Si-1 涂层/封孔涂层阻抗模值；(b) Al-13Si-2 涂层/封孔涂层阻抗模值；(c) Al-13Si 封孔涂层阻抗模值；(d) Al-Si 封孔涂层相频曲线；(e) Al-13Si-1 封孔涂层 Nyquist 图；(f) Al-13Si-2 封孔涂层 Nyquist 图。

图 3-93(e)、(f)分别为 Al-13Si-1 封孔涂层、Al-13Si-2 封孔涂层在不同时间点的 Nyquist 曲线图。根据交流阻抗的测试原理,若在 Nyquist 曲线图的实轴上存在半圆,则表明控制步骤为电化学步骤,且半圆直径与传递电阻相关,直径越大则对应封孔涂层对电荷的渗透阻力越大,耐蚀性越强。两种 Al-13Si 封孔涂层的阻抗模值变化原因如下,封孔涂层在浸泡的初期,Cl^-会对封孔层进行腐蚀,造成封孔层出现腐蚀小孔,造成容抗减小,腐蚀速率加快;而之后 Cl^-与涂层的腐蚀产物堵塞了小孔,阻碍了 Cl^-的继续渗入与反应,因此容抗增加,耐蚀性能增强。

图 3-94 为 Al-13Si 涂层交流阻抗试验后的微观形貌图,图(a)为 Al-13Si-1 涂层,图(b)为 Al-13Si-2 涂层。可以看出,图(a)腐蚀较轻,未出现明显的裂纹;图(b)腐蚀较重,腐蚀导致的裂纹明显。原因为小粒径颗粒制备的涂层表层致密度较高,可以较好地阻碍 Cl^-的进入,使得阻抗模值较大,耐腐蚀性能较强。

(a) (b)

图 3-94 Al-13Si 涂层交流阻抗试验后微观形貌图

对两种 Al-13Si 原始涂层/封孔涂层进行中性盐雾腐蚀试验,试样编号如图 3-95所示,3a(左侧)为 Al-Si 原始涂层试样,3b(中间)、3b(右侧)为对应涂层的封孔试样。

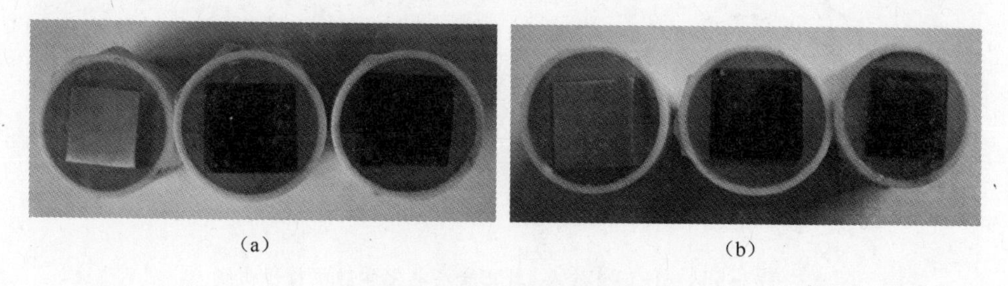

(a) (b)

图 3-95 盐雾腐蚀前照片

(a)Al-13Si-1;(b)Al-13Si-2。

图 3-96 所示分别为两种 Al-13Si 涂层试样在 2h、48h、72h、144h 和 288h 时的宏观形貌图，从左到右依次为 Al-13Si-1、Al-13Si-2 涂层和封孔涂层的试样。试

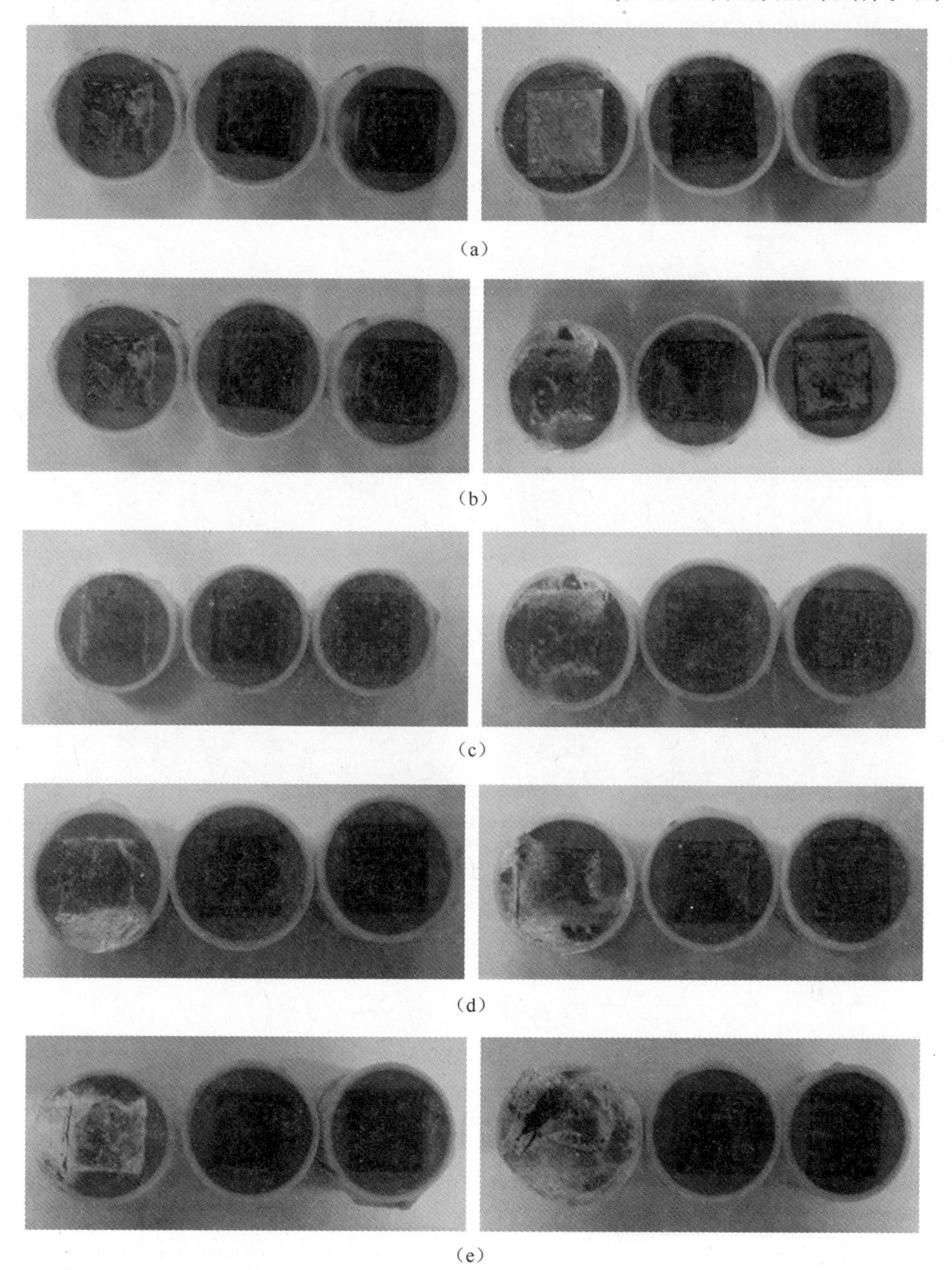

图 3-96 盐雾腐蚀试验过程 Al-Si 涂层照片

(a)Al-13Si 涂层试样 2h；(b)Al-13Si 涂层试样 48h；(c)Al-13Si 涂层试样 72h；(d)Al-13Si 涂层试样 144h；(e)Al-13Si 涂层试样 288h。

验 2h 之后涂层试样均没有明显变化，48h 之后在三类未封孔涂层表面逐渐出现了一些亮斑、白色腐蚀产物，72h 时腐蚀产物已经很明显地聚集在涂层表面上，144h 之后腐蚀产物明显增多，288h 时腐蚀产物进一步增加。

图 3-97(a)、(b)为 Al-13Si 涂层在 500h 时的宏观形貌，表明 Cl^-离子通过涂层间隙穿透涂层，与镁基体发生反应，腐蚀产物使得体积急剧增加，造成试样外的塑料白管发生变形，并有部分产物积聚在涂层表面。图 3-97(c)、(d)为对应的封孔涂层，说明封孔处理可以增强涂层的耐蚀性能。

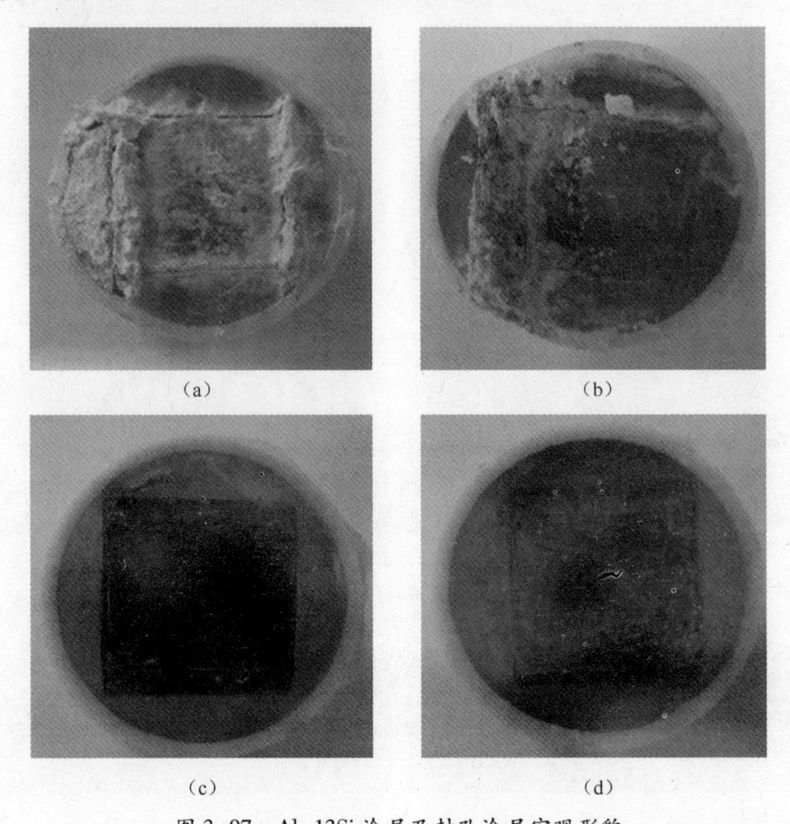

图 3-97 Al-13Si 涂层及封孔涂层宏观形貌

(a) Al-13Si-1 500h；(b) Al-13Si-2 500h；(c) Al-13Si-1 封孔 500h；(d) Al-13Si-2 封孔 500h。

两种 Al-13Si 涂层及对应封孔涂层在盐雾腐蚀试验中具体的质量变化如图 3-98所示，未封孔涂层在 500h 已经发生严重腐蚀，失去研究价值，而对应的封孔涂层没有明显变化。封孔涂层在 1000h 时的形貌图如图 3-99 所示，图(a)为 Al-13Si-1 封孔涂层，图(b)为 Al-13Si-2 封孔涂层。

上述结果表明，Al-13Si 涂层的封孔处理可以大幅增强涂层的耐蚀性能。从两种涂层的增重曲线图和宏观形貌图可以得出，Al-13Si-1 封孔涂层的耐腐蚀性能优于 Al-13Si-2 封孔涂层。原因是 Al-13Si-1 涂层的表面致密度较高，可以更好的阻碍 Cl^-的进入。

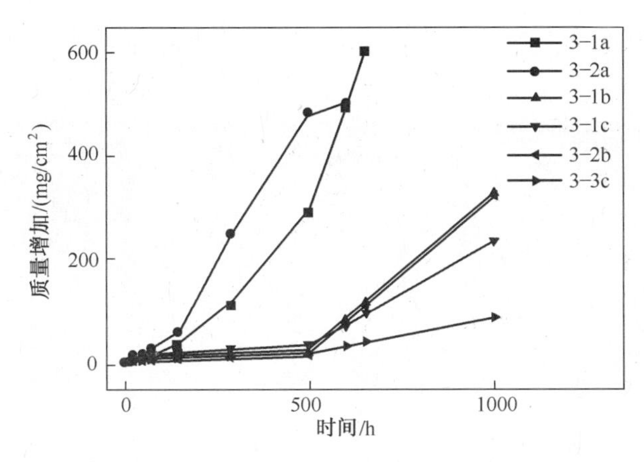

图 3-98　Al-Si 涂层及封孔涂层腐蚀增重曲线

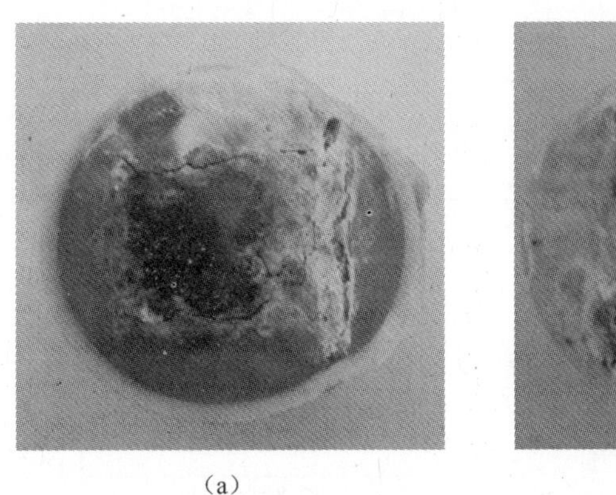

(a)

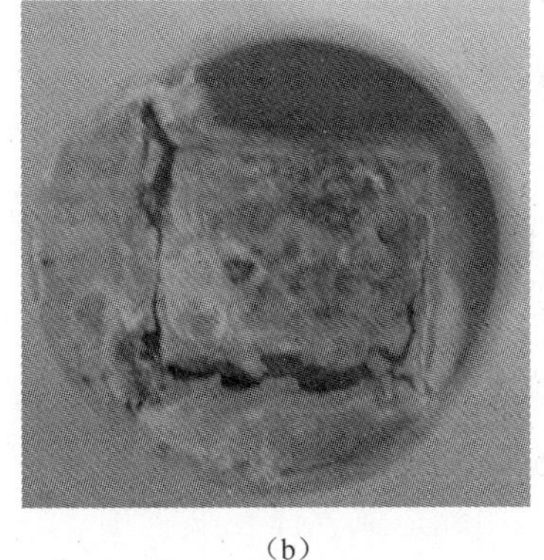

(b)

图 3-99　Al-13Si 封孔涂层宏观形貌

(a) Al-13Si-1 封孔 1000h;(b) Al-13Si-2 封孔 1000h。

3.6　工艺特性对涂层组织和性能的影响

在工件、修复材料、喷涂设备、作业环境确定的前提下,涂层性能质量主要取决于技术工艺特性,主要工艺参数包括丙烷压力、喷涂距离、喷枪线扫描速度、还原性气体、载气温度、送粉速度、喷涂角度、载气压力等。

1. 丙烷压力对涂层特性的影响

喷涂压力的升高可以提高颗粒的速度,从而使颗粒更易于沉积,得到良好的涂层。图 3-100 为不同压力下涂层的 SEM 图片,可以看出,图 3-100(a)涂层表面呈现较多的孔洞和蜂窝麻面,且分布面积大;图 3-100(b)涂层存在少量孔洞;图 3-100(c)涂层表面平整光滑,孔隙很少。图 3-101 为孔隙率随压力变化趋势图,可以看出,随着喷涂压力的升高,喷涂过程中粒子速度更大,撞击基体时有更大的动能转化为粒子内能，使得粒子产生更强烈的塑性变形，因此孔隙率随着压力升高而降低。

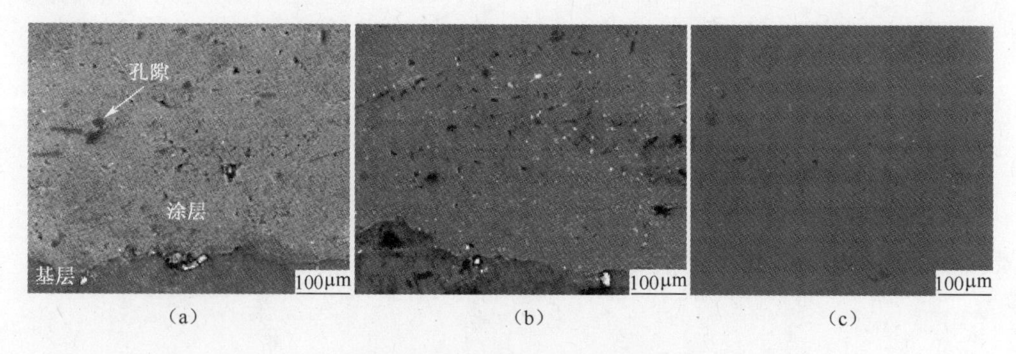

图 3-100　不同压力下涂层形貌

(a)0.57MPa；(b)0.59MPa；(c)0.61MPa。

2. 喷涂距离对涂层特性的影响

对于某一确定粒径的喷涂材料，若喷涂距离过大，会在拖带过程中造成颗粒能量消耗，导致撞击基体时颗粒速度不足，从而导致结合强度较低；若喷涂距离过小，则会导致气流在基板前形成的板激波延长化，由此造成气体在喷管出口处膨胀波较弱，不利于颗粒的加速。图 3-102 所示为喷涂距离对结合强度及孔隙率的影响曲线。

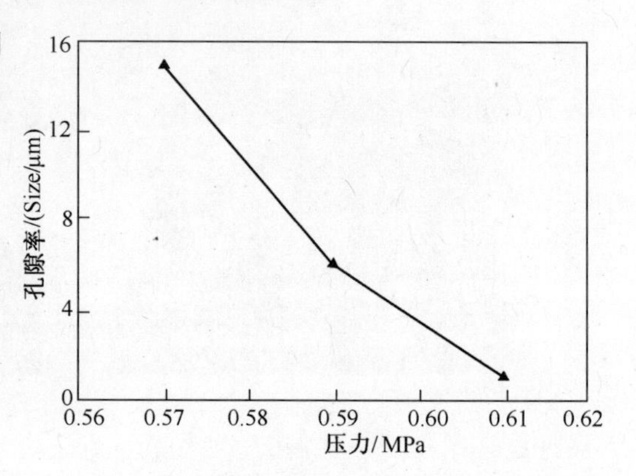

图 3-101　丙烷压力对涂层孔隙率的影响

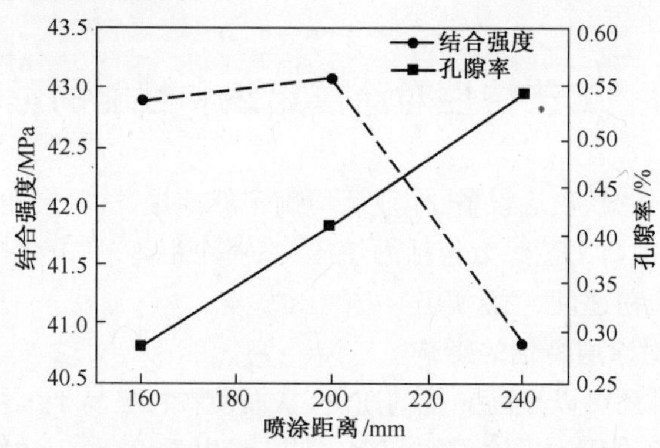

图 3-102　喷涂距离对结合强度及孔隙率的影响

3. 喷枪线扫描速度对涂层特性的影响

喷枪线扫描速度会影响工件基体的温度，最终影响涂层的结合强度及硬度。

当喷枪线扫描速度较低时，高温焰流在基体相同位置的滞止时间较长，会导致基体温度局部升高，不仅影响基体和颗粒的变形状态，而且会影响涂层的结合强度。当喷枪线扫描速度较高时，会有较多颗粒在飞向基板的过程中偏离轨道，影响颗粒的沉积。因此，喷枪线扫描速度需要满足颗粒有足够的沉积时间，又避免基体被过度加热。

4. 还原性气体对涂层特性的影响

氢气在喷涂过程中作为还原气体，起到十分重要的作用，颗粒在开放的喷涂环境中会导致氧化，因此，氢气作为还原气体避免了颗粒的氧化；而且氢气还能作为次燃料，提供气体和颗粒加速的动力。图 3-103 为氢气流量对涂层结合强度的影响规律，图 3-104 为氢气流量对涂层硬度的影响规律，可以看出，随着氢气流量的增大，超声速火焰的燃烧速率和火焰长度均变大，颗粒加热均匀持久，在喷涂前具有更高的温度和速度，形成的涂层更加致密，增大了涂层的结合强度和硬度。

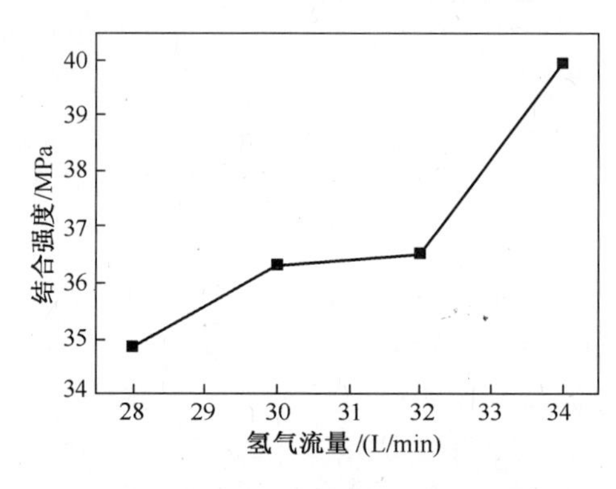

图 3-103　氢气流量对涂层结合强度的影响

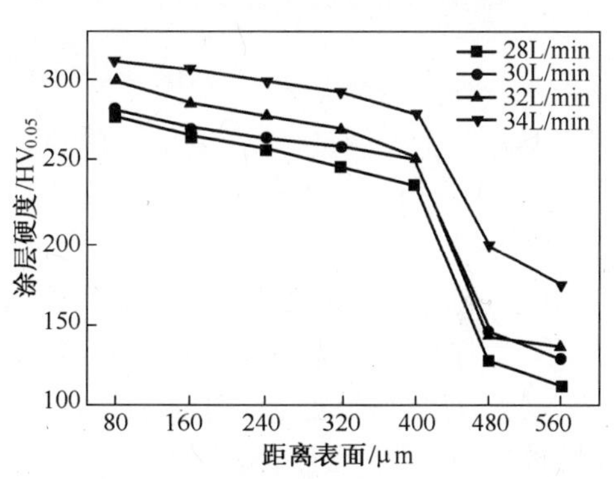

图 3-104　氢气流量对涂层硬度的影响

5. 送粉速率对涂层特性的影响

过大的送粉速率不仅导致喷涂粉末的浪费，而且导致颗粒加速不均衡，影响涂层质量；而过小的送粉速率则会导致沉积的粉末过少，影响涂层的形成及沉积效率。

3.7 应 用 实 例

本节以典型镁合金损伤件为对象，采用低温超声速喷涂技术进行实际工件修复强化，考察该技术的可行性并验证制定的工艺规范的有效性。

3.7.1 低温超声速喷涂工艺流程

1. 设备工作流程

基于设备运行可靠性，操作简便性和工艺一致性的考虑，设计了设备的工作流程，如图 3-105 所示。

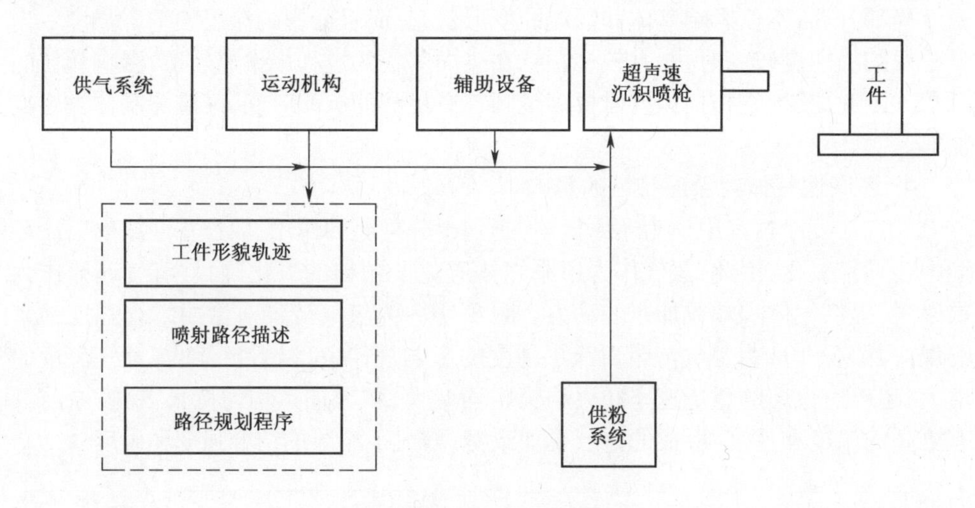

图 3-105 设备工作流程图

（1）操作前检查：主要包括气源及管路密闭性检查、喷涂粉末准备等。

（2）安装工件：主要是依据工件的具体几何形状、尺寸、重量等情况，选择合适的装夹固定方式等。

（3）机器人路径控制程序编写：采用 ABB 机器人作为运动执行机构，采用 RAPID 程序编写具体运动路径，设定运动速度、纵向偏移量、往复次数等。

（4）开启气路：空压机管路中安装有过滤器与自动排水开关，如果排水开关是手动模式的，需要定时（每 1 小时一次）排空储气罐中的积水；打开氮气、氢气和丙烷气源；检查空气、丙烷、氮气和氢气的供气压力；打开冷却气开关。

（5）打开除尘系统：将喷枪正对风机吸风口，关闭喷涂房门，开启除尘系统。

（6）调整送粉速度：通过送粉器控制面板，适时调整送粉量。

（7）启动设备：按照预定程序，点击控制柜右侧的“START”按钮。

（8）开始送粉：将送粉器面板左侧开关向上拨至送粉位置。

（9）喷涂作业。

（10）停止送粉：喷涂结束后，将送粉器面板左侧开关拨至中间位置。

（11）停止喷枪：待喷束中无粉末焰流后，按控制柜右侧“STOP”按钮。

（12）卸压检查：如果工作结束，短时间内不再使用该喷枪，则需将气体管路中的气体排空，操作方法是保持喷涂房内通风除尘系统打开，关闭丙烷汽化器电源，关闭丙烷气罐和氢气罐，按控制柜触摸屏丙烷与氢气相应区域，当进口压力为 0psi（1psi = 6.895kPa）时，说明丙烷与氢气已经排空，关闭空压机和氮气瓶，按控制柜触摸屏空气与氮气相应区域，当进口压力为 0psi 时，说明空气与氮气已经排空。

（13）停止供电：关闭控制柜与送粉器面板上的开关。

（14）剩余粉末处理：清空送粉器内部剩余粉末并封装处理。

2. 操作注意事项

低温超声速喷涂作业过程中涉及高压电、丙烷及氢气等易燃气体、高压气体等,且镁合金工件、铝合金粉体等均属易燃易爆物品,因此必须高度重视作业安全。主要注意事项如下:

(1) 必须事先确定出喷枪与工件的距离,以免喷射过程中发生碰撞,损坏设备。

(2) 必须检查气源的压力状况,以免压力过大产生危险。

(3) 实时监测喷枪喷射状态是否良好,避免由于进料不畅产生回火烧损送粉管。

(4) 确保喷涂过程中喷涂房内无人员,检查喷枪所在位置是否安全,不要对准人员和易燃易爆物品。

(5) 保持良好的设备工作环境,实时观察喷涂房内部未沉积铝粉堆积状态,以免铝粉过多产生危险。

3.7.2 典型镁合金损伤件修复强化

如图 3-106 所示为某飞机镁合金支座,点蚀是其主要失效模式,采用低温超声速喷涂技术在其表面制备 Al-Si 合金修复强化层。图 3-107 所示为修复后的镁合金支座。

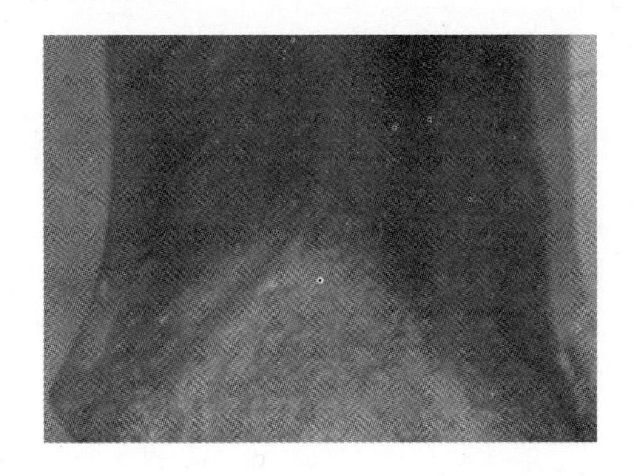

图 3-106 飞机镁合金支座局部腐蚀损伤

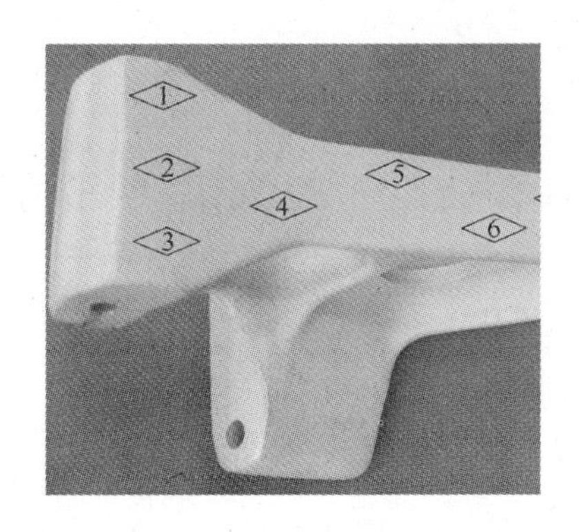

图 3-107 修复后的镁合金支座

为检验修复强化效果,采用便携式硬度计测量了修复强化层的表面维氏硬度分布,并与相同工艺条件处理的标准试样进行了对比分析,各测量点的维氏硬度数值如表 3-17 所列。可以看出,喷涂后工件表面显微硬度值的波动相对较小,平均

表 3-17 修复前后硬度值对比(HV)

编号	1	2	3	4	5	6	7	8	9	10	平均
喷涂前	208.1	173.4	230.4	213.2	192.2	213.5	207.2	195.9	202.2	206.8	204.29
喷涂后	271.1	270.9	193.6	272.4	231.9	245.9	261.1	239.7	250.6	264.0	250.10

值约为原始基体的1.3倍,且与标准试片的结果较为接近,说明了采用低温超声速喷涂技术进行实际工件表面防护与损伤修复的可行性和有效性。

参考文献

[1] 饶琼，周香林，张济山，等．超音速喷涂技术及其应用[J]．热加工工艺，2004，10:49.

[2] 田欣利，王志健．超音速火焰喷枪设计理论与数值模拟的研究进展[J]．焊接学报，2002，23(1)：93-97.

[3] 张平，王海军，朱胜，等．高效能超音速等离子喷涂系统的研制[J]．中国表面工程，2003，61(30)：12-16.

[4] 杨晖，王汉功．超音速电弧喷涂粒子速度的测定[J]．中国表面工程，1999，43 (2)：8-11.

[5] 梁秀兵，徐滨士．先进的冷喷涂技术[J]．修理与改造，2001，12：19-21.

[6] Alkimov A P, Kosarev V F, Papyrin A N. A method of cold gas dynamic deposition [J]. Dokl Akad Nauk SSSR, 1990, 315(5).

[7] Jones R, Matthews N, Rodopoulous C A, et al. On the use of supersonic particle deposition to restore the structure integrity of damaged aircraft structures [J]. International Journal of Fatigue, 2011, (33): 1257-1267.

[8] Dykhuizen R C, Smith M F. Gas dynamic principles of cold spray[J]. Journal of Thermal Spray Technology, 1998, 7(2): 205-212.

[9] Julio Villafuerte. Current and Future Applications of Cold Spray Technology[J]. Metal Finishing, 2010, 18 (1): 37-39.

[10] Grujicic M, Saylor J R, Beasley D E, et al. Computational analysis of the interfacial bonding between feed-powder particles and the substrate in the cold-gas dynamic-spray process[J]. Applied Surface Science, 2003 219(3-4): 211-227.

[11] Gao P H, Li C J, Yang G J, et al. Influence of substrate hardness on deposition behavior of single porous WC-12Co particle in cold spraying[J]. Surf. Coat. Technol. 2008, 203(3~4): 384-390.

[12] King P C, Zahiri S H, Jahedi M. Focused ion beam micro-dissection of cold-sprayed particles[J]. Acta Mater, 2008, 56(19): 5617-5626.

[13] Gao P H, Li Y G, Li C J, et al. Influence of Powder Porous Structure on the Deposition Behavior of Cold-Sprayed WC-12Co Coatings[J]. J. Therm. Spray Technol, 2008, 17(5~6): 742-749.

[14] Ning X J, Jang J H, Kim H J. The effects of powder properties on in-flight particle velocity and deposition process during low pressure cold spray process[J]. Appl. Surf. Sci., 2007, 253(18): 7449-7455.

[15] Ramamurty U, Jana S, Kawamura Y, et al. Hardness and plastic deformation in a bulk metallic glass[J]. Acta Mater, 2005, 53(3): 705-717.

[16] Fernandes J V, Trindade A C, Menezes L F, et al. Influence of Substrate Hardness on the Response of W-C-Co-coated Samples to Depth-sensing Indentation[J]. J. Mater. Res., 2000, 15(8) :1766-1772.

[17] Li Wenya, Li Changjiu, Liao Hanlin. Significant influence of particle surface oxidation on deposition efficiency, interface microstructure and adhesive strength of cold-sprayed copper coatings[J]. Applied Surface Science, 2010, 256: 4953-4958.

[18] Li W Y, Liao H L, Li C J, et al. Numerical simulation of deformation behavior of Al particles impacting on Al substrate and effect of surface oxide films on interfacial bonding in cold spraying[J]. Appl. Surf. Sci., 2007, 253 (11): 5084-5091.

[19] Tabbara H, Gu S, McCartney D G, et al. Study on Process Optimization of Cold Gas Spraying[J]. Journal of

Thermal Spray Technology, 2010, 20(3): 608-620.

[20] Pattison J, Celotto S, Khan A, et al. Standoff distance and bow shock phenomena in the cold spray process [J]. Surf. Coat. Technol. , 2008, 202: 1443-1454.

[21] Hutchings I M. Strain rate effects in micro particle impact[J]. J. Phys. D: Appl. Phys. , 1977, 10: 179-184.

[22] Sova A, Kosarev V F, Papyrin A. Effect of Ceramic Particle Velocity on Cold Spray Deposition of Metal-Ceramic Coatings[J]. Journal of Thermal Spray Technology, 2010, 20(1~2): 285-291.

[23] Heli Koivuluoto, Petri Vuoristo. Effect of Powder Type and Composition on Structure and Mechanical Properties of Cu+Al_2O_3 Coatings Prepared by using Low-Pressure Cold Spray Process[J]. Journal of Thermal Spray Technology, 2010, 19(5): 1081-1092.

[24] 毕金成，李隆键，崔文智，等．冷喷涂过程中气固两相流的数值模拟[J]．重庆大学学报，2005，28(4)：45-49.

[25] 巫湘坤，周香林，王建国，等．冷喷涂中氮和氦混合气体对颗粒加速作用的模拟研究[J]．材料工程，2010，(8)：12-15.

[26] Li Wenya, Li Changjiu, Yang Guanjun. Effect of impact-induced melting on interface microstructure and bonding of cold-sprayed zinc coating[J]. Applied Surface Science, 2010, 257: 1516-1523.

[27] 章华兵，张俊宝，单爱党，等．气体温度对冷喷涂 Ni 粒子结合与变形行为的影响[J]．金属学报，2007，43(18)：823-828.

[28] Kawakita J, Kuroda S, Fukushima T, et al. Dense titanium coatings by modified HVOF spraying[J]. Surf Coat Technol, 2006, 201(3~4): 1250-1255.

[29] Tabbara H, Gu S, McCartney D G, et al. Study on Process Optimization of Cold Gas Spraying[J]. Journal of Thermal Spray Technology, 2010, 20(3): 608-620.

[30] Hutchings I M. Strain rate effects in micro particle impact[J]. J. Phys. D: Appl. Phys. , 1977, 10: 179-184.

[31] Wong W, Irissou E, Ryabinin A N. Influence of Helium and Nitrogen Gases on the Properties of Cold Gas Dynamic Sprayed Pure Titanium Coatings[J]. Journal of Thermal Spray Technology, 2010, 20(1~2): 213-226.

[32] Wang Y Y, Liu G J, Feng J J, et al. Effect of Microstructure on the Electrical Properties of Nano-Structured TiN Coatings Deposited by Vacuum Cold Spray[J]. Journal of Thermal Spray Technology, 2010, 19(6): 1231-1237.

[33] Zhang D, Shipway P H, McCartney D G. 工艺参数变化对冷喷涂铝沉积性能的影响[J]．中国表面工程，2008，21(4)：1-7.

[34] 毕金成，李隆键，崔文智，等．冷喷涂过程中气固两相流的数值模拟[J]．重庆大学学报，2005，28(4)：45-49.

[35] Binder K, Gottschalk J, Kollenda M, et al. Influence of Impact Angle and Gas Temperature on Mechanical Properties of Titanium Cold Spray Deposits[J]. Journal of Thermal Spray Technology, 2010, 20(1~2): 234-242.

[36] Li Wenya, Yin Shuo, Wang Xiaofang. Numerical investigations of the effect of oblique impact on particle deformation in cold spraying by the SPH method[J]. Applied Surface Science, 2010, 256: 3725-3734.

[37] Yin Shou, Wang Xiaofang, Li Wenya, et al. Numerical Study on the Effect of Substrate Angle on Particle Impact Velocity and Normal Velocity Component in Cold Gas Dynamic Spraying Based on CFD[J]. Journal of Thermal Spray Technology, 2010, 19(6): 1155-1162.

[38] 姜海波．粉体特性对镁合金表面铝基合金涂层组织结构及性能的影响研究[D]．装甲兵工程学院，2014,12.

[39] 刘彦学．镁合金表面冷喷涂技术及涂层性能的研究[D]．沈阳:沈阳工业大学，2007.

第 4 章　电弧熔敷-数控铣削复合成形技术

4.1　技术概述

4.1.1　技术内涵与特点

快速成形是基于“离散-堆积”原理，采用逐点或逐层成形的方法来制造物理模型、模具及零件的工艺过程[1]。与传统制造方法不同，快速成形是从零件的CAD 几何模型出发，通过专用软件分层离散和数控成形系统，将材料堆积叠加来形成实体零件。该方法将复杂的三维制造转化为系列二维制造过程的叠加，因而可在不使用模具的条件下生成几乎任意复杂形状的零件，提高了成形制造的柔性[2]。

电弧熔敷成形作为快速成形技术的一种工艺，其技术目标与传统的对焊、堆焊存在明显区别。如图 4-1 所示，普通焊接主要用于连接工件；堆焊是利用熔化焊的方法，在零件表面堆敷一层或数层具有特殊性能的材料，来提高耐磨、耐蚀、耐热等功能特性，主要用于零件表面改性或修复强化；电弧熔敷成形是基于离散-堆积加工原理，首先依据实体或提供的三维数据通过 CAD 造型软件得到零件的曲面或实体模型，然后将模型沿某一坐标方向按照一定厚度进行分层切片处理，获得每层截面的系列二维数据，再由电弧将丝材或添加材料熔化，并沿着一定的路径堆积形成一个二维薄层的几何形状，最后通过逐层堆积形成全部由焊道组成的三维实体零件。电弧熔敷成形既可用于零件的表面改性，又可用于缺损零件的修复强化及新品零件的直接成型制造。

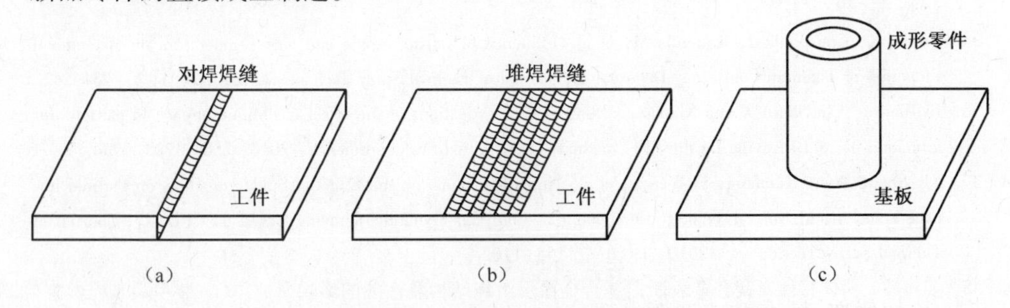

图 4-1　对焊、堆焊与熔敷成形

(a)对焊;(b)堆焊;(c)熔敷成形。

电弧熔敷-数控铣削复合成形属于快速成形技术范畴，是基于快速成形技术原理,将电弧熔敷技术与数控铣削技术有机结合,在熔敷成形的基础上进行精密数控机械加工,对成形焊道外形进行精确控制,以达到精确成形的目的。电弧熔敷-数控铣削复合成形过程如图 4-2 所示,分为三个阶段:①采用电弧熔敷成形工艺进行材料近净成形;②通过数控铣削对熔敷成形层表面进行加工,实现净成形;③逐层进行熔敷堆积的近净成形和铣削去除净成形,最终实现零件的精确净成形。

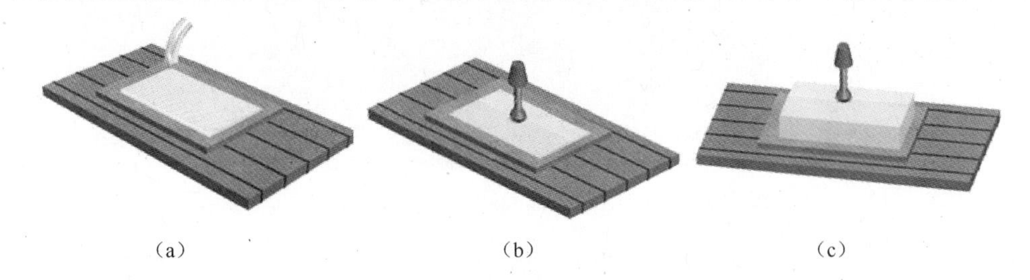

(a)　　　　　　(b)　　　　　　(c)

图 4-2　电弧熔敷-数控铣削复合成形过程

(a)电弧熔敷堆积;(b)铣削去除;(c)最终净成形。

电弧熔敷-数控铣削复合成形技术具有如下特点:

(1)成形效率高。相较于激光成形等工艺,该技术以电弧为热源,适合大型零(构)件的制造。

(2)成形精度高。数控铣削加工工艺的引入,在实现零件结构快速成形的同时,可有效控制成形件工作面的表面质量,实现净成形。

(3)成形强度高。成形层/基体之间、成形层/成形层之间均为冶金结合。

(4)成形质量高。铣削工艺可以去除堆积层表面的氧化物及杂质,对堆积表面进行洁净和活化处理,赋予后续堆积层新鲜的表面,使得后续成形堆积组织更为致密,减少了夹杂、气孔等缺陷的产生,同时也有利于增强层间结合力。

电弧熔敷-数控铣削复合成形可以复合的弧焊技术主要包括 MIG 和 TIG 焊,本书主要以 MIG 电弧熔敷为例介绍该技术。

4.1.2　设备系统与工艺过程

该设备系统主要包括三维激光扫描与建模子系统、机器人 GMAW 熔覆近净成形子系统、数控铣削净成形子系统、主控计算机以及相关软件等。系统硬件主要由工业机器人、全数字 GMAW 焊机、三维激光扫描仪、三轴二联动数控铣床及主控计算机等组成,如图 4-3 所示。

工业机器人为六自由度关节式机器人,在其工作空间内可以满足扫描、熔敷工作过程的位姿、精度和速度要求。三维激光扫描仪与焊枪分别由夹具夹持在机器人第六轴手臂末端,来实现不同工况下的焊道扫描和熔敷堆积近净成形。数控铣床用于成形过程中结构面的平整及工作面的粗、精加工后处理。主控计算机与机器人控制系统相连,实现熔敷程序的上传、下载及控制。主控计算机通过 RS232

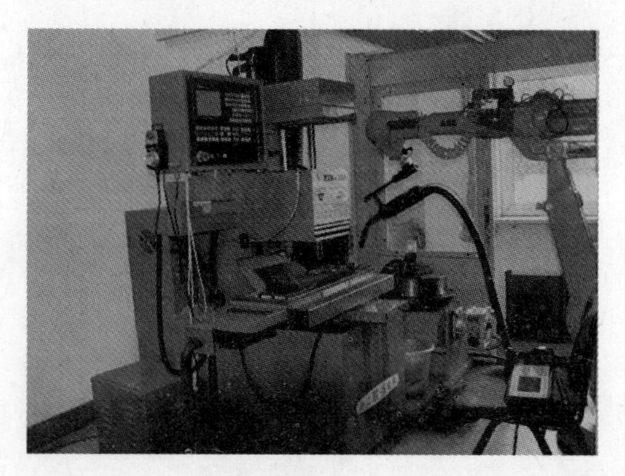

图 4-3　电弧熔敷-数控铣削复合成形设备系统

与数控铣床控制系统的通讯接口连接，实现主控计算机与数控铣床的的通信，完成铣削程序的上传和下载。由于成形丝材种类繁多且所采用的工艺参数各异，导致成形焊道复杂多样。为了提高熔敷成形过程中的形态控制质量、减少丝材消耗以及缩短铣削加工时间，需要实现对熔敷焊道的在线快速、精确、高效的数学建模。

1. 熔敷焊道建模子系统

焊道扫描与数学建模过程包括焊道的数据获取、分析处理及模型建立等步骤。焊道截面轮廓扫描由安装在机器人手臂第六轴的三维激光扫描系统实现。该扫描系统由激光发生器和摄像头组成。扫描焊道时激光发生器将激光条纹投影于焊道表面，在表面形成由焊道形状所调制的激光条纹三维图像，经三维激光扫描仪获取的焊道三维坐标数据信息由摄像头通过 USB 口实时传输给主控计算机，主控计算机通过驱动程序接口实现数据和控制信号的传输，并对数据进行精简、去噪、数值拟合处理以及误差分析，得到焊道的数学模型。投射至焊道表面的激光条纹宽度约为 1mm，由于图像传感器摄取的图像中的像素数目通常达上百个，激光条纹图像必须做中心提取，以确定特征点的图像坐标。中心提取过程包括图像中值滤波、去噪、激光条纹位置搜索、确定条纹中心坐标以及激光条纹中心平滑滤波等。

2. 电弧熔敷近净成形子系统

根据得到的焊道数学模型，基于“等面积堆积”方法确定焊道间的搭接系数。对待成形零件 CAD 模型进行分层，结合 GMAW 工艺特征对每一单层进行熔敷路径规划，对规划好的路径进行代码转换，转换为焊接机器人可识别的程序，并下载至机器人控制器中进行熔敷成形。熔敷路径规划对温度场、应力分布及成形质量有较大影响，应根据成形零件的结构特征，结合熔敷过程的热输入量、运动路径平滑性等特点进行分解，采用经焊道宽度和相邻焊道间的搭接量补偿之后的轮廓偏置方式或光栅方式形成熔敷成形路径，然后沿路径进行熔敷堆积成形。各个成形区域之间的成形顺序需根据热输入量、焊枪运动轨迹等因素综合考虑。

3. 数控铣削净成形子系统

数控铣削系统主要用于成形过程中结构面的平整及工作面的粗、精加工处理。数控铣削系统需要实现熔敷堆积成形与数控铣削之间的工位转换,通常采用的方法是先指定工件坐标系原点并完成熔敷堆积,再将工作台由熔敷工位分别沿 X、Y、Z 轴移动至设定的铣削工位。

为保证后续熔敷堆积的顺利进行,熔敷堆积层的铣削加工过程需在无润滑、热状态下进行。由此会导致刀具、工件和切屑之间的摩擦加剧,铣削热急剧增加。同时,由于熔敷成形层各部分的微观组织不均匀,导致刀具的工况环境异常恶劣,故选择的刀具应具有高硬度、红热硬性、耐磨性及强韧性,并能承受一定冲击。综上,根据熔敷成形层特性,选用了硬质合金刀具及复合涂层硬质合金刀具实施加工作业。

根据待成形零件 CAD 模型的每层切片尺寸和形状,将堆积成形层表面分为结构层表面和工作层表面。对于结构层表面,为提高去除效率,可以采用大进给速度、较高的主轴转速、大切削深度等工艺条件来进行平整。零件熔敷近净成形完成后,采用粗铣削工艺对零件工作面和结构面进行粗加工,然后进行精形态控制铣削路径的仿真模拟,正确无误后采用精铣削工艺对成形零件的工作面进行加工,提高零件工作面的形态控制质量。实际铣削加工过程中,需要综合考虑去除效率和铣削精度,进行铣削路径规划及其代码转换,即生成了 NC 加工程序。由于数控系统型号的差异,其数控指令格式不完全相同。其生成的 NC 程序不能直接传送给数控铣床进行加工,需要进行必要的处理。主要是坐标系的设定和与该数控铣床指令代码不一致的地方,处理结束便可将该文件通过专用通讯软件 TDCOM 传输给数控机床,并驱动数控铣床按照该 NC 指令执行,从而完成备件的净成形加工。

数控铣削净成形程序的输入方式有两种:①在主控计算机上将数控程序上传到控制器中;②直接在数控铣床上输入铣削加工程序。本章介绍的方法是将修改好的数控铣削净成形程序通过主控计算机上传到数控铣削控制器中,来进行铣削净成形。

电弧熔敷-数控铣削复合成形的工艺过程如下:①根据待修复零件的材料确定熔敷丝材和熔敷工艺,并进行单道焊道的试成形;②机器人夹持三维激光扫描仪对焊道进行扫描、数据处理和数学建模;③采用三维激光扫描系统对缺损零件进行扫描,并与标准零件的 CAD 模型进行比较,得到零件缺损部位的数字化模型;④结合焊道数学模型对零件的数字化缺损模型进行分层处理,逐层进行熔敷路径规划,并实施熔敷堆积;⑤采用数控加工系统逐层对熔敷修复层进行表面平整或净成形;⑥逐层进行熔敷堆积和加工去除;⑦对零件修复体进行精加工,从而实现零件的快速再制造,如图 4-4 所示。

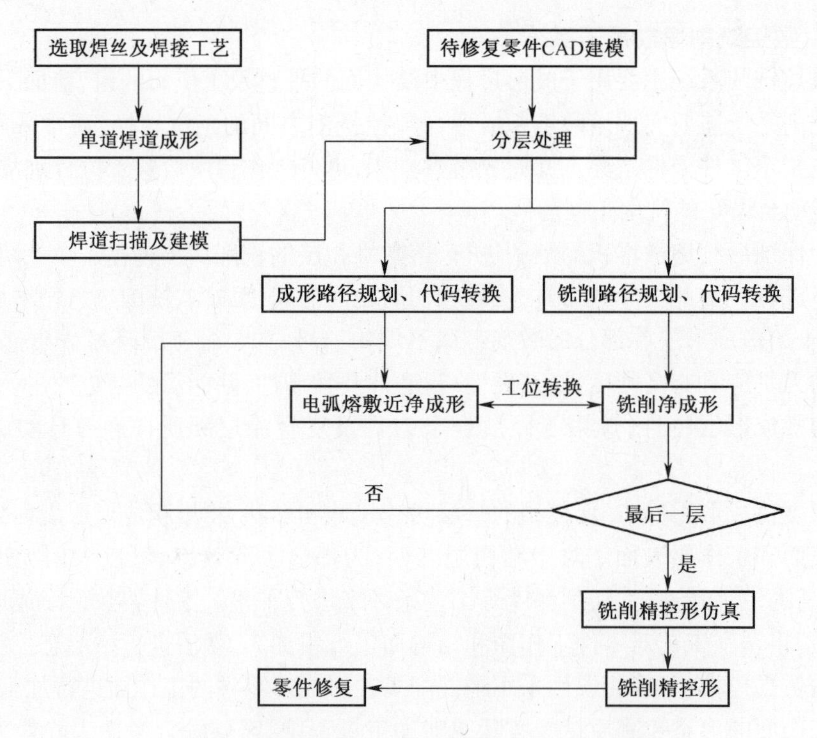

图 4-4　电弧熔敷-数控铣削复合成形工艺过程

4.2　电弧熔敷近净成形的形态控制

4.2.1　单层单道成形焊道的形态调控

4.2.1.1　单层单道成形焊道的截面形态特征

如图 4-5 所示，对于单道焊道而言，按照其截面形态可分为球形焊道、驼峰形焊道、优弧形焊道、劣弧形焊道、扁平形焊道以及高斯形焊道等。

基于快速熔敷成形工艺制造的零件，其完全是由焊道搭接而成的。如图 4-6 所示，对于球形、驼峰形以及优弧形焊道而言，其在搭接区域常常会出现明显的孔洞，这会严重影响成形零件的整体质量。

综合上述分析可知，相较于球形、驼峰形以及优弧形焊道而言，劣弧形、扁平形以及高斯形焊道更适合于作为快速熔敷成形的基本单元。假设焊道截面形态沿中轴线对称，根据焊道形态函数一阶导数的特点可将焊道划分为两类：①一阶导数呈单调递增或递减，曲线特点是熔敷堆积面积大于熔宽、余高乘积的一半，定义该类型焊道为“上凸型”函数焊道，这类焊道主要有抛物线形焊道、圆弧形焊道等，如图 4-7(a)、(c)所示；②函数曲线不单调，也就是函数曲线存在拐点，函数特点是熔敷堆积面积等于或小于余高、熔宽乘积的一半。当堆积面积与余高、熔宽乘积的一半相等时，定义为“等积型”函数，这类焊道主要有概率曲线形焊道等，如图 4-7(b)所示；当熔敷堆积面积小于余高、熔宽乘积的一半时，定义为“下凹型”函数，这类焊道主要有高斯曲线形焊道等，如图 4-7(d)所示。

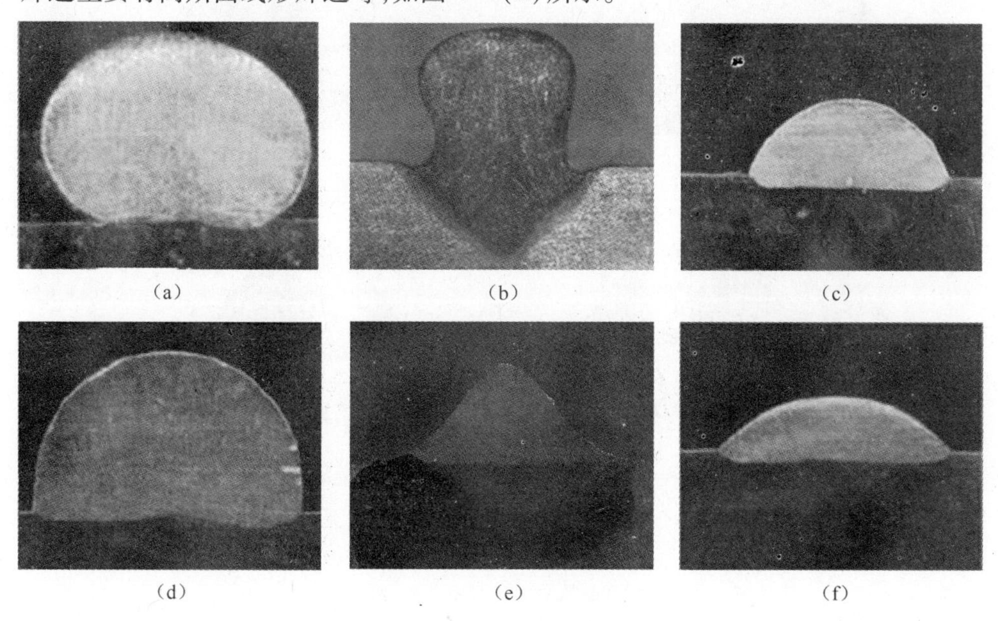

图 4-5　焊道的种类

(a)球形焊道；(b)驼峰形焊道；(c)优弧形焊道；
(d)劣弧形焊道；(e)扁平形焊道；(d)高斯形焊道。

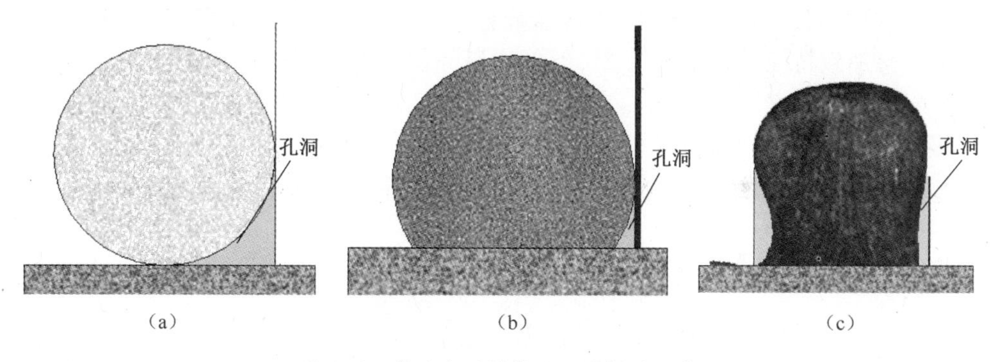

图 4-6　易于出现搭接孔洞的焊道形态

(a)球形焊道；(b)优弧形焊道；(c)驼峰形焊道。

4.2.1.2　单层单道成形焊道的截面形态表征

单道焊道形态通常采用熔宽、余高、熔深、成形系数(熔宽与熔深之比)和余高系数(熔宽与余高之比)等参量进行表征。传统焊接作为金属连接工艺而言，这些参量已能够较好地表征焊接质量。但在快速成形制造中，焊道是构成成形件的基本单元，其形态的精确表征是提高零件整体成形精度的基础，仅采用熔宽、余高、熔

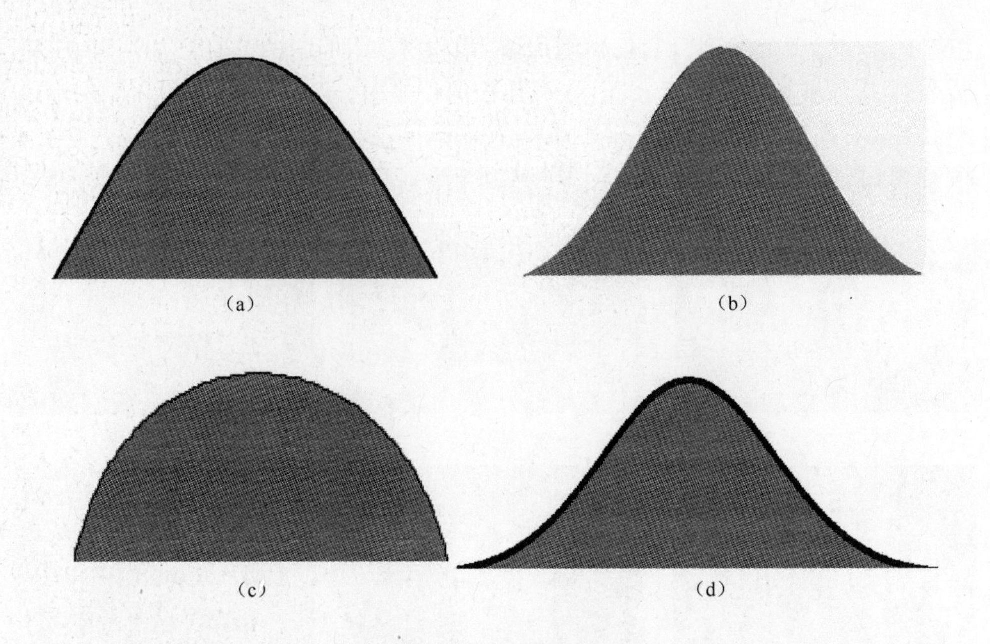

图 4-7 典型焊道截面曲线

(a)“上凸型”函数(抛物线形);(b)“等积型”函数(概率曲线);
(c)“上凸型”函数(圆弧形);(d)“下凹型”函数(高斯曲线)。

深(图 4-8)等传统参量来描述其基本特征已难以满足实际需要。目前,相关研究学者提出了“余高/熔宽比”、蘑菇系数、1/2 余高处的焊道宽度、2/3 熔深处的焊道宽度、焊道表面下 1mm 处的焊道宽度、熔深成形系数、熔深面积、余高面积、余高成形系数、熔覆面积、焊道稀释率、熔深边界长度和余高边界长度等参量,以期实现对焊道形态细致特征的精确表征[3],但上述研究都是针对焊道形态的某个(或某几个)位置点或某项特征进行的,各表征参量间相互独立,缺乏系统性。焊道形态是诸多因素相互影响、共同作用的综合结果。因此,为有效提高电弧熔敷成形精度,必须采用宏观、系统、全局的方法来对单道焊道形态进行精确的表征。

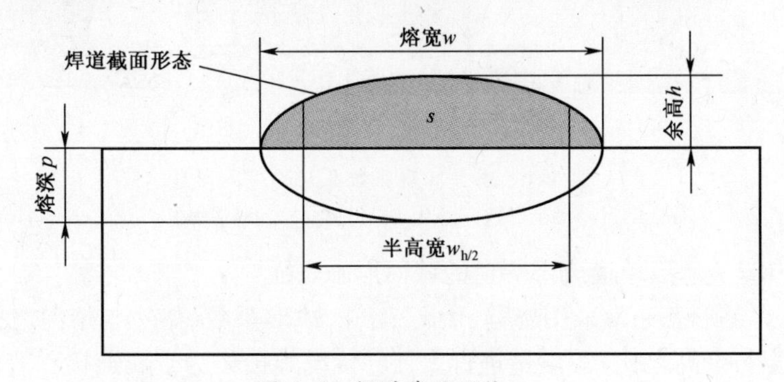

图 4-8 焊道截面形貌

为此,本书介绍采用焊道截面形态函数这一参数来对焊道截面形态进行表征,其含义是该函数能最大限度地实现焊道截面各点形态特征的描述。

焊道截面形态函数建立的基本过程如下:通过小波变换、图像边缘检测以及激光三维扫描等方法获取焊道截面形态特征信息,实现焊道形态特征的数字化,并对数据进行处理,以相关系数和均方差为评判指标,基于最小二乘法原理采用不同函数进行数据拟合,比较不同函数的拟合效果,从而获得形式简洁且具有较高精度的焊道截面形态表征形式,即焊道截面形态函数。

4.2.1.3 单层单道成形焊道的截面形态函数建模方法

1. 基于小波变换的焊道截面形态建模

小波变换具有良好的时频局部性能和多尺度分析特性,能将信号在时频空间有效地分解,并提炼出有用信息,已广泛应用于信号处理、图像处理、语音分析、模式识别及量子物理等领域[4-6]。

1）小波变换模极大边缘检测原理

设 $f(u,v)$ 表示一幅连续图像,其梯度矢量为

$$\nabla f = \left(\frac{\partial f}{\partial u}, \frac{\partial f}{\partial v}\right) \tag{4-1}$$

该梯度矢量表示 $f(u,v)$ 在点 (u,v) 的最大变化方向。设 (u_1,v_1) 是图像上一点,如果 f 的梯度矢量的模

$$|\nabla f| = \sqrt{\left|\frac{\partial f}{\partial u}\right|^2 + \left|\frac{\partial f}{\partial v}\right|^2} \tag{4-2}$$

在点 (u_1,v_1) 沿着最大变化方向的一维邻域 $(u,v)=(u_1+v_1)+\lambda\nabla f(u_1+v_1)$ 中变化,当 $|\lambda|$ 充分小时在该点取得局部最大值,则称 (u_1,v_1) 是 f 的一个边缘点[7,8]。

在二维信号的多尺度边界提取中,其小波变换模极大与图像边缘点之间的关系推导如下。

设二维平滑函数 $\theta(u,v)$ 满足:

$$\theta(u,v) \geqslant 0 \tag{4-3}$$

$$\iint_{R^2} \theta(u,v)\,\mathrm{d}u\mathrm{d}v = 1 \tag{4-4}$$

$$\lim_{u,v\to\pm\infty} \theta(u,v) = 0 \tag{4-5}$$

记为

$$\theta_s(u,v) = \frac{1}{s^2}\theta\left(\frac{u}{s}, \frac{v}{s}\right) \tag{4-6}$$

则对任意的 $f(u,v) \in L^2(R^2)$, $(f*\theta_s)(u,v)$ 表示 $f(u,v)$ 经 $\theta_s(u,v)$ 平滑后的图像,其中 $s>0$ 为平滑尺度。由 $\theta(u,v)$ 定义两个二维小波,分别为

$$\psi^1(u,v) = \frac{\partial\theta(u,v)}{\partial u} \tag{4-7}$$

$$\psi^2(u,v)=\frac{\partial\theta(u,v)}{\partial v} \tag{4-8}$$

记

$$\psi_s^1(u,v)=\frac{1}{s^2}\psi^1\left(\frac{u}{s},\frac{v}{s}\right) \tag{4-9}$$

$$\psi_s^2(u,v)=\frac{1}{s^2}\psi^2\left(\frac{u}{s},\frac{v}{s}\right) \tag{4-10}$$

则$f(u,v)$ 在尺度 s 上的二维小波变换包括两个分量：

$$W^1f(s,u,v)=(f*\psi_s^{-1})(u,v)=\iint_{R^2}f(x,y)\ \frac{1}{s}\psi^1\left(\frac{x-u}{s},\frac{y-v}{s}\right)\mathrm{d}x\mathrm{d}y \tag{4-11}$$

$$W^2f(s,u,v)=(f*\psi_s^{-2})(u,v)=\iint_{D^2}f(x,y)\ \frac{1}{s}\psi^2\left(\frac{x-u}{s},\frac{y-v}{s}\right)\mathrm{d}x\mathrm{d}y \tag{4-12}$$

其中

$$\psi_s^{-k}(u,v)=\frac{1}{s^2}\psi_s^k(-u,-v),k=1,2$$

可以证明：

$$\begin{Bmatrix}W^1f(s,u,v)\\W^2f(s,u,v)\end{Bmatrix}=s\begin{Bmatrix}(f*\psi_s^{-1})(u,v)\\(f*\psi_s^{-2})(u,v)\end{Bmatrix}=s\begin{Bmatrix}\dfrac{\partial((f*\ \overline{\theta}_s)(u,v)}{\partial u}\\\dfrac{\partial((f*\ \overline{\theta}_s)(u,v)}{\partial v}\end{Bmatrix}=s\nabla(f*\overline{\theta}_s)(u,v) \tag{4-13}$$

因而，$(f*\overline{\theta}_s)(u,v)$ 梯度矢量 $\nabla(f*\overline{\theta}_s)(u,v)$ 的模与下式小波变换的模(用 M 表示)成比例。即

$$Mf(s,u,v)=\sqrt{|\ W^1f(s,u,v)\ |^2+|\ W^2f(s,u,v)\ |^2} \tag{4-14}$$

梯度方向与水平方向 u 的相角为

$$Af(s,u,v)=\arctan\left(\frac{W^2f(s,u,v)}{W^1f(s,u,v)}\right) \tag{4-15}$$

因此，计算一个平滑函数 $(f*\overline{\theta}_s)(u,v)$ 沿着梯度方向的模极大值等价于计算小波变换的模极大值，即

$$\boldsymbol{n}_j(u,v)=(\cos Af(2^j,u,v),\sin Af(2^j,u,v)) \tag{4-16}$$

则单位矢量 $\boldsymbol{n}_j(u,v)$ 与梯度矢量 $\nabla(f*\overline{\theta}_s)(u,v)$ 是平行的。因此，在尺度 s 下，若模 $Mf(s,u,v)$ 在点 (u_1,v_1) 沿着 $(u,v)=(u_1+v_1)+\lambda\nabla f(u_1+v_1)$ 当$|\lambda|$充分小时取到局部极小值，则点 (u_1,v_1) 就是 $(f*\overline{\theta}_s)(u,v)$ 的一个边缘点，从而是 $f(u,v)$ 的一个突变点，而边界的方向与 $\boldsymbol{n}_j(u,v)$ 垂直。这表明，通过检测二维小波变换的模极大点可以确定图像的边缘点。沿着边界方向将任意尺度下的边缘点连

接起来就可形成该尺度下沿着边界的模极大曲线。

2）基于小波变换的焊道截面形态建模实例

图 4-9 所示为某一工艺条件下焊道的截面轮廓图像。可以看出，该工艺条件下的成形较为稳定、规则，且飞溅较小。

图 4-9 机器人 GMAW 快速成形焊道截面图像

首先将焊道截面图像加载到编写的小波变换程序中，分别选取不同尺度$s=2^j$，进行焊道轮廓的二维小波变换。计算每一点的模值和相角 $Af(2^j,u,v)$ 的正切值。也就是对每个像素点 (n,m)，分别计算：

$$Mf(s,u,v)=\sqrt{|W^1f(s,u,v)|^2+|W^2f(s,u,v)|^2} \tag{4-17}$$

$$\tan Af(s,u,v)=\frac{W^2f(s,u,v)}{W^1f(s,u,v)} \tag{4-18}$$

求边界点。确定阈值 $T>0$，对 $n,m=0,1\cdots,n-1$，如果 $Mf(s,u,v)\geqslant T$，且 $Mf(s,u,v)$ 取得局部极大值，即 (n,m) 为模极大点，则 (n,m) 就是一个边界点。最后在各个尺度上连接边界点，形成各尺度下沿着边界的极大曲线。

图 4-10 所示为不同小波变换尺度下的焊道轮廓结果，可以看出，图 4-10(d)的焊道截面轮廓较为清晰，噪声较小。选取图 4-10(d)作为焊道截面形态建模数据，并进行后续处理。为了实现对焊道轮廓的精确建模，分别采用二次 B 样条曲线，三次样条曲线以及带约束的三次样条曲线进行插值。

图 4-11 所示为不同插值方法的插值结果。从图 4-11(a)、(b)可以看出，采用二次 B 样条曲线和三次样条曲线插值时，在轮廓断续点出现了局部突变。从图 4-11(c)可以看出，采用带约束的三次样条曲线插值，则整个轮廓平滑、连续过渡，这是由于带约束的三次样条曲线其一、二阶导数为连续函数所致。本书采用带约束的三次样条曲线插值结果，作为焊道轮廓的实际数据进行后续处理。

3）焊道截面形态函数模型建立

Levenberg-Marqurdt 是一种通过在 Hessian 矩阵上附加正定矩阵来进行分析处理的非线性最小二乘优化方法，该方法最初是由 Levenberg 和 Marqurdt 提出，故称为 Levenberg-Marqurdt 方法。基于 Levenberg-Marqurdt 算法进行了 10 次迭代运算，实现了对焊道截面轮廓的拟合。拟合出的焊道截面数学模型如下：

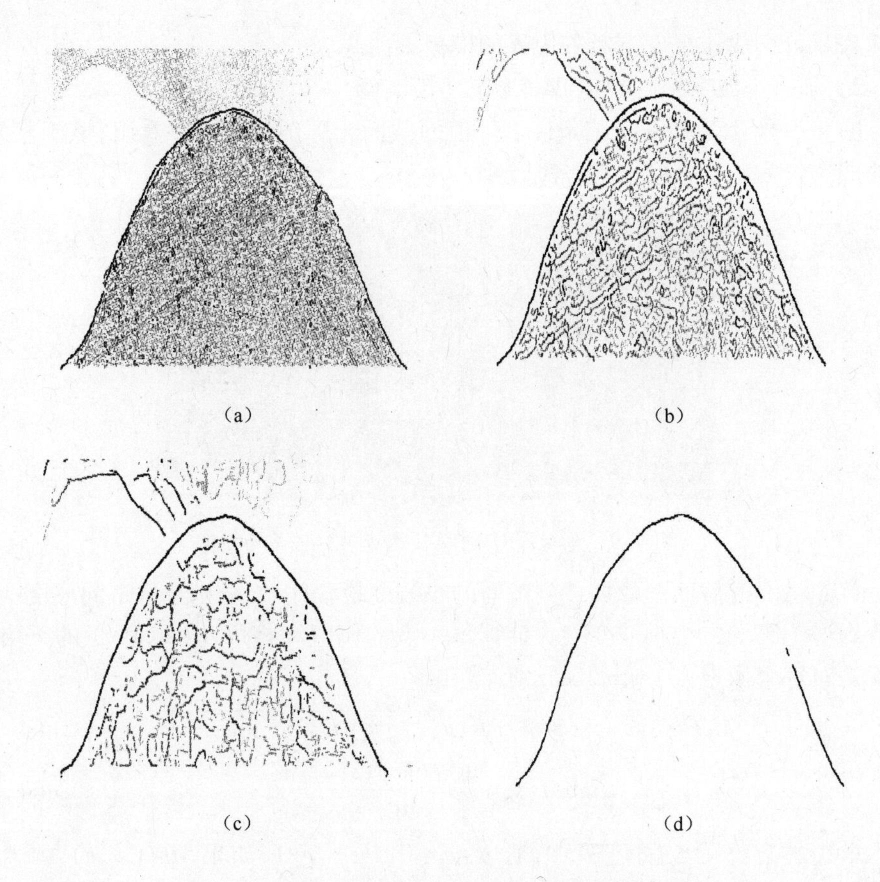

图 4-10　不同小波变换尺度下的焊道截面提取结果

$$y = 1.40\sin(2\pi x/8.32 + 6.23) \tag{4-19}$$

图 4-12 和图 4-13 所示分别为置信水平为 99.99%条件下采用正弦曲线的拟合结果和残差分布结果，平滑曲线表示正弦曲线，毛刺状曲线表示焊缝轮廓的实际数据。可以看出，采用正弦函数来拟合焊缝截面轮廓时，其理论值与试验值几乎完全重合。同时，拟合残差呈随机性分布，差值在-0.005～+0.007 范围之间，具有较小的误差和较高的精度，表明了采用正弦函数作为焊缝截面轮廓模型的科学性与合理性。

2. 基于图像边缘检测的焊道截面形态函数建模

图 4-14 所示为基于图像边缘检测的焊道截面形态函数建模过程。该过程首先是通过扫描电子显微镜等获得焊道截面形态的数字化图像，然后进行降噪、域值分割、边缘检测、数据平滑等处理得到连续、单像素的焊道截面形态曲线，再基于最小二乘法采用不同函数进行拟合及拟合误差和均方差分析，最后获得形式简单、精度较高的焊道截面形态函数。这其中，边缘检测是决定焊道截面形态函数精度的关键。

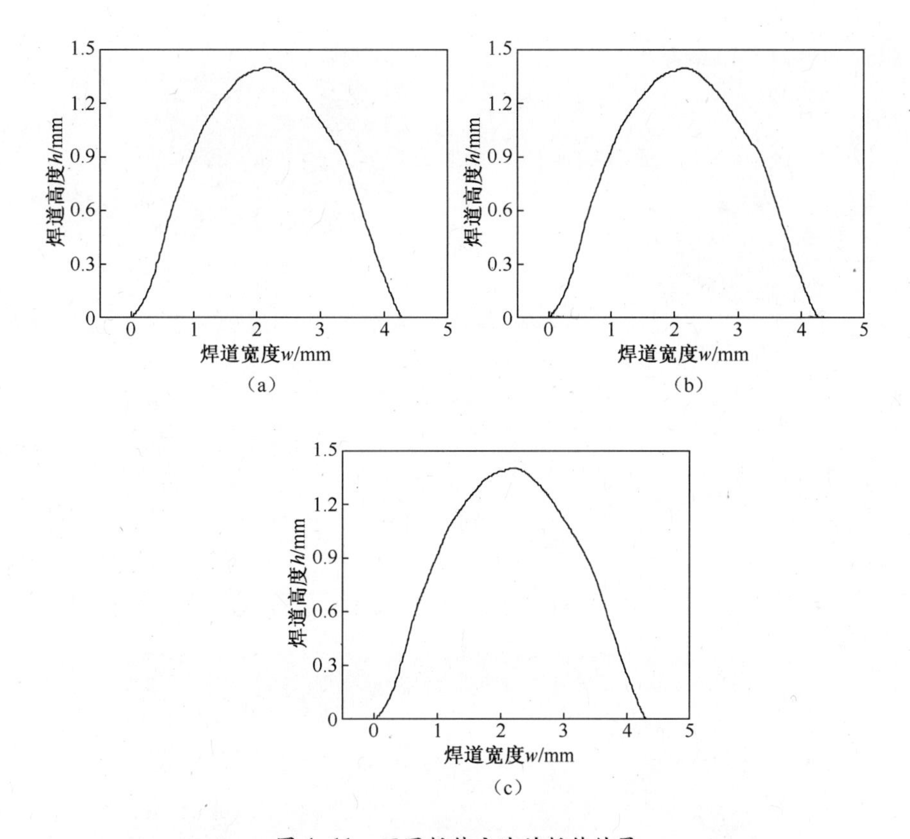

图 4-11　不同插值方法的插值结果

(a)二次 B 样条曲线插值;(b)三次样条曲线插值;(c)带约束的三次样条曲线插值。

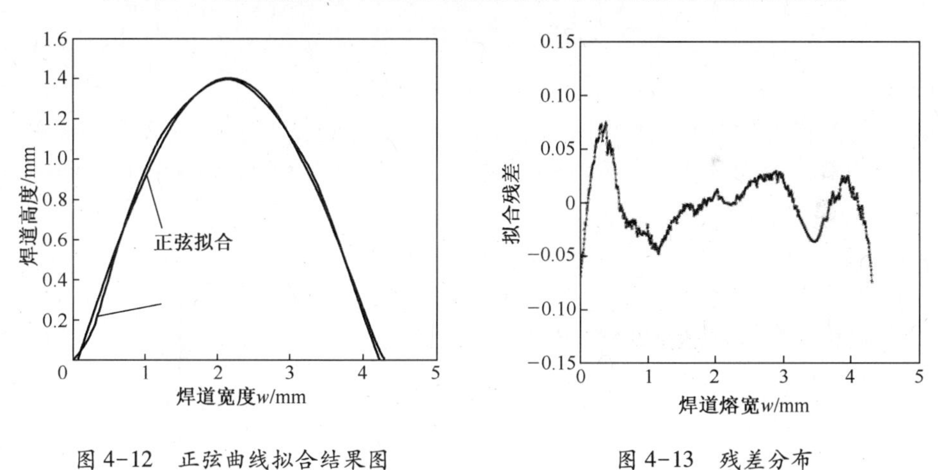

图 4-12　正弦曲线拟合结果图

图 4-13　残差分布

1）焊道截面形态的数字化获取

图 4-15 所示为采用扫描电子显微镜获取的焊道截面形貌图。可以看出,该图像与小波变换中的图像略有不同,这主要是由于不同成形堆积截面处的焊接物理、化学状态不同,进而导致焊道截面形态产生了一定的差异。

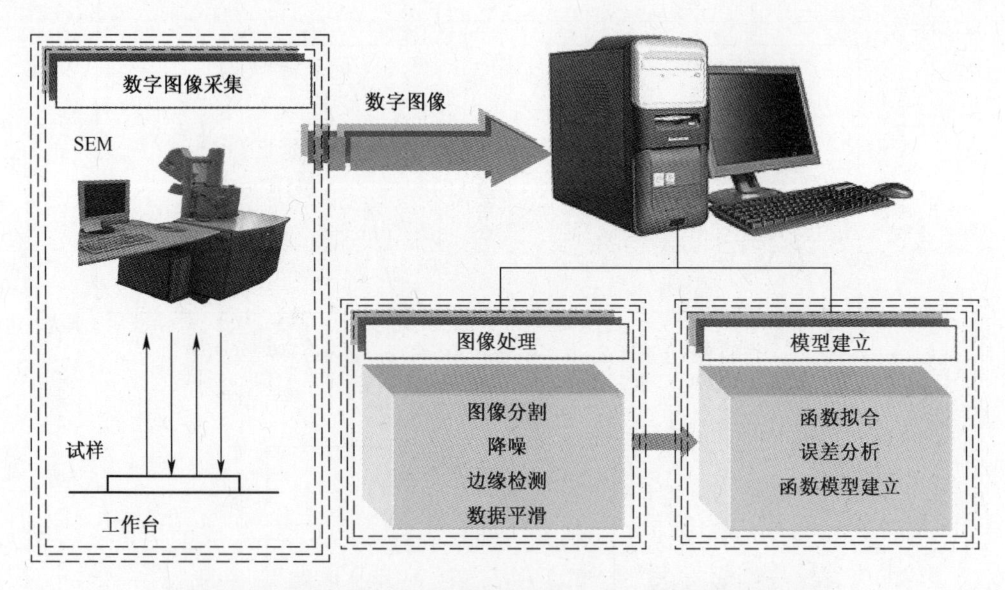

图 4-14　基于图像处理边缘检测的焊道截面形态函数模型建立过程

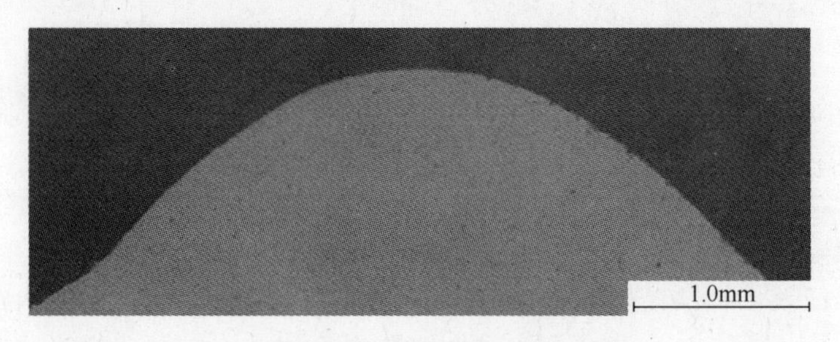

图 4-15　基于 SEM 获取的焊道截面

2）图像分割

通过扫描电子显微镜获取的焊道截面形貌图像包括焊道和背景两个部分，为实现焊道截面轮廓特征的提取与识别，需要把焊道从背景中划分出来，即图像分割。图像分割有多种方法，这其中阈值分割法因计算量小、性能稳定而被广泛应用。该方法是采用一个或几个阈值将图像的灰度级分为几个部分，认为属于同一个部分的像素点为同一个物体。

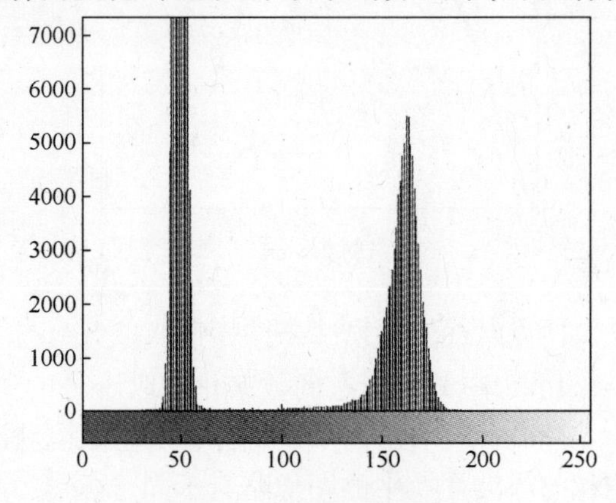

图 4-16　焊道的域值分割

阈值选取是图像分割的关键，其确定方法主要包括 P-tile 法、双峰法、Otsu 法、最小错误法和最大熵法等[9]。图 4-16 所示为焊道截面图像的直方图，可以看出，该直方图呈双峰状，故选用双峰法来进行域值分割，选择两个峰值的中点（$T=95$）作为最佳阈值。图 4-17 所示为分割后的焊道截面效果图，可以看出，焊道截面轮廓的对比度得到增强，视觉上更加清晰，细节更加突出，焊道边缘质量得到了明显改善。

图 4-17　经域值分割后的焊缝截面图像

3）图像降噪

均值滤波、高斯滤波两种运算有时会导致图像中的尖锐不连续部分模糊化，而焊道截面变化区域恰恰具有尖锐不连续的显著特征。因此，为了既能去除脉冲噪声、椒盐噪声等，有能保留图像边缘细节，本书采用中值滤波非线性滤波器对焊道截面轮廓图像进行了处理[10]，结果如图 4-18 所示。

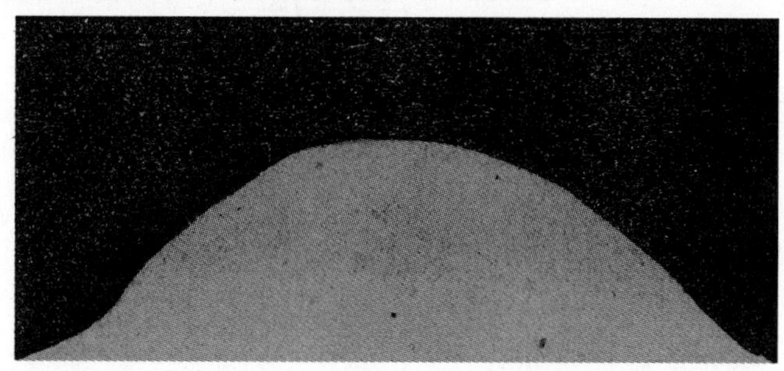

图 4-18　经中值滤波的焊道截面图

4）边缘检测

焊道截面轮廓的提取过程也就是焊道截面边缘检测的过程，主要要求如下：①能够正确检测出有效的焊道截面边缘；②焊道截面边缘定位的精度要高；③为满足数学建模需求，检测响应最好为单像素；④对于不同尺度的焊道边缘都有较好的响应并尽可能不丢失截面形态变化信息；⑤对噪声不敏感，能够过滤掉焊道内部信息；⑥检测灵敏度不受焊道边缘方向变化的影响或者影响尽可能减小。

焊道边缘检测的实质是采用某种算法来提取出焊道截面内部与背景间的交界线。图像灰度变化情况采用图像灰度分布梯度来反映，因此通过对局部图像进行微分就可获得边缘检测算子。梯度对应一阶导数，梯度算子就是一阶导数算子。在边缘灰度值过渡比较尖锐，且图像噪声较小时，梯度算子具有较好的效果，而且对施加的运算方向不予考虑。对于一个连续图像函数 $f(x,y)$，其梯度可表示为一个矢量：

$$\nabla f(x,y) = [G_x, G_y]^{\mathrm{T}} = \left[\frac{\partial f}{\partial x}, \frac{\partial f}{\partial y}\right]^{\mathrm{T}} \tag{4-20}$$

这个矢量的幅度和方向角分别为

$$|\nabla f(2)| = \mathrm{mag}(\nabla f) = \left[\left(\frac{\partial f}{\partial x}\right)^2 + \left(\frac{\partial f}{\partial y}\right)^2\right]^{1/2} \tag{4-21}$$

$$\phi(x,y) = \arctan\left(\left(\frac{\partial f}{\partial x}\right) \times \left(\frac{\partial f}{\partial y}\right)^{-1}\right) \tag{4-22}$$

理论上，对图像中每个像素均需要计算其偏导数，但实际中常用小区域模板进行卷积来近似计算。对 G_x 和 G_y 各用一个模板，将两个结合起来就构成一个梯度算子。根据模板大小和元素值不同，主要有 Robert 算子[11]、Sobel 算子[12]、Prewitt 算子[13]、LoG 算子[14]和 Zero-cross 算子[15,16]等。

Roberts 边缘检测算子是通过任意一对互相垂直方向上的差分来计算梯度的原理，采用对角线方向相邻像素之差：

$$\Delta xf = f(i,j) - f(i+1,j+1) \tag{4-23}$$

$$\Delta yf = f(i,j+1) - f(i+1,j) \tag{4-24}$$

$$R(i,j) = \sqrt{\Delta x^2 f + \Delta y^2 f} \tag{4-25}$$

对图像 $f(x,y)$ 求 Roberts 梯度为

$$G_R f(x,y) = \max\{f(x,y) - f(u,v)\} \tag{4-26}$$

式中：(u,v) 为点 (x,y) 的四邻域，或用差分近似为

$$G_R f(x,y) = \max\{[\sqrt{f(x,y)} - \sqrt{f(x+1,y+1)},]^2 + [\sqrt{f(x+1,y)} - \sqrt{f(x,y+1)},]^2\}^{1/2} \tag{4-27}$$

它的两个 2×2 卷积模板见图 4-19，有了这两个卷积算子就可以计算出 Roberts 梯度幅值 $R_{(i,j)}$，再取适当门限 TH，如果 $R_{(i,j)} \geqslant \mathrm{TH}$，则为阶跃边缘点。

1	0
0	−1

0	1
−1	0

图 4-19　Roberts 算子

图 4-20 所示为采用 Robert 算子对焊道截面轮廓进行边缘检测的结果。可以看出，由于焊道截面形态斜向变化较大，该算子精度不高，且含有较大噪声。

Sobel 算子是将图像中每个像素的上、下、左、右四邻域的灰度值加权差，与之接近的邻域的权最大这一原理进行边缘检测的。该方法不但能产生较好的检测效果，而且对噪声具有平滑作用，可以提供较为精确的边缘方向信息。但是，该方法的计算量较大，且定位精度不高，主要适用于对检测精度要求不高的场合。图 4-21 所示为采用 Sobel 算子对焊道截面轮廓进行边缘检测的结果。可以看出，该算子检测效果要优于 Robert 算子的，噪声较少，边缘方向信息较为精确且焊道截面

较为平滑。

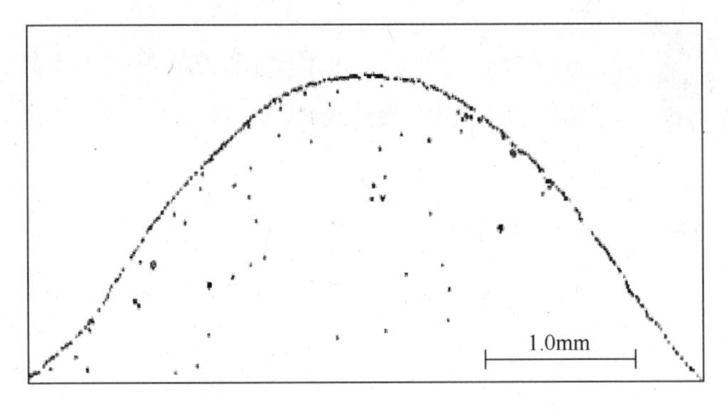

图 4-20 Robert 算子检测结果

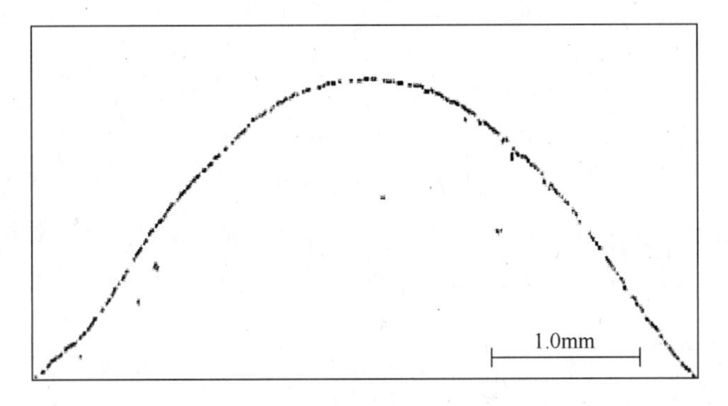

图 4-21 Sobel 算子检测结果

Prewitt 算子是一种边缘样板算子,该样板算子由理想的边缘子图像构成,依次用边缘样板去检测图像,与被检测区域最为相似的样板给出最大值,用这个最大值作为算子的输出。图 4-22 所示为采用 Prewitt 算子对焊道截面轮廓进行边缘检测的结果。可以看出,焊道轮廓较为平滑,噪声较小,斜向阶跃边缘效果较好,但不足之处是在滤除噪声的同时,也平滑了真正的边缘,故定位精度不高。

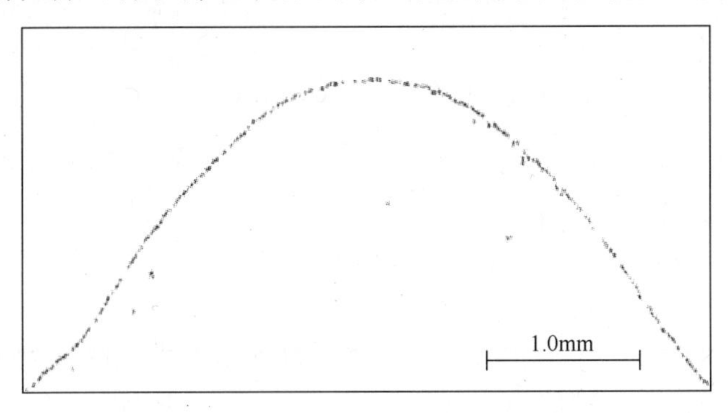

图 4-22 Prewitt 算子检测结果

LoG 算子是将高斯滤波器和拉普拉斯边缘检测结合在一起来实现边缘检测

的，也称为拉普拉斯高斯算法。图 4-23 所示为采用 LoG 边缘算子对焊道截面轮廓进行边缘检测的结果。可以看出，焊道截面较为平滑，且噪声较 Robert、Prewitt 算子的都要小，一些孤立的噪声点和较小的结构组织都被滤除，但由于平滑导致了边缘的延展，且仅考虑局部梯度最大的点为边缘点，因此导致了焊道截面轮廓局部不连续。

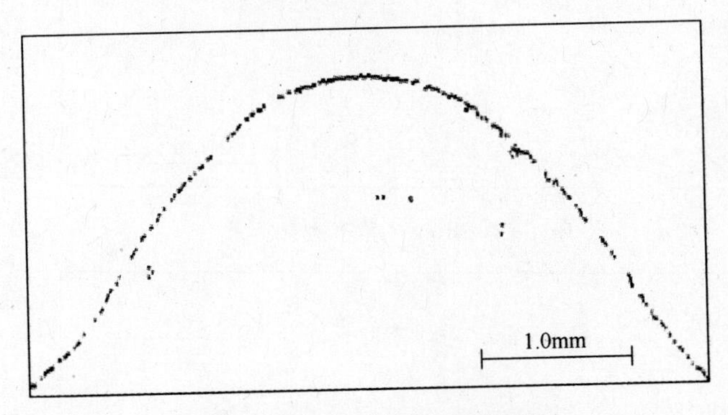

图 4-23　LoG 算子检测结果

图 4-24 所示为采用 Zero-cross 算子对焊道截面轮廓进行边缘检测的结果。可以看出，该算子在水平向边缘检测效果较好，但检测斜向阶跃边缘时相对较差，出现了明显的不连续。

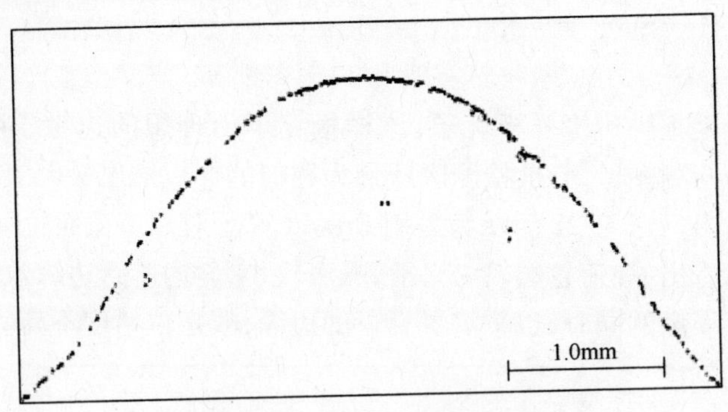

图 4-24　Zero-cross 检测结果

近年来出现了 Canny 算子，由于具有优异的边缘检测效果而得到了广泛应用[17]。其边缘检测算法如下：

(1) 用 3×3 高斯滤波器对焊道原图像 G 进行图像滤波，去除图像中的噪声，得到图像 $I(x,y)$，其中高斯空间系数 σ 对处理结果影响较大。

(2) 计算图像 $I(x,y)$ 中每个像素的梯度 M 和方向 Q，采用 2×2 模板作为对 x 方向和 y 方向偏微分的一阶近似，即

$$p=\frac{1}{2}\begin{bmatrix}-1 & 1\\ -1 & 1\end{bmatrix}\qquad q=\frac{1}{2}\begin{bmatrix}1 & 1\\ -1 & -1\end{bmatrix}$$

则梯度大小 M 和方向 Q 为

$$Q = \arctan\left(\frac{q}{p}\right) \tag{4-28}$$

$$M = \mathrm{sprt}(p \times p + q \times q) \tag{4-29}$$

（3）对梯度图像进行非极大值抑制。像素 $I=(i,j)$ 的梯度方向 $Q=(i,j)$ 可被定义为属于如图 4-25 所示的四个区之一，在每一点上，邻域的中心像素 $I=(i,j)$ 与沿着梯度方向 $Q=(i,j)$ 的两个元素进行比较，如果在邻域中心点处的梯度值 $M=(i,j)$ 不比沿梯度线方向上的两个相邻点幅值大，则把 $I=(i,j)$ 的灰度设为零。

2	3	4
1	$I=(i,j)$	1
4	3	2

图 4-25 扇区示意图

（4）对梯度图像进行双阈值操作和边缘连接。选用两个阈值 T_1 和 T_2，$T_2=2\times T_1$。对于经过非极大值压抑处理的图像 $J=(i,j)$，如果像素点的梯度值 $M=(i,j)\geqslant T_2$，则直接把此像素点标记为边缘像素点；如像素点的梯度值 $M=(i,j)\leqslant T_1$，则把此像素点标记为非边缘像素点；如像素点的梯度值 $T_1<M=(i,j)<T_2$，则标记此像素点为“准像素点”。在双阈值标记完之后，搜索图像中的“准像素点”，并选择其 8 个邻域点的位置寻找是否有梯度值 $M=(i,j)\geqslant T_2$ 的点存在。如存在，则标记此像素点为边缘，否则标记此像素点为非边缘像素点。

图 4-26 所示为采用 Canny 边缘算子对焊道截面轮廓进行边缘检测的结果。可以看出，同采用 Roberts 算子、Sobel 算子、Prewitt 算子、LoG 算子和 Zero-crossing 算子等相比，采用 Canny 算子得到的焊道截面形态边缘更为光滑连续，噪声更小，斜向阶跃边缘效果较好，定位精度也较高，且为单像素宽。

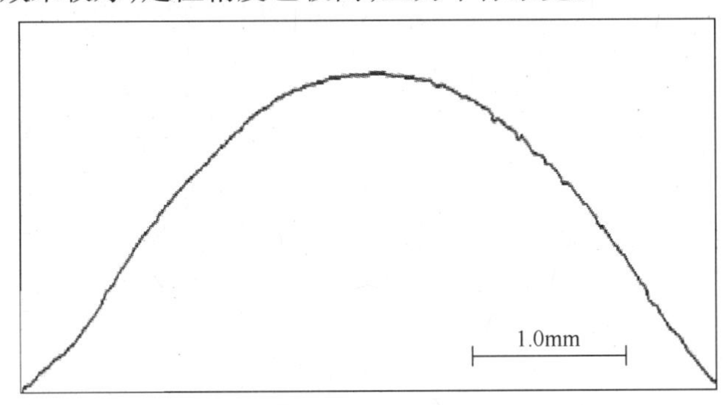

图 4-26 Canny 算子检测结果

5）数据平滑

为实现良好的焊道数据拟合，需要对获得的焊道截面形态数据进行平滑处理。

本例中,采用 Loess 算法进行了数据平滑处理,焊道截面的毛刺被消除,如图 4-27 所示。

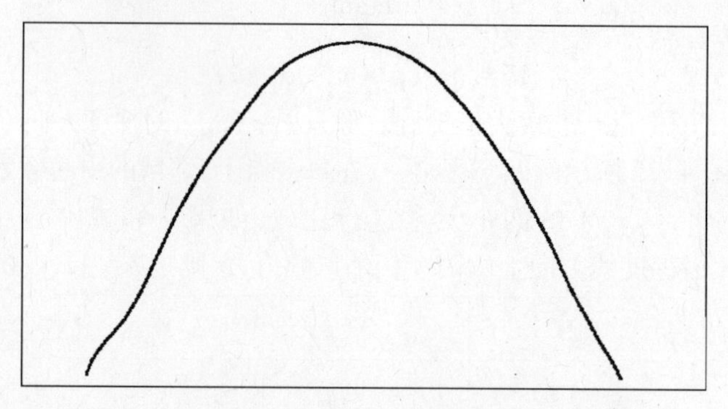

图 4-27 采用 Loess 算法对数据进行平滑处理

6）数据拟合、误差分析及数学建模

分别采用对数函数曲线、抛物线函数曲线、高斯函数曲线及正弦函数曲线对焊道截面进行拟合。图 4-28 所示为采用不同函数进行拟合的结果和残差分布，表

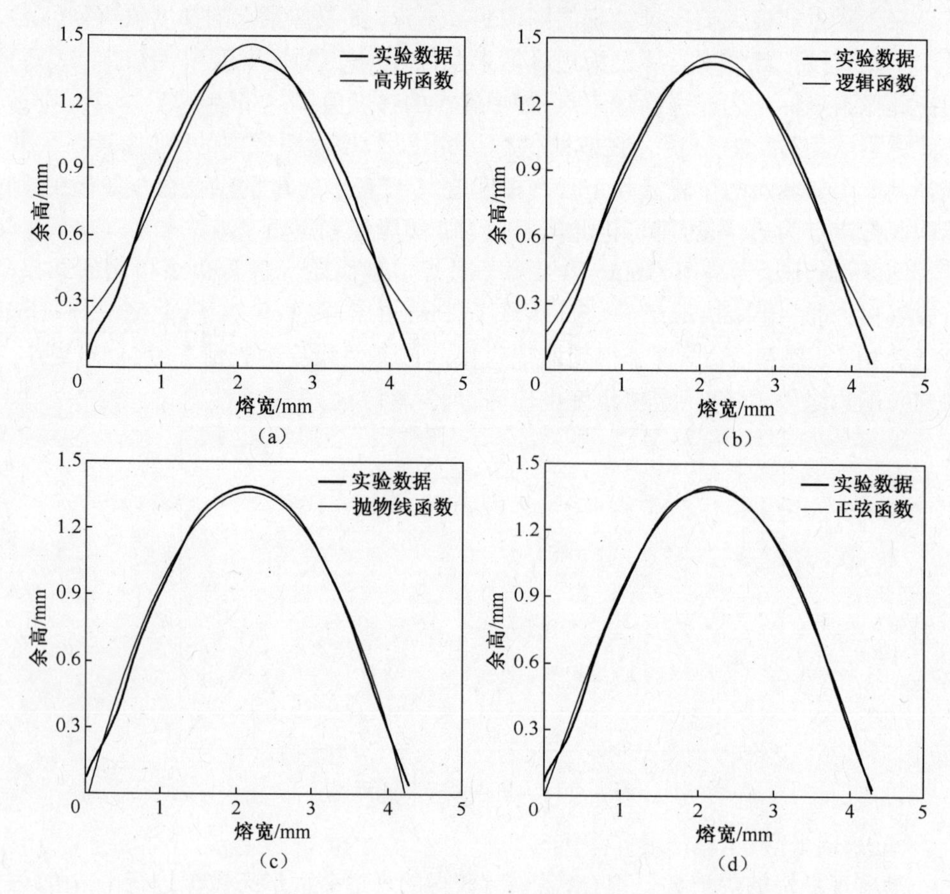

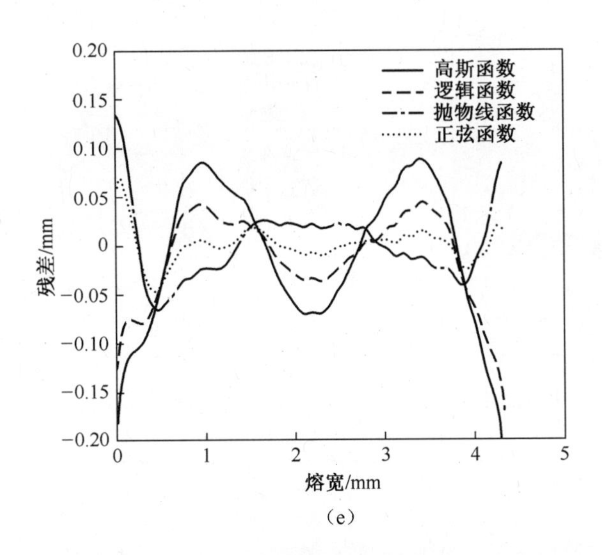

(e)

图 4-28　不同函数拟合结果和残差分布

(a)高斯函数;(b)对数函数;(c)抛物线函数;(d)正弦函数;(e)残差分布。

4-1所列为不同拟合函数的标准拟合差和相关系数。可以看出,相较于高斯函数、抛物线函数和对数函数,正弦函数曲线的相关系数更高,标准拟合差更小,故该试验条件下的焊道截面形态函数为正弦函数,其函数形式为

$$y = 1.4\sin(2\pi x/8.56 + 6.26) \tag{4-30}$$

表 4-1　不同拟合函数的相关系数、拟合误差

函　　数	相关系数	拟合标准差
$y=1.46e^{-(x-2.18)^2/1.23}$	0.9723	0.0721
$\ln y=0.98-0.044e^{x}-2.76e^{-x}$	0.9885	0.0464
$y=-0.11+1.36x-0.31x^2$	0.9935	0.0350
$y=1.4\sin(2\pi x/8.56+6.26)$	0.9983	0.0179

3. 基于机器人激光扫描的焊道截面建模

图 4-29 所示为基于三维激光扫描的焊道截面形态函数建模过程。该过程首先是对成形焊道进行三维激光扫描,然后进行焊道数据的精简与平滑,再基于最小二乘法采用不同函数进行拟合及误差分析,最后获得形式简单、精度较高的焊道截面形态函数。

图 4-30 所示为与前述相同工艺条件下的成形焊道形貌。可以看出,焊道成形较为均匀,飞溅较小,选取燃熄弧中间区域长度为 50mm 的焊道进行扫描。图 4-31、图 4-32 所示分别为三维激光扫描过程和所获得的焊道截面轮廓数据。

对焊道截面数据进行精简和平滑处理,结果如图 4-33 所示。可以看出,焊道截面轮廓数据经精简和平滑处理后,变得较为平滑。

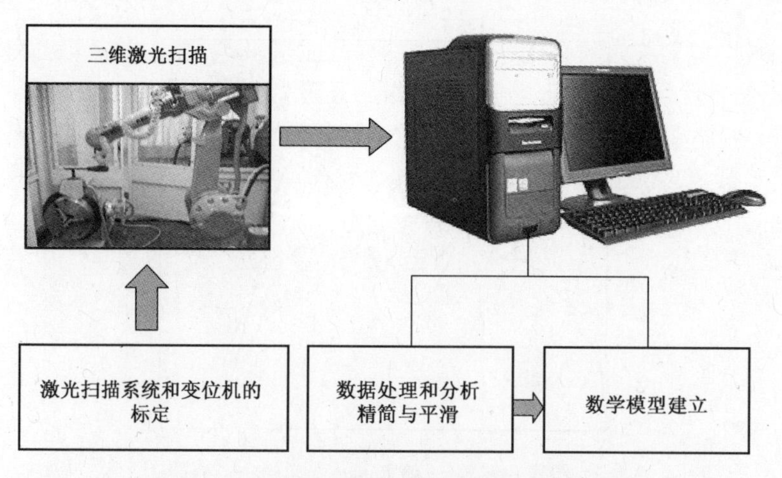

图 4-29　基于三维激光扫描的焊道形态建模

图 4-30　待扫描的焊道形貌

图 4-31　三维激光扫描成形焊道过程

图 4-32　得到的焊道扫描数据

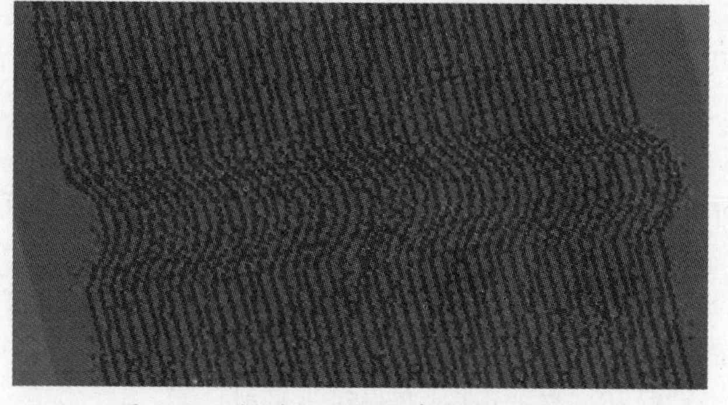

图 4-33　焊道扫描数据精简及平滑处理

分别采用抛物线函数曲线、高斯函数曲线和正弦函数曲线对焊道截面进行拟合，图 4-34 所示为采用不同函数的拟合结果及残差分布，表 4-2 所示为不同拟合函数的标准拟合差与相关系数。可以看出，与高斯函数和抛物线相比，正弦函数曲线的相关系数更高(0.9894)，标准拟合差更小(0.0464)，因此，该试验条件下的焊道截面形态函数为正弦函数，表达式为

$$y = 1.5\sin(2\pi x/10.09 + 6.01) \tag{4-31}$$

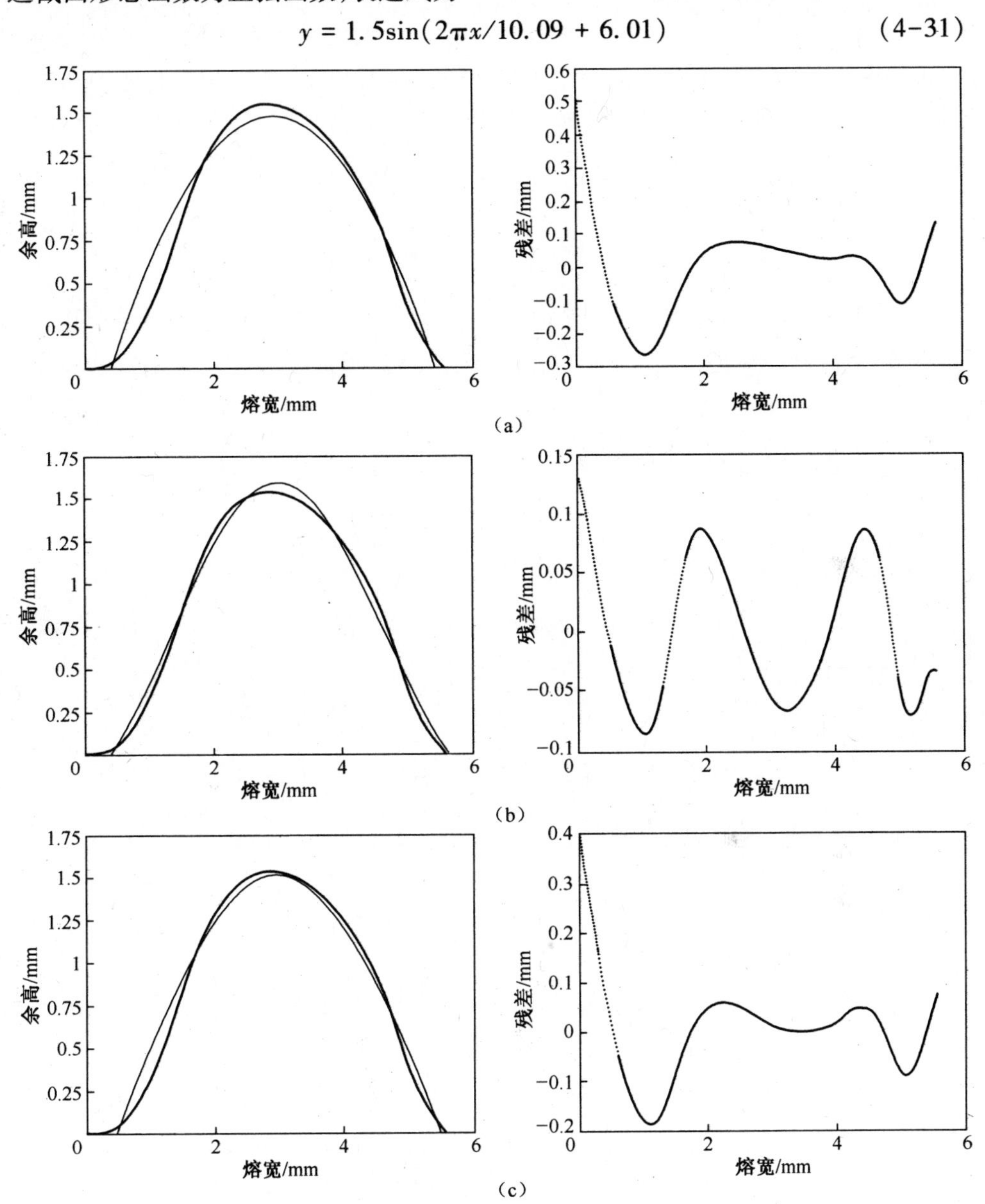

图 4-34 不同拟合函数下的焊道拟合结果和残差分布

(a) $y=-0.23x^2+1.37x-0.52$ 拟合结果和残差分布；(b) $y=1.5\sin(2\pi x/10.09+6.01)$ 拟合结果和残差分布；(c) $y=1.50e^{-(x-2.13)^2/1.18}$ 拟合结果和残差分布。

表 4-2　不同拟合函数的相关系数、拟合误差

拟合函数	相关系数	拟合标准差
$y=-0.23x^2+1.37x-0.52$	0.9533	0.1199
$y=1.5\sin(2\pi x/10.09+6.01)$	0.9894	0.0464
$y=1.50e^{-(x-2.13)^2/1.18}$	0.9642	0.0784

表 4-3 所示为不同焊道截面形态建模方法的对比。可以看出，相较于基于小波变化的焊道截面形态建模方法和基于图像边缘检测的焊道截面形态建模方法，在精度没有特殊要求的情况下，基于三维激光扫描的焊道截面形态建模方法不仅速度快，而且还可以实现野外环境下的无损在线作业，适于现场应用。

表 4-3　焊道截面形态函数模型建立方法比较

方法	小波变换	边缘检测	三维激光扫描
焊道试样的均匀性要求	较高	较高	相对较低
选样数目(个)	1(通常)	1(通常)	数十到数百
建模精度	高	高	较高
处理速度	相对较慢	较快	快
试样破坏与否	破坏	破坏	无损
是否适合在线检测	否	否	可
野外环境适应性	不	不	适合

4.2.2　基于神经网络的单层单道成形焊道截面形态函数建模

近年来，一元化调节焊接模式因具有便捷、高效等优点而被广泛应用。该调节模式是指在一定的焊接条件（焊丝材料、焊丝直径、气体、脉冲或非脉冲电弧）下，以送丝速度为主要调控参数，使得整体焊接工艺在该送丝速度下达到最佳，其基础是基于大量焊接实验的专家库。然而，当前的专家库主要是针对 GMAW 作为金属连接工艺而建立的，有关电弧熔敷成形的焊接参数研究尚不多见。在脉冲焊接一元化调节模式下，焊接速度、弧长修正及电磁吹力修正对焊道成形也具有重要影响。因此，本书基于一元化调节模式，系统研究了送丝速度、焊接速度、弧长修正及电磁吹力修正对焊道成形的影响规律。

采用机器人三维激光扫描系统对正交试验各焊道进行了扫描处理并建模，表 4-4 所示为不同焊接工艺下的焊道截面形态函数系数。由于正弦函数中的参数 b 只与平移有关，而与函数形态无关，因此只需回归出参数 a 和 c 即可，这其中 a 为焊道余高，c 为正弦函数频率。

表4-4　不同焊接工艺下的焊道截面形态函数系数

序号	A	B	C	D	a	c	R^2
1	7.2	12	-3.2	-8	1.52	8.28	0.9958
2	7.2	14	-2.4	-4	1.17	9.12	0.97
3	7.2	16	-1.6	0	1.045	8.023	0.9997
4	7.2	18	-0.8	4	1.09	7.69	0.996
5	7.2	20	0	8	1.039	8.256	0.9887
6	8.4	12	-2.4	0	1.50	10.89	0.99
7	8.4	14	-1.6	4	1.325	11.18	0.975
8	8.4	16	-0.8	8	1.31	8.79	0.9897
9	8.4	18	0	-8	1.23	8.24	0.9893
10	8.4	20	-3.2	-4	1.09	8.9	0.965
11	9.6	12	-1.6	8	1.59	12.34	0.987
12	9.6	14	-0.8	-8	1.47	11.27	0.971
13	9.6	16	0	-4	1.43	10.10	0.9838
14	9.6	18	-3.2	0	1.28	10.39	0.9766
15	9.6	20	-2.4	4	1.21	10.09	0.96
16	10.8	12	-0.8	-4	1.72	12.24	0.997
17	10.8	14	0	0	1.51	11.66	0.995
18	10.8	16	-3.2	4	1.45	11.91	0.98
19	10.8	18	-2.4	8	1.42	11.27	0.97
20	10.8	20	-1.6	-8	1.30	10.44	0.976
21	12	12	0	4	1.53	13.41	0.997
22	12	14	-3.2	8	1.44	13.43	0.969
23	12	16	-2.4	-8	1.54	11.03	0.973
24	12	18	-1.6	-4	1.46	11.7	0.975
25	12	20	-0.8	0	1.33	10.47	0.993

4.2.2.1　基于BP神经网络的成形焊道截面形态函数预测模型

BP网络(Back Propagation)因具有非线性模型识别能力好、非线性映射能力强和网格结构柔性等优点,在建模、预测及评估等领域得到了广泛应用[18-20]。

典型的BP网络结构是三层前馈递阶神经网络,即输入层、隐含层和输出层,各层之间实行全连接。前层单元的输出不能反馈到更前层,同层单元间也没有连接。BP网络的学习由四个过程组成:①输入模式由输入层经隐含层向输出层的

"模式顺传播"过程;②依据网络期望输出与网络实际输出的误差信号,由输出层经隐含层向输入层逐层修正连接权的"误差逆传播"过程;③由"模式顺传播"和"误差逆传播"反复交替进行的网络"记忆训练"过程;④网络趋向收敛即网络的全局误差趋向极小值的"学习收敛"过程[21-23]。

为了提高 GMAW 焊接快速制造的近净成形形态控制和预测精度,本书采用 Matlab 软件中的神经网络工具箱,以送丝速度(A)、焊接速度(B)、弧长修正(C)、电磁吹力修正(D)作为输入,隐含层节点数由经验公式(隐层节点数目 = $2m+1$,m 为输入单元数)确定,节点数为 9,a 和 c 为焊道截面形态函数系数作为输出建立 BP 神经网络,网络拓扑结构为 4×9×2 的 3 层 BP 神经网络,如图 4-35 所示。

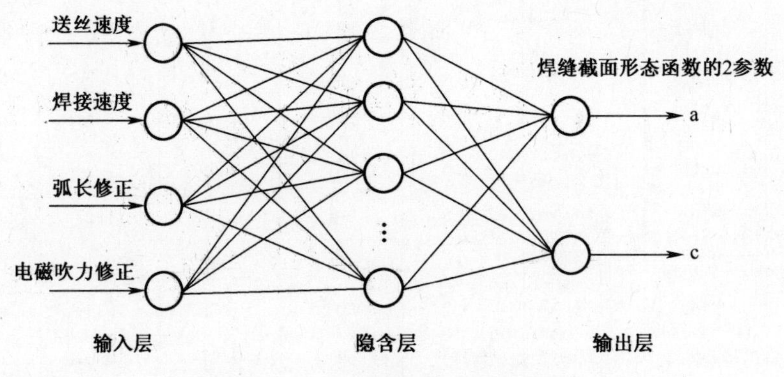

图 4-35　三层 BP 网络拓扑结构

采用正交试验及三维激光扫描拟合的焊道截面形态函数系数作为建立模型所需的训练样本。为了提高训练网络的收敛速度,对原始数据进行归一化处理,归一化处理后数据分布在[0.1,1]区间,归一化公式如下:

$$x_i = 0.1 + \frac{0.9 \times (x_i - x_{\min})}{(x_{\max} - x_{\min})} \tag{4-32}$$

式中:x 为网络输入参数;$x_{\min}$ 和 $x_{\max}$ 分别表示各因素相应数据的最大值和最小值。按 BP 网络过程编程,训练样本由 25 组试验数据获得。传输函数采用双曲正切 S 型,采用 LM 算法进行训练。

确定完输入样本和目标样本后,对建立的 BP 神经网络模型进行自主训练学习。目标样本训练过程中要求精度为 0.02,训练最大步数 epoch = 5000,样本训练过程如图 4-36 所示。可以看出,经过 2323 次训练,精度已达到 0.02。

为了验证模型的可靠性与实用性,选取不同正交试验的工艺参数并将其输入到已建立的预测网络模型,即可获得焊道形态函数的系数预测值;按照设定的焊接工艺参数进行焊接试验,并采用三维激光扫描方法进行数据获取和建模,得到函数系数。预测与实测结果如表 4-5 所列,最大相对偏差为 19.71%,最小相对偏差为 4.15%,表明该模型可用来预测焊道形态。

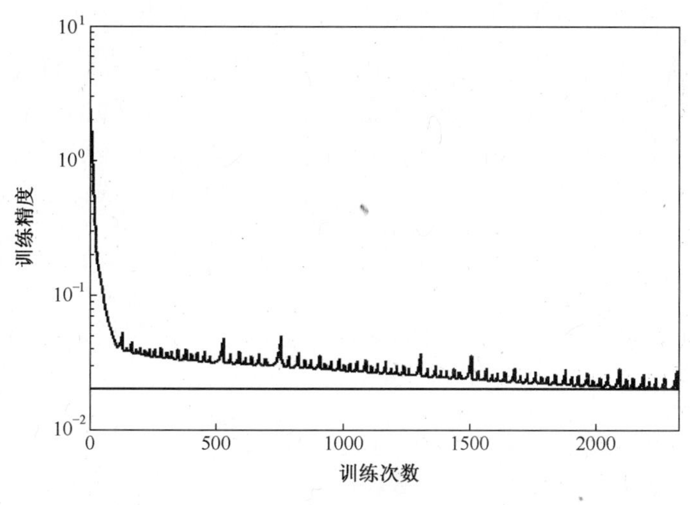

图 4-36　样本训练过程

表 4-5　BP 神经网络预测与实测结果比较

	a 预测	a 实测	相对偏差/%	c 预测	c 实测	相对偏差/%
试验 1	1.14	1.42	19.71	9.83	9.33	5.36
试验 2	1.05	1.11	5.40	8.72	8.14	7.12
试验 3	1.85	1.93	4.15	14.1	13.5	4.44

4.2.2.2　基于 SVM 的成形焊道截面形态函数预测模型

人工神经网络具有良好的逼近任意复杂非线性系统的能力，已在智能预测、模式识别及铣削加工等方面得到了广泛应用，并取得了良好效果。但是，该方法也存在着计算量大、外插能力弱、泛化能力低、易陷入局部极值点等不足。

近年来，有关学者在研究小样本情况下及其学习理论的基础上，发展了一种新的通用学习方法----支持向量机。统计学习理论提出了一种新的策略，即把函数集构造为一个函数子集序列，使各子集按照 VC 维的大小（亦即 Φ 的大小）排列；在每个子集中寻找最小经验风险，在子集间折中考虑经验风险和置信范围，取得实际风险的最小；这种思想称作结构风险最小化（Structural Risk Minmiization，SRM）准则。SRM 是通过设计函数集的某种结构使每个子集中都能取得最小的经验风险，然后选择适当的子集使之能以置信范围最小的方法实现，而这个子集中使经验风险最小的函数就是最优函数[24-26]。

采用不同的核函数将导致不同的支持向量机算法，目前广泛应用的核函数主要包括：

（1）线性核函数 $K(x_i,x_i)=(\langle x_i,x_i\rangle+c)^p$；

（2）多项式核函数 $K(x,y')=[(x'\cdot y)+d]^p$，其中 $d\geqslant 0$，p 为正整数；

(3) 径向基核函数(RBF) $K(x,y') = \exp(-\|x-y\|^2/2\sigma^2)$;

(4) Sigmoid 核函数 K($K(x,y') = \tanh(u(x' \cdot y) + \nu)$,其中 $u > 0, v > 0$。

SVM 通过 SRM 准则提高泛化能力。该方法有着严格的理论和数学基础,能有效解决非线性、高维数、局部极小等问题,具有抗噪声能力和推广能力等优点,已在模式识别、信号处理、回归估计等领域应用[27-29]。为此,本书将支持向量机应用于焊道截面形态函数的预测和建模,以期获得更高的精度和更好的泛化能力。我们选用径向基函数作为核函数,选取惩罚因子为 1000,松弛因子 0.01,训练结果如图 4-37 所示。

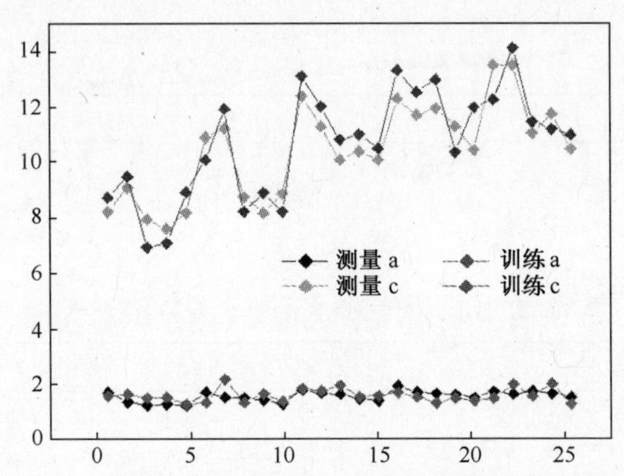

图 4-37　基于 SVM 的焊道截面形态函数预测模型学习曲线

为验证所建立的模型的精度,选取另外三组熔敷成形工艺试验进行验证,结果如表 4-6 所列。可以看出,该试验条件下,预测模型的检验预测误差最小为 1.71%,最大预测相对误差为 9.0%,具有比 BP 神经网络预测模型更高的预测精度,这也表明了采用支持向量机(SVM)试验小样本条件下所建立的模型具有较高的精度,较好地解决了小样本和模型预测精度间的矛盾,并具有较强泛化能力。

表 4-6　SVM 网络预测与实测结果比较

	a 预测	a 实测	相对偏差/%	c 预测	c 实测	相对偏差/%
试验 1	1.30	1.42	8.45	9.49	9.33	1.71
试验 2	1.21	1.11	9.0	8.64	8.14	6.14
试验 3	1.83	1.93	5.18	13.1	13.5	2.96

4.2.3　单层多道成形焊道的形态调控

电弧熔敷工艺的单道焊道成形宽度通常介于 3~6mm 之间,当零件在二维方向同时大于 6mm 时,就需要通过多道焊道搭接完成。多道搭接堆积过程中,合适的搭接量不仅能够提高多道搭接的近净成形精度、减少后续数控铣削加工量,还可以改善成形层的力学性能。为了阐述方便,本文介绍二个新参数:搭接系数和适宜搭接系数。搭接系数的含义是后一道焊道中心与前一道焊道中心的距离与焊道熔宽的比值,用 η 表示。适宜搭接系数的含义是理想搭接下(堆积为理想水平面)的搭接系数,用 λ 表示。为此,本书以堆积成形表面为理想水平平面作为评价指标,对无约束和自约束条件下不同类型(“上凸型”、“等积型”和“下凹型”)焊道的多道搭接进行研究和分析,并建立相应的搭接模型,如图 4-38 和图 4-39 所示。

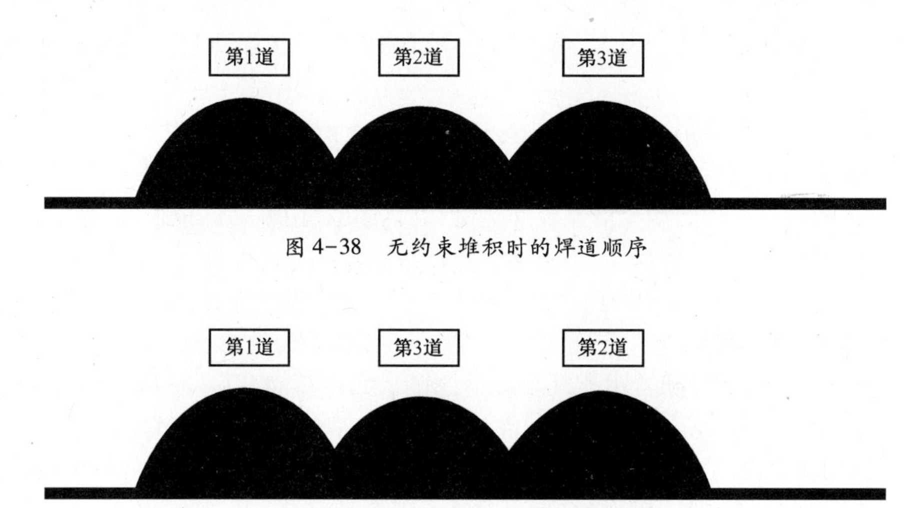

图 4-38 无约束堆积时的焊道顺序

图 4-39 自约束堆积时的焊道顺序

本书采用填充系数对搭接质量进行评判,填充系数定义为:一定搭接系数下相邻焊道间“山谷谷底”高度位置处和基平面所形成的最大矩形填充面积与适宜搭接系数下的理想堆积面积之比,用 ρ 来表示,如图 4-40 和图 4-41 所示。O 点为某搭接系数下相邻焊道间“山谷谷底”位置,该条件下的矩形面积为 S_{ABCD},适宜搭接系数下,堆积焊道为理想平面,此时理想堆积面积为 S_{EFGH}。即

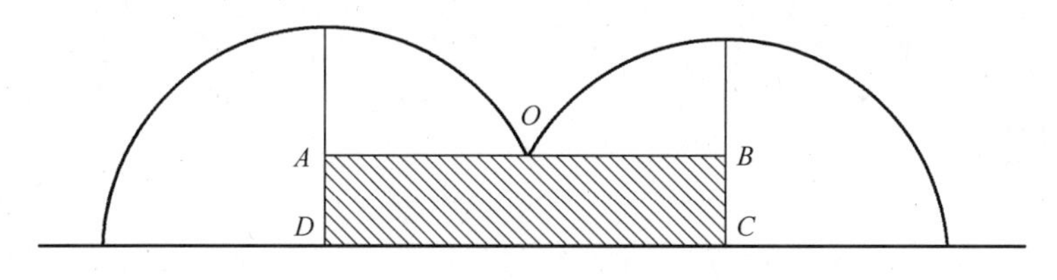

图 4-40 一定搭接系数下的堆积面积

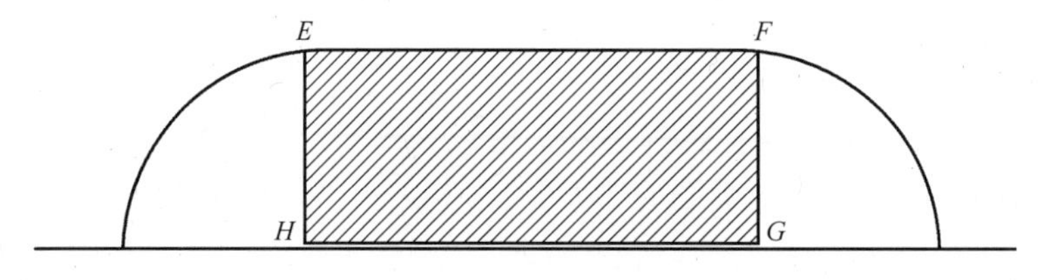

图 4-41 适宜搭接系数下的理想堆积面积

$$\rho = \frac{S_{ABCD}}{S_{EFGH}} \tag{4-33}$$

4.2.3.1 无约束条件下电弧熔敷成形焊道搭接数学模型

1. 无约束条件下的“等面积堆积”理论

“等面积堆积”基于以下假设:

(1) 工艺参数一定情况下,每道焊道的截面形态函数曲线为对称函数且保持不变;

(2) 焊接堆积成形过程中,焊道截面形态函数曲线保持不变;

(3) 搭接堆积后,单道焊道截面形态函数曲线保持不变;

(4) 成形过程中熔滴呈液态流体运动,并自动由“山峰”填补到“山谷”。

基于上述假设,分析可知,当第二道焊道中心与第一道焊道中心距离无限远直至距离达到焊道熔宽时,焊道成形结果呈“凹谷”状;随着距离的减小,焊道间的“凹谷”面积不断减小,当“凹谷”面积与填充面积相等时,“凹谷”完全消失,成形表面为理想平面;随后随着距离继续减小,由于“凹谷”面积已小于填充面积,使得成形表面呈“凸峰”状。当 $\eta=\lambda$ 时,也就是说前一道焊道与后一道焊道之间的多余金属液滴(ECD)恰好完全填充到它们之间的凹陷区域(曲线 ABC),见图 4-44,使得 A-M-B 达到水平,从而搭接表面成为一理想平面。点 G 作为初始点,点 C 是焊道搭接点,其坐标为(x_c,y_c),获得如下关系式:

$$S_{ECD} = S_{ECF} + S_{FCD} = 2S_{FCD} \tag{4-34}$$

$$S_{ABC} = S_{AMC} + S_{MBC} = 2S_{AMC} \tag{4-35}$$

$$S_{ABC} = S_{ECD} \tag{4-36}$$

分别根据单道焊道截面形态函数曲线进行积分计算,从而得到焊道搭接量。分别对“上凸型”、“等积型”和“下凹型”焊道进行分析讨论。

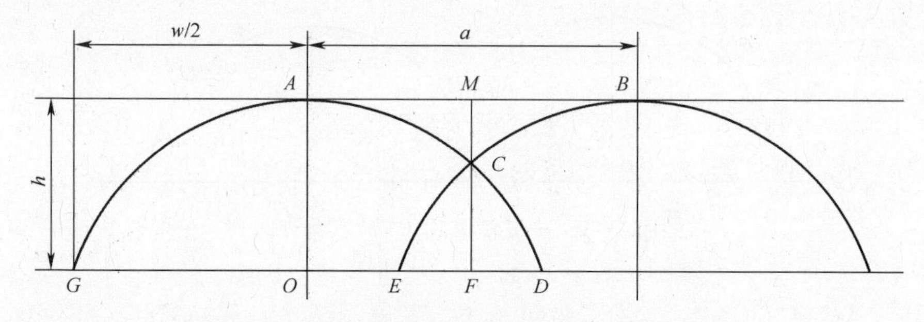

图 4-42 无约束堆积时适宜搭接系数计算示意图

2. 无约束条件下“上凸型”焊道搭接数学模型

焊道截面函数形态呈“上凸型”时,焊道堆积面积大于余高与熔宽乘积的 1/2。分析可知,在无约束条件下,适宜搭接系数取值范围介于(0.5,1),适宜搭接后的搭接结果如图 4-43 所示。以上节获得的焊道截面形态模型为例加以说明,焊道

截面形态函数曲线为

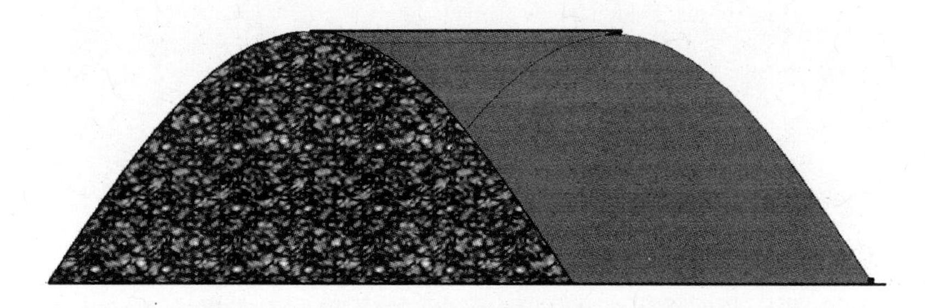

图 4-43 “上凸型”焊道适宜搭接系数下的搭接模

$$y = 1.5\sin(2\pi x/10.09 + 6.01) \tag{4-37}$$

基于“等面积堆积”理论，可以得到：

$$S_{\triangle AMC} = \int_{\frac{w}{2}}^{x_C} h - a\sin(2\pi x/c)\,\mathrm{d}x \tag{4-38}$$

$$S_{\triangle FCD} = \int_{x_c}^{w} a\sin(2\pi x/c)\,\mathrm{d}x \tag{4-39}$$

$$x_c = \frac{w}{2} + \frac{ac\left[\cos\left(\frac{w\pi}{c}\right) - \cos\left(\frac{2w}{c}\pi\right)\right]}{2h\pi} \tag{4-40}$$

$$\eta = \frac{l}{w} = \frac{2\left(x_c - \frac{w}{2}\right)}{w} = \frac{ac\left[\cos\left(\frac{w\pi}{c}\right) - \cos\left(\frac{2w}{c}\pi\right)\right]}{wh\pi} \tag{4-41}$$

基于焊道截面形态数学模型，可知 $w = c/2 = 4.28$；$h = a = 1.40$；$c = 8.56$。

因此，适宜搭接系数可计算得出：

$$\eta = \frac{l}{w} = \frac{ac\left[\cos\left(\frac{w\pi}{c}\right) - \cos\left(\frac{2w}{c}\pi\right)\right]}{wh\pi} \approx \frac{2}{\pi} \approx 63.66\% \tag{4-42}$$

分别以 43.66%，53.66%，58.66%，63.66%和 73.66%为搭接系数进行试验验证，实际搭接效果如图 4-44～图 4-48 所示。可以看出，随着搭接系数的增大，搭接质量不断改善。当搭接系数为适宜搭接系数(63.66%)时，堆积焊道较为平整；随着搭接系数的进一步增大，搭接质量开始劣化。同时，在适宜搭接系数下，焊接堆积对基材的热影响也较小且均匀；当搭接系数大于适宜搭接系数后，由于热输入的累积，导致对基材产生了较大的影响。图 4-49～图 4-53 所示为不同搭接系数时的堆积形貌，表 4-7 所示为无约束、不同搭接系数时的填充系数。可以看出，搭接系数小于适宜搭接系数时，填充系数随着搭接系数的增大而增大；搭接系数为适宜搭接系数时，填充系数达到最大(95.8%)；搭接系数大于适宜搭接系数时，填充系数随着搭接系数的增大呈减小趋势。

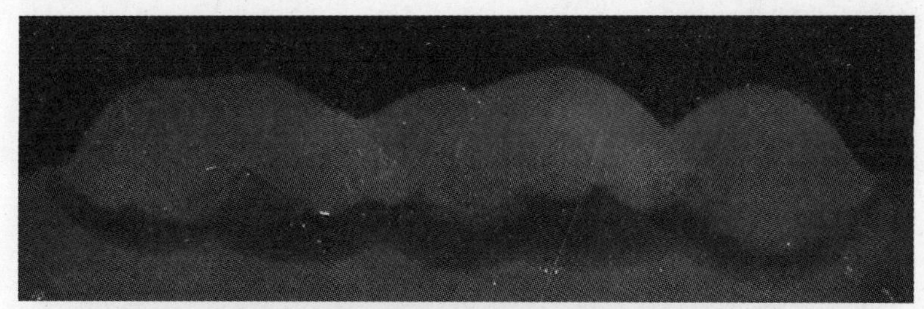

图 4-44　无约束条件下搭接系数 43.66%时的堆积形貌

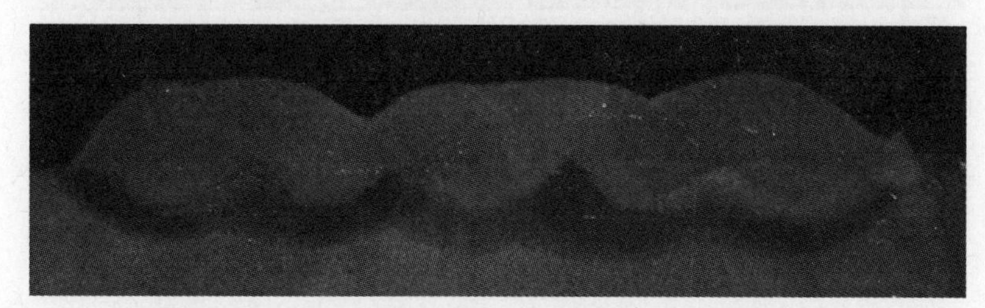

图 4-45　无约束条件下搭接系数 53.66%时的堆积形貌

图 4-46　无约束条件下搭接系数 58.66%时的堆积形貌

图 4-47　无约束条件下搭接系数 63.66%时的堆积形貌

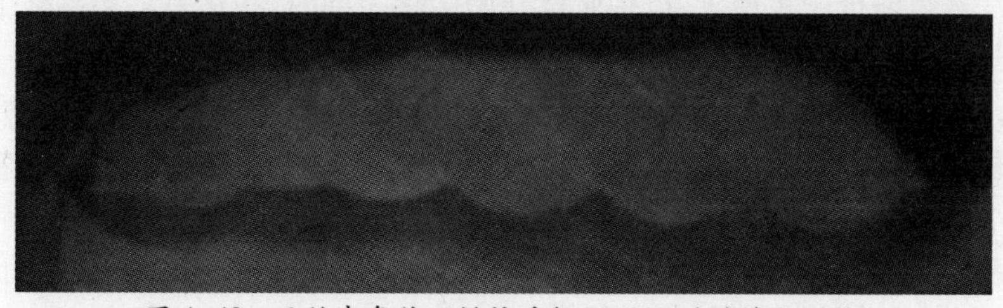

图 4-48　无约束条件下搭接系数 73.66%时的堆积形貌

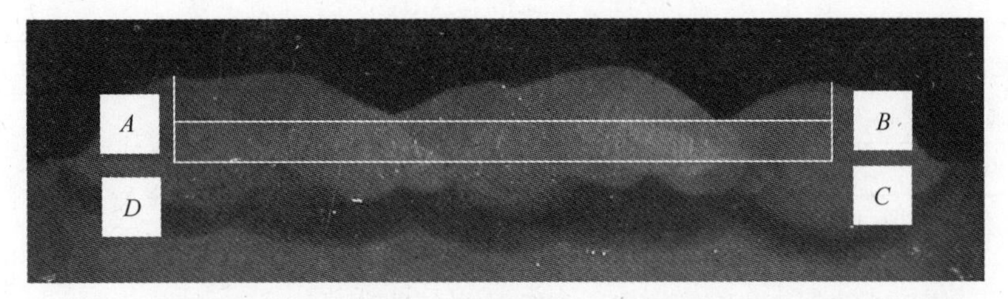

图 4-49　无约束条件下搭接系数 43.66%时的堆积形貌

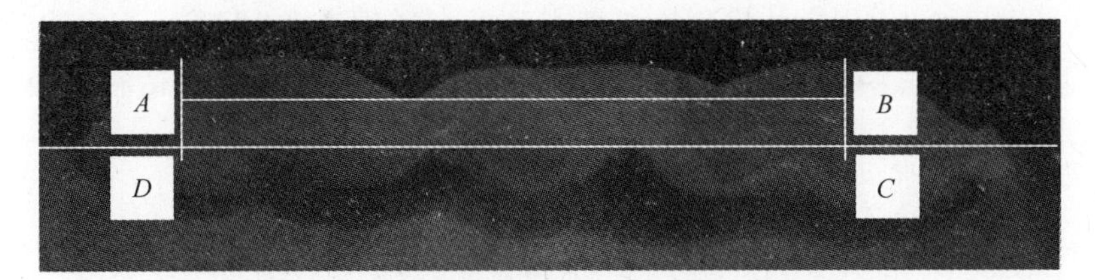

图 4-50　无约束、搭接系数 53.66%时填充系数的计算

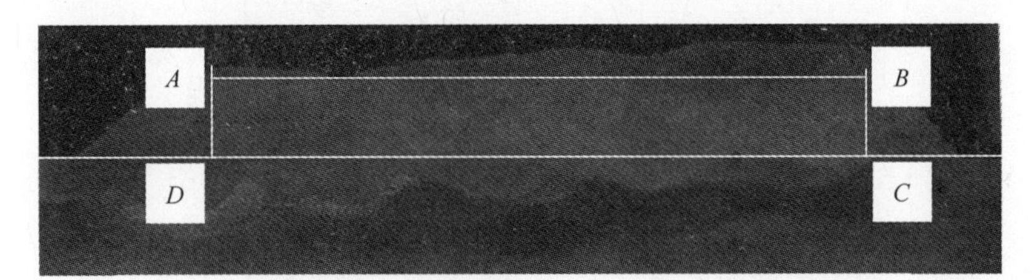

图 4-51　无约束、搭接系数 58.66%时填充系数的计算

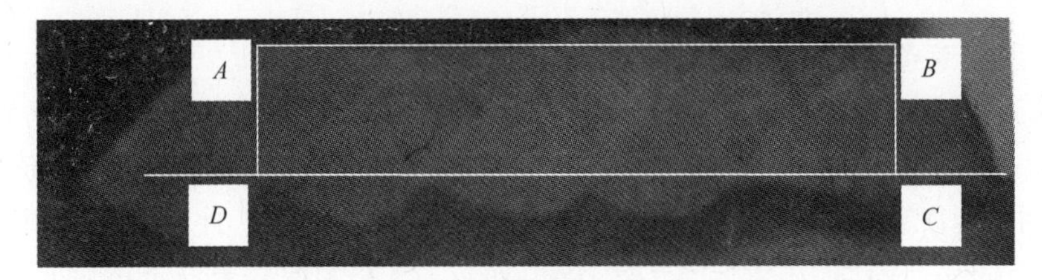

图 4-52　无约束、搭接系数 63.66%时填充系数的计算

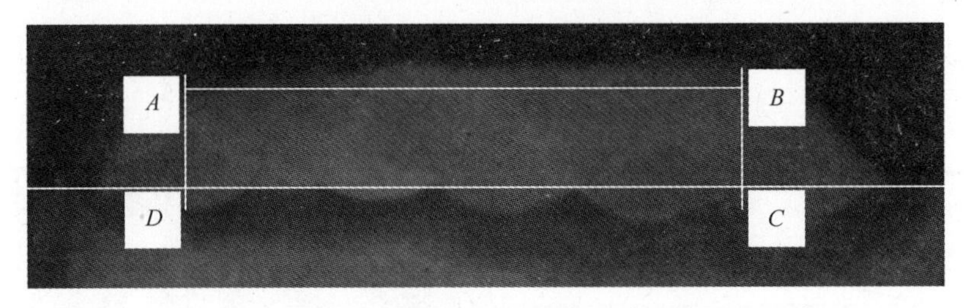

图 4-53　无约束、搭接系数 73.66%时填充系数的计算

表 4-7　无约束、不同搭接系数下的填充系数

搭接系数/%	43.66	53.66	58.66	63.66	73.66
最大矩形面积/$10^3 mm^2$	0.767	0.946	1.28	1.77	1.58
填充系数/%	41.6	51.3	69.4	95.8	85.7
注:理想堆积面积为 $1.845\times10^3 mm^2$					

3. 无约束条件下"等积型"焊道搭接数学模型

焊道形态为"等积型"条件下,上一道焊道堆积面积与后一道焊道堆积面积相等,也就是说,后一道焊道的堆积恰好填充到前一道焊道的"凹谷",从而使得堆积面为理想水平面(图 4-54),因此,无约束条件下"等积型"焊道的适宜搭接系数 λ 为 0.5。

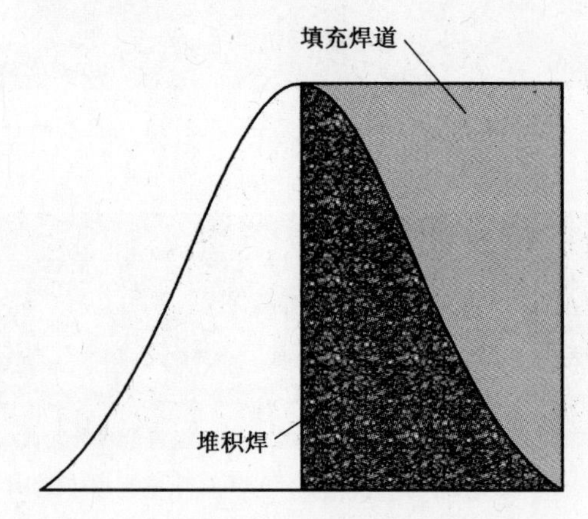

图 4-54　"等积型"焊道的适宜搭接系数计算

4. 无约束条件下"下凹型"焊道搭接模型分析

焊道形态为"下凹型"条件下,单道焊道的最大填充面积小于焊道熔宽与余高乘积的一半。也就是说,后一道焊道用作填补"凹谷"的最大面积(该焊道堆积面积的一半)未能"填平"前一道焊道形成的"凹谷"(图 4-55),此时,"等面积堆积"假设已不成立。因此,对于"下凹型"焊道而言,有关无约束条件下的焊道搭接模型还需进一步研究。

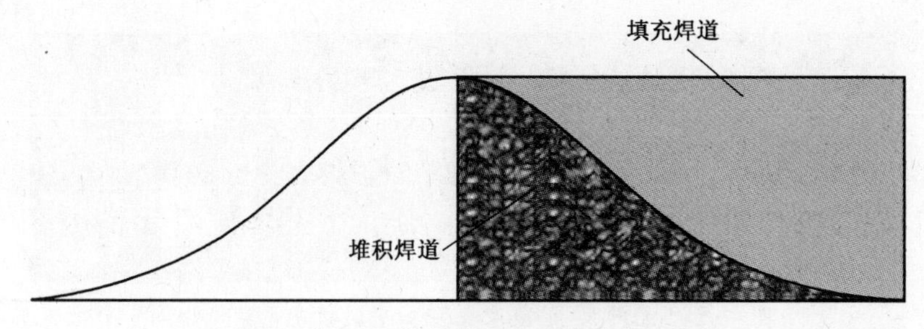

图 4-55　"下凹型"焊道适宜搭接系数的计算

4.2.3.2 自约束条件下电弧熔敷成形焊道搭接数学模型

1. 自约束条件下的“等面积堆积”理论

“等面积堆积”基于以下假设：

（1）工艺参数一定情况下，每道焊道的截面形态函数曲线为对称函数且保持不变；

（2）焊接堆积成形过程中，焊道截面形态函数曲线保持不变；

（3）搭接堆积后，单道焊道截面形态函数曲线保持不变；

（4）自约束条件下，第一道焊道与第二道焊道之间的“山谷”通过第三道焊道的自由流动进行填充。

基于上述假设，经分析可知，当第二道焊道与第一道焊道距离无限远时，第三道焊道的填充面积总小于第一道焊道和第二道焊道所形成的“凹谷”面积，故第一道焊道和第二道焊道间呈“凹谷”状；随着距离的减小，“凹谷”面积不断减小，而第三道的填充面积不变，故“凹谷”面积与填充面积的差值不断减小，当“凹谷”面积与填充面积相等时，“凹谷”完全消失，使得成形表面成理想平面；随后随着距离继续减小，由于“凹谷”面积已小于填充面积，从而使得成形表面呈“凸峰”状。当“凹谷”面积与填充面积相等（图 4-58）时，下式成立：

$$S_{AGID} = S_{FADE} = S_{HGJI} \tag{4-43}$$

$$S_{AED} = S_{ABDC} = S_{BGHC} = S_{GHI} \tag{4-44}$$

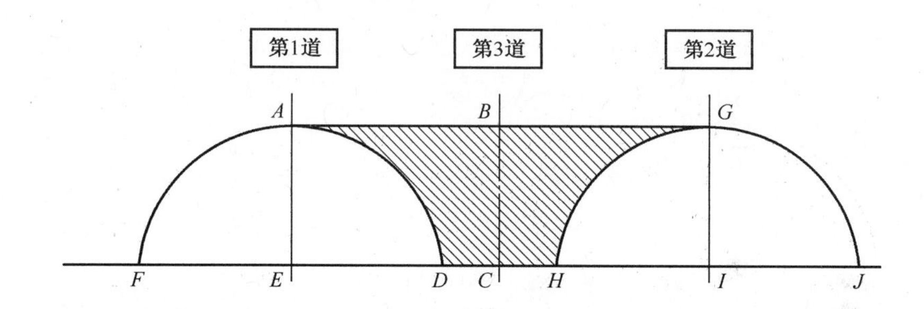

图 4-56 自约束堆积时适宜搭接系数的计算

下面分别根据不同焊道截面形态特征（“上凸型”、“等积型”和“下凹型”）来进行讨论。

2. 自约束条件下“上凸型”焊道的搭接数学模型

图 4-57 所示为“上凸型”函数搭接时适宜搭接系数的计算示意图。由于焊道截面形态为“上凸型”，因此第一道焊道和第二道焊道之间必定存在一定的距离。假设第一道焊道中心线与第二道焊道中心线之间的距离为 l，相邻焊道间的距离为 $2a$。适宜搭接系数下，由于第三道焊道的堆积使得 *AMBGD* 成为一个理想水平面。假设函数截面曲线为 $f(x)$，则有下式成立：

$$4S_{AOE} = 4\int_0^{w/2} f(x)\,dx = 4\int_0^{w/2} a\sin(2\pi x/c + b)\,dx = lh \tag{4-45}$$

由于函数$f(x)$已知，半熔宽、余高均已知，则可根据式(4-45)计算出 a 的值，从而适宜搭接系数的计算为

$$\lambda = \frac{l}{w} \tag{4-46}$$

式中：l 为相邻焊道中心线的距离；w 为焊道熔宽。

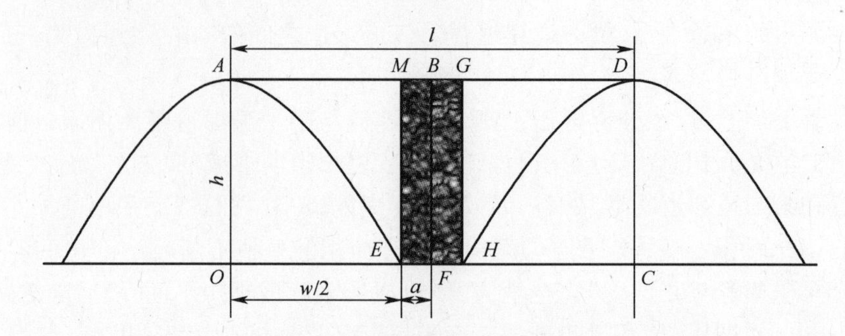

图 4-57　自约束时的焊道堆积顺序

以上节焊接工艺条件下得到的焊道截面形态模型为例加以说明。可知，焊道截面形态函数曲线为 $y=1.4\sin(2\pi x/8.56)$，适宜搭接系数为 1.2732，即相邻焊道中心线距离为熔宽的 1.2732 倍。在搭接系数分别为 107.32%、117.32%、127.32%、137.32%和 147.32%条件下进行试验验证，实际搭接效果如图 4-58～图 4-62 所示。可以看出，随着搭接系数的增大，搭接质量不断改善，当搭接系数为适宜搭接系数(127.32%)时，堆积焊道较为平整，随后搭接质量随搭接系数的增大而劣化。图 4-63～图 4-67 所示为不同搭接系数时填充系数的计算示意图，表 4-8 所示为自约束、不同搭接系数时的填充系数。可以看出，搭接系数小于适宜搭接系

图 4-58　自约束条件下搭接系数 147.32%时的堆积形貌

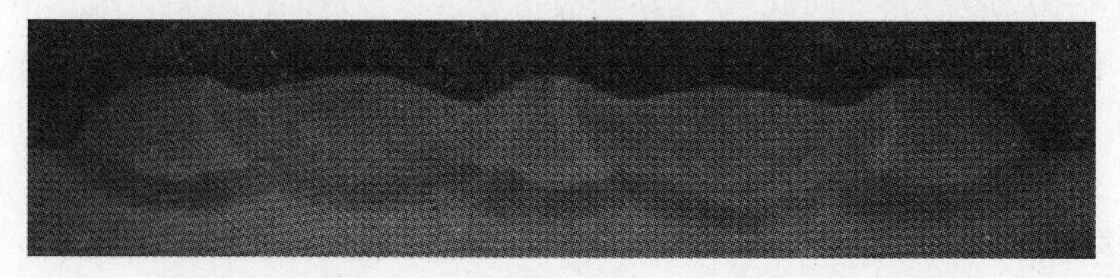

图 4-59　自约束条件下搭接系数 137.32%时的堆积形貌

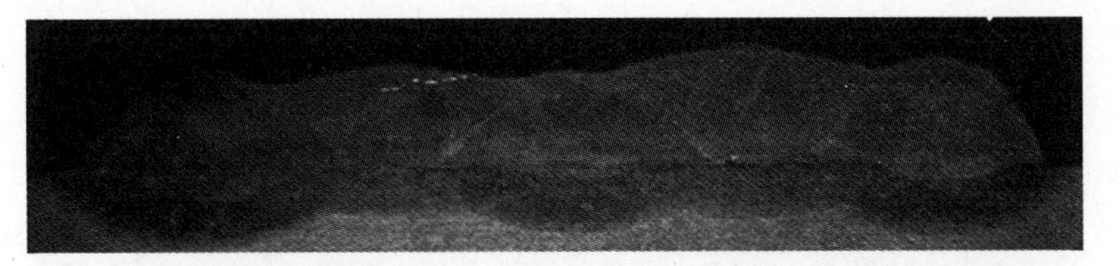

图 4-60　自约束条件下搭接系数 127.32%时的堆积形貌

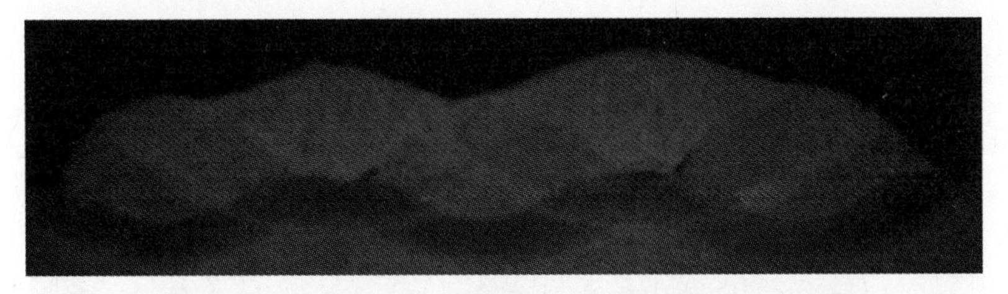

图 4-61　自约束条件下搭接系数 117.32%时的堆积形貌

图 4-62　自约束条件下搭接系数 107.32%时的堆积形貌

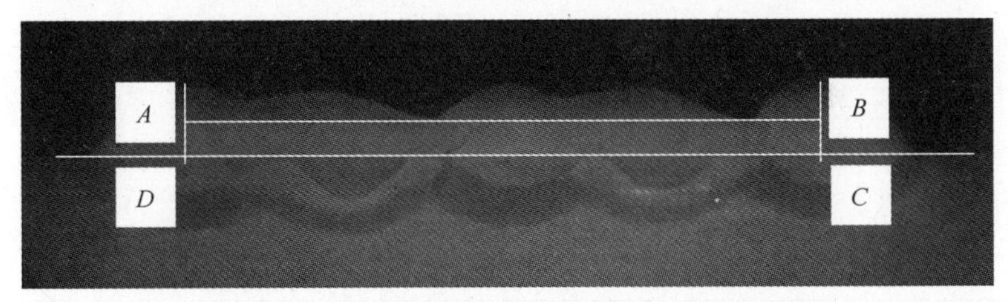

图 4-63　自约束、搭接系数 147.32%时填充系数的计算

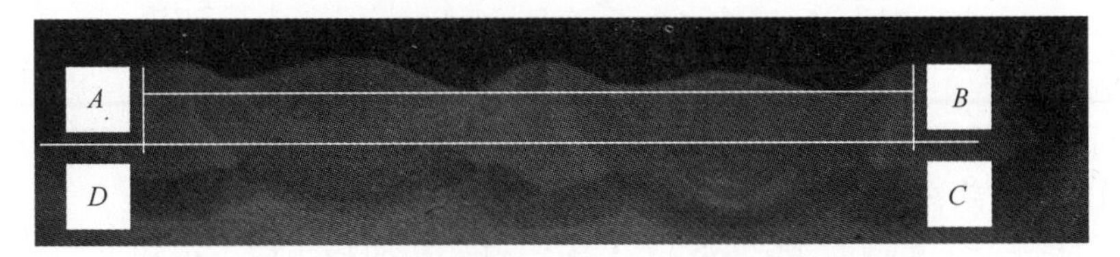

图 4-64　自约束、搭接系数 137.32%时填充系数的计算

图 4-65　自约束、搭接系数 127.32%时填充系数的计算

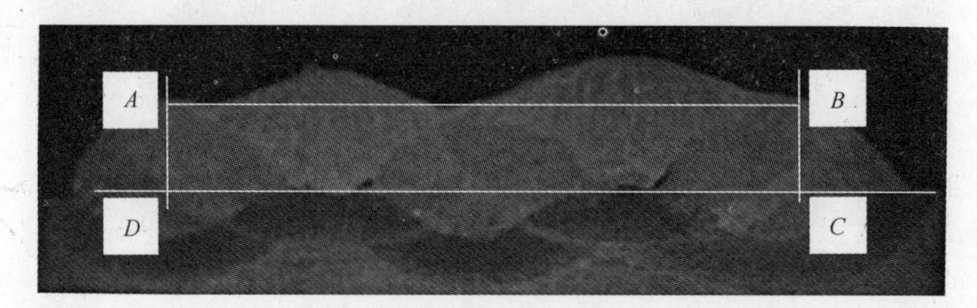

图 4-66　自约束、搭接系数 117.32%时填充系数的计算

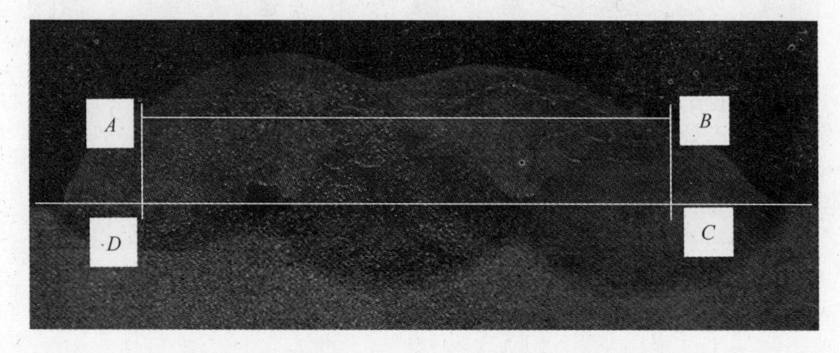

图 4-67　自约束、搭接系数 107.32%时填充系数的计算

数时，填充系数随着搭接系数的增大而增大；搭接系数为适宜搭接系数时，填充系数达到最大(87.4%)；搭接系数大于适宜搭接系数时，填充系数随着搭接系数的增大呈减小趋势。

表 4-8　自约束、不同搭接系数下的填充系数

搭接系数/%	107.32	117.32	127.32	137.32	147.32
最大矩形面积/10^3 mm^2	0.786	1.055	1.612	1.472	1.285
填充系数/%	42.6	57.2	87.4	79.8	69.7
注：理想堆积面积为 1.845×10^3 mm^2					

3. 自约束条件下“等积型”焊道的搭接堆积数学模型

焊道形态为“等积型”条件下，上一道焊道堆积面积与后一道焊道堆积面积相等，也就是说，第一道焊道和第二道焊道边缘接触时形成的凹谷与单道焊道堆积面

积恰好相等,如图 4-68 所示。因此,自约束条件下“等积型”焊道的适宜搭接系数 λ 为 1。

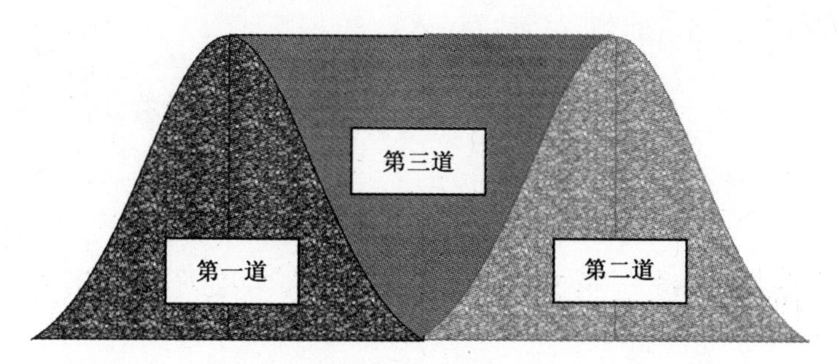

图 4-68　自约束“等积型”焊道堆积时适宜搭接系数的计算

4. 自约束条件下“下凹型”焊道的搭接堆积数学模型

图 4-69 所示为凹型函数搭接时适宜搭接系数的计算示意图。由于焊道截面形态为“下凹型”,因此第一道焊道和第二道焊道之间必定存在部分重合。假设第一道焊道中心线与第二道焊道中心线之间的距离为 l。适宜搭接系数下,由于第三道焊道的堆积使得 AMB 成为一理想水平面。假设截面函数曲线为 $f(x)$,则有下式成立:

$$S_{AOD}+S_{BFE}+S_{AMC}+S_{BMC}=lh \tag{4-47}$$

由于 $S_{AOD}=S_{BFE}=S_{ACB}/2$,所以有下式成立:

$$4S_{AOD}=4S_{BEF}=4\int_0^{w/2}f(x)\,\mathrm{d}x=lh \tag{4-48}$$

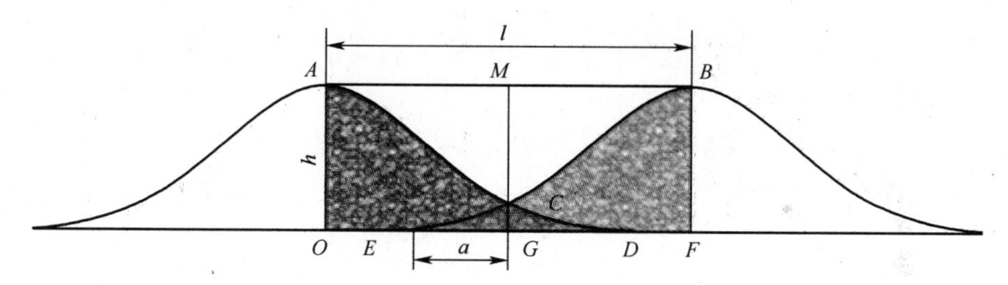

图 4-69　自约束条件下“下凹型”焊道适宜搭接系数的计算

式中:w 为焊道熔宽;h 为焊道余高,由于 $f(x)$ 函数已知,熔宽、余高均已知,则可根据上式计算出 l 的值。从而可计算出适宜搭接系数,该条件下适宜搭接系数小于 1。

4.3　数控铣削净成形的表面质量控制

净成形加工表面质量是表征成形层尺寸精度的重要参数,实现其精确预测可大幅提高快速制造的净成形形态控制精度并缩短制造时间。本书基于正交试验结果,应用传统回归分析、BP 神经网络以及支持向量机(Support Vector Machine)等方法研究了不同数控铣削工艺(主轴转速、铣削深度、进给速度)下的净成形加工表面质量,并建立了相应的预测与控制模型。

4.3.1 基于回归分析的净成形加工表面质量预测模型

4.3.1.1 回归分析正交设计

试验方案:

采用正交试验和回归分析方法建立净成形加工表面质量的预测模型,可减少试验次数,增大试验点信息量,并可优选参数。数控铣削过程中,对净成形加工表面质量影响较大的工艺参数是主轴转速、铣削深度和进给速度。选取该三个参数作为考察因素,各因素选取 5 个水平,根据正交表 $L_{25}(5^3)$ 制定试验方案,各因素及其水平如表 4-9 所列。

表 4-9 正交试验因素水平表

因子 水平	A:主轴转速/(r/min)	B:进给速度/(mm/min)	C:铣削深度/mm
1	400	50	0.2
2	600	100	0.5
3	900	200	0.8
4	1330	300	1.1
5	2000	400	1.4

4.3.1.2 净成形加工表面质量经验预测模型

1. 极差法分析

试验结果及极差计算结果如表 4-10 所列。可以看出,铣削工艺对净成形加工表面质量影响的主次顺序依次为主轴转速 A、进给速度 B、铣削深度 C。

表 4-10 正交试验结果及极差分析表

因子 试验	A:主轴转速 /(r/min)	B:进给速度 /(mm/min)	C:铣削深度 /mm	净成形加工表 面质量 Ra /μm
试验 1	400	50	0.2	8.266
试验 2	400	100	0.5	10.122
试验 3	400	200	0.8	9.946
试验 4	400	300	1.1	8.567
试验 5	400	400	1.4	9.837
试验 6	600	100	0.2	5.709
试验 7	600	200	0.5	9.486
试验 8	600	300	0.8	9.856

（续）

因子 试验	A:主轴转速/(r/min)	B:进给速度/(mm/min)	C:铣削深度/mm	净成形加工表面质量 Ra /μm
试验 9	600	400	1.1	9.153
试验 10	600	50	1.4	8.251
试验 11	900	200	0.2	6.023
试验 12	900	300	0.5	9.870
试验 13	900	400	0.8	9.026
试验 14	900	50	1.1	3.596
试验 15	900	100	1.4	4.811
试验 16	1330	300	0.2	9.250
试验 17	1330	400	0.5	9.098
试验 18	1330	50	0.8	2.425
试验 19	1330	100	1.1	2.837
试验 20	1330	200	1.4	1.926
试验 21	2000	400	0.2	3.666
试验 22	2000	50	0.5	1.488
试验 23	2000	100	0.8	1.183
试验 24	2000	200	1.1	1.040
试验 25	2000	300	1.4	1.809
均值 I	9.347	4.805	6.583	
均值 II	8.563	4.932	8.013	
均值 III	6.665	5.684	6.487	
均值 IV	5.107	7.887	5.039	
均值 V	1.837	8.156	5.327	
极差 R	7.510	3.351	2.974	$A>B>C$

2. 方差法分析

方差分析不仅可以提高分析精度，还可以对主要因素和次要因素进行划分，有利于进一步研究铣削工艺对粗糙度的影响规律[30]。正交试验的方差分析结果如表 4-11 所列。

T_i 为各因素同一水平试验指标之和，T 为 25 个试验号的试验指标之和；X_i 为各因素同一水平试验指标的平均数。

该试验的 25 组净成形加工表面质量总变异由主轴转速因素(A)、进给速度因素(B)、铣削深度因素(C)及误差变异 4 部分组成，因而进行方差分析时平方和与自由度的分解式为

表 4-11　方差分析试验结果计算表

因子	A:主轴转速 /(r/min)	B:进给速度 /(mm/min)	C:铣削深度 /mm	净成形加工表面质量 Ra/μm
T_1	46.735	24.025	32.915	
T_2	42.815	24.66	40.065	
T_3	33.325	28.42	32.435	T=157.241
T_4	25.535	39.435	25.195	
T_5	9.185	40.78	26.635	
X_1	9.347	4.805	6.583	
X_2	8.563	4.932	8.013	
X_3	6.665	5.684	6.487	
X_4	5.107	7.887	5.039	
X_5	1.837	8.156	5.327	

$$SS_T = SS_A + SS_B + SS_C + SS_E$$

$$df_T = df_A + df_B + df_C + df_E$$

用 n 表示试验数;a、b、c 表示 A、B、C 因素的水平数;K_a、K_b、K_c 表示 A、B、C 因素的各水平重复数。本试验中 $n=25$、$a=b=c=5$、$K_a=K_b=K_c=5$。

(1) 计算各项平方和及自由度

矫正数:$C = T^2/n = 157.241^2/25 = 988.99$

总平方和:$SS_T = \Sigma X^2 - C = (8.266^2 + 10.122^2 + \cdots + 1.809^2) - 988.99 = 281.07$

A 因素平方和:$SS_A = \Sigma {T_A}^2/K_a - C = (46.735^2 + 42.815^2 + 33.325^2 + 25.535^2 + 9.185^2)/5 - 988.99 = 183.858$

B 因素平方和:$SS_B = \Sigma {T_B}^2/K_b - C = 53.238$

C 因素平方和:$SS_C = \Sigma {T_C}^2/K_c - C = 27.978$

误差平方和:$SS_E = SS_T - SS_A - SS_B - SS_C = 281.07 - 183.858 - 53.23 - 27.978 = 15.996$

总自由度:$df_T = n - 1 = 25 - 1 = 24$

A 因素自由度:$df_A = a - 1 = 5 - 1 = 4$

B 因素自由度:$df_B = b - 1 = 5 - 1 = 4$

C 因素自由度:$df_C = c - 1 = 5 - 1 = 4$

误差自由度:$df_E = df_T - df_A - df_B - df_C = 24 - 4 - 4 - 4 = 12$

(2) 列出方差分析表,进行 F 检验

根据上式计算的结果,列出方差分析表,如表 4-12 所列。

表 4-12　方差分析表

方差来源	平方和 SS	自由度 df	均方 MS	F 比	F
A:主轴转速	183.858	4	45.97	34.56	$F_{0.01(4,12)}=5.41$ $F_{0.025(4,12)}=4.12$
B:进给速度	53.238	4	13.31	10.00	
C:铣削深度	27.978	4	7.00	5.26	
误差	15.996	12	1.33		
总和	281.07	24			

取检验水平为 $\alpha=0.01$,经 F 检验,主轴转速:$F_A=34.56>F_{0.01}(4,12)=5.41$,进给速度:$F_B=10.00>F_{0.01}(4,12)=5.41$,铣削深度:$F_C=5.26>F_{0.025}(4,12)=4.12$。因此,方差分析结果表明:检验水平 $\alpha=0.01$ 条件下,主轴转速和进给速度对净成形加工表面质量的影响高度显著,检验水平 $\alpha=0.025$ 条件下,铣削深度对净成形加工表面质量的影响高度显著,这与极差分析结果一致。

3. 回归数学模型的建立

电弧熔敷-数控铣削复合成形系统中,在铣削净成形系统和刀具参数确定的前提下,假定净成形加工表面质量与数控铣削工艺参数之间存在复杂的指数关系[31],应用统计方法,建立正交回归试验的通用模型,表达式如下:

$$R_a = cn^k v_f^l a_p^m \tag{4-49}$$

式中:c 由加工材料、铣削条件决定;n 为主轴转速;v_f为进给速度;a_p为轴向切深;k、l、m 为待定系数。

将式 (4-49)两边分别取常用对数使之变换为线性函数,即

$$\lg Ra = \lg c + k\lg n + l\lg v_f + m\lg a_p \tag{4-50}$$

令 $\lg c=b_0, k=b_1, l=b_2, m=b_3, \lg n=x_1, \lg v_f=x_2, \lg a_p=x_3$,则其对应的线性回归方程为

$$\hat{y} = b_0 + b_1x_1 + b_2x_2 + b_3x_3 \tag{4-51}$$

该线性方程共包含 3 个自变量 x_1, x_2, x_3,试验结果用 y 表示。试验共进行了 25 组,第 i 组的自变量记为 x_{i1}, x_{i2}, x_{i3},试验结果为 y_i。考虑存在试验随机变量误差 ε,则由 25 组可建立如下形式的多元线性回归方程:

$$\begin{cases} y_1 = b_0 + b_1x_{11} + b_2x_{12} + b_3x_{13} + \varepsilon_1 \\ y_2 = b_0 + b_1x_{21} + b_2x_{22} + b_3x_{23} + \varepsilon_2 \\ \quad\vdots \\ y_{25} = b_0 + b_1x_{251} + b_2x_{252} + b_3x_{253} + \varepsilon_{25} \end{cases} \tag{4-52}$$

用矩阵可表示为

$$\boldsymbol{Y}=\boldsymbol{X}\boldsymbol{b}+\boldsymbol{\varepsilon} \tag{4-53}$$

其中:$\boldsymbol{Y}$ 为测量的 25 组净成形加工表面质量对数值组成的矩阵。

为了估计参数 b,采用最小二乘法。设 β_0、β_1、β_2、β_3分别是参数 b_0、b_1、b_2、b_3的最小二乘估计,则回归方程为

$$\hat{y} = \beta_0 + \beta_1 x_1 + \beta_2 x_2 + \beta_3 x_3 \tag{4-54}$$

式中：$\hat{y}$ 为统计变量；β_0、β_1、β_2、β_3为回归系数。

可得矩阵 $\boldsymbol{X}$ 和矩阵 $\boldsymbol{Y}$ 分别为 $\beta = (\boldsymbol{X'X})^{-1}\boldsymbol{X'Y}$ （4-55）

根据式(4-55)则可求出 b 的估计值：

$$\boldsymbol{b} = \begin{bmatrix} 2.72 \\ -1.09 \\ 0.15 \\ -0.29 \end{bmatrix}$$

综上，净成形加工表面质量预测模型的表达式如下：

$$R_a = 10^{2.72} n^{-1.09} v_f^{0.15} a_p^{-0.29} \tag{4-56}$$

4.3.2 基于神经网络的净成形加工表面质量预测模型

人工神经网络具有良好的学习联想能力、并行处理能力和一定的容错性，可逼近任意复杂的非线性系统，采用其进行净成形加工表面质量建模研究已成为当前的研究热点[32-36]。本书采用人工神经网络方法，以主轴转速、进给速度、铣削深度为输入参数，以净成形加工表面质量为输出参数，来建立净成形加工表面质量预测模型。

BP(Back Propagation)网络是基于误差反向传播算法的多层前馈网络，具有较强的联想记忆和推广能力，应用十分广泛。运用 Matlab 软件中的神经网络工具箱，隐含层节点数由经验公式(隐层节点数目=2m+1，m 为输入单元数)确定，节点数为 7，网络拓扑结构为 3×7×1 的三层 BP 神经网络，如图 4-70 所示。

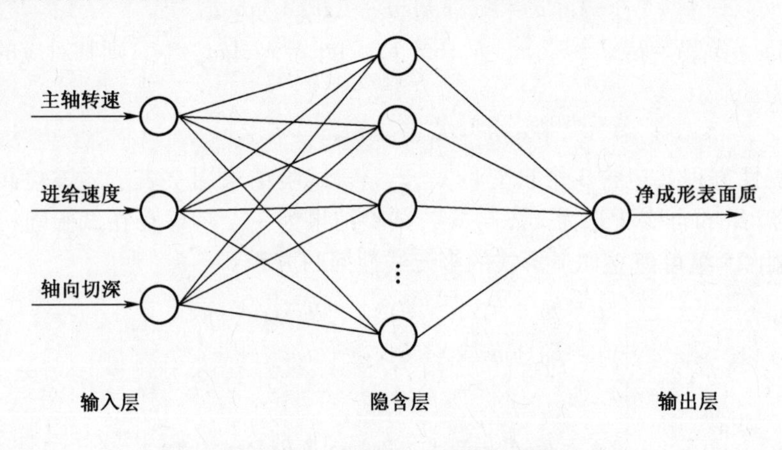

图 4-70 三层 BP 网络拓扑结构

为了提高训练网络的收敛速度，首先需要对试验数据进行归一化。分别将主轴转速、进给速度、轴向切深和净成形加工表面质量设为 x_1, x_2, x_3, y。归一化后原始输入和输出数据的值域范围为[0.1,1.0]。处理方法为

$$x = 0.1 + \frac{0.9 * (x_i - x_{\min})}{(x_{\max} - x_{\min})} \quad Y = 0.1 + \frac{0.9 * (y_i - y_{\min})}{(y_{\max} - y_{\min})} \quad i = 1,2,3,\cdots,25 \tag{4-57}$$

采用的训练函数为 traingda，隐层和输出层的激活函数分别为 logsig、purelin，目标误差为 0.005，最大循环次数为 10000。训练次数为 1144 次，预测值与误差如表 4-13 所列，相对误差在 10%以内。

表 4-13 基于 BP 神经网络的净成形加工表面质量预测及误差分析

序号	铣削工艺参数			试验值/μm	模型预测值及相对误差	
	主轴转速/(r/min)	进给速度/(mm/min)	铣削深度/mm		模型预测值/μm	相对误差/%
1	2000	200	0.65	1.64	1.53	6.7
2	600	350	1.15	8.44	7.69	8.89
3	1330	400	1.4	4.35	4.73	8.74

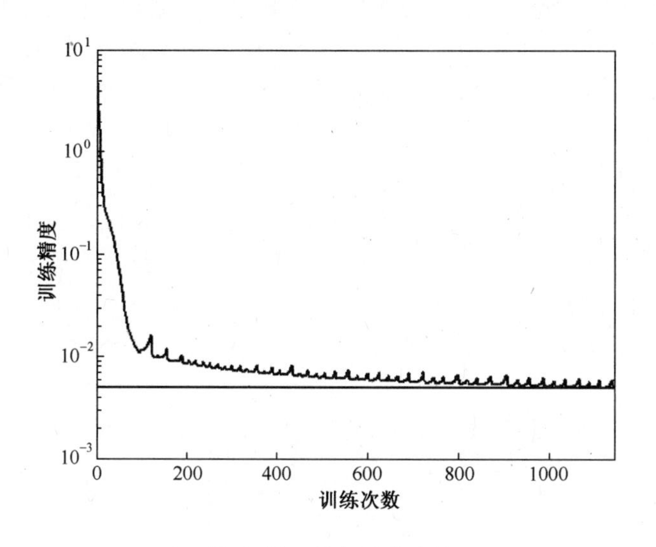

图 4-71 样本训练过程

4.3.3 基于 SVM 的净成形加工表面质量预测模型

支持矢量机(Support vector machine，SVM)基于结构风险最小化(Structural risk minimization，SRM)准则，其拓扑结构由支持矢量决定，克服了 ANN 结构依赖于设计者经验的缺点，较好地解决了高维数、局部极小、小样本等问题，兼顾了神经网络和灰度模型的优点[37,38,39]。目前，采用 SVM 进行净成形加工表面质量的建模和预测已成为铣削精确形态控制的研究前沿[40-44]，将支持向量机理论引入铣削净成形加工表面质量预测之中，根据有限的样本信息，在模型的复杂性(即对特定样本的学习精度)和学习能力(即无错误预测任意样本的能力)之间寻求最佳折中,以期获得最好的推广能力。图 4-72 所示为数控铣削工艺参数对净成形加工表面质量的 SVM 估计模型。

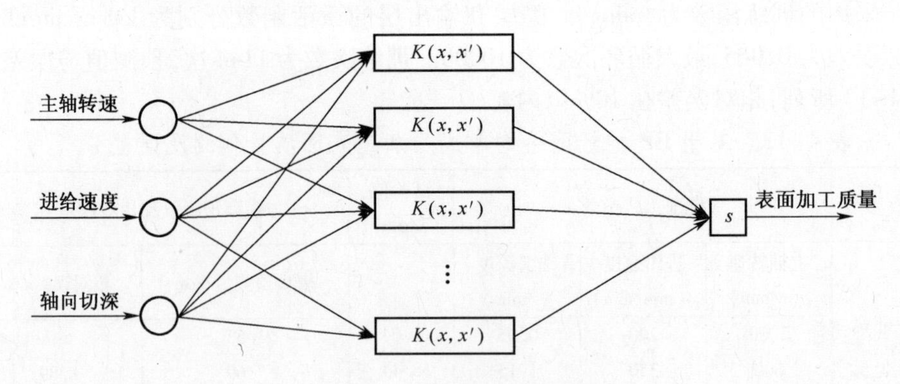

图 4-72　支持向量机估计模型

训练数据及数据的归一化方法与 BP 神经网络建模方法相同。选择高斯型径向基函数 $K(x,y')=\exp(-\|x-y\|^2/2\sigma^2)$ 作为核函数,其中,σ 为核函数的带宽。惩罚因子 C 表示在回归函数的复杂性与误差之间的折中程度。它能够在训练误差和模型复杂度之间取一个折中,以使所求的函数具有较好的泛化能力,且 C 越大,模型的回归误差越小。

分别取 $C=1$、100、500,松弛因子 $\varepsilon=0.1$、0.01、0.01,以均方差为回归模型评判指标,其中 $\hat{y}_i$ 为模型输出参数,y_i 为实测值,n 为样本参数,训练结果及误差曲线如图 4-73、图 4-74 所示。

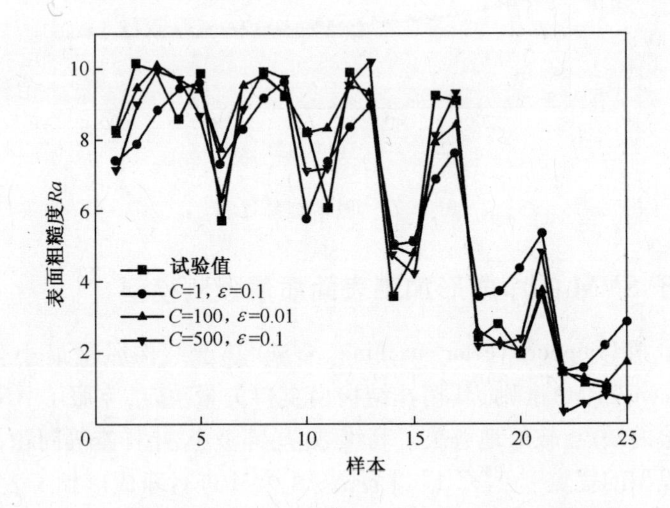

图 4-73　基于 SVM 的加工表面质量预测模型学习曲线

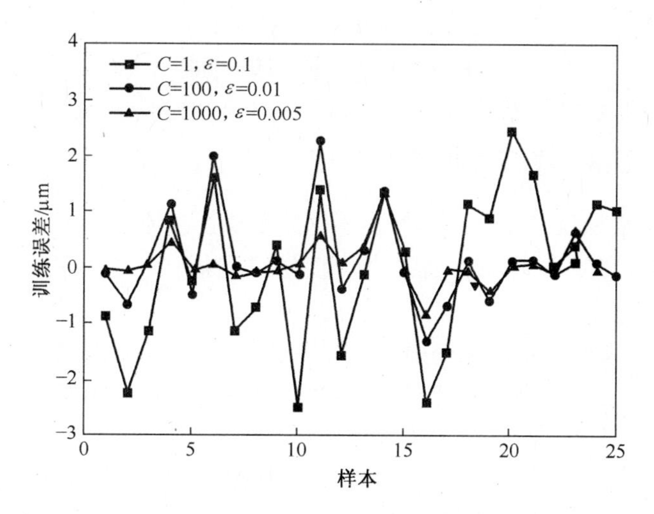

图 4-74 基于 SVM 的表面加工质量预测模型误差曲线

表 4-14 不同 SVM 回归模型比较

序号	模型	向量数目	方差	方相关系数
1	$C=1$ $P=0.1$	14	0.014	0.86
2	$C=100$ $P=0.01$	22	0.005	0.95
3	$C=500$ $P=0.01$	24	0.005	0.94

表 4-14 所示为基于 SVM 的净成形加工表面质量预测及误差分析。可以看出，当 $C=100$ 、$P=0.01$ 时，回归模型具有较小的方差和较高的方相关系数。为验证所建立模型的精度，选取另外三组铣削试验进行验证，结果如表 4-15 所列。

表 4-15 基于 SVM 的净成形加工表面质量预测及误差分析

序号	铣削工艺参数			试验值 /μm	不同回归模型预测值及误差%		
	主轴转速 /(r/min)	进给速度 /(mm/min)	铣削深度 /mm		$C=1$ $\varepsilon=0.1$	$C=100$ $\varepsilon=0.01$	$C=500$ $\varepsilon=0.01$
1	2000	200	0.65	1.64	2.73 66.5%	1.72 4.8%	2.16 31.7%
2	600	350	1.15	8.44	9.06 7.3%	8.34 1.2%	8.86 5.0%
3	1330	400	1.4	4.35	6.29 44.6%	4.10 5.7%	4.6 5.7%

可以看出，在该试验条件下，较优预测模型的检验平均预测误差为 3.9%，最大预测相对误差为 5.7%，达到了较高的预测精度。也表明了将支持向量机技术应用于电弧熔敷-数控铣削复合快速成形制造与再制造中，能有效预测铣削工艺对净成形加工表面质量的影响。基于本试验小样本条件下所建立的模型较好地解决小样本和模型预测精度间的矛盾，具有较强泛化能力，也表明了 SVM 在铣削净成形加工表面质量模型预测中的优越性。

4.4 应用实例

4.4.1 电弧熔敷-数控铣削工艺流程

电弧熔敷-数控铣削复合成形修复强化的主要工艺流程如下：

（1）根据待修复零件的材料确定焊接丝材和焊接工艺，并进行单道焊道的试焊；

（2）机器人夹持三维激光扫描仪对焊道进行扫描、数据处理及数学建模；

（3）采用三维激光扫描系统对缺损零件进行扫描，并与标准零件的 CAD 模型进行比较，得到零件缺损部位的数字化模型；

（4）结合焊道数学模型，对零件的数字化缺损模型进行分层处理，逐层进行成形路径规划并实施电弧熔敷堆积；

（5）采用数控加工系统逐层对修复层进行表面平整或净成形；

（6）逐层进行电弧熔敷堆积和加工去除；

（7）对零件修复体进行精加工，从而实现零件的快速再制造。

4.4.2 典型金属损伤件修复强化

本节以某重载车辆右凸轮断裂（图 4-75）故障为例，对电弧熔敷-数控铣削复合成形技术的作业过程加以具体说明。

图 4-75 断裂的右凸轮

1. 零件 CAD 建模

零件的建模方法主要有两种：直接采用三维建模软件进行建模；采用激光三维扫描进行现场建模。本例采用三维激光扫描系统进行建模，图 4-76 所示为激光三维扫描过程，图 4-77 所示为重构的右凸轮三维模型。

2. 缺损模型的建立

基于机器人三维激光扫描系统对断裂的右凸轮进行扫描，并与完好的右凸轮模型进行比较，得到缺损模型。图 4-78、图 4-79 所示分别为扫描过程和缺损右凸轮重构模型，图 4-80、图 4-81 所示分别为经比对获得的缺损模型平面图及三维实体图。

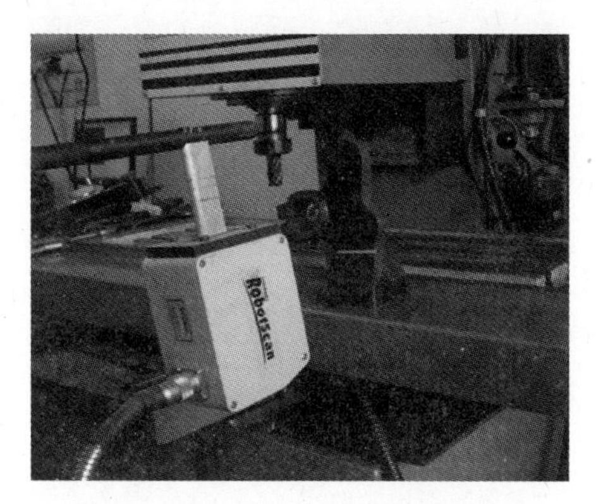

图 4-76　右凸轮三维扫描过程

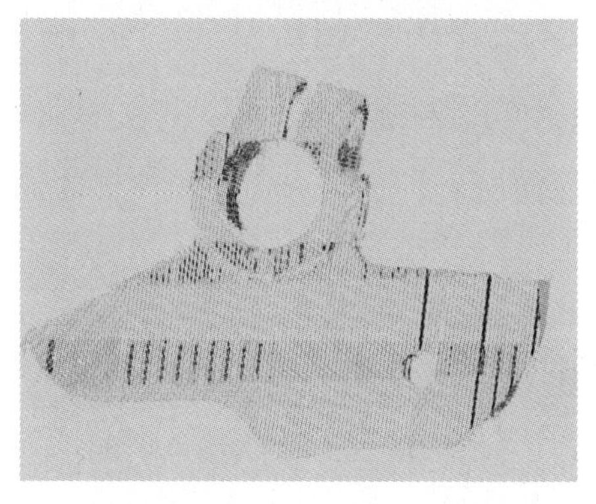

图 4-77　建立的右凸轮三维模型

图 4-78　缺损右凸轮扫描过程

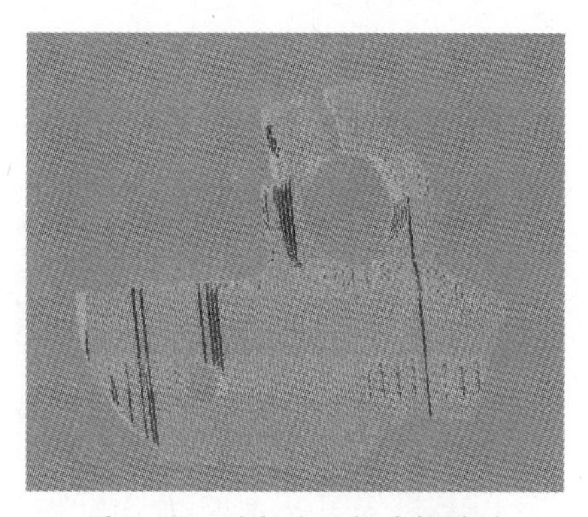

图 4-79　缺损右凸轮重构模型

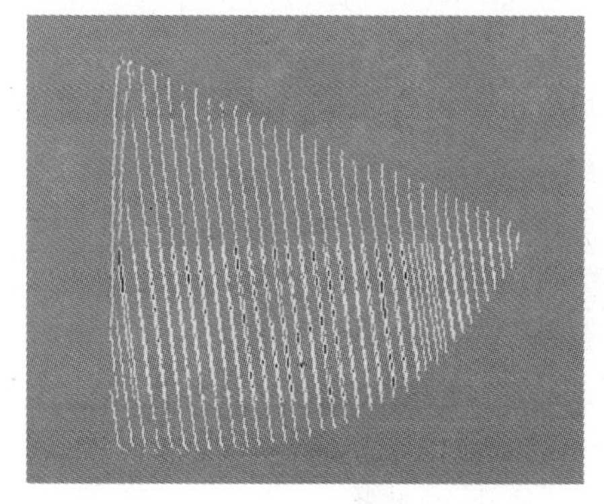

图 4-80　右凸轮三维缺损模型平面图

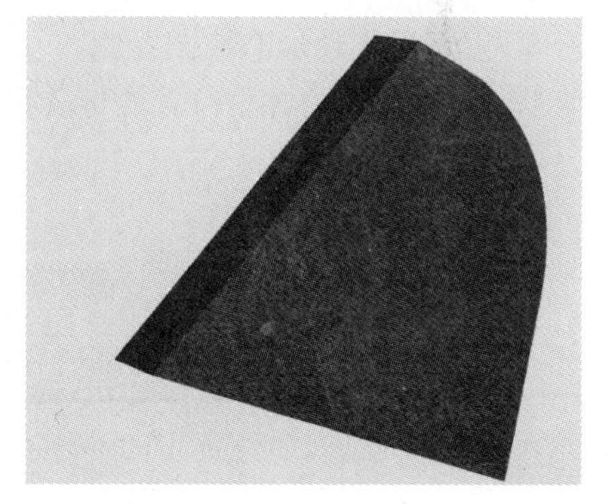

图 4-81　右凸轮三维缺损模型三维实体图

3. 电弧熔敷路径规划及增材堆积

根据右凸轮材料选取适当的工艺和熔敷材料进行堆积。图 4-82 和图 4-83 所示分别为熔敷成形路径规划和成形过程。

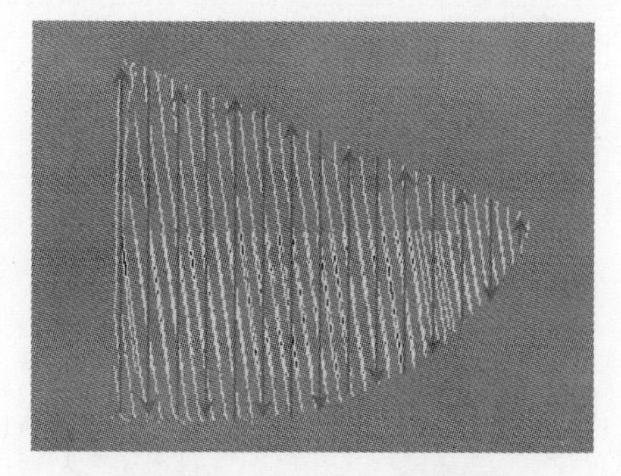

图 4-82 焊接堆积路径规划

图 4-83 缺损部分的电弧熔敷堆积

4. 铣削路径规划及其形态控制

逐层对熔敷成形层进行数控铣削去除，熔敷成形整体完成后，对零件进行净成形，图 4-84 和图 4-85 所示分别为堆积层铣削过程和最终完成的修复零件。

图 4-84 焊接堆积层的铣削去除

图 4-85 快速再制造的修复零件

5. 修复后零件形态控制检测

图 4-86 所示为各个位置的标志点，表 5-6 所示为修复后右凸轮各个位置的

图 4-86 修复零件右凸轮各位置编号

制造尺寸和精度要求以及实际制造的尺寸。可以看出,采用电弧熔敷-数控铣削复合成形技术制造的右凸轮达到了实际生产要求。

表 4-16　快速再制造右凸轮各位置尺寸精度检测

位置	生产制造要求/mm	实际值/mm	位置	生产制造要求/mm	实际值/mm
(1)	R17.5±0.50	R17.40	(3)	R90±0.30	R90.20
(2)	R25±0.30	R25.10	(4)	12±0.50	11.85

参考文献

[1] 刘望兰, 胡绳荪, 尹玉环. 电弧快速成形工艺的研究现状[J]. 焊接, 2006, 7:12-15.

[2] 牛爱军, 党新安, 杨立军. 快速成型技术的发展现状及其研究动向[J]. 金属铸锻焊技术, 2008, 37(5):116-118.

[3] Kim I S, Son J S, Lee S H. Optimal Design of Neural Networks for Control in Robotic Arc Welding[J].Robotics and Computer-Integrated Manufacturing, 2004,20(1):57-63.

[4] Changming C, Radovan K, Dragana J. Wavelet Transforms Analysis of Acoustic Emission in Monitoring Friction Stir Welding of 6061 Aluminum[J]. International Journal of Machine Tools-Manufacture, 2003,43(13):1383-1390.

[5] Xue J X, Zhang L L, Peng Y H. A Wavelet Transform-Based Approach for Joint Tracking in Gas Metal Arc Welding[J]. Welding Journal, 2007,(3):90-96.

[6] Pajares G A. Wavelet-based Image Fusion Tutorial[J]. Pattern Recognition, 2004,37(9):1855-1872.

[7] Ellinas, J N Sangriotis M Stereo S Image Compression Using Wavelet Domain Vector Hidden Markov Tree Model [J]. Pattern Recognition, 2004,37(7):315~1324.

[8] 张德丰, 张葡青. 基于小波的图像边缘检测算法研究[J]. 中山大学学报(自然科学版), 2007,46(3):39-42.

[9] 赖有华, 叶海建. 几种阈值分割法在工程图自动识别中的应用[J]. 江西理工大学学报, 2006,27(4):31-33.

[10] 章毓晋. 图像工程上册-图像处理和分析[M]. 北京:清华大学出版社,1999.

[11] Robert L G. Machine Perception of Three-dimensional Solids, in Optical and Electro-optical In formation Processing[M]. Cambridge: MIT Press,1965:159-197.

[12] Sobel I. Camera Models and Machine Perception[C]. Stanford AI Memo,1970:121-124.

[13] Priwitt J M S. Object Enhancement and Extraction[M]. New York:Academic Press,1970:103-109.

[14] Wang S, Ge F, Liu T C. Evaluating Edge Detection Through Boundary Detection[J]. Journal of Applied Signal Processing, 2006,16(3):1-15.

[15] Marr D, Hildreth E C. A Theory of Edge Detection[J]. Proceedings of the Royal Society of London, 1980,B(207):187-217.

[16] Heath M D, Sarkar S, Sanocki T, et al. A Robust Visual Method for Assessing the Relative Performance of Edge-detection Algorithms[J]. IEEE Transactions on Pattern Analysis and Machine Intelligence,1997,19(12):1338-1359.

[17] Canny J. A Computational Approach to Edge Detection[J]. IEEE Transactions on Pattern Analysis and Machine Intelligence, 1986,207(6):679-698.

[18] Mahapatra M M, Li L. Prediction of Pulsed-laser Powder Deposits' Shape Profiles Using a Back-Propagation Artificial Neuralnetwork[J]. Proceeding International Mechnical Eingineering Part B: Journal Engineering Manufacture, 2008,222(12):1567~1576.

[19] Nagesh S D, Datta G L. Prediction of Weld Bead Geometry and Penetration in Shielded Metal-arc Welding Using Aartificial Neural Networks[J]. Journal Material Processing Technology, 2002,123(2):303-312.

[20] Cook G E, Andersen K, Karsai G. Artificial Neural Networks Applied to Arc Welding Process Modeling and Control[J]. IEEE TransIndustry,1990,26(5),824-830.

[21] Kanti M K, Rao S P. Prediction of Bead Geometry in Pulsed GMA Welding Using Back Propagationneural Network[J]. Journal Material Processing Technology, 2008,200(1~3):300-305.

[22] Jeng J Y, Mau T, Leu S M. Prediction of Laser Butt Joint Welding Parameters Using Back Propagation and Learning Vector Qquantization Networks[J]. Journal Material Processing Technology, 2000,99(1~3):207-218.

[23] D Chakraborty. Artificial Neural Network Based Delamination Prediction in Laminated Composites[J]. Materials and Design, 2005,26(1):1-7.

[24] Suykens J, Vandewalle J. Least Squares Support Vector Machine Classifiers[J]. Neural Processing Letters, 1999,9(3):290-300.

[25] Cao L J, Tay F E H. Support Vector Machine with Adaptive Parameters in Financial Time Series Forecasting [J]. IEEE Transactions on Neural Networks, 2003,14(6):1506-1518.

[26] Suykens J A K, Gestel T V, Brabanter J D, et al. Least Squares Support Vector Machines[M]. Singapore: World Scientific Press, 2002:32-35.

[27] Ming G, Du R, Zhang G, et al. Fault Diagnosis Using Support Vector Machine with an Application in Sheet Metal Stamping Operations[J]. Mechanical Systems and Signal Processing,2004,18(1):143-159.

[28] Engel Y, Mannor S, Meir R. The Kernel Recursive Least-squares Algorithm[J]. IEEE Transactions on Signal Processing, 2004,52(8):2275-2285.

[29] Shu C W, Lin C J. A Comparison of Methods for Multiclass Support Vector Machines[J]. IEEE Transactions on Neural Networks, 2002,13(2):415-425.

[30] 袁哲俊. 金属切削试验技术[M]. 北京:机械工业出版社, 1998.

[31] El-Mounayri H, Kishawy H, Briceno J. Optimization of CNC Ball End Milling:a Neural Network-based Model[J]. Journal of Materials Processing Technology, 2005,166(1):50-62.

[32] Tansel I, Bao W, Arkan T, et al. Neural Network Based Cutting Force Estimator for Micro-end Milling Operations[C]. Through ANNs Proceedings of the 1997 Artificial Neural Networks in Engineering Conference, 1997,(7):885-890.

[33] Benardos P G, Vosniakos G C. Prediction of Surface Roughness in CNC Face Milling Using Neural Networks and Taguchi's Design of Experiments[J]. Robotics and Computer Integrated Manufacturing, 2002,18(5~6):343-354.

[34] Azouzi R, Guillot M. Online Prediction of Surface Finish and Dimensional Deviation in Turning Using Neural Network Based Sensor Fusion[J]. Int J Mach Tools Manuf, 1997,37(9):1201-1217.

[35] Tsai Y H, Chen J C, Lou S J. An Inprocess Surface Recognition System Based on Neural Networks in End Milling Cutting Operations[J]. Int J Mach Tools Manuf,1999,39(4):583-605.

[36] J Briceno, H El-Mounayri, S Mukhopadhyay. Selecting an Artificial Neural Network for Efficient Modeling and Accurate Simulation of the Milling Process[J]. Inter. J Machine Tools Manuf, 2002,42(6):663-674.

[37] Metaaxiotis K, Kagiannas A, Askounis A, et al. Artificial Intelligence in Short Term Electric Load Forecasting: A State-of-the-art Survey for the Research[J]. Energy Conversion and Management, 2003,44

(9):1525-1534.

[38] Vapnik V. The Nature of Statistical Learning Theory[M]. New York:Spring-Verlag,1999:54-58.

[39] Vapnik V. An Overview of Statistical Learning Theory[J]. IEEE Transaction Neural Networks,1999,10(5):988-999.

[40] 吴德会. 基于最小二乘支持向量机的铣削加工净成形加工表面质量预测模型[J]. 中国机械工程,2007,18(7):838-841.

[41] 孙林,杨世元. 基于最小二乘支持矢量机的成形磨削净成形加工表面质量预测及磨削用量优化设计[J]. 机械工程学报,2009,45(10):255-261.

[42] Sukens J A K, Vandewalle J. Least Squares Support Vector Machine Classifiers[J]. Neural Processing Letters,1999,9(3):293-300.

[43] Wang X, Feng J C X. Development of Empirical Models for Surface Roughness Prediction in Finish Turning[J]. International Journal of Advanced Manufacturing Technology, 2002,20(5):348-356.

[44] Alauddin M, Baradie M A E, Hashmi M S J. Optimization of Surface Finish in End Milling[J]. Journal of Materials Processing Technology,1996,56(1~4):54-65.

第5章　激光-电弧复合成形技术

5.1 技术概述

5.1.1 技术内涵与特点

激光-电弧复合技术由英国伦敦帝国科技大学 Steen W. M 教授于 20 世纪 70 年代率先提出[1]。该技术是将激光、电弧两种物理性质、能量传输机制截然不同的热源有机复合，充分发挥激光的能量密度高、深宽大等优势与电弧的能量利用率高、搭桥能力强等优势，来实现材料高效成形的过程，技术原理如图 5-1 所示[2]。

依据电弧种类，该技术可具体分为激光-TIG 复合、激光-MIG/MAG 复合及激光-PAW 复合等方式；依据相对位置，该技术可具体分为同轴复合方式和旁轴复合方式[3]。本书主要介绍目前技术成熟度相对较高、应用需求较为广泛，且适于镁合金修复强化的激光-TIG 电弧复合成形技术。

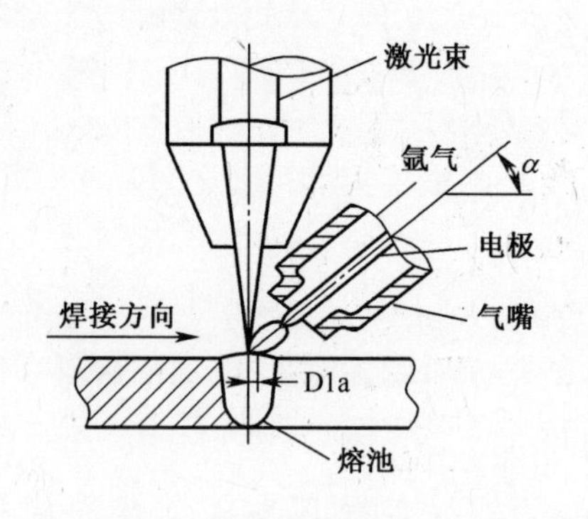

图 5-1　激光-电弧复合技术原理[2]

该技术通过激光与电弧的相互协调，可有效提升激光吸收率、增强电弧稳定性。图 5-2 所示为激光-TIG 复合及单一 TIG 电弧形态的高速摄像图。可以看出，①单一 TIG 熔敷过程中，电弧明显受到熔池形态的影响，熔池流动导致电弧的稳定性较差。②激光-TIG 复合熔敷过程中，激光的引入对电弧起到了一定的牵引作用，使电弧的燃烧过程更为稳定，且熔池中液态金属的流动趋于平稳。

相较于单一的激光熔敷与电弧熔敷，激光-电弧复合熔敷是一种增强性的成形方法，既弥补了激光、电弧各自作为单一热源的不足，又实现了“1+1>2”的综合

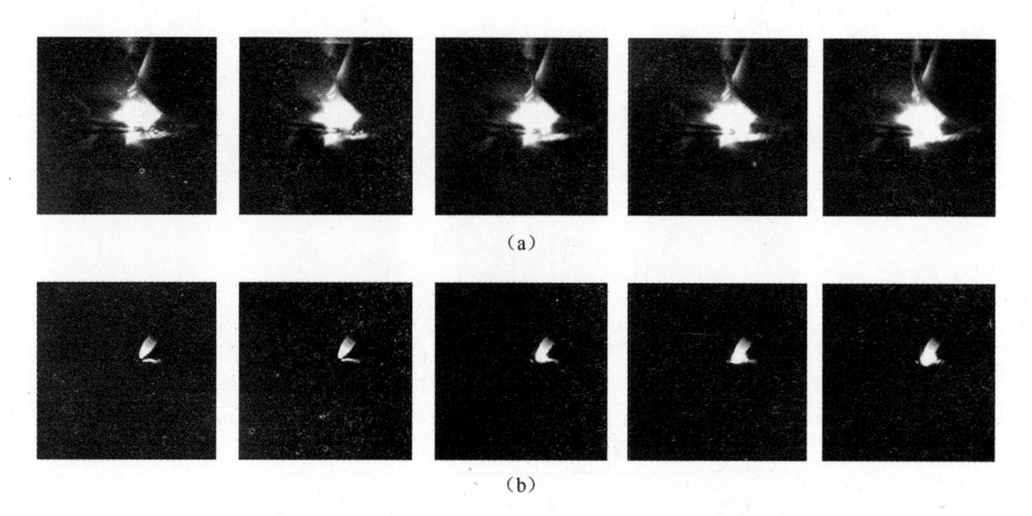

图 5-2 激光-TIG 复合及单一 TIG 电弧形态的高速摄像图

(a)激光-TIG 复合电弧形态;(b)单一 TIG 电弧形态。

效果提升。主要技术特点如下:

(1) 能量利用率高。金属材料对激光的吸收率随温度的升高而增大,固态金属材料,尤其是固态有色金属材料对激光的吸收率通常低于 10%[4]。激光-电弧复合成形过程中,电弧的热作用可有效提高基材表面温度或形成熔池,使得对激光能量的吸收利用率显著提高。

(2) 成形效率高。相较于单一 TIG 熔敷成形过程,激光的引入会导致金属蒸发,产生明显的“匙孔”效应和光致等离子体,增强激光作用点处的导电率,为电弧提供最小电压导电通路,牵引电弧稳定作用于“匙孔”处,导致电弧压缩,电流密度与热流密度提高,并在高速熔敷时仍能保持稳定,成形效率大幅提高[5]。

(3) 成形过程稳定。激光的引入,为电弧等离子体提供了更多的热能量,导致其温度升高,电离加剧;同时,激光会诱发金属蒸发加剧,产生了更多的电离能更低的金属粒子,亦导致电离加剧。上述两种因素均会增大电弧等离子体的电离度,为电弧弧柱提供更为稳定的导电通道[6],抗干扰能力增强,使得熔敷成形过程更为稳定。

(4) 成形质量好。相较于单一激光熔敷,电弧的辅助作用可有效减小熔池的温度梯度,降低熔池的冷却凝固速度,进而减少气孔、裂纹等成形缺陷,改善成形质量;相较于单一 TIG 熔敷,激光-TIG 复合熔敷的速度更快、热输入量更小,故热影响区更窄,熔覆层的残余应力及变形更小[7],综合成形质量更好。

5.1.2 设备系统与工艺流程

激光-电弧复合成形是两种工艺方法的结合,需要建立一个复合设备系统。以激光-TIG 复合成形设备系统为例,该设备系统主要由激光器、TIG 焊机、送丝机构、工装系统及保护气装置等组成,如图 5-3 所示。

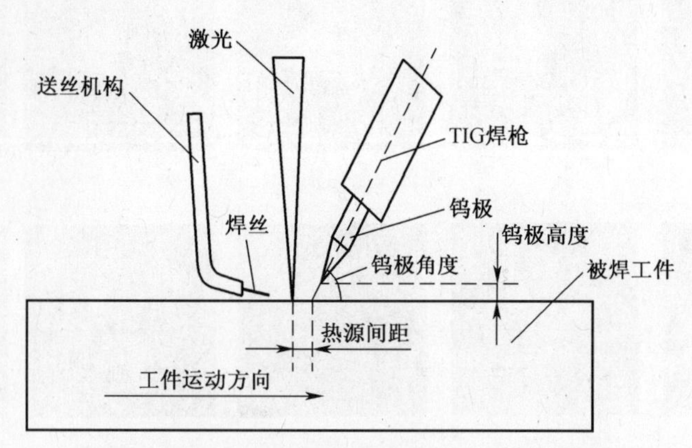

图 5-3 激光-电弧复合成形设备系统构成示意图

激光-电弧复合成形的具体工艺流程如下:

(1) 采用专用辅助工装夹紧工件,并预热,可有效防止受热变形。

(2) 打开激光器,同时引燃电弧,在工件表面形成具有一定体积的微熔池。

(3) 同时打开工装与送丝机构,熔敷成形过程中,需将丝材端部最大限度地水平伸入熔池前端,以保证平稳熔化。

(4) 激光-电弧复合熔敷成形作业。

(5) 关闭激光器与送丝机构,避免多余丝材进入熔池,造成熔化不完全,影响成形层质量。

(6) 熄灭电弧,并关闭工装系统,确保剩余丝材充分熔化,而不粘丝。

5.2 镁合金表面激光-TIG 单层多道熔覆层的组织与性能

5.2.1 组织形貌

5.2.1.1 宏观形貌

图 5-4 所示为镁合金表面单层多道熔覆层的宏观形貌。可以看出,两种工艺条件下,均可实现镁合金的熔敷成形。单一 TIG 熔敷时,焊道均匀性较差,鱼鳞纹较为明显,且存在咬边现象;焊道之间搭接不光滑,且发生偏离。激光-TIG 复合熔敷时,焊道整体较为均匀,鱼鳞纹不明显,无咬边、气孔及裂纹等现象;焊道之间搭接平滑、平整。

分析可知,钨极氩弧焊在熔敷成形过程中,电弧随着丝材的熔化会出现不稳定,导致焊道偏移和咬边现象的出现,并可能导致熔滴飞溅;同时,丝材动态熔化过程的一致性也较差,导致鱼鳞纹较为明显。激光的引入,可有效吸引电弧,牵引电弧沿激光产生的熔融小孔前进,起稳弧作用,并增强丝材融化的稳定性,使得成形

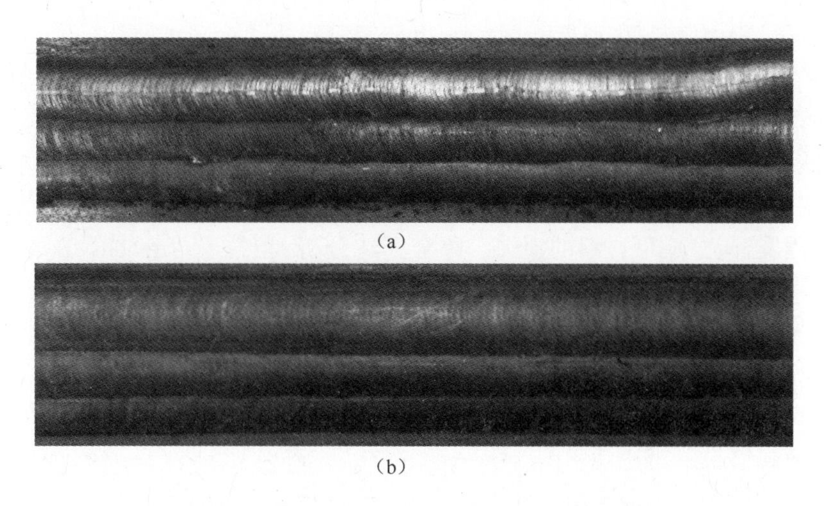

图 5-4　镁合金表面单层多道熔敷层宏观形貌

(a)单一 TIG 单层多道熔敷层;(b)激光-TIG 复合单层多道熔覆层。

焊道平滑自然,均匀美观。同时,通过电弧预热,降低了工件对激光的反射作用,提高了激光吸收率,进而提高了成形效率。

图 5-5 所示为镁合金表面单层多道熔敷层的截面形貌。可以看出,单一 TIG 熔敷成形层存在气孔缺陷,如图 5-5(b)所示,且以氢气孔为主[11]。激光-TIG 复合熔敷成形层搭接平顺,无气孔、裂纹等内部缺陷。

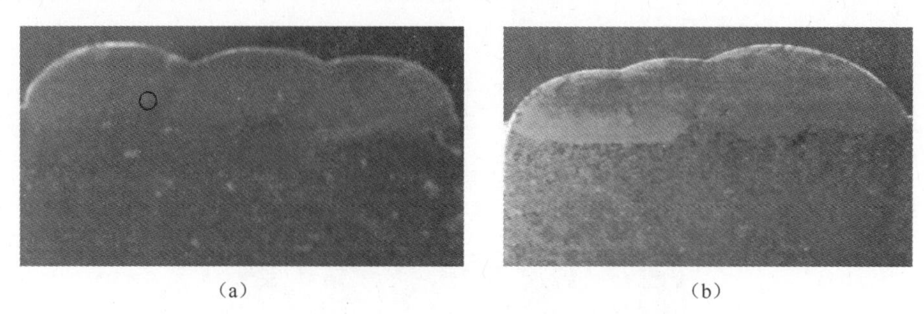

图 5-5　镁合金表面单层多道熔敷层截面形貌

(a)单一 TIG 单层多道熔敷层;(b)激光-TIG 复合单层多道熔覆层。

研究表明,镁是良好的储氢材料,在镁合金中存在大量的氢元素。但是,氢在镁中的溶解度随着温度的降低而急剧减小,这成为镁合金电弧熔敷过程中产生气孔的重要原因。主要表现为两种形式:一是镁合金母材本身,由于铸造过程中受到工艺水平的限制,通常会存在气孔;二是镁合金的热导率较高,凝固速度快,在熔敷焊道固化过程中,保护气氛中的氢气或母材中的氢气来不及溢出,会形成大小不一的氢气孔;上述这两种气孔会随着热输入与内部压力的变化,不断聚集、扩展,受热膨胀或相互结合,最终形成可见的成形层气孔。此外,镁合金中通常存在锌(Zn)等低熔点、蒸气压高的合金元素,这些元素由于熔点明显低于电弧等热源温度,在熔敷成形过程中容易受热蒸发或烧损,也会形成气孔[8]。

激光的加入,提高了电弧的抗干扰能力,减小了电弧波动,增强了熔敷过程的稳定性;同时,激光干预与电弧压力的协同作用,有效增强了熔池中的液态金属流动,降低了熔池冷却速率,加速了析出氢气的逸出;另外,通过高纯氩气等气氛保护,实现了液态微熔池与环境大气的有效隔离,并且抑制了低熔点、高蒸气压金属元素的蒸发,减少成形材料的损失。综合上述分析,相较于单一 TIG 熔敷工艺,激光-TIG 复合熔敷成形层的气孔缺陷更少,更适合燃烧、夹杂敏感的镁合金损伤件的修复强化。

5.2.1.2 微观组织

图 5-6、图 5-7 所示分别为镁合金表面单一 TIG 与激光-TIG 复合单层多道熔敷层的微观组织。对比观察图 5-6 与图 5-7(a),可以看出,激光-TIG 复合熔覆层与单一 TIG 熔敷层的微观组织差别不大,两者为均匀分布的等轴晶粒,且均较铸态母材的组织有所细化。

由图 5-7(a)、(b)可以看出,激光-TIG 复合熔敷层的晶粒较为细小,且分布均匀;这是由于工件基体在激光-TIG 复合热源作用下局部受热,高温熔化,而镁合金的热导率高、散热快,熔池冷却迅速,在微熔池动态凝固过程中,熔池金属快速凝固结晶,促进了微细组织的生成[13]。同时,成形丝材中添加的 Al、Mn 等微量金属元素,进一步增强了微熔池的合金化效应,亦对熔敷成形层组织细化起到了一定的促进作用。

由图 5-7(c)可以看出,热影响区的晶粒较为粗大。分析可知,激光-TIG 复合熔敷成形属于局部非平衡加热过程,其热作用具有局部性、区域性和瞬时性特点,导致镁合金基体的温度场分布不均匀。热源作用点的基体金属与熔敷丝材同时熔化形成熔敷层,而其他区域由于热传导,虽然未融化但均不同程度循环受热,导致晶粒长大,发生组织粗化[9]。

图 5-6 镁合金表面单一 TIG 单层多道熔敷层微观组织

5.2.1.3 物相组成

图 5-8 所示为 ZM5 镁合金单层多道熔敷层的 XRD 衍射图谱。可以看出,母

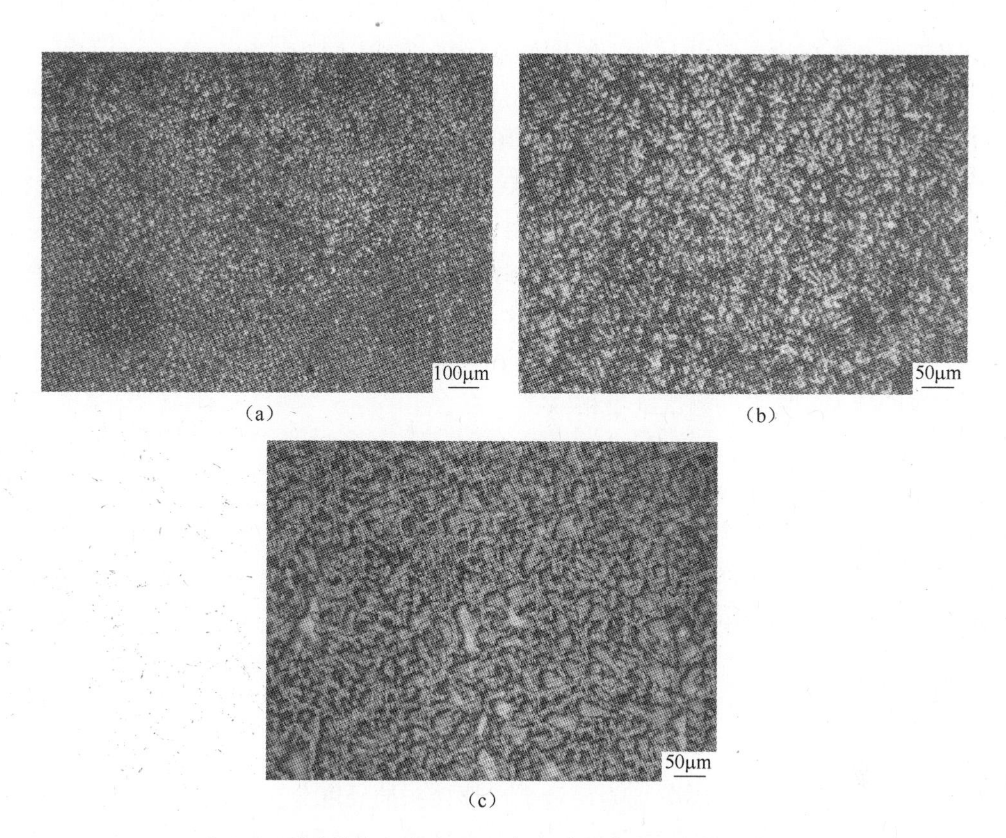

图 5-7　镁合金表面激光-TIG 复合单层多道熔敷层微观组织

(a) 100×熔敷区组织;(b) 200×熔敷区组织;(c) 200×热影响区组织。

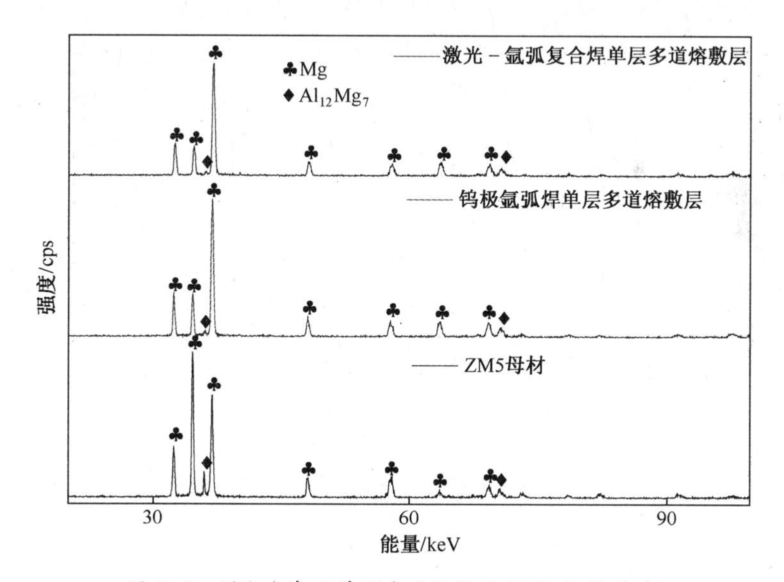

图 5-8　镁合金表面单层多道熔敷层 XRD 衍射图谱

材及两种熔覆层均主要由 α-Mg 相与 $\beta-Al_{12}Mg_{17}$ 金属间化合物相组成，但两种熔覆层中 $\beta-Al_{12}Mg_{17}$ 的衍射峰要明显弱于母材中相应衍射峰。主要原因如下：一是由于 Al 是镁最常见的合金化元素，且 710K 时 Al 在镁固溶体中的固溶度最大，在激光-TIG 复合及单一 TIG 载能束作用下，镁合金母材与镁合金丝材同时高温熔融，使得绝大部分 Al 元素固溶于 α-Mg 中，导致熔覆层中析出的 β 相明显少于母材。二是由于熔覆层金属主要来源于丝材，本研究采用的镁合金丝材中的 Al 元素含量为 6.65%，低于母材中的 Al 元素含量（7.2%~8.5%），这也是造成 $\beta-Al_{12}Mg_{17}$ 相在熔覆层中的含量低于其在 ZM5 镁合金母材中含量的主要原因，这一结果与相应的衍射峰峰强的测试结果相符[9]。

进一步观察发现，单一 TIG 熔敷层与激光-TIG 复合熔敷层的 XRD 衍射图谱极为相似，但单一 TIG 熔敷层的 $\beta-Al_{12}Mg_{17}$ 衍射峰略强于激光-TIG 复合熔敷层的相应衍射峰。分析表明，激光干预增加了电弧稳定性及对微熔池的搅拌能力，有效提高了熔池金属流动性，这为 Al 元素的充分固溶提供了必要条件，因而使得激光-TIG 复合熔敷层中的 $\beta-Al_{12}Mg_{17}$ 相较单一 TIG 熔覆层中要低。

5.2.2 综合性能

5.2.2.1 显微硬度

图 5-9、图 5-10 所示分别为镁合金成形接头的硬度分布。可以看出，激光-TIG 复合熔覆层的平均硬度为 $76HV_{0.05}$，与母材的平均硬度（78.7 $HV_{0.05}$）相当，热影响区的平均硬度为 69.4 $HV_{0.05}$，低于母材与熔敷层。单一 TIG 熔覆层的平均硬度为 69.7 $HV_{0.05}$，热影响区的平均硬度为 66.5 $HV_{0.05}$，均低于激光-TIG 复合成形接头的相应数值。根据 Hall-Petch 方程[10]，晶粒尺寸越小，显微硬度越大，熔敷层晶粒细小，故硬度较高，而热影响区在表面熔敷成形过程中晶粒受热长大，故显微硬度较低。

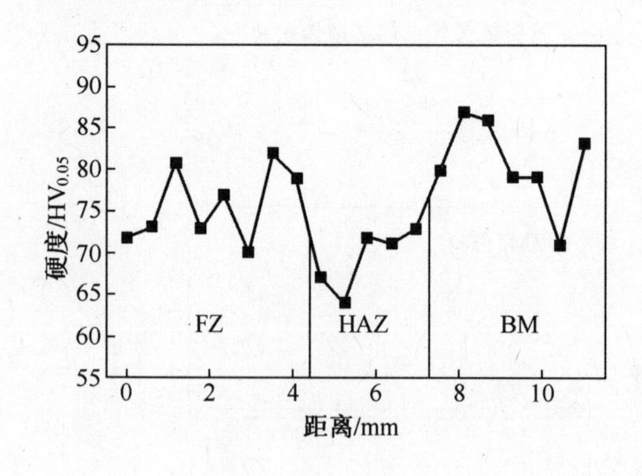

图 5-9 激光-TIG 复合成形接头硬度分布

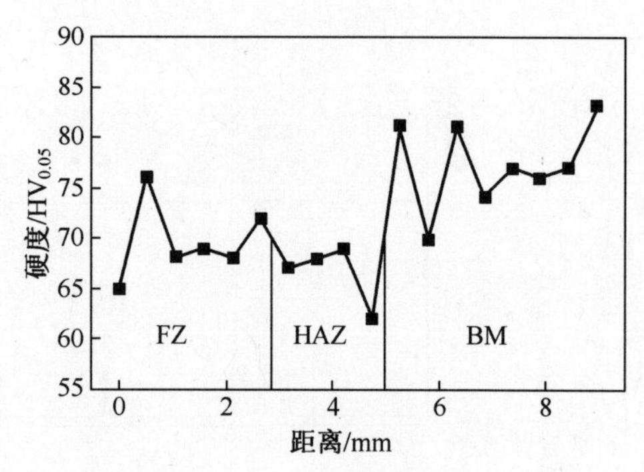

图 5-10 单一 TIG 成形接头硬度分布

5.2.2.2 摩擦学性能

1. 摩擦因数测试

图5-11(a)、(b)、(c)所示分别为镁合金表面熔覆层在不同载荷下的摩擦因数变化曲线。可以看出,当载荷为5 N时,镁合金母材的平均摩擦因数最大,在短时间内迅速增大,而后随时间趋于稳定;激光-TIG复合熔覆层的平均摩擦因数最小,在初始试验的60s内急剧增大至峰值,而后趋于稳定,在整个试验过程中均较为平稳,波动最小。单一TIG熔覆层的平均摩擦因数介于镁合金母材与激光-TIG复合熔覆层之间,但整体波动较大,且随时间的延长呈现出逐步增大的变化趋势。当载荷为10N时,三种试样的摩擦因数变化曲线趋于接近,此时镁合金母材的摩擦因数依然最大,单一TIG熔覆层的平均摩擦因数次之,激光-TIG复合熔覆层的平均摩擦因数最小,但均呈现出了随时间延长逐步增大的变化趋势。当载荷为15N时,三种试样的摩擦因数变化曲线更为接近,且相互交叉,随时间延长逐步增大的变化趋势更为明显。上述研究表明,低载荷条件下,激光-TIG复合熔覆层展现出了更为优异的摩擦学性能。

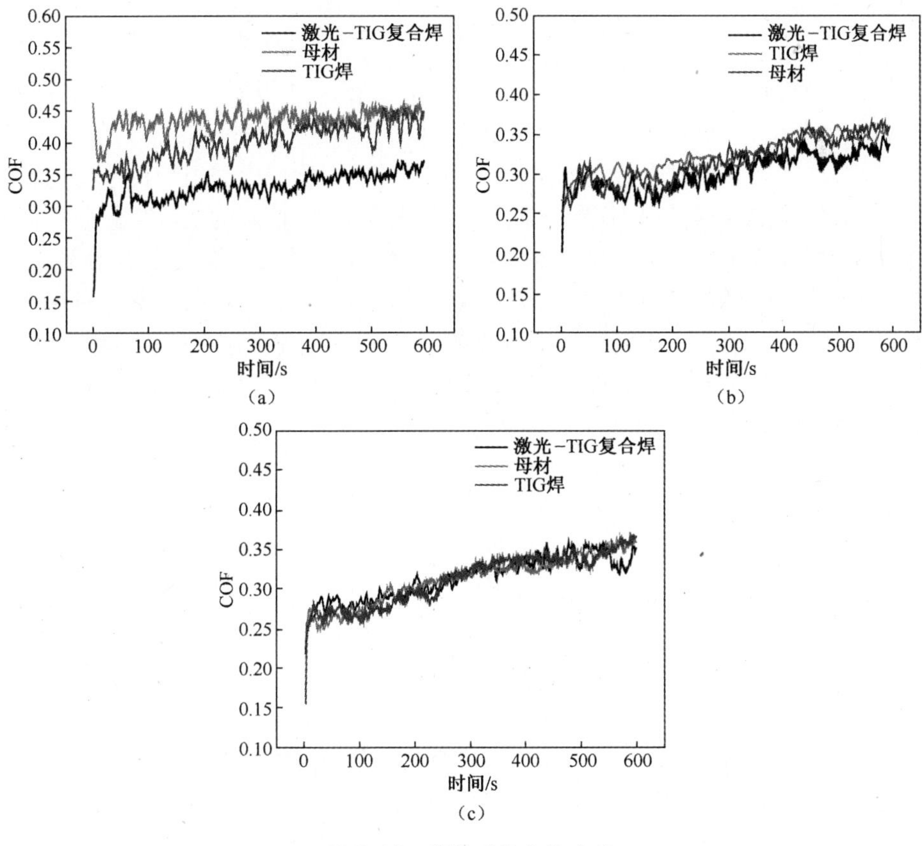

图5-11 摩擦因数变化曲线

(a)5N;(b)10N;(c)15N。

图 5-12 所示为镁合金表面熔覆层及母材在不同载荷下的摩擦因数对比。可以看出,当载荷为 5N 时,三种试样的摩擦因数差别最大;随着载荷的增大,三种试样的平均摩擦因数逐渐趋于接近;在不同试验载荷下,激光-TIG 复合熔覆层摩擦因数始终最小,这与图 5-11 的摩擦因数变化曲线相一致。

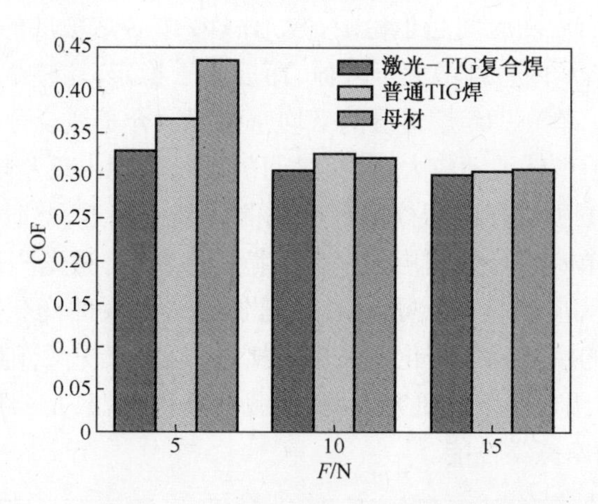

图 5-12 不同载荷下的平均摩擦因数

整体上看,随着摩擦过程的进行,两种熔敷层及母材的摩擦因数均在短时间内迅速增大至某一峰值,随后逐渐进入稳定摩擦阶段。但各摩擦曲线均存在一定程度的波动,这主要源于镁合金材料的固有理化特性、熔覆层内部组织的不均匀特性及固体干摩擦的本质特征。分析可知,摩擦过程中,两摩擦副的实际接触面积仅为极小微区,相互挤压过程中产生局部塑性流动,瞬时高温使得微区出现粘着点,在摩擦力的作用下,粘着点被剪切而发生材料转移。如此循环往复,干摩擦过程演变为粘着点形成、滑动剪切与材料转移的交替发生过程,导致摩擦副在相对运动中出现不同形变,造成所需摩擦力变化,具体体现为摩擦因数的波动[11]。

2. 磨损体积测定

图 5-13(a)~(i)所示为镁合金表面熔覆层及母材在不同载荷下的磨痕三维形貌。可以看出,两种熔敷层及母材的磨痕宽度与磨痕深度均随载荷的增加而增大,且各痕表面均凹凸不平,存在明显的犁沟与深坑;母材磨痕表面犁沟呈连续平行分布,由于磨屑被拉起而产生的深坑较少,分布较为稀疏;两种熔敷层表面犁沟相对较为细密,呈不连续分布,而深坑分布较为密集。

图 5-14 所示为镁合金表面熔覆层及母材在不同载荷下的磨损体积,表 5-1 所示为磨损体积的测量数值。可以看出,两种熔覆层及母材的磨损体积均随载荷的增加而增大,激光-TIG 复合熔覆层在各载荷下的磨损体积均最小。而在载荷为 10N 时,出现单一 TIG 熔覆层的磨损体积最大的现象。主要原因如下:EDS 测试表明,该熔覆层磨损产物的 Al 元素含量达 4.15%,明显高于母材(2.85%)及激光-TIG 复合熔覆层(3.88%)的 Al 元素含量,说明摩擦生热导致其表面生成的硬

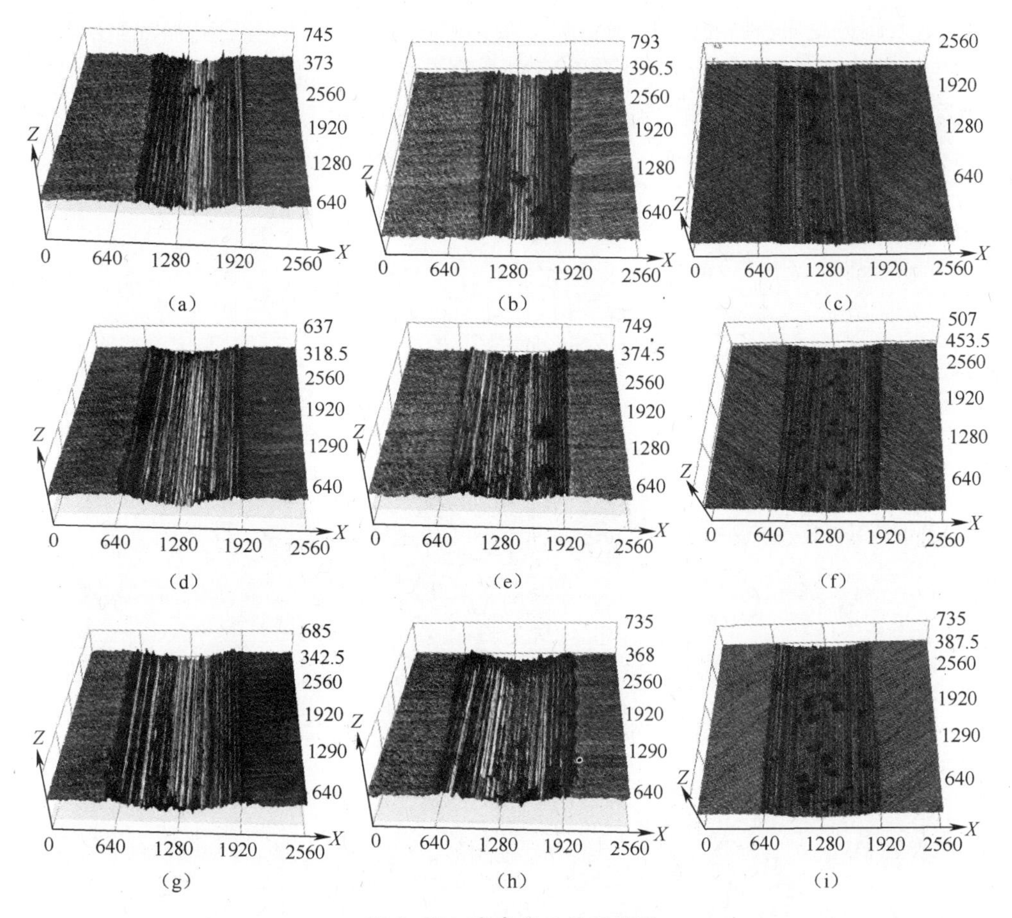

图 5-13　磨痕的三维形貌图

(a)镁合金母材/5N;(b) 单一 TIG 熔覆层/5N;(c)激光-TIG 复合熔覆层/5N;
(d)镁合金母材/10N;(e)单一 TIG 熔覆层/10N;(f)激光-TIG 复合熔覆层/0N;
(g)镁合金母材/15N;(f) 单一 TIG 熔覆层/15N;(i) 激光-TIG 复合熔覆层/15N。

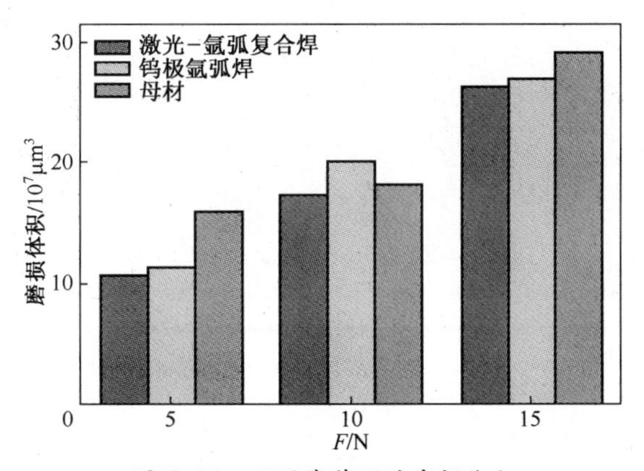

图 5-14　不同载荷下的磨损体积

质 Al_2O_3颗粒更多[12]，磨粒磨损更为严重；同时，单一 TIG 熔覆层的内部组织均匀性较差，夹杂较多，硬度较低，粘着磨损亦会较为严重。综合上述研究表明，激光-TIG 复合熔覆层具有更为优异的摩擦磨损性能。

表 5-1 不同载荷下磨损体积测量数值

原　料	磨损体积/10^7 μm^3		
	5N	10N	15N
镁合金母材	16	18.24	29.17
单一 TIG 熔覆层	11.37	20.15	26.98
激光-TIG 复合熔覆层	10.79	17.42	26.33

3. 磨痕形貌观察

图 5-15 所示为镁合金表面熔覆层及母材在不同载荷下的磨痕形貌。可以看

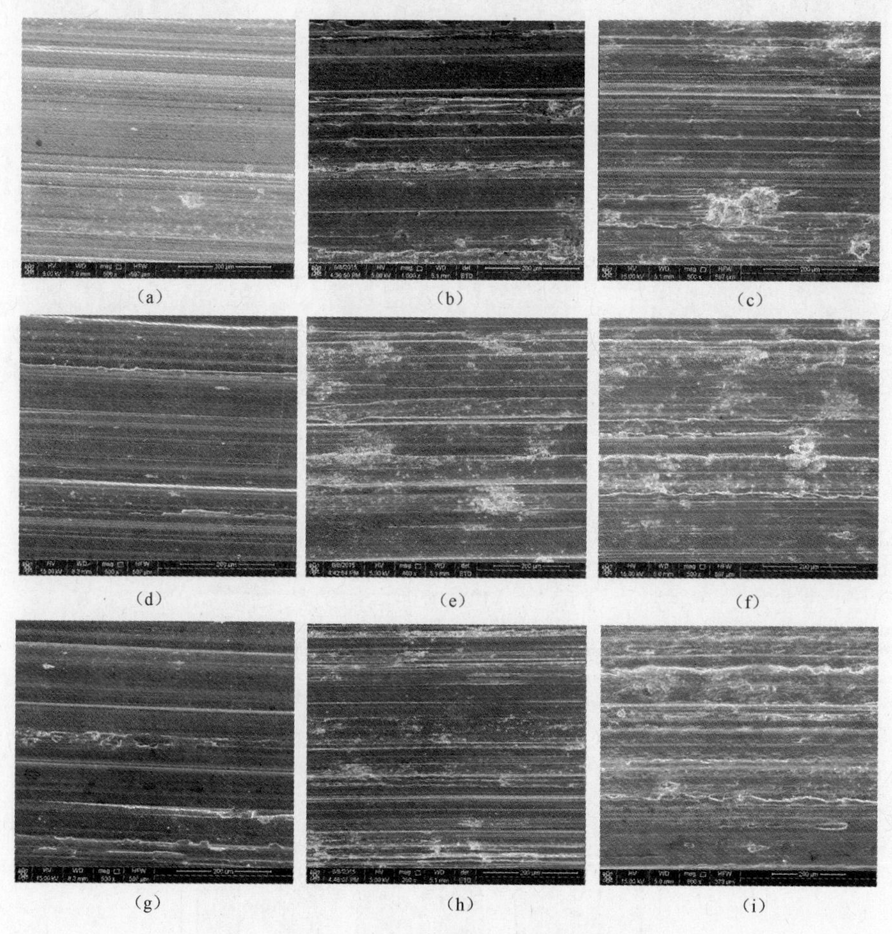

图 5-15 不同载荷下的磨痕形貌

(a)镁合金母材/5N；(b)单一 TIG 熔覆层/5N；(c)激光-TIG 复合熔覆层/5N；
(d)镁合金母材/10N；(e)单一 TIG 熔覆层/10N；(f)激光-TIG 复合熔覆层/10N；
(g)镁合金母材/15N；(h)单一 TIG 熔覆层/15N；(i)激光-TIG 复合熔覆层/15N。

出，母材表面出现了明显的呈平行分布的连续犁沟，且少数犁沟较深，这主要是由对偶钢球摩擦副微凸体的犁耕作用导致的；同时，犁沟表面还可观察到少量堆积、转移的磨屑碎片。两种熔覆层表面存在断续分布的犁沟，可观察到明显的撕裂、擦伤、卷曲损伤以及被拉起的粘着磨屑，尤其激光-TIG 复合熔覆层表面的磨损产物卷曲、拉起现象更为显著。上述研究表明，铸态镁合金母材的失效以磨粒磨损为主，粘着磨损为辅；两种熔敷层的失效以粘着磨损为主，磨粒磨损为辅，但主导作用程度有所差别。

通常而言，材料硬度越高摩擦磨损性能越好，但这需要以相同的摩擦磨损机制为前提。单一 TIG 熔敷层的显微硬度较镁合金母材低约 10 $HV_{0.05}$，但母材的摩擦因数较高，其原因就在于两者的摩擦磨损机制不同。单一 TIG 熔敷层较镁合金母材质软，在摩擦过程中塑性变形较大，更容易发生粘着磨损。激光-TIG 复合熔覆层与镁合金母材的显微硬度相当，但两者的主要磨损失效机制分别为粘着磨损和磨粒磨损，这主要是因为两者的内部微观组织不同，塑性变形能力不同所致。

图 5-16 所示为 5N 载荷下磨损产物的 EDS 分析结果，表 5-2 所示为各元素的百分含量。可以看出，两种熔敷层及母材均由 Mg、Al 、O 元素组成；激光-TIG 复合熔覆层与单一 TIG 熔敷层的 O 元素含量分别为 38.98%和 39.08%，明显高于母材的 O 元素含量(21.82%)。镁合金母材、激光-TIG 复合熔敷层及单一 TIG 熔敷层的 Al 元素含量分别为 3.63%、3.84%、3.68%，相差不大。铝元素在高温下极易氧化，生成氧化铝等硬质颗粒，并在不断的摩擦过程中从磨损表面脱落，夹持于摩擦副之间，造成软质母材表面产生沿滑动方向的连续划伤，出现磨粒磨损现象；同时，相较于铸态母材，两种熔敷态成形层的塑性较强，且内部组织不均匀，摩擦载荷作

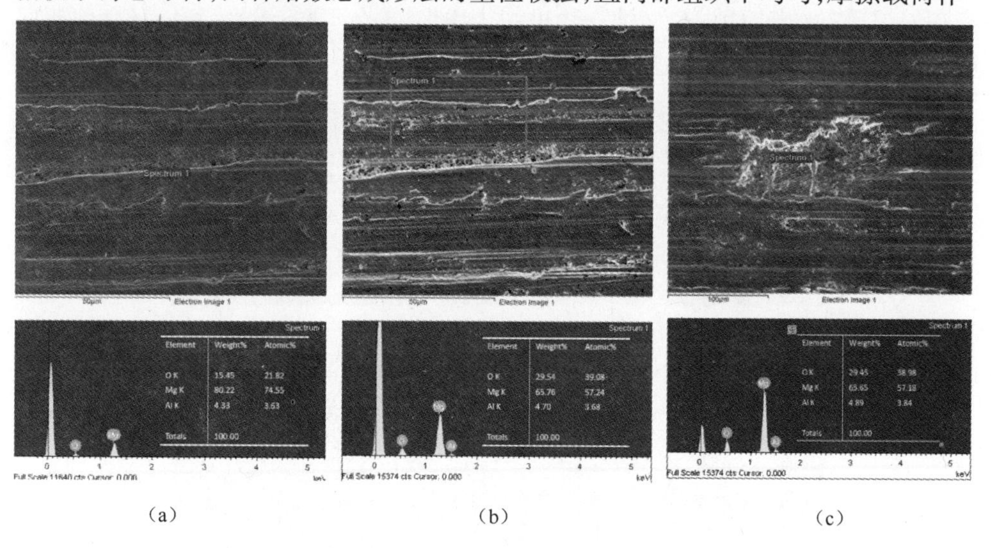

(a)　　(b)　　(c)

图 5-16　5N 载荷下磨损产物 EDS 分析

(a)镁合金母材；(b)单一 TIG 熔覆层；(c)激光-TIG 复合熔覆层。

用下，更易于发材料的粘着转移。10N、15N 载荷下的镁合金母材及两种熔覆层的摩擦磨损产物 EDS 分析结果与 5N 载荷时略有区别，但整体变化趋势基本一致。

表 5-2　5N 载荷下 EDS 元素分析

材料	元素含量/%（原子分数）		
	O	Mg	Al
母材	21.82	74.55	3.63
单一 TIG 熔覆层	39.08	57.24	3.68
激光-TIG 复合熔覆层	38.98	57.18	3.84

5.2.2.3　耐腐蚀性能

1. 耐盐雾腐蚀性能

图 5-17 所示为镁合金表面熔覆层及母材在不同时刻的盐雾腐蚀宏观形貌。可以看出，经 2h 盐雾腐蚀后，单一 TIG 熔覆层出现了白色絮状腐蚀产物，母材及激光-TIG 复合熔覆层无腐蚀痕迹。经 4h 盐雾腐蚀后，单一 TIG 熔覆层的白色絮状腐蚀产物增多，母材表面出现微小腐蚀斑点，激光-TIG 复合熔覆层无明显腐蚀痕迹。经 8h 盐雾腐蚀后，单一 TIG 熔覆层的白色絮状腐蚀产物进一步增多，腐蚀斑点密度增大；母材表面腐蚀斑点增多，颜色变暗；激光-TIG 复合熔覆层无明显变化。经 12h 盐雾腐蚀后，单一 TIG 熔覆层表面已被腐蚀产物部分覆盖，母材表面出现大面积白色腐蚀产物，激光-TIG 复合熔覆层开始出现白色腐蚀斑点。经 24h 盐雾腐蚀后，单一 TIG 熔覆层表面已完全被腐蚀产物覆盖，腐蚀产物较为疏松，腐蚀向深处扩散；母材表面白色腐蚀产物进一步增多，颜色更暗；激光-TIG 复合熔覆层表面白色腐蚀斑点增多，但整体腐蚀较为轻微。

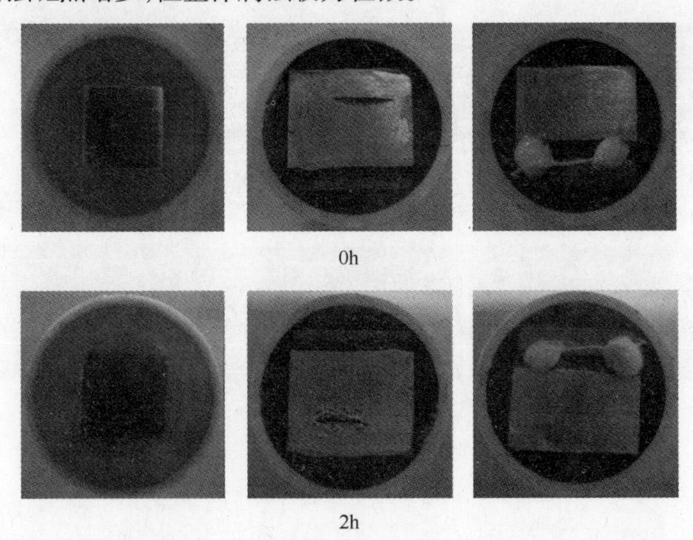

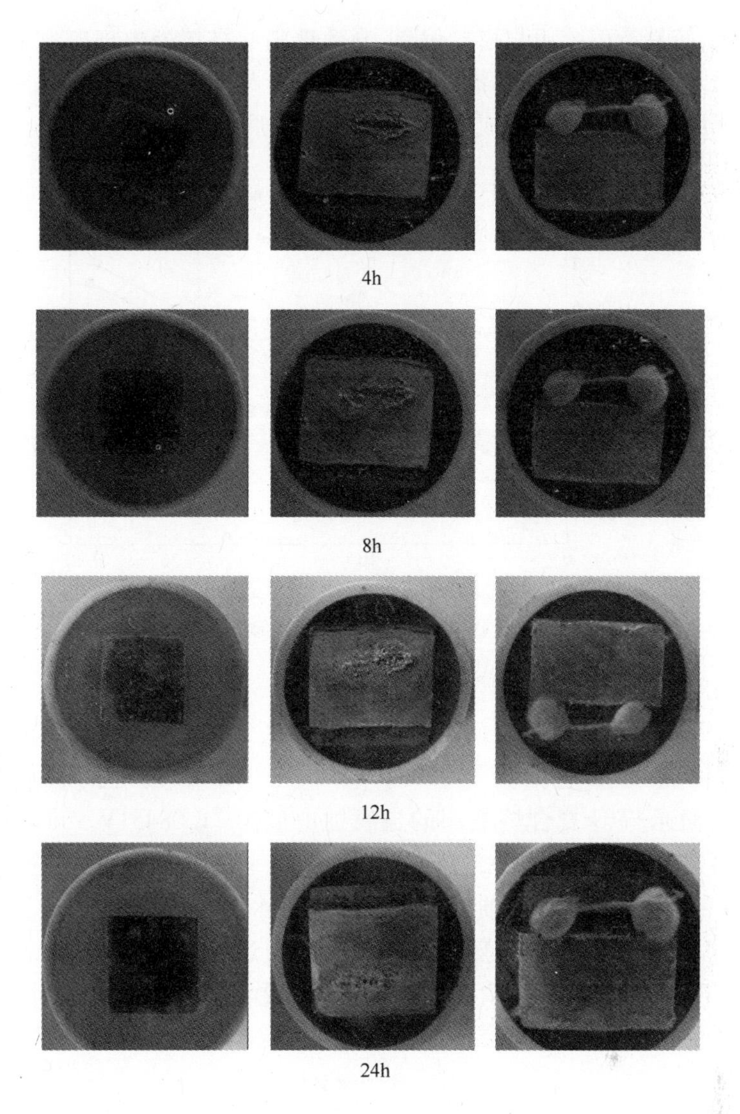

图 5-17　不同时刻的盐雾腐蚀宏观形貌

图 5-18 所示为镁合金表面熔覆层及母材在不同时刻的单位面积增重曲线。可以看出，随着盐雾腐蚀时间的增加，各试样的单位面积增重曲线均呈现出了逐步增大的变化趋势。在 0~2h 盐雾腐蚀时间段，各试样的单位面积增重情况基本相当，增重数值相差不大。在 2~8h 盐雾腐蚀时间段，单一 TIG 熔覆层的腐蚀增重较为明显，增重曲线斜率较大；母材与激光-TIG 复合熔覆层的增重不明显，增重曲线斜率较小。在 8~24h 盐雾腐蚀时间段，单一 TIG 熔覆层、激光-TIG 复合熔覆层及母材均呈现了较快的腐蚀增重趋势，增重曲线斜率均较大。

整体看来，在各盐雾腐蚀时间段内，激光-TIG 复合熔覆层的腐蚀增重均最小，展现了最为优异的耐盐雾腐蚀性能。分析可知。单一 TIG 熔敷成形过程中，电弧稳定性较差，容易产生咬边与搭接偏离，导致熔敷层搭接处出现凹坑等宏观缺陷，该类缺陷通常会成为蚀点萌生源头。而激光的引入，起到了稳定电弧的作用，使得整个熔敷成形过程极为稳定，成形层均匀致密，耐腐蚀性能良好。

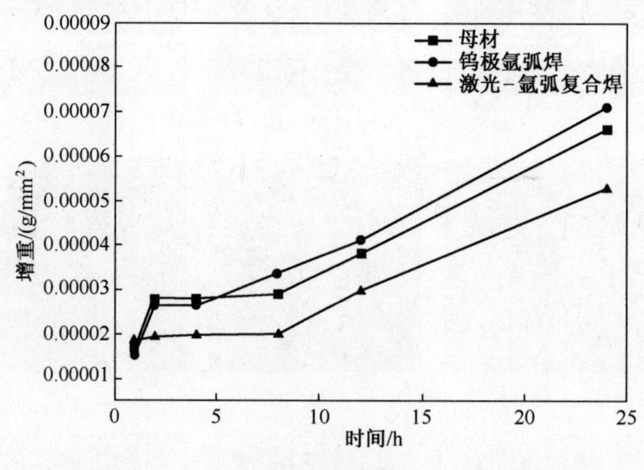

图 5-18　腐蚀增重曲线

2. 极化特性

图 5-19 所示为镁合金表面熔覆层及母材在 3.5%NaCl 溶液中的极化曲线。可知，母材的自腐蚀电位为 -1.28019V，单一 TIG 熔敷层的自腐蚀电位为 -1.16579V，激光-TIG 复合熔敷层的自腐蚀电位为 -1.08451V。可以看出，激光-TIG复合熔敷层的自腐蚀电位最正，明显由于单一 TIG 熔敷层及镁合金母材。主要原因如下：①通过适当手段细化镁合金晶粒尺寸，提高组织均匀性，可提升钝化效应[13]；镁合金热导率较高，激光-TIG 复合熔敷过程中微熔池凝固速度快，熔覆层晶粒尺寸明显小于母材，故耐腐蚀性能较好。②在镁合金材料中，β 相含量越

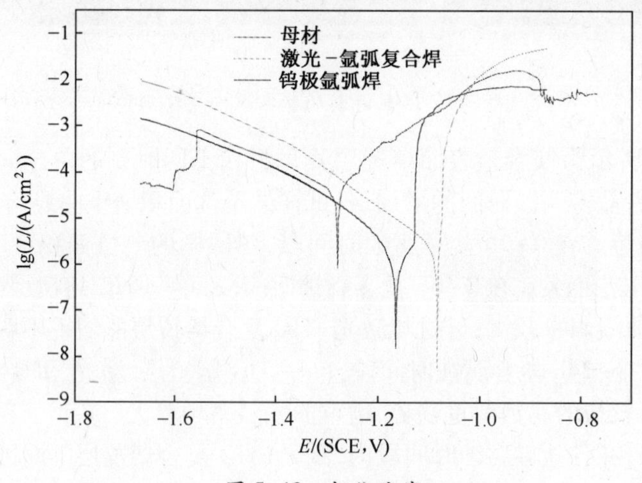

图 5-19　极化曲线

高，越容易产生 α+β 复合相，导致耐腐蚀性能降低[14]；相较于镁合金母材，激光-TIG 复合熔敷层的 β 相含量较低，这也是其耐腐蚀性能较为优异的原因之一。③成形丝材中的 Mn 元素含量较高，亦可有效提高熔覆层的耐腐蚀性能。

5.3 工艺特性对镁合金表面激光-TIG 单层多道熔覆层的影响

5.3.1 送丝速度的影响

图 5-20 所示为不同送丝速度下单道熔敷层的截面及表面形貌。可以看出，各送丝速度下，熔敷层形貌均光滑平整，表面和截面无气孔、裂纹、夹渣等缺陷存在。相比而言，送丝速度越小，熔敷层成形性越好，表面越光滑。随着送丝速度的逐渐增大，熔覆层余高显著增大，但出现了轻微波动与咬边现象。该现象说明送丝越慢，丝材熔化越充分，流动性越好，越易于成形。因此，在较小送丝速度下，可制备出更为光滑、平整的熔敷层。

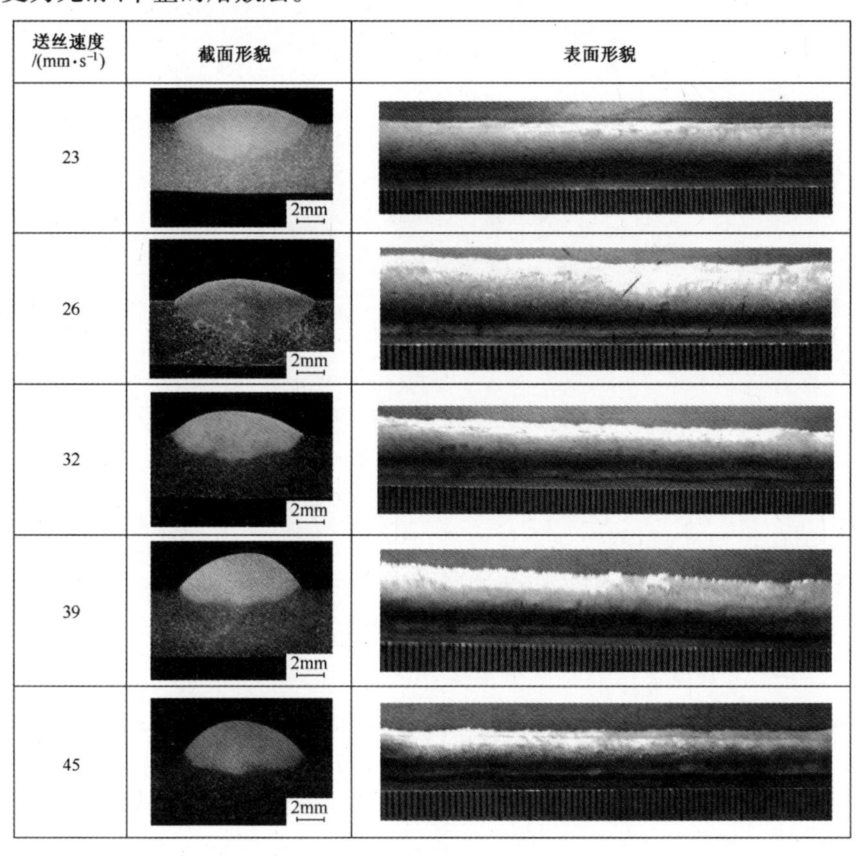

图 5-20　送丝速度对熔敷层形貌的影响

图 5-21 所示为熔敷层几何尺寸随送丝速度的变化曲线。可以看出，随着送丝速度的增大，熔敷层熔深呈现出了逐步减小，余高逐渐增大，熔宽呈现出了先增大后减小的变化趋势，但熔宽整体变化较小。分析可知，送丝速度增加，即单位时间的送丝量增大，电弧所产生的能量更多地用于熔化填充丝材，而用于熔化母材的能量相应减少，故熔深较小。熔宽的大小主要取决于电弧尺寸，在熔宽变化不大的情况下，送丝速度增加，熔深降低，必然使余高增大。当送丝速度较小时，焊丝熔化充分，熔池较深，填充金属可以平整地熔敷在熔池内，得到扁平状的熔敷层，且残余应力较小。

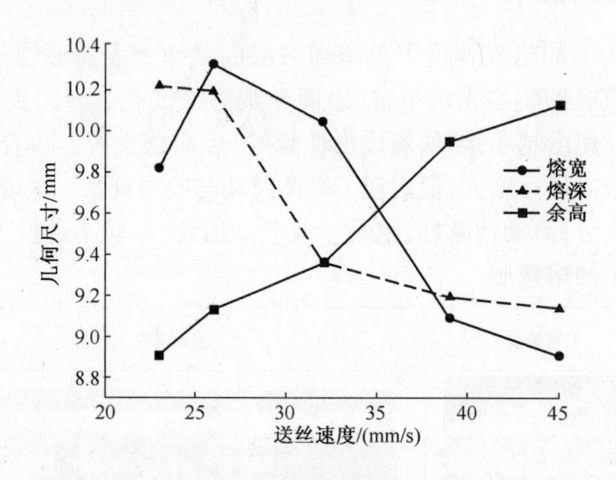

图 5-21　送丝速度对熔敷层几何尺寸的影响

5.3.2　焊接电流的影响

图 5-22 所示为不同焊接电流下的熔敷层形貌。可以看出，当焊接电流为 90A 时，熔敷层表面不够均匀连续，且波动较大；随着电流的增大，熔敷层逐渐由半球状演变为扁平状，且逐步平整光滑；而当电流达到 140A 时，试样板材被烧穿。分析表明，激光-TIG 复合成形过程中，若电流过小，则电弧功率亦很小，激光与电弧的复合强度不足，导致熔深较小，不易焊透；且会导致激光、电弧分离而出现波动，以及熔滴不均匀过渡现象。随着电流的增大，电弧能量随之增加，激光与电弧的复合作用持续增强，可有效增大熔深，并提高激光利用率。

图 5-23 所示为焊接电流对熔敷层几何尺寸的影响。可以看出，随着焊接电流的增大，熔宽和熔深均呈现出了逐步增大的变化趋势，余高呈现出了逐步减小的变化趋势。分析可知，随着电流的增大，电弧功率增加，激光与电弧的复合强度增大，成形热量输入增多，母材与填充金属有充足的能量实现熔化，有效提高了铺展性与成形性。

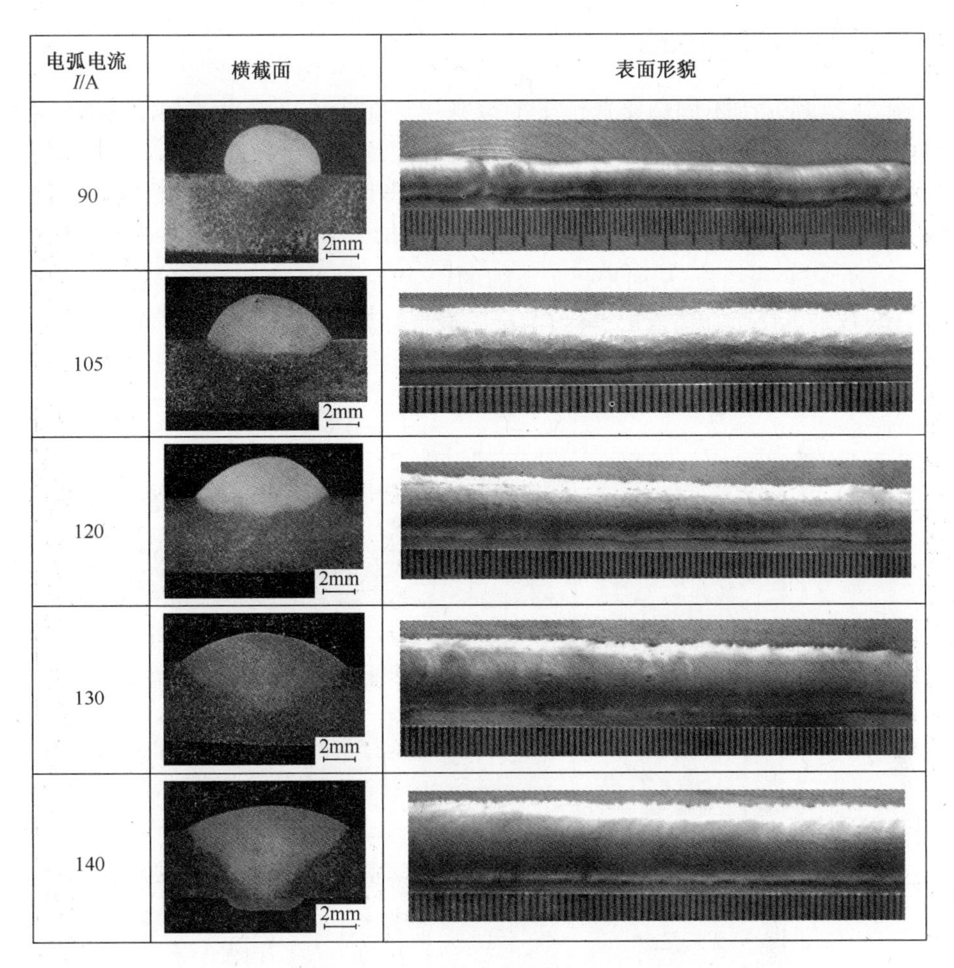

电弧电流 I/A	横截面	表面形貌
90	2mm	
105	2mm	
120	2mm	
130	2mm	
140	2mm	

图 5-22　焊接电流对成形熔敷层形貌的影响

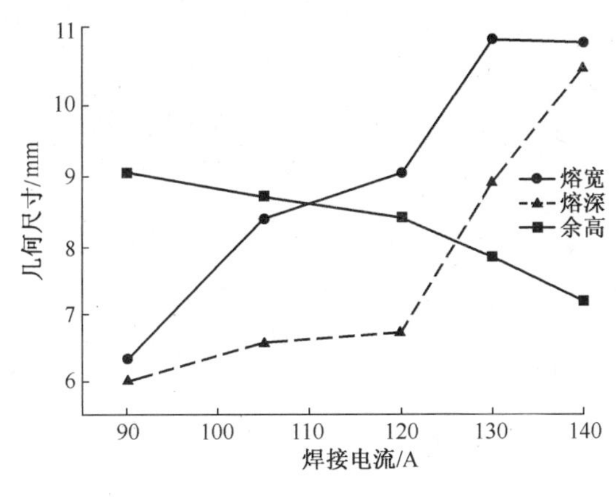

图 5-23　焊接电流对熔敷层尺寸的影响

5.3.3 焊接速度的影响

图 5-24 所示为不同焊接速度下的熔敷层形貌。可以看出，随着焊接速度的增大，熔敷层变细变窄，不同焊接速度下的熔敷层均成形良好，无气孔、咬边和裂纹等缺陷。通常电弧是通过热电离而产生的[15]，当焊接速度增大时，热电离过程不够充分，造成电弧不稳定；激光加入后，激光的作用使得工件表面易于形成熔池，同时热电离过程变得稳定，从而增强了电弧的稳定性。相较于单一 TIG 工艺，激光-TIG 复合技术更适于高速成形，且熔敷层质量良好。

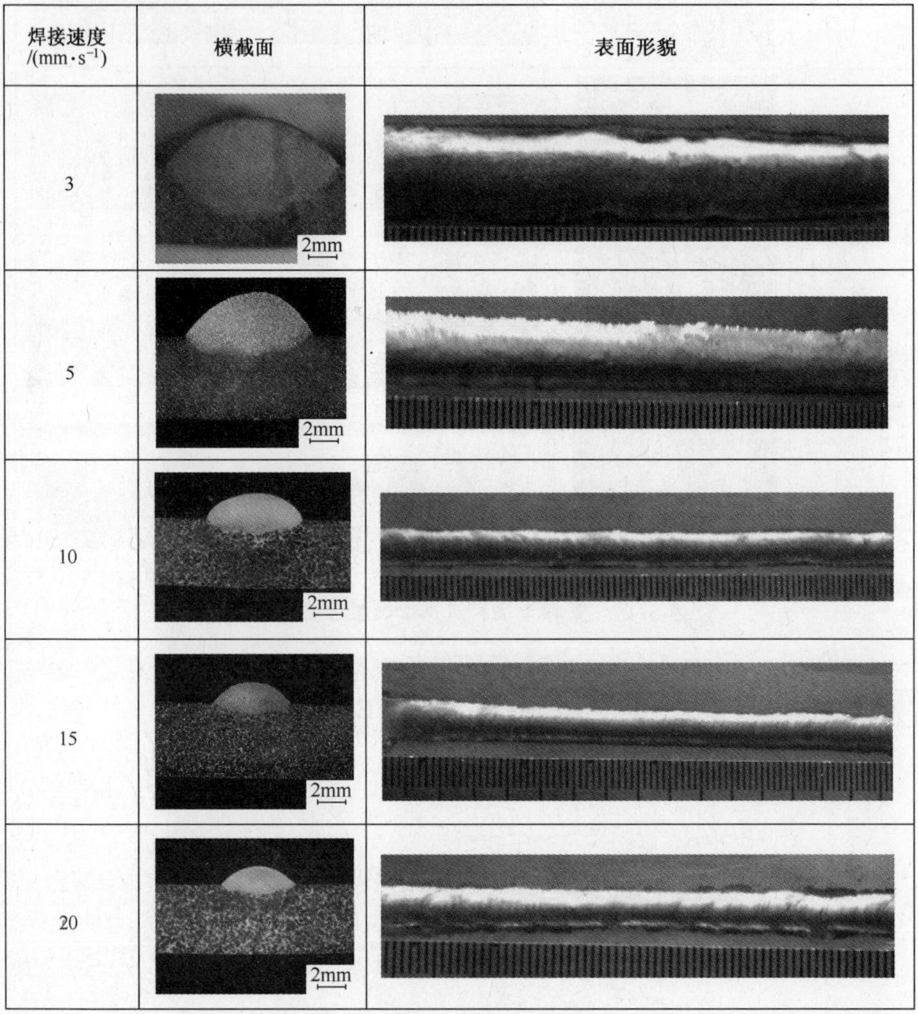
焊接速度/(mm·s⁻¹)
横截面
表面形貌
3
5
10
15
20
2mm
2mm
2mm
2mm
2mm

图 5-24　焊接速度对熔敷层形貌的影响

图 5-25 所示为不同焊接速度对熔敷层几何尺寸的影响。可以看出，随着焊接速度的增大，熔覆层的熔深、熔宽、余高均呈现出了逐步减小的变化趋势。分析

可知,当焊接速度较低时,单位面积的热输入较大,有足够的时间和能量形成熔池,熔化母材和填充金属,故熔敷层的熔深、熔宽和余高均很大。随着焊接速度的增大,激光-TIG 复合热源在工件表面的滞止时间变短,单位面积的热输入减少,故熔敷层的熔深、熔宽和余高也随之变小。相较于 3mm/s 的焊接速度,当焊接速度为 20mm/s 时,熔敷层的熔深、熔宽、余高分别降低 78.7%、58.4%和 58.0%,呈现了向细、窄、小方向变化的趋势。在其它工艺条件不变的情况下,焊接速度越大,却越有利于减小变形倾向,减小热裂纹和内应力产生的概率[16]。

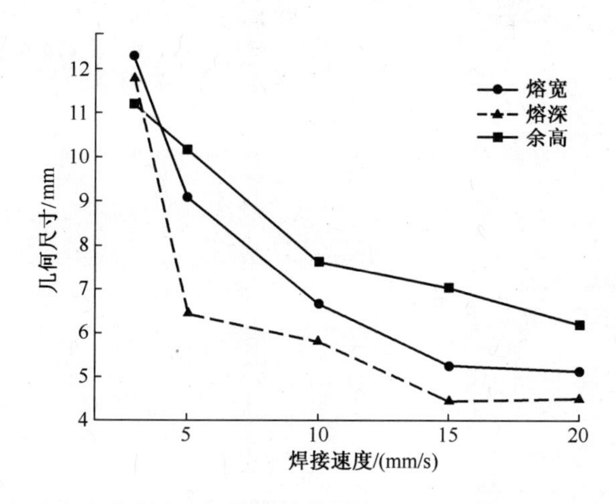

图 5-25 焊接速度对熔敷层几何尺寸的影响

5.3.4 激光功率的影响

图 5-36 所示为不同激光功率时的熔敷层形貌。可以看出,当激光功率为 200W 时,熔敷层存在明显的波动与起伏,熔敷层与母材的融合连接处不光滑,存在轻微咬边。随着激光功率的增加,激光与电弧的复合作用随之增加,成形过程趋于稳定,熔敷层亦趋于光滑平整。当激光功率为 600W 时,熔覆层出现了少量的气孔缺陷。分析可知,镁合金的熔点与沸点均较低,在其表面激光-TIG 复合熔敷成形过程中,若激光功率过高,则激光与电弧复合产生的热输入过大,易于导致镁合金蒸发[17],使得熔敷层中出现少量因金属填充不足而产生的孔洞,进而影响其综合性能。可见,在本研究中激光功率选择在400 ~500W 为宜。

图 5-27 所示为不同激光功率下的熔敷层几何尺寸变化曲线。可以看出,随着激光功率的增大,熔覆层的熔深与熔宽整体上均呈现出了逐步增大的变化趋势;熔覆层余高呈现出了先减小后增大的变化趋势,但变化幅度不明显。相较于 200W 的激光功率,当激光功率为 600W 时,熔覆层的熔深增加了 35.3%,熔宽增加了 18.9%,余高降低了 6.5%。分析可知,当激光功率很小时,激光-氩弧复合成形呈现热传导焊的特点[18],此时 TIG 电弧起决定性作用,故熔敷层熔深较小。随着

激光功率 *P*/W	横截面	表面形貌
200	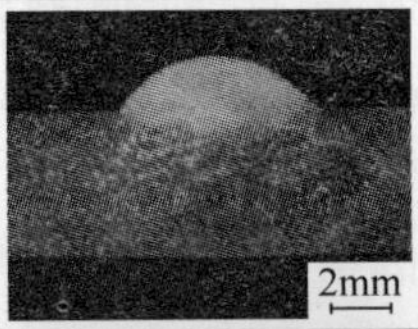	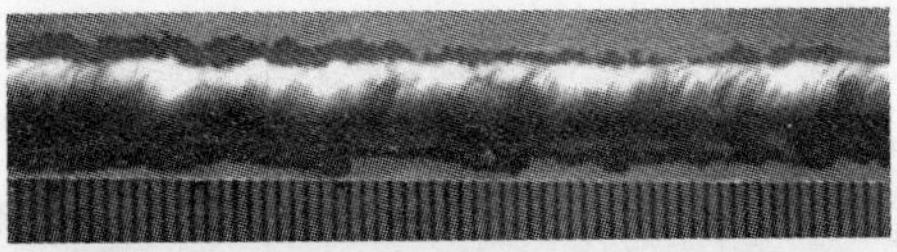
300	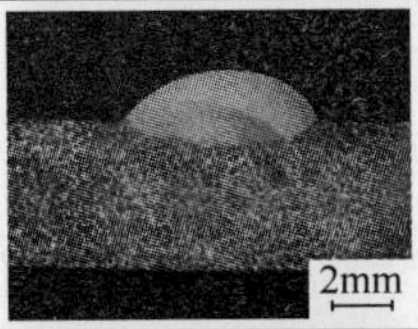	
400	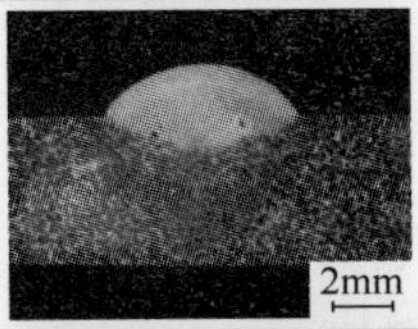	
500	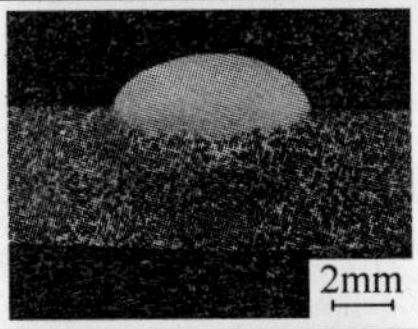	
600	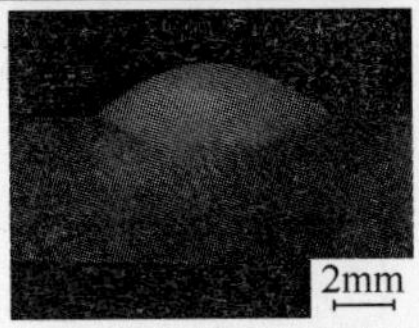	

图 5-26　激光功率对熔敷层形貌的影响

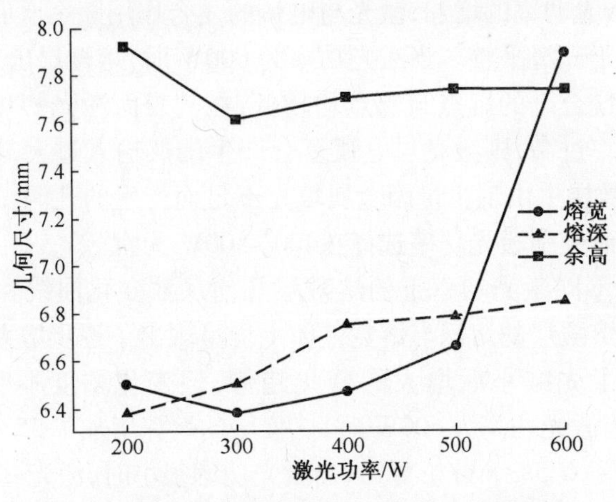

图 5-27　激光功率对熔敷层尺寸的影响

激光功率的增加，其作用更加显著，复合成形呈现了激光成形特有的大熔深特点，熔深增大；同时，在 TIG 电弧的共同作用下，有效提高了整体热能量输入，熔池铺展性也有所增强，故熔宽急剧增大。

5.3.5 工艺参数的离差分析

离差是指一组数与其平均值的差的平方和，离差越大，说明该参数对此性能指标的影响越显著[19]。图 5-28 所示为各工艺参数对熔覆层熔深、熔宽及余高的离差。可以看出，焊接电流对熔覆层熔深的影响最大，这是因为焊接电流的增加可有效提高电弧的熔化体积，有利于激光能量的充分吸收。焊接速度对熔覆层熔宽与余高的影响均最大，这是由于在其他参数不变的前提下，焊接速度越小，单位面积的热输入越大，焊接速度越大，单位面积的热输入越小，直接影响母材和填充金属的熔融状态。

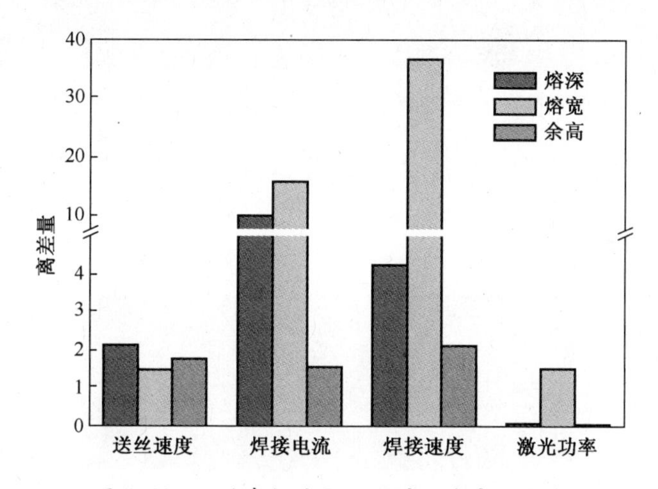

图 5-28 工艺参数对熔深、熔宽和余高的离差

综合分析熔敷层各几何尺寸指标的离差量可知，焊接电流与焊接速度对其影响最大，送丝速度次之，激光功率的影响最小。主要原因是在该试验过程中，采用的是低功率激光与 TIG 相复合的熔敷成形方式，激光主要起稳定电弧与引导电弧的作用，而对熔敷层几何尺寸的影响不大。为确保熔敷成形性并提高熔敷效率，应选择如下最优工艺参数组合：焊接速度为 5mm/s、送丝速度 23mm/s、激光功率 400~500W、焊接电流 120~140A 。

5.4 镁合金表面激光-TIG 多层多道熔覆层的组织与性能

5.4.1 组织形貌

1. 宏观形貌

图 5-29 所示为激光 TIG 复合多层多道熔敷层的宏观形貌。可以看出，相较

于单层单道熔覆层,多层多道熔覆层的鱼鳞纹较为明显,焊道间的咬边也略多。

单层单道熔敷时,成形层均匀、光滑;后一焊道熔敷时,均从前一焊道熔宽的2/3处开始,使得成形层整体的平整度较高。第二层熔敷层的成形是在第一层的基础上进行的,当钨极与激光斑点扫描通过第一层焊道时,由于前一层焊道/焊间的凹凸起伏导致钨极出现了轻微的左右摆动,导致搭接区域出现了轻微的咬边与偏离。但是,由于激光对电弧的牵引与稳定作用,多层多道熔覆层的整体成形质量依然很好,厚度与色泽均匀,整体上光滑、连续,无裂纹与气孔等缺陷存在。

图 5-29　激光-TIG 复合多层多道熔敷层的宏观形貌

图 5-30 所示为激光-TIG 复合多层多道熔敷层的截面形貌。可以看出,熔敷层内部无气孔与裂纹等缺陷,层/层之间、焊道/焊道之间的界限较为清晰、分布均匀。

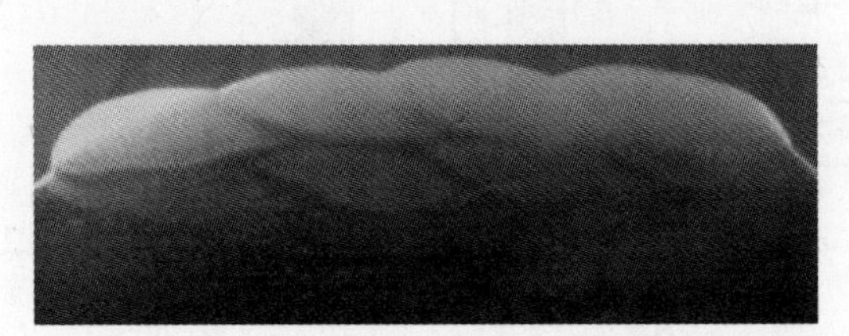

图 5-30　激光-TIG 复合多层多道熔敷层的截面形貌

2. 微观组织

图 5-31(a)~(d)所示为多层多道熔敷层的微观组织。由图 5-31(a)可以看出,母材区、热影响区与熔敷层的界线明显,熔敷区晶粒明显细化,热影响区受热循环影响,受热未熔化,晶粒发生了长大、粗化。图 5-31(b)所示为层/之间重熔区域的微观组织,晶粒尺寸明显小于熔覆层其他区域。当成形后一熔敷层时,前一熔敷层的部分区域二次受热熔化,与成形丝材共同熔融形成新的熔敷层。该二次受热区域经历两次高温熔化与急速冷却过程,金属材料快速凝固结晶,组织发生了更明显的细化,如图 5-31(c)所示。

5.4.2　力学性能

1. 显微硬度

图 5-32 所示为镁合金表面激光-TIG 复合多层多道熔敷层的显微硬度分布。

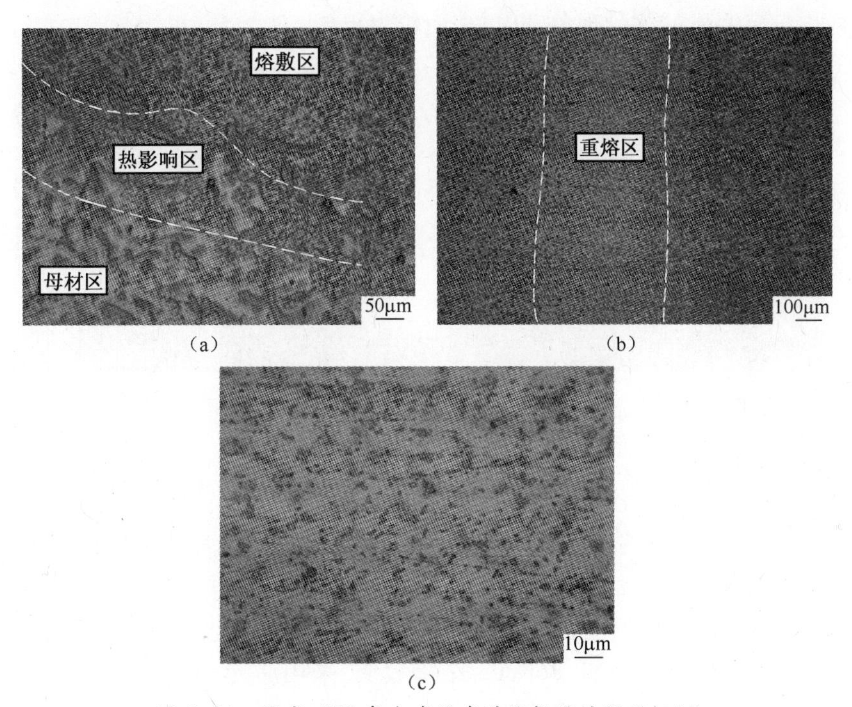

(a)　　(b)

(c)

图 5-31　激光-TIG 复合多层多道熔敷层的微观组织

(a)熔敷层微观组织;(b)层/层间微观组织;(c)重叠区微观组织。

可以看出,多层多道熔覆层的平均硬度为 77.3 $HV_{0.05}$,与镁合金母材的平均硬度(78.7 $HV_{0.05}$)相差不大,且与单层单道熔覆层的平均硬度(76$HV_{0.05}$)也基本相当。整体看来,成形接头的显微硬度存在一定的起伏,重熔区的硬度整体较高,热影响区的整体硬度最低,该现象与微观组织中的晶粒分布观察结果相一致。

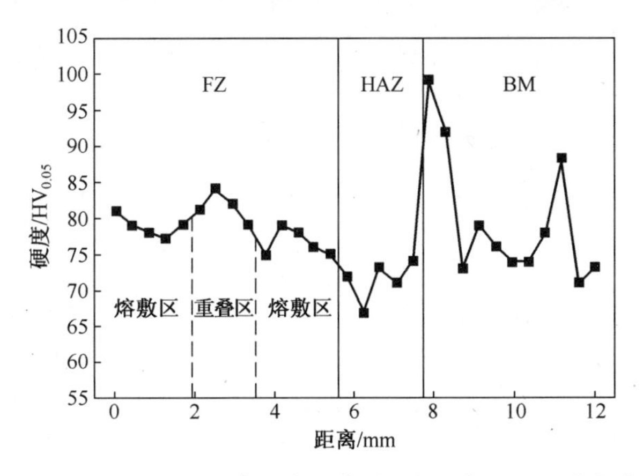

图 5-32　激光-TIG 复合多层多道熔敷层的显微硬度分布

2. 抗拉强度

图 5-33 所示为多层多道熔敷层及母材拉伸试样的宏观形貌。可以看出,两

种试样均没有明显的缩颈现象,断口表面较为粗糙。

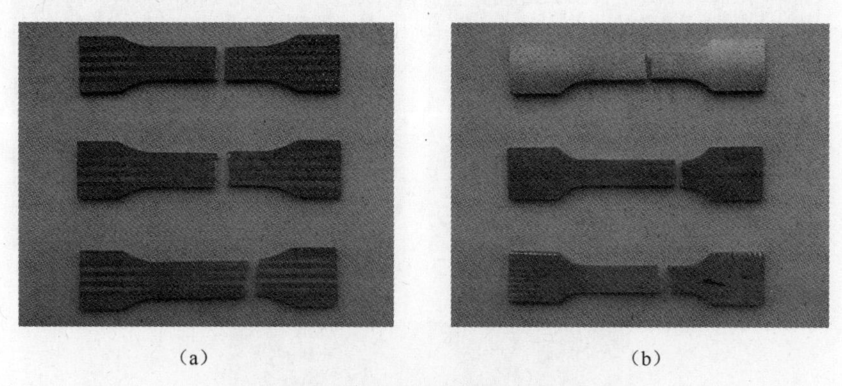

(a)　　　　　　　　　　　　(b)

图 5-33　拉伸试样宏观形貌

(a)激光-TIG 复合多层多道熔敷层拉伸试样;(b)镁合金母材拉伸试样。

图 5-34 所示为激光-TIG 复合多层多道熔覆层的力学性能测试结果。可以看出,在常温下,激光-TIG 复合多层多道熔敷层的平均抗拉强度达 213.59MPa,屈服强度达 92.53 MPa,断裂伸长率达 2.65%,均高于镁合金母材的相应数值(分别为 152.69MPa,67.39 MPa 与 1.86%)。结果表明,采用激光-TIG 复合工艺,可有效恢复镁合金损伤结构件的综合力学性能。

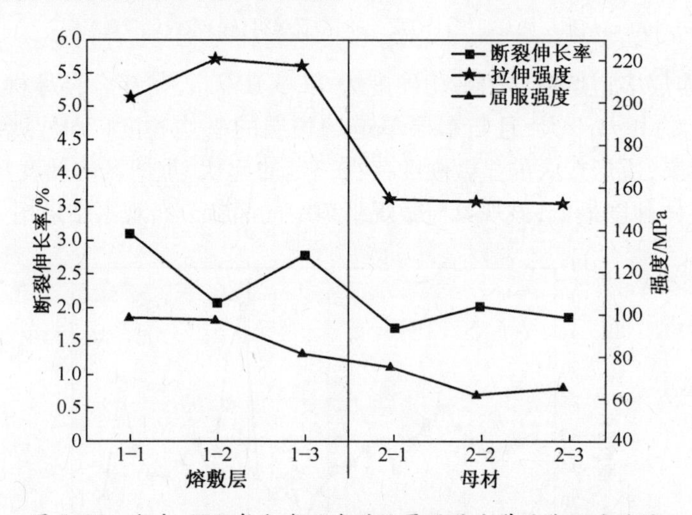

图 5-34　激光-TIG 复合多层多道熔覆层的力学性能测试结果

图 5-35 所示为激光-TIG 复合多层多道熔敷层与镁合金母材拉伸试样的断口形貌。可以看出,两种试样的断口均存在交错分布的撕裂棱与韧窝,证实了熔敷层与母材的韧-脆混合断裂机制。

镁是密排六方晶格,在室温下变形时只有单一的滑移系,塑性较差,在正应力作用下易发生解理断裂,故断口出出现了大量的撕裂棱。β-$Al_{12}Mg_{17}$属脆性相,在应力作用下易于与基体脱离或本身开裂而形成微孔,微孔成核、不断长大会形成大小不一的韧窝。镁合金母材的断裂韧窝较熔敷层深且大，原因在于母材中的 β-$Al_{12}Mg_{17}$相含量高于熔敷层。综上所述分析，激光-TIG 复合熔敷层与镁合金母材的拉伸断口均为韧性-脆性混合断裂形式，且熔覆层的韧性断裂较母材更为明显，更适于工程应用。

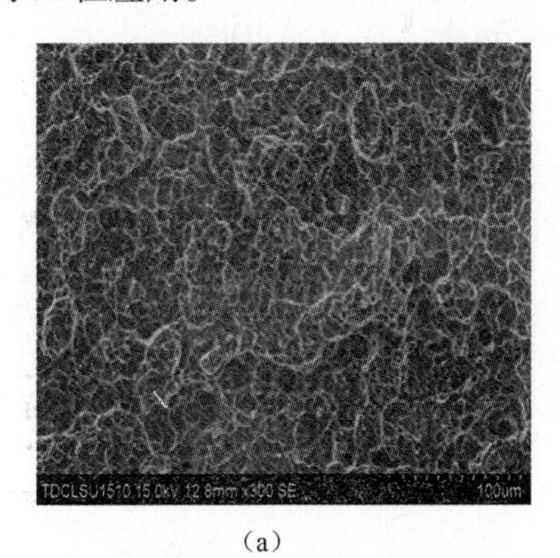

(a)

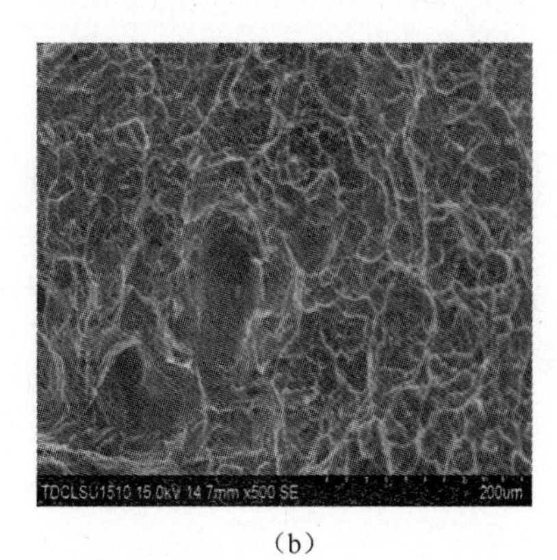

(b)

图 5-35　拉伸试样断口形貌

(a)激光-TIG 复合多层多道熔敷层拉伸试样；(b)镁合金母材拉伸试样。

5.4.3　摩擦学性能

1. 摩擦因数测试

图 5-36 所示为镁合金表面激光-TIG 复合多层多道熔敷层不同载荷下的摩擦因数变化曲线。可以看出，各载荷下的摩擦因数均在短时间内迅速增大至峰值，而后进入稳定摩擦阶段，且均存在一定程度的波动。载荷为 5N、10N 及 15N 时，平均摩擦因数分别为 0.407、0.346 与 0.333，呈现出了逐步减小的变化趋势，这一变化趋势与单层多道熔覆层在各载荷下的变化趋势相一致。

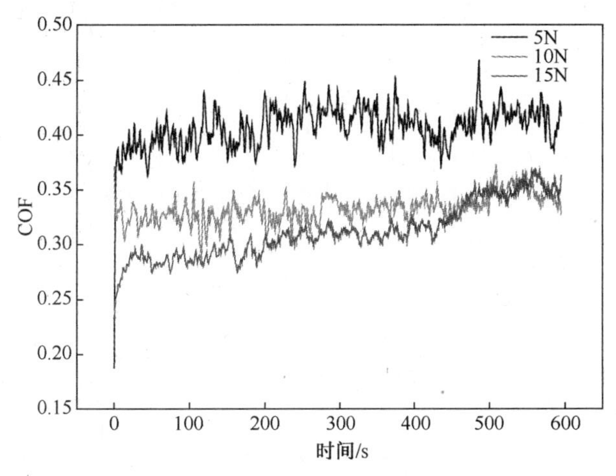

图 5-36　镁合金表面激光-TIG 复合多层多道熔敷层不同载荷下的摩擦因数变化曲线

2. 磨损体积测定

图 5-37 所示为镁合金表面激光-TIG 复合多层多道熔覆层的磨痕三维形貌。可以看出，各载荷下，磨痕表面均凸凹不平，存在明显的犁沟和深坑。随着载荷的增大，熔覆层表面的磨痕宽度与深度均呈现出逐步增大的趋势，犁沟由平行、连续分布逐渐发展为少量交错的断续分布，表面深坑也由疏散变得密集。

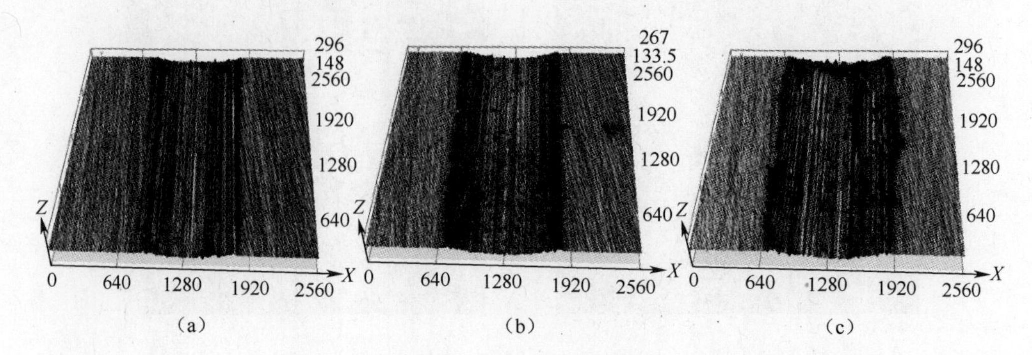

图 5-37　镁合金表面激光-TIG 复合多层多道熔敷层的磨痕三维形貌

(a)5N;(b)10N;(c)15N。

图 5-38 所示为镁合金表面激光-TIG 复合多层多道熔敷层不同载荷下的磨损体积对比。可以看出，5N、10N 及 15 N 载荷下，多层多道熔覆层的磨损体积分别为 $10.11\times10^7\ \mu m^3$、$12.73\times10^7\ \mu m^3$ 与 $16.97\times10^7\ \mu m^3$，呈现出了逐步增大的变化趋势，但均低于单层单道熔覆层相应载荷下的磨损体积数值（分别为 $10.79\times10^7\ \mu m^3$、$17.42\times10^7\ \mu m^3$ 与 $26.33\times10^7\ \mu m^3$）。主要原因如下：相较于单层单道熔覆层，多层多道熔覆层中存在部分重熔区，该区域的晶粒明显细化，根据 Hall-Petch 公式，晶粒组织越细小，金属材料的硬度越高，耐磨损性能越好。

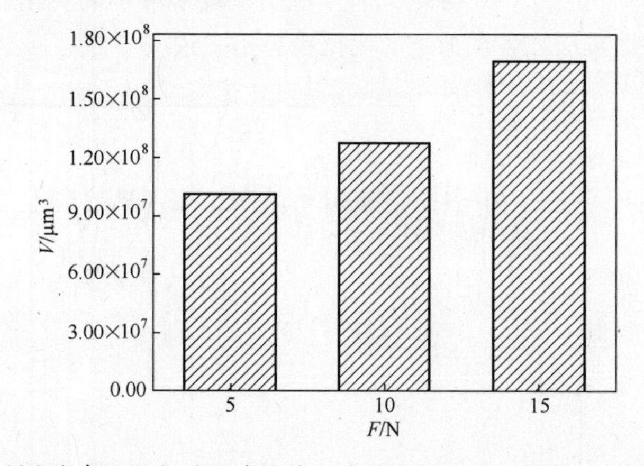

图 5-38　镁合金表面激光-TIG 复合多层多道熔敷层不同载荷下的磨损体积对比

3. 磨痕形貌观察

图 5-39 所示为镁合金表面激光-TIG 复合多层多道熔敷层不同载荷下的磨痕

形貌。可以看出，随着载荷的增大，磨痕表面的犁沟逐渐减少，而撕裂、堆积、转移、擦伤、卷曲的磨屑碎片及拉起的粘着磨屑逐渐增多。分析可知，不同载荷下的磨痕形貌均存在磨屑碎片被撕裂、堆积、转移、擦伤、卷曲以及粘着磨屑被拉起的现象，并伴随有不连续犁沟的出现，随着载荷的增加犁沟的数量有所减少。分析可知，当载荷增大时，钢球摩擦副对熔敷层表面的压力增加，摩擦副之间的干摩擦运动导致接触部位温度升高，局部区域软化，进而在摩擦力作用下脱落，并出现转移、卷曲及堆积等现象。磨粒磨损与粘着磨损依然是多层多道熔覆层的主要失效机制。

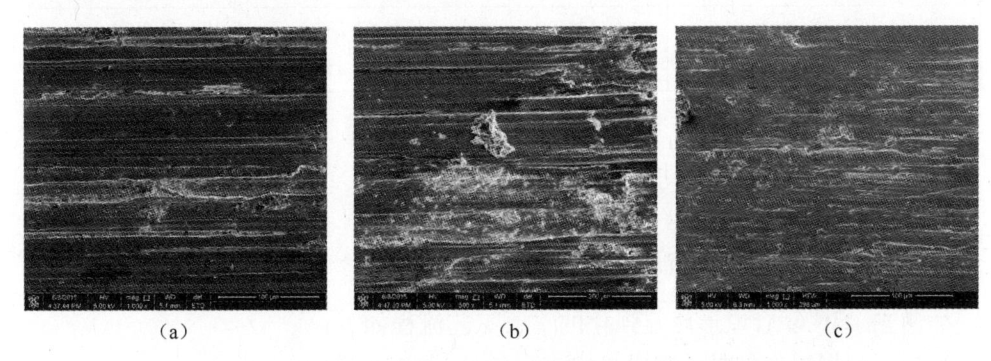

图 5-39　镁合金表面激光-TIG 复合多层多道熔敷层的磨痕形貌
(a)5N;(b)10N;(c)15N。

图 5-40 所示为镁合金表面激光-TIG 复合多层多道熔敷层的磨屑 EDS 分析结果，表 5-3 所示为各元素的百分含量。可以看出，不同载荷下，熔覆层磨屑均由 O、Mg、Al 三种元素组成。当载荷为 5N 时，磨屑中 O、Mg、Al 三种元素的含量分别

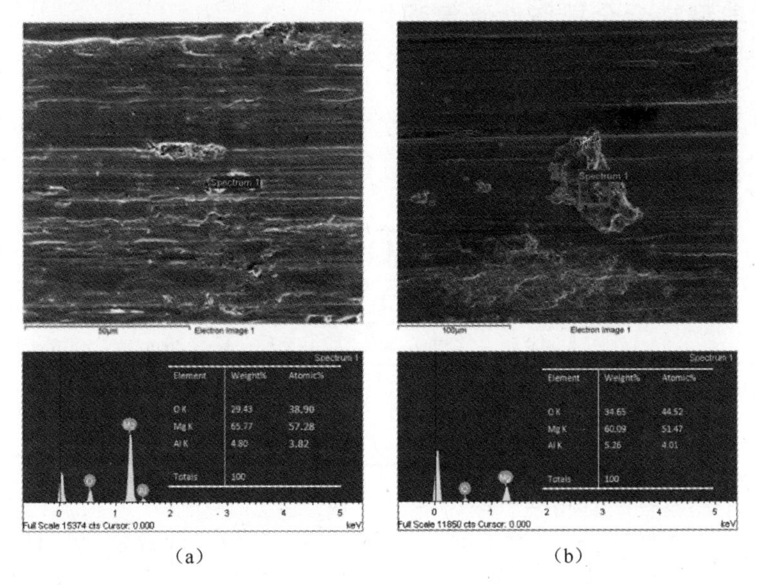

(a)　　(b)

图 5-40　镁合金表面激光-TIG 复合多层多道熔敷层的磨屑 EDS 分析结果
(a)5N;(b)10N。

为 38.90%、57.28%、3.82%；当载荷为 10N 时，三种元素的相应含量分别为 44.52%、51.47%、4.01%。可以看出，氧元素的含量增加明显，Al 元素含量也有所升高。分析可知，随着载荷的增加，摩擦副之间的热温升效应更加显著，导致氧化铝硬质颗粒增多，磨损加剧。

表 5-3　5N、10N 载荷下 EDS 元素分析

载荷	成分/%(原子分数)		
	O	Mg	Al
5 N	38.90	57.28	3.82
10 N	44.52	51.47	4.01

5.5 应用实例

5.5.1 激光-电弧复合成形工艺流程

激光-TIG 复合成形修复强化的主要工艺流程如下：

(1) 根据损伤件材质牌号确定熔敷丝材，并进行送丝试验；

(2) 损伤件前处理，主要是打磨掉去除裂纹缺陷，并获得新鲜基体；

(3) 依据裂纹深度、宽度等几何特征，确定适宜的工艺参数并试成形；

(4) 逐层进行激光-TIG 复合熔敷堆积成形；

(5) 对成形层进行着色检验及 X 射线检查，判断修复强化质量。

5.5.2 典型镁合金损伤件修复强化

1. 飞机无刹车机轮修复强化

飞机无刹车机轮，材质是 ZM5 镁合金，轮体表面出现了长度约 3cm 的裂纹损伤。采用激光-TIG 复合熔敷成形技术进行修复，丝材直径 1.6mm，具体工艺参数如表 5-4 所列。

表 5-4　机轮修复工艺参数

激光功率	焊接电流	焊接速度	送丝速度	钨极角度	钨极高度	热源间距	保护气
500W	120A	5 mm/s	39mm/s	45°	2mm	3mm	15L/min

图 5-41 所示为修复后的无刹车机轮，修复层成形良好，外观均匀美观。经着色检验与 X 射线检查，成形层内部无裂纹、气孔等缺陷，修复质量合格。

2. 飞机镁合金铸件铸造缺陷修复

图 5-42(a)所示为某飞机铸造缺陷件，材质是 ZM5 镁合金，端面处存在铸造疏松，机加工处理后，壁厚无法满足使用要求。采用激光-TIG 复合熔敷成形技术进行修复，由于零件的拘束较大，故采用较大焊接速度以减小热输入，具体工艺参

数如表 5-5 所列。

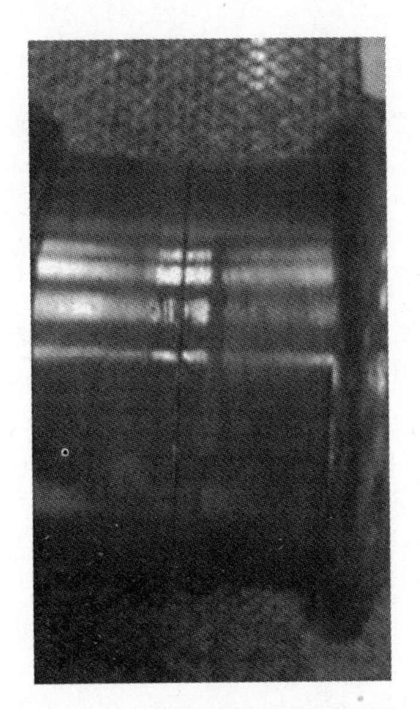

图 5-41　修复后的无刹车机轮

表 5-5　镁合金铸件修复工艺参数

激光功率	焊接电流	焊接速度	送丝速度	钨极角度	钨极高度	热源间距	保护气
500W	120A	15mm/s	39mm/s	45°	2mm	3mm	15L/min

图 5-42(b)所示为修复后的镁合金铸造件。经 X 射线检查,成形层内部没有发现裂纹、气孔等缺陷,修复质量合格。

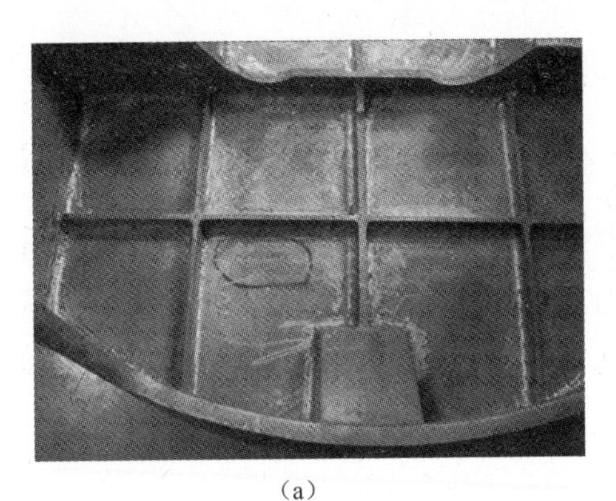

(a)

(b)

图 5-42　飞机镁合金铸造缺陷修复件

(a)铸造缺陷件;(b)修复件。

参考文献

[1] Steen W M, Eboo M. Arc augmented laser welding[J]. Metal Construction, 1979, 7:332-335.

[2] Steen W M. Arc augmented laser processing of materials[J]. Journal of Applied Physics, 1980, 51:5636-5641.

[3] 郝新峰．低功率 YAG 激光+TIG 复合热源焊接技术研究[D]. 大连理工大学, 2010.

[4] 陈彦彬.现代激光焊接技术[M]. 北京:科学出版社,2005.

[5] 芦凤桂,唐新华．铝合金 MIG+激光复合焊接工艺研究[J]. 现代制造工程, 2006,(3):71-73.

[6] Shinn B W, Farson D F, Denney P E. Laser stabilization of arc cathode spots in titanium welding[J]. Science and Technology of Welding and Joining, 2005,10(4):475-481.

[7] Moor F F, Howse D S, Wallach E R. Development of Nd:YAG laser and laser/MAG hybrid welding for land pipeline application[J]. Welding and Cutting, 2004,3(3):174-180.

[8]陈铠,杨博, 杨武雄, 等．AZ91D 铸造镁合金激光焊接气孔研究[J]. 应用激光, 2009, 29(12):476-480.

[9] 姚巨坤,王之千,王晓明,等．ZM5 镁合金 TIG 焊再制造熔敷层组织与力学性能[J]. 中国表面工程, 2015,28(4):113-120.

[10] 黄万群,谷立娟,王新．镁合金焊接技术的研究现状[J]. 热加工工艺,2010,17:183-185.

[11] Asahina, Toshikatsu, Tokisue, et al. Electron beam weld ability of pure magnesium and AZ31 magnesium alloy [J]. Journal of Japan Institute of Light Metals, 2000, 50(10): 512-517.

[12] 布尚. 摩擦学导论[M]. 北京: 机械工业出版社, 2006.

[13] Makar G L, Kruger J, Sieradzki K. Re-passivation of Rapidly Solidified Magnesium-Aluminum Alloys[J]. Journal of the Electrochemical Society, 1992, 139(1):47.

[14] Mordike B L, Eber T, Magnesium: Properties-Application-Potential[J]. Mater Sci Eng, 2001, A302:37.

[15] 王红英, 李志军．焊接工艺参数对镁合金 CO_2激光焊焊缝表面成形的影响[J]. 焊接学报,2006, 27(2): 64-68.

[16] 许良红, 彭云, 田志凌, 等．激光- MIG 复合焊接工艺参数对焊缝形状的影响[J]. 应用激光, 26(1): 5-9.

[17] 张林杰, 张建勋, 曹伟杰, 等．工艺参数对 304 不锈钢脉冲 Nd:YAG 激光/TIG 电弧复合焊焊缝成形的影响[J]. 焊接学报, 2011. 32(1): 33-36.

[18] 刘西洋, 孙凤莲, 王旭友, 等．Nd:YAG 激光+CMT 电弧复合热源平焊工艺参数对焊缝成形的影响[J]. 哈尔滨理工大学学报,2012,6(5):107-111.

[19] 王旭友, 王威, 林尚扬．焊接参数对铝合金激光-MIG 电弧复合焊缝熔深的影响[J]. 焊接学报,2008, 29(6):13-16.

第6章 磁控电弧熔敷成形技术

6.1 技术概述

6.1.1 技术内涵与特点

材料电磁过程是将磁流体力学与材料加工有机结合，将电磁场应用于材料的制备、加工与成形过程，以期实现对材料成形过程的控制及材料组织性能的改善[1,2]。

磁控电弧熔敷成形属于材料电磁过程范畴。该技术是指在传统电弧熔敷成形过程中引入一定强度与频率外加磁场，通过磁场对电弧形态、熔滴过渡及熔池凝固进行可控干预，以实现电磁场控制下的材料逐道逐层连续堆积成形，并达到改善熔敷成形层内部组织与提高熔敷成形精度的目的，技术原理如图6-1所示[3]。

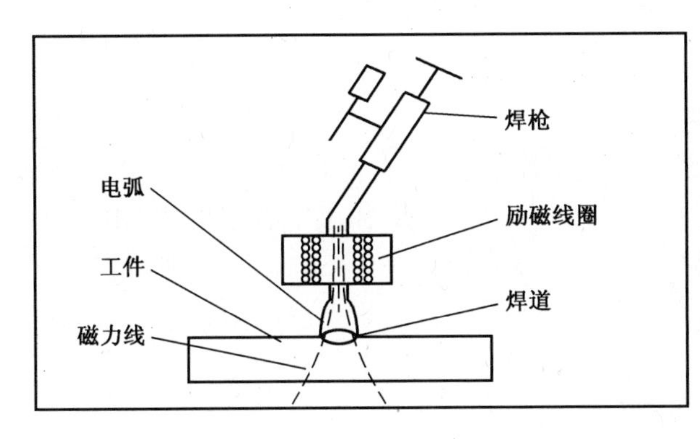

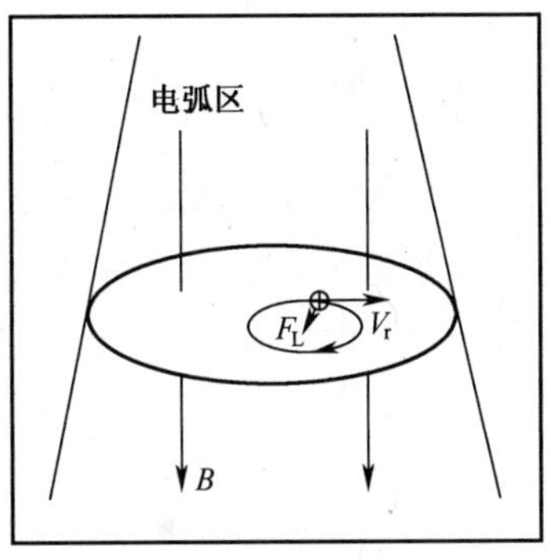

图6-1 磁控电弧熔敷成形技术原理

依据工艺特性，磁控电弧熔敷成形技术主要是将外加磁场作用于氩弧焊，主要包括熔化极气体保护焊（GMAW）与非熔化极气体保护焊（GTAW）。依据作用形式，选用的外加磁场主要包括横向磁场、纵向磁场与尖角磁场等；依据磁场自身特性，又分为恒定磁场、脉冲磁场、交变磁场、脉冲交变磁场等。在实际熔敷成形修复时，主要是依据损伤件的几何尺寸、材质特性、修复要求及作业环境等来具体选择合适的电弧设备与磁场装置组合。

相较于单一电弧熔敷成形技术，外部磁场的加入对电弧状态、熔滴过渡形式及熔池凝固过程均会产生显著影响，进而改变成形层的内部组织结构及整体成形精度。磁控电弧熔敷成形技术的主要特点如下：

1. 成形精度高

磁场加入后，会对电弧形态产生显著影响。当外加横向磁场时，电弧沿轴线左右摆动，阴极区域扩张，呈扇形分布[4]；当外加纵向磁场时，电弧由锥形变为钟罩形，中心区温度降低、径向温度梯度下降。上述两种磁场均会导致电弧作用面积增大，使得熔池变宽，熔深变浅，熔宽增大。进而导致焊缝余高减小，熔宽增大，熔敷层表面更为平整，有效提高成形精度，特别适合于整体结构完全由焊缝构成的快速成形零件的制造及再制造。

2. 成形质量好

磁场加入后，会对熔池中的荷电粒子产生非接触定向洛伦兹力，对熔池起搅拌作用。主要从三个方面来改善凝固组织：一是通过打碎熔池尾部的树枝晶、分离熔池边缘的半熔化晶粒、增加异质形核粒子等途径来增加形核率，进而细化晶粒；二是减小熔池温度梯度，整体降低熔池冷却速率，减少微裂纹的产生；三是增大熔池中的气泡聚集概率，促进其长大并上浮溢出[5]。

3. 适应范围广

磁控电弧熔敷成形技术适用于多种金属材料的修复强化及成形制造，既包括碳钢、合金钢、不锈钢等钢铁类材料，又包括铝、钛等轻合金材料，以及铜、镍等有色金属材料。

6.1.2　设备系统与工艺流程

磁控电弧熔敷成形设备系统主要包括焊接子系统、工业机器人子系统、电磁控制子系统及主控计算机子系统等，如图 6-2 所示。其中，焊接子系统由 MIG 焊接电源、送丝机构及工作平台等构成；工业机器人子系统由六自由度工业机器人、控制柜、示教器、气动夹具、空气压缩机等构成；电磁控制子系统由励磁电源、励磁线圈、水冷装置等构成系统等。

各个子系统之间的连接关系及主要工艺流程如下：

（1）机器人本体与示教器通过数据电缆与控制柜相连，通过控制柜实施对机器人的运动操作；控制柜通过 USB 口与主控计算机连接，实现主控计算机与控制柜之间的数据传输及运动控制；保护气与焊机相连，提供焊接时的保护气体，焊枪安装在机器人夹具上，并通过空气压缩机提供给气动夹具的压缩空气固定于机器人的第六轴。

（2）励磁线圈固定在焊枪上，与焊枪喷嘴同轴，励磁线圈与励磁电源相连，为励磁线圈提供电流、频率、占空比可调的直流或交流电流，变压器与变频电源相连，起稳定电压和保护作用，励磁线圈中通冷却水，通过水冷系统实现冷却水循环。

（3）零件在三维可旋转水冷成形工作平台实现熔敷成形，三维可旋转水冷成形工作平台可自由旋转，平台顶部有零件成形冷却装置，成形时实现对成形零件的冷却。

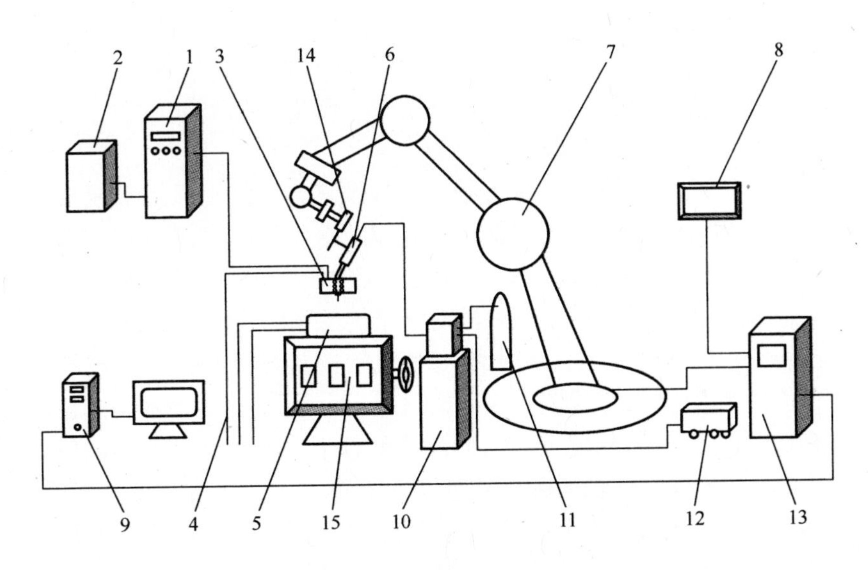

图 6-2　磁控电弧熔敷成形设备系统构成

1—励磁电源；2—变压器；3—励磁线圈；4—励磁线圈水冷系统；5—成形工作平台；6—焊枪；7—六自由度工业机器人；8—示教器；9—主控计算机；10—焊机；11—保护气；12—空压机；13—机器人控制柜；14—气动夹具；15—成形工作平台。

6.2　磁场空间分布与磁控电弧的数值模拟

作为熔敷成形热源，加入磁场后，电弧的温度、压力及电流密度等物理特性均会发生明显变化，从而影响成形的热传递过程。这其中，磁场分布与磁感应强度是影响电弧物理特性的关键因素。因此，在磁控电弧熔敷成形过程中，通过磁场发生装置的优化设计，获得科学合理的磁场分布与合适的磁感应强度，并研究其作用下的电弧特性是十分必要的，这也是保证磁控电弧熔敷成形质量的重要途径。

在磁控电弧熔敷成形过程中，实际测量磁场、电弧温度场是十分困难的，而采用某种电磁场数值计算方法，计算反映外加磁场的相关数据与分布规律则是一种有效的途径。目前，主要的求解方法包括图解法、模拟法、解析法及数值计算法等。其中，数值计算法又分为有限元法（FEM）、有限差分法（FDM）、边界元法（BIEM）及积分方程法（VIEM）等，这其中有限元法在工程电磁场数值求解中的应用最为普遍，几乎能够实现所有电磁分布边值问题的求解。ANSYS 是一种大型有限元分析软件，可以处理流场与电磁场问题并实现多种物理场的耦合计算，通过求解数值模型，可以获得温度、速度、电流密度、磁场等物理特性。本书采用有限元计算软件 ANSYS 9.0 对影响外加磁场分布的相关因素以及磁场作用下的电弧物理特性进行了数值模拟，为熔敷成形过程提供了理论指导。

6.2.1 励磁线圈的优化设计

6.2.1.1 有限元模型的建立

1. 问题分析及几何模型建立

励磁线圈的设计,需要综合考虑励磁特性及其与传统电弧熔敷成形系统的兼容性。这其中,励磁特性应主要考虑熔敷区域的磁场分布、磁感应强度及磁场矢量的纵向分量等;兼容性应主要考虑其重量、安装的便捷性及与焊枪的匹配性等。

基于以上考虑,设计了空心圆柱轴对称结构的励磁线圈,其工作示意如图 6-3 所示。该线圈由铜导线逐匝绕制而成,每匝均有螺旋性;同时,考虑线圈工作时发热与电弧的热辐射作用,将线圈安装于密封金属容器内,内通冷却水。该结构励磁线圈具有以下优点:一是相较于其他类型线圈,单位体积绕线产生的磁感应强度最大[6],易于产生与丝材同轴的磁场分布,并可获得沿某一方向梯度均匀的磁场;二是易于制作,拆装方便;三是由于具有特殊设计的冷却系统,保证了大励磁电流条件下的持久正常工作。

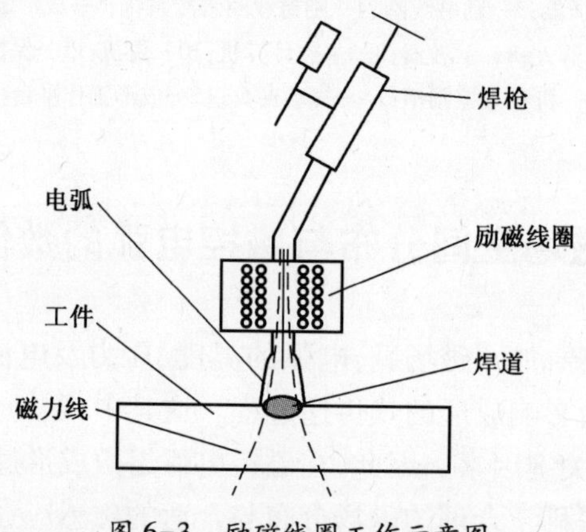

图 6-3 励磁线圈工作示意图

由于励磁线圈是采用导线逐匝紧密缠绕而成的,故每匝均有螺旋性;但由于导线外包有绝缘层,无论采用方形线还是圆形线,线圈的电流密度都不会均匀分布。因此,在计算与分析磁场时,若将螺旋线与不均匀性都考虑在内,那么磁场的计算将极其困难。实践表明,忽略线圈的螺旋性与电流的不均匀性,计算结果与实测数值之间仅存在极小误差,故做如下假设:

(1) 线圈线匝均为同轴圆形回路;

(2) 线匝之间的绝缘层无限薄,所有线匝紧密填充了线圈全部空间;

(3) 线圈线匝在径向、轴向均为均匀缠绕,电流沿截面均匀分布,且电流密度方向与对称轴正向构成右手螺旋关系;

(4) 励磁线圈产生的磁通未达到饱和,模型边缘边界上无磁漏;

（5）无涡流效应影响。

由于励磁线圈为轴对称空心圆柱结构，可将外加磁场分布的有限元计算划归为二维轴对称问题，采用直角坐标系，对称轴为 Y 轴，选取第一向限区域进行磁场分布研究，如图 6-4 所示。模型涉及的媒质包含成形工件、励磁线圈、空气、铁芯及线圈外套等，励磁线圈的磁导率与空气的相同，取 $\mu_r=1$；成形工件、铁芯及线圈外套的磁导率依据材料自身特性确定，磁性材料取 $\mu_r=1$，非磁性材料取 $\mu_r=1000$。计算求解时，在保证计算精度的前提下限定计算区域，取外框虚线作为边界，主要分析成形区域（*ABCD* 矩形区域）的磁场矢量分布与磁感应强度大小。

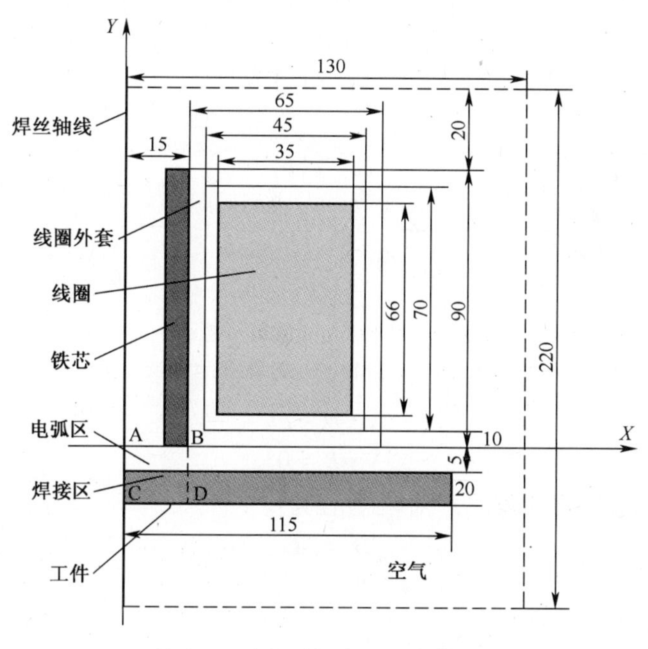

图 6-4　外加磁场有限元计算模型

本研究的磁场发生装置（励磁线圈）安装于焊炬之上，中心线（*Y* 轴）与丝材同轴，线圈内径受到焊炬外径尺寸限制，线圈高度受到焊炬长度影响，故线圈匝数不能过多，设定为 240 匝。线圈的励磁电流由专用电源供给，包括直流与交流两种形式。直流电流产生恒定磁场，交流电流产生交变磁场，各类电流波形如图 6-5 所示。本书对直流电流产生的恒定磁场进行计算与分析。

2. 控制方程

由电磁学理论可知，外加纵向磁场的分布遵循麦克斯韦方程组[7,8]：

$$\nabla\times \boldsymbol{H}=\boldsymbol{J}+\frac{\partial D}{\partial t} \tag{6-1}$$

$$\nabla\times \boldsymbol{E}=\frac{\partial \boldsymbol{B}}{\partial t} \tag{6-2}$$

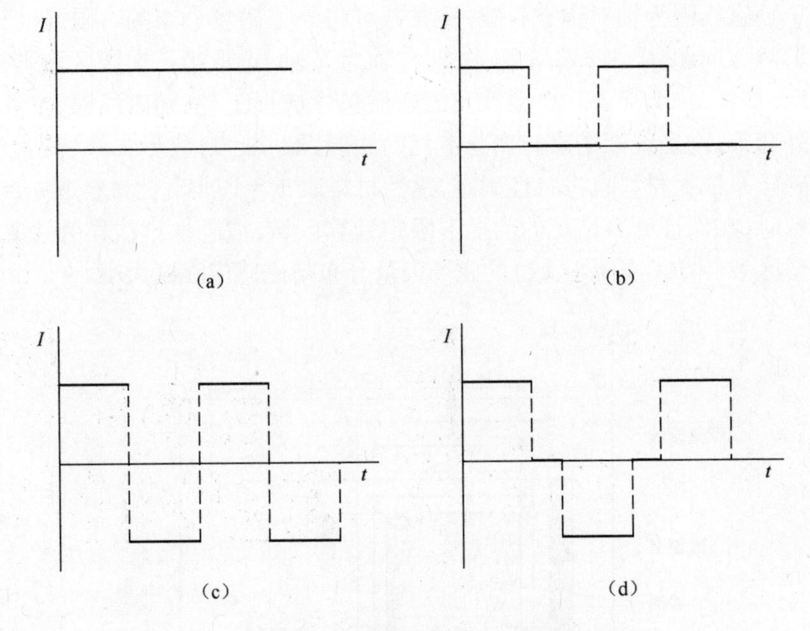

图 6-5　励磁电流波形示意图

(a)恒定直流;(b)直流脉冲;(c)交变电流;(d)交流脉冲。

$$\nabla \cdot D = \rho \tag{6-3}$$

$$\nabla \cdot B = 0 \tag{6-4}$$

对于各向同性,线性媒质,其本构方程为

$$\boldsymbol{D} = \varepsilon \boldsymbol{E} \tag{6-5}$$

$$\boldsymbol{B} = \mu \boldsymbol{H} \tag{6-6}$$

$$\boldsymbol{J} = \sigma \boldsymbol{E} \tag{6-7}$$

式中:$\boldsymbol{E}$,$\boldsymbol{H}$ 分别为电场强度与磁场强度矢量;$\boldsymbol{D}$ 和 $\boldsymbol{B}$ 分别为电通量密度与磁通量密度矢量;$\boldsymbol{J}$ 为电流密度矢量;ρ 为电荷密度;ε、μ 和 σ 分别为媒质的介电常数、磁导率与电导率。

3. 边界条件

由于将三维轴对称模型简化为二维平面问题进行计算,在 ANSYS 中计算二维轴对称模型只需给出磁力线平行情况的边界条件即可;螺线管内的磁力线平行于丝材轴线,故将轴线的边界条件确定为磁力线平行。其他三边情况与轴线相同,均与磁力线平行,边值条件相同;其他处默认为与磁力线垂直。

6.2.1.2　励磁特性的影响因素分析

为使励磁线圈产生分布均匀、强度较大的磁场,在有限元计算过程中,着重考虑了以下因素对熔敷成形区域磁场强度与磁场分布的影响,即在成形区域磁场的纵向分量与横向分量分布情况:

（1）励磁电流大小；

（2）励磁线圈外套材质；

（3）工件材质；

（4）铁芯存在与否。

1. 励磁电流的影响

本节主要分析励磁电流对磁场分布及磁感应强度的影响。模型计算时，励磁线圈、线圈外套与工件材质均设定为铝合金，其相对磁导率与空气的相同，均取$\mu_r=1$；励磁线圈不加铁芯；分别取励磁电流$I_e=10A$、$I_e=30A$，计算分析磁场的变化。图6-6、图6-7所示分别为励磁电流$I_e=10A$与$I_e=30A$的磁场磁力线分布情况，图6-8、图6-9所示分别为励磁电流$I_e=10A$与$I_e=30A$的成形区各节点磁场矢量分布情况。

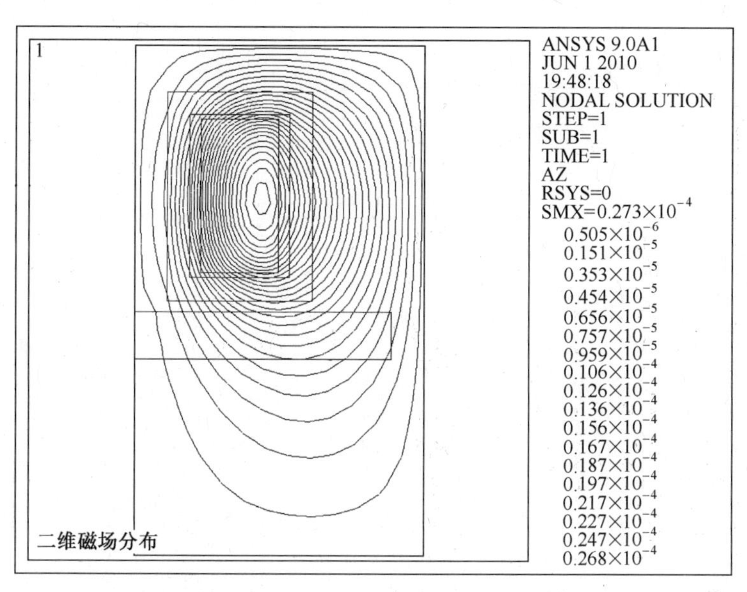

图6-6　*磁场磁力线分布（励磁电流$I_e=10A$）*

可以看出，不改变励磁线圈的结构形状，仅改变励磁电流的大小，对磁场分布没有任何影响，即在不同大小的励磁电流下，成形区域各点的磁场横向分量与磁场纵向分量的方向是一致的，变化的只是各点的磁场强度的大小。

图6-10所示为成形区磁场纵向分量沿丝材轴向的分布情况。可以看出，在成形区域，励磁电流越大，磁感应强度越大；保持励磁电流不变时，距离线圈底端距离越远，磁感应强度越小，距离焊丝轴线越远，磁感应强度有所减小。因此，可以通过调节励磁线圈位置与励磁电流大小方便地调节成形区的磁场分布与磁场强度大小。

2. 励磁线圈外套材质的影响

本节主要分析外套材质对磁场分布及磁感应强度的影响。模型计算时，励磁

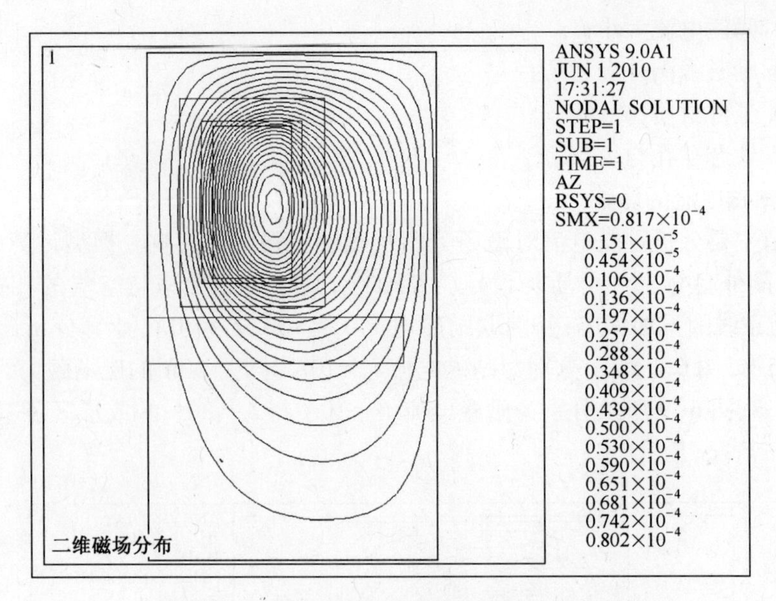

图 6-7　磁场磁力线分布(励磁电流 $I_e = 30A$)

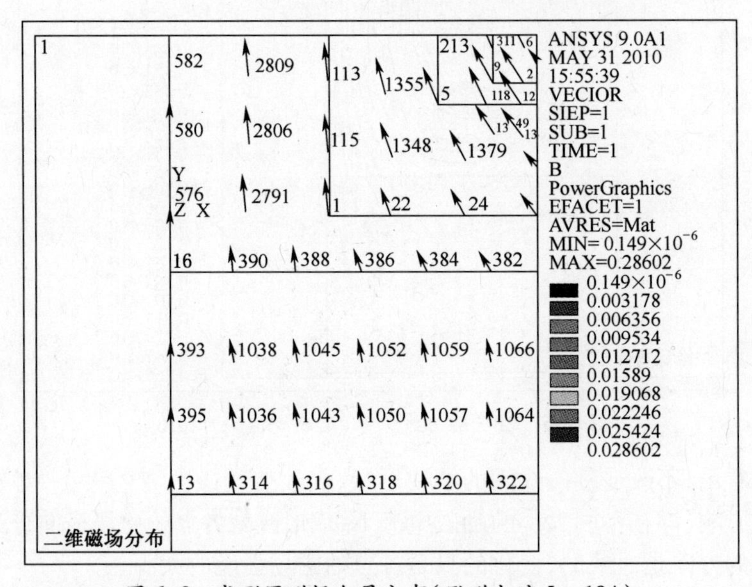

图 6-8　成形区磁场矢量分布(励磁电流 $I_e = 10A$)

线圈、工件的材质均设定为铝合金,其相对磁导率与空气的相同,均取 $\mu_r = 1$;线圈外套材质取不锈钢,相对磁导率 $\mu_r = 1000$;励磁线圈不加铁芯,励磁电流 $I_e = 30A$,计算分析磁场情况。

图 6-11、图 6-12 所示分别是线圈外套材质为不锈钢时的磁场磁力线分布及成形区域各节点磁场矢量分布情况。可以看出,当线圈外套材质为不锈钢磁性材

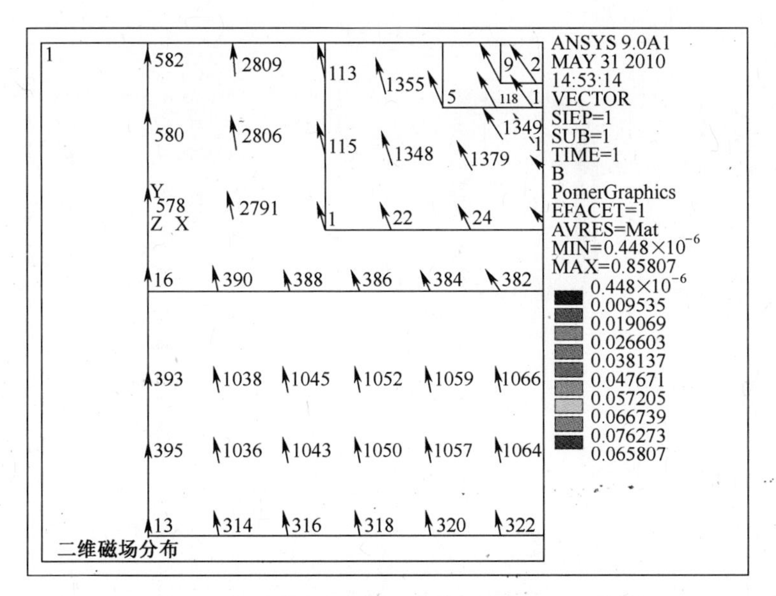

图 6-9　成形区磁场矢量分布(励磁电流 $I_e=30A$)

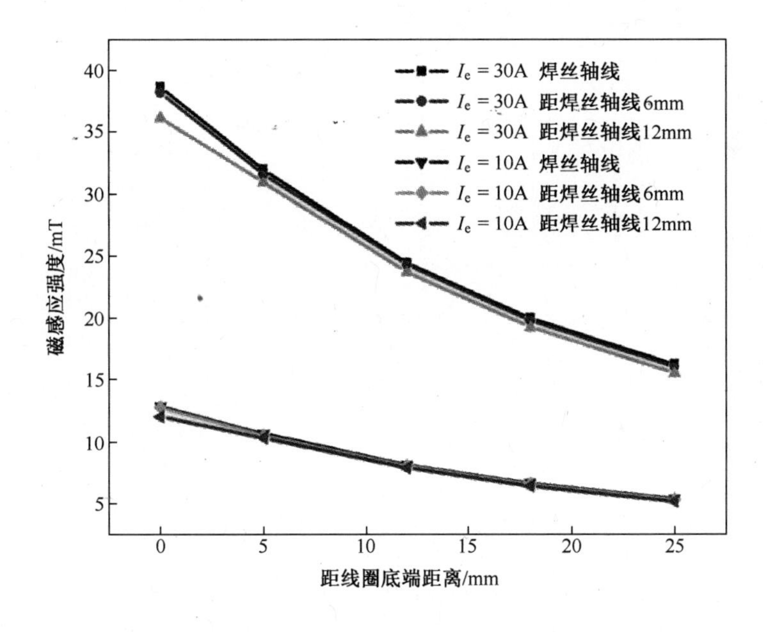

图 6-10　成形区磁场纵向分量沿焊丝轴向的分布情况

料时,励磁线圈产生的外加磁场在整个空间呈不均匀分布,钢套内部的磁力线十分密集,此处的磁感应强度较大;钢套外部的磁力线十分稀少,此处的磁感应强度相对较小。

图 6-13 所示是线圈外套为磁性(不锈钢)材料时的成形区磁场纵向分量沿焊

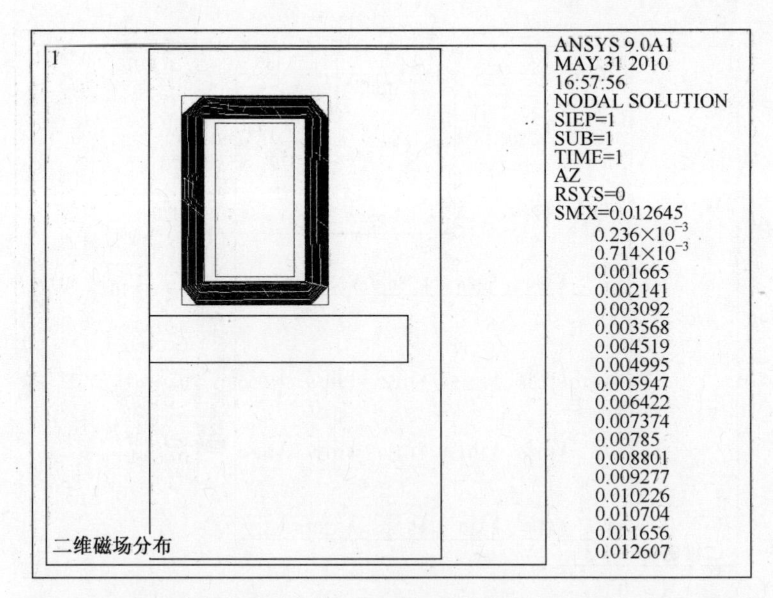

图 6-11　线圈外套材质为钢套时的磁场磁力线分布(励磁电流 $I_e = 30A$)

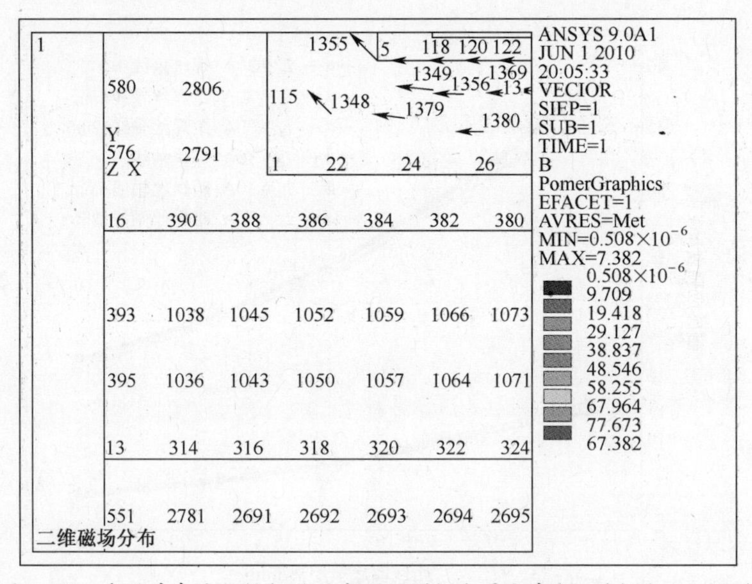

图 6-12　线圈外套为不锈钢时的成形区磁场矢量分布(励磁电流 $I_e = 30A$)

丝轴向分布。可以看出,外套材质选取不锈钢,当励磁电流 $I_e = 30A$ 时,成形区的磁感应强度介于 20~40mT 之间,较线圈外套为铝合金时有所提高,但幅度不大。励磁线圈的设计,应尽可能重量轻,体积小,便于安装。相较于铝合金外套,当线圈外套选取为不锈钢时,重量有所增大,但对磁感应强度提高的意义不大。

3. 工件材质的影响

本节主要分析工件材质对磁场分布及磁感应强度的影响。模型计算时,线圈

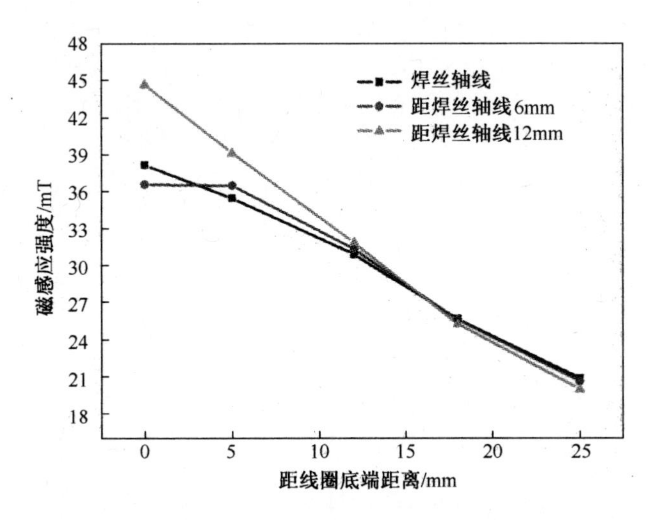

图 6-13 线圈外套为磁性(不锈钢)材料时的成形区磁场纵向分量沿焊丝轴向分布($I_e = 30A$)

外套材质选取铝合金,其相对磁导率与空气相同,取 $\mu_r = 1$;工件材质选取不锈钢,其相对磁导率 $\mu_r = 1000$;励磁线圈不加铁芯,励磁电流 $I_e = 30A$,计算分析磁场情况。

图 6-14、图 6-15 所示分别是成形材质为不锈钢时的磁场磁力线分布及成形区域各节点磁场矢量分布情况。可以看出,当成形工件为磁性材料时,磁场在整个空间呈不均匀分布,励磁线圈产生的磁场磁力线在工件内部十分密集,工件背面的磁力线十分稀少。在成形工件上,磁力线弯曲较为明显,磁感应强度大小与方向均发生改变,其磁场不能视为纵向磁场,必须考虑其磁场横向分量的影响。

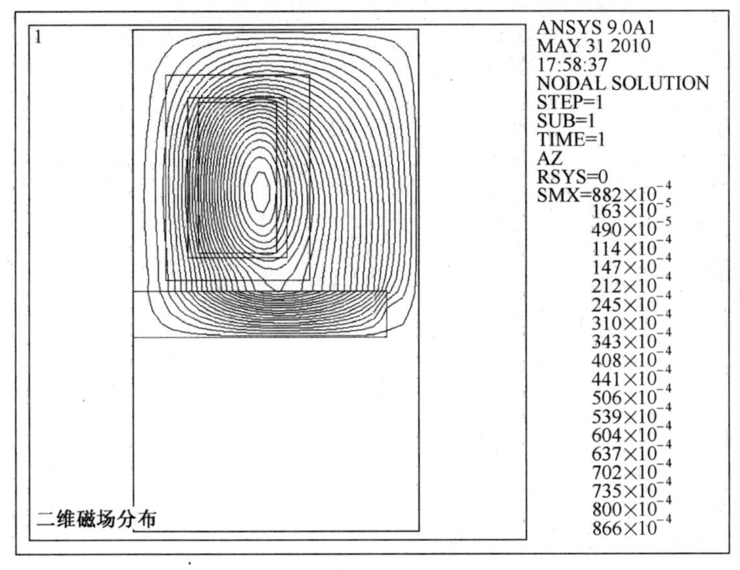

图 6-14 工件为磁性材料时的磁场磁力线分布(励磁电流 $I_e = 30A$)

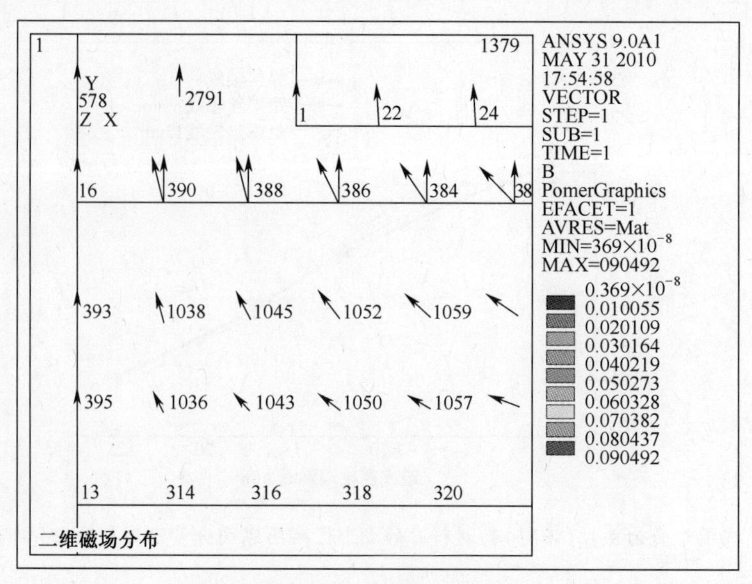

图 6-15　工件为磁性材料时的成形区磁场矢量分布($I_e=30$A)

图 6-16 所示是工件为磁性材料时的成形区磁场纵向分量沿焊丝轴向分布情况。可以看出，当工件材质设定为不锈钢(磁性材料)，励磁电流 $I_e=30$A 时，工件表面的磁感应强度达到最大，为 60mT；随着距离工件表面距离的增加，沿焊丝轴线方向的磁感应强度迅速减小，尤其是工件底部磁感应强度的纵向分量几乎减小为 0。同时，距离焊丝轴线越远，磁感应强度越小。

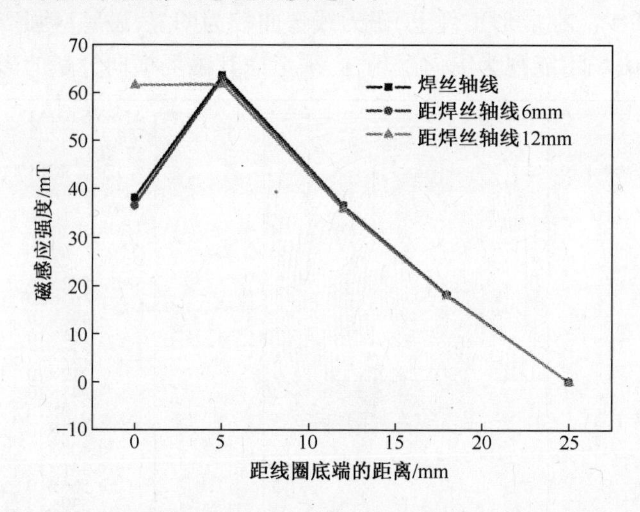

图 6-16　工件为磁性材料时焊接区磁场纵向分量沿焊丝轴向分布($I_e=30$A)

4. 铁芯的影响

本节主要分析铁芯对磁场分布及磁感应强度的影响。建立计算模型时，在线圈内部增加了一个 3mm 厚的铁芯，其相对磁导率 $\mu_r=1000$；线圈外套与工件的材质均选取为铝合金，其相对磁导率均与空气的相同，取 $\mu_r=1$；励磁电流 $I_e=30\text{A}$，计算分析磁场情况。

图 6-17、图 6-18 所示分别为励磁线圈内置铁芯时的磁场磁力线分布及成形区域各节点磁场矢量分布情况。可以看出，由于励磁线圈中铁芯的存在，改变了磁场在整个空间的分布，铁芯附近的磁力线非常密集，该处的磁感应强度明显增大；同时可以观察到，由于铁芯的加入，引起了轴线附近的磁力线分布产生了轻微畸变。

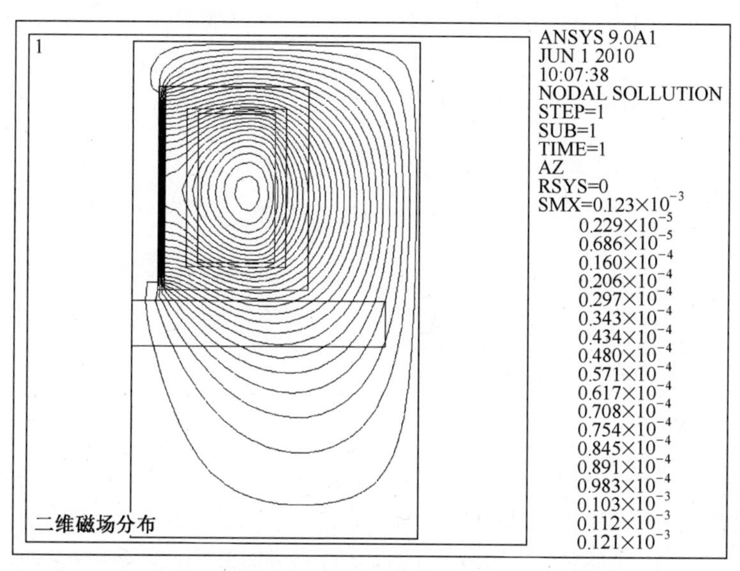

图 6-17　励磁线圈内置铁芯时的磁场磁力线分布（励磁电流 $I_e=30\text{A}$）

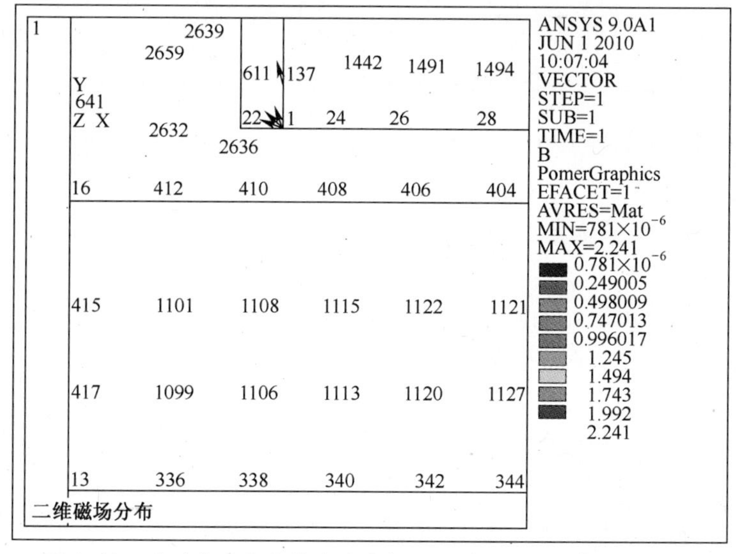

图 6-18　励磁线圈内置铁芯时的成形区磁场矢量分布（$I_e=30\text{A}$）

图 6-19 所示为励磁线圈内置铁芯时的成形区磁场纵向分量沿焊丝轴向分布情况。可以看出，励磁线圈内置铁芯时，成形区域内的磁感应强度大幅增加；距离铁芯越近，磁感应强度越大；距离线圈底端距离的增大，磁感应强度逐渐减小。

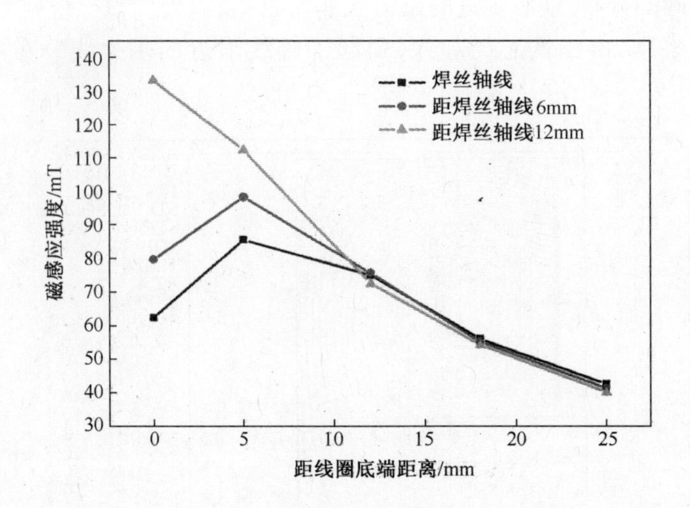

图 6-19　励磁线圈内置铁芯时的成形区磁场纵向分量沿焊丝轴向分布（$I_e = 30A$）

综上所述可知，轴对称空心圆柱结构励磁线圈产生的外加磁场，其特性受到线圈结构、励磁电流、激磁媒质与工件材质等因素的影响。在成形区域，当工件为非磁性材料时，空心、钢质外套与内置加铁芯的励磁线圈产生的磁场可视为均匀纵向磁场，可忽略横向分量的影响；而当工件为磁性材料时，则必须考虑横向分量的影响。

6.2.2　磁控 MIG 电弧的数值模拟

考虑到电弧的不稳定性及边界定义，本节采用三维模型进行磁控 MIG 电弧的数值模拟。

6.2.2.1　有限元模型的建立

1. 控制方程

电弧的实质是可压缩的低温等离子导电流体，可以用磁流体动力学理论来分析电弧模型。数值模拟时，进行以下假设：

①电弧处于局部热力学平衡（LTE）状态；②电弧区为纯氩气体；③电弧是光学薄的，即辐射的重新吸收和总的辐射损失相比可以忽略不计；④电弧处于层流不可压缩状态；⑤电弧内带电粒子呈均匀分布。

基于上述假设条件，电弧的质量、动量与能量守恒方程可表示为如下形式[9,10]：

质量连续方程：

$$\frac{1}{r}\frac{\partial(\rho r v_r)}{\partial r}+\frac{1}{r}\frac{\partial(\rho v_\theta)}{\lambda\theta}+\frac{\partial(\rho v_z)}{\partial z}=0 \tag{6-8}$$

动量守恒方程：

$$\rho\frac{\mathrm{d}v_i}{\mathrm{d}t}=\rho F_i+\frac{\partial p_{ij}}{\partial x_i} \tag{6-9}$$

能量守恒方程：

$$\frac{1}{r}\frac{\partial(\rho r h v_r)}{\partial r}+\frac{1}{r}\frac{\partial(\rho h v_\theta)}{\partial\theta}+\frac{\partial(\rho h v_z)}{\partial z}=\frac{\partial}{\partial z}\left(k\frac{\partial T}{\partial z}\right)+\frac{1}{r}\frac{\partial}{\partial r}\left(\frac{kr}{C_p}\frac{\partial h}{\partial r}\right)+$$

$$\frac{\partial}{\partial\theta}\left(\frac{k}{r^2C_p}\frac{\partial h}{\partial\theta}\right)+\frac{\partial}{\partial z}\left(k\frac{\partial T}{\partial z}\right)+\frac{j_z^2+j_\theta^2+j_r^2}{\sigma}-S_r+\frac{5}{2}\frac{k_b}{e}\left(j_r\frac{\partial T}{\partial r}+j_\theta\frac{\partial T}{\partial\theta}+j_z\frac{\partial T}{\partial z}\right) \tag{6-10}$$

式中：r,θ,z 分别为坐标轴的三个坐标分量；v_r,v_θ,v_z分别为 x,y,z 方向的速度分量；ρ 为粒子密度，ρF_i为体积力，p_{ij}为磁张量；h 为焓；k 为导热系数；c_p为定压热容；k_b为波耳兹曼常数；T 为温度；S_r为辐射流密度；j_z，j_r和 j_θ为不同坐标方向的电流密度。

2. 麦克斯韦方程组

为求解动量守恒方程中洛仑兹力项和能量守恒方程中的焦耳热项，还需求解麦克斯韦方程组，具体包括如下方程[9,10]：

电流连续方程：

$$\frac{\partial j_z}{\partial z}+\frac{1}{r}\frac{\partial}{\partial r}(rj_r)+\frac{1}{r}\frac{\partial j_\theta}{\partial\theta}\frac{\partial j_z}{\partial z}=0 \tag{6-11}$$

欧姆定律：

$$j=-\sigma\nabla\varphi \tag{6-12}$$

电流环路定律：

$$\nabla\times B=\mu_0 j \tag{6-13}$$

式中：j 代表电流密度；σ 为电导率；φ 为电势；μ_0为自由空间的介电常数；B 为磁感应强度。

3. 边界条件

计算区域的设置应尽可能与实际情况相符，且方便定义边界条件。磁控 MIG 成形的计算模型为三维轴对称模型，这里采用简化的二维模型加以说明，如图 6-20 所示。综合考虑了焊丝规格与伸出长度对计算结果的影响，模型中定义的电弧弧长为 8mm，焊丝直径为 2mm；设置励磁线圈内径为 15mm，外径为 35mm，高度为 30mm，匝数为 1000；计算时，取焊接电流为 120A。$BCC'B'$是整个磁场的计算区域，计算流场时不考虑焊丝部分，取 $FHIJDD'J'I'H'F$ 作为流体计算区域；计算电场时为方便定义边界条件，考虑焊丝部分，将 $JDD'J'$作为电场计算区域。

电场边界条件：在阳极工件表面电势 φ 定义为 0，其他面的电势 φ 沿壁面法线

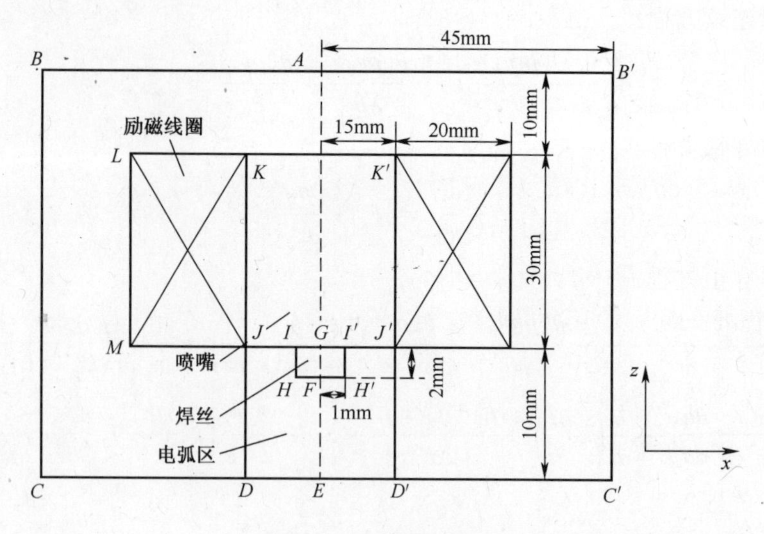

图 6-20 磁场计算区域

方向的导数为零，即 $\partial\phi/\partial \boldsymbol{n}=0$，其中，$\boldsymbol{n}$ 为单位法线向量。阴极截面处的电流密度可由下式给出：

$$J_z=\frac{I}{\pi R_1^2}, J_x=J_y=0 \tag{6-14}$$

式中：I 为焊接电流；R_1 为焊丝半径。

流场边界条件：定义阳极工作表面 DD'、阴极焊丝表面 $IHH'I'$ 的温度定义为 3000K，流场计算的其他边界温度定义为 1000K；焊丝表面 IH、HH'、$H'I'$ 和阳极工件表面 DD' 的速度为 0；保护气体出口 JD、$J'D'$ 处相对压力 p 定义为零；保护气体入口 JI、$J'I'$ 处，速度垂直于边界的导数为零，x、y 方向速度分量为零，z 方向速度由下式计算，即

$$v_z=2\frac{Q}{\pi\rho}\frac{\left[R_2^2-r^2+(R_2^2-R_1^2)\dfrac{\ln(r/R_2)}{\ln(R_2/R_1)}\right]}{\left[R_2^4-R_1^4+\dfrac{(R_2^2-R_1^2)^2}{\ln(R_2/R_1)}\right]} \tag{6-15}$$

式中：Q 为等离子气流量；r 为径向距离；R_1 为焊丝半径；R_2 为喷嘴半径。

磁场边界条件：整个计算区域焊接电流和励磁电流产生的感应磁场的磁矢量方向平行于计算模型外表面。

6.2.2.2 磁控 MIG 电弧的特性分析

模型求解过程中，磁场是由两个电流载荷耦合产生的：一个是焊接电流产生的环形自感应磁场，另一个是外加励磁电流产生的纵向磁场。首先，通过欧姆定律与安培定律计算电流密度，将电流密度的计算结果代入磁场，计算电磁力与焦耳热的分布；然后，将电磁力和焦耳热的计算结果作为体积力和体积生热代入流场中，耦

合计算速度与温度分布；最后，综合考虑电弧速度下的黏性生热项，将流场中计算出的温度分布代入电场计算电流密度分布。如此反复，直至收敛，获得温度场、速度场和电弧物理特性等求解结果。

1. 电弧温度场

通常的光学仪器和肉眼观察到的电弧是温度在10000K以上的发亮区域，因此可以依据温度分布来确定电弧的形状。图6-21、图6-22所示为MIG电弧等温云图。可以看出，无外加磁场时，电弧在电磁力的作用下呈收缩状态；电弧阴极前沿温度最高，当焊接电流为120A时，中心最高温度达16950K；沿弧柱向下，即从阴极区向阳极区过渡过程中，电弧温度逐渐降低，温度梯度减小；同一径向截面上，随着距离弧柱中心线距离的增大，电弧温度数值逐渐减小。外加磁场后，电弧形态在磁场作用下发生扩张，呈钟罩形，这与实际情况相符[11]；同时，电弧中心温度较不加磁场时显著降低，当焊接电流为120A时，其最高温度由16950K降到13700K。

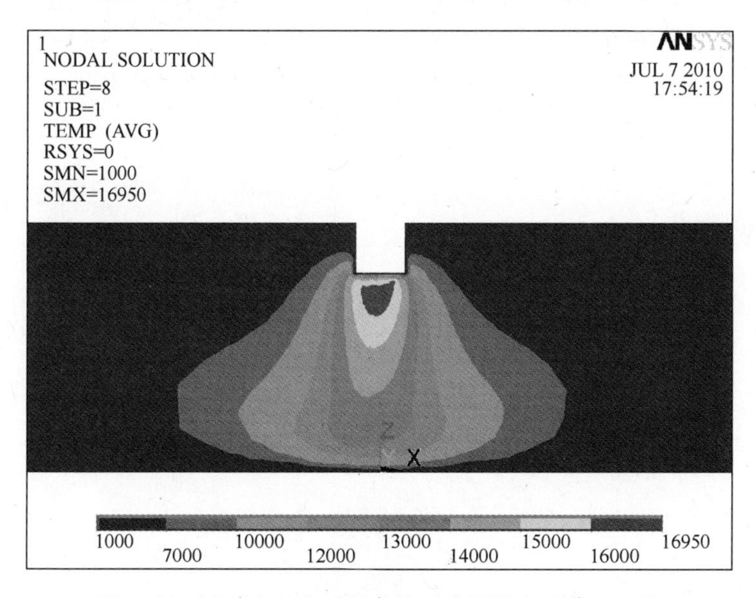

图6-21 无外加纵向磁场条件下的MIG电弧等温云图

2. 电流密度

电流密度是电弧物理的基本问题之一，其分布直接决定了电弧热流密度、电弧压力等情况。图6-23、图6-24所示为电弧区电流密度的矢量分布。可以看出，无外加纵向磁场时，电弧区的电流密度较大，最大值为$1.25\times10^{8}\,A\cdot m^{-2}$；随着距离焊丝端部距离的增加，电流密度逐渐减小。外加纵向磁场后，电弧区的电流密度分布无明显变化，但电流密度数值显著减小。

电弧熔敷成形过程中，更需关注工件表面的电流状态。图6-25所示为阳极表面的电流密度分布。可以看出，外加纵向磁场后，电弧中心电流密度的峰值明显

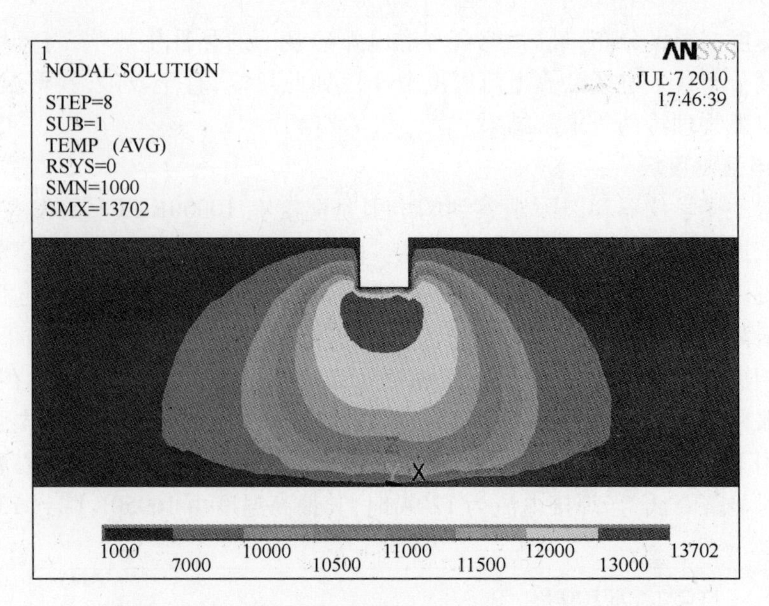

图 6-22　外加纵向磁场条件下的 MIG 电弧等温云图

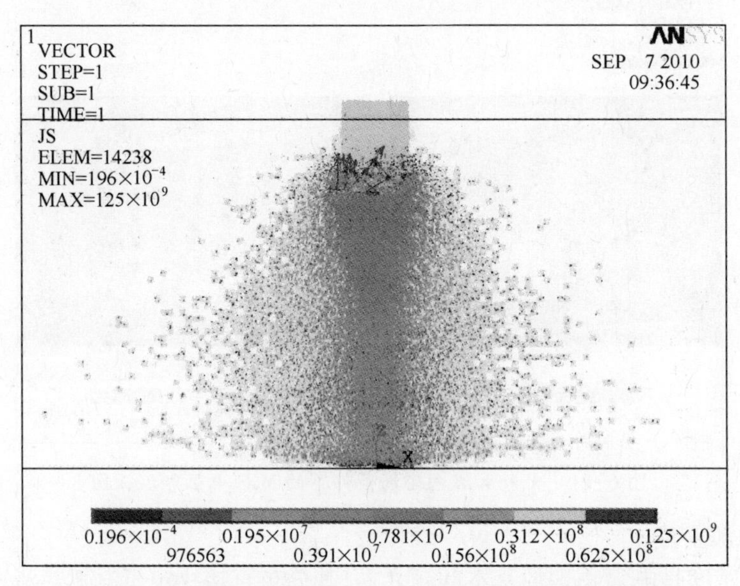

图 6-23　无外加纵向磁场条件下的电弧区电流密度矢量图

降低，由 $1.42\times10^6\,A\cdot m^{-2}$ 降至 $0.98\times10^6\,A\cdot m^{-2}$。随着距离电弧轴线中心径向距离的增加，两种条件下的电弧电流密度均逐渐降低，但外加磁场条件下电弧电流密度的降低速率相对较慢；在距离电弧轴线中心 2 mm 以外处，外加纵向磁场时的电弧电流密度开始高于无外加磁场时的电弧电流密度。

3. 热流密度

电弧熔敷过程中，热流密度表示单位时间单位面积上由电弧传递给工件的热

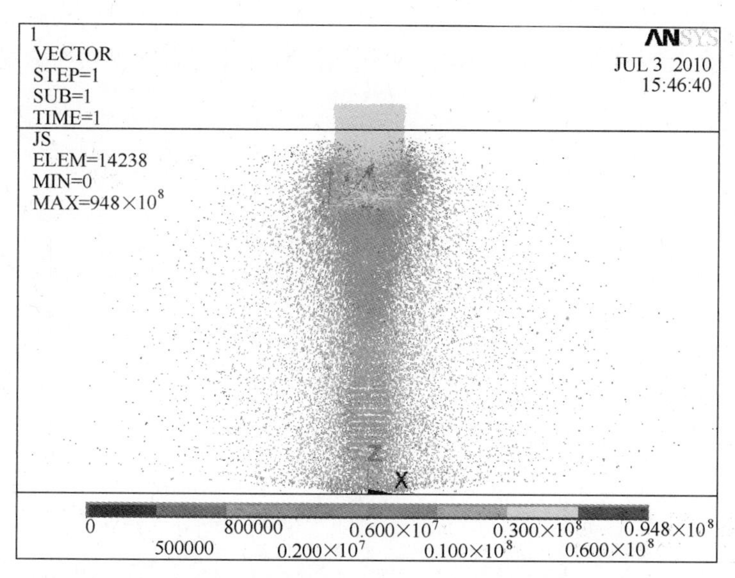

图 6-24　有外加纵向磁场条件下的电弧区电流密度矢量图

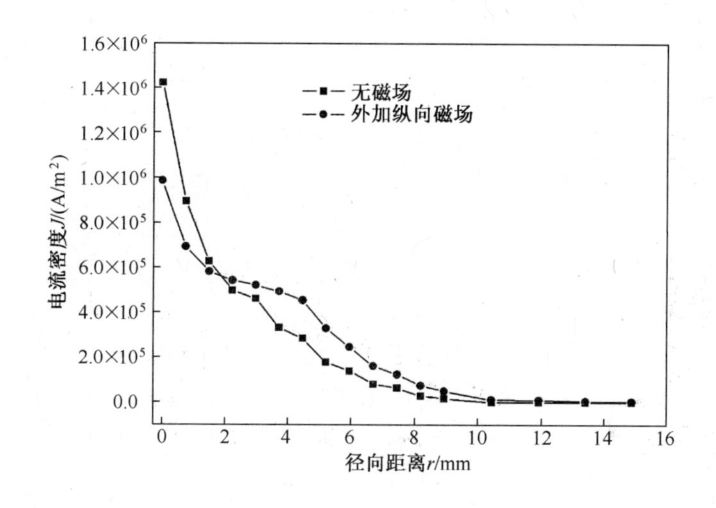

图 6-25　阳极表面的电流密度分布

量。阳极表面热流密度的大小与分布直接影响到电弧成形的热输入、熔池内部熔体的流动及整个传热过程。带电粒子运动是电弧向熔池传输热能的主要方式[12]，电流密度大的区域，带电粒子的密度大，传输的热能就越多，热流密度也就越大。反之，电流密度较小的区域，热流密度也较小。

图 6-26 所示为阳极表面的热流密度分布。可以看出，无论外加磁场与否，阳极表面的热流密度分布的变化规律与电流密度分布的变化规律极为相似。外加纵向磁场后，电弧中心的热流密度峰值为 $9.8\times10^6\,\mathrm{W\cdot m^{-2}}$，相较于无外加磁场时略有降低。随着距离电弧轴线中心径向距离的增加，两种条件下的电弧热流密度均

逐渐降低,但外加磁场条件下电弧热流密度的降低速率相对较慢;在距离电弧轴线中心 2mm 以外处,外加纵向磁场时的电弧热流密度开始高于无外加磁场时的电弧电流密度。

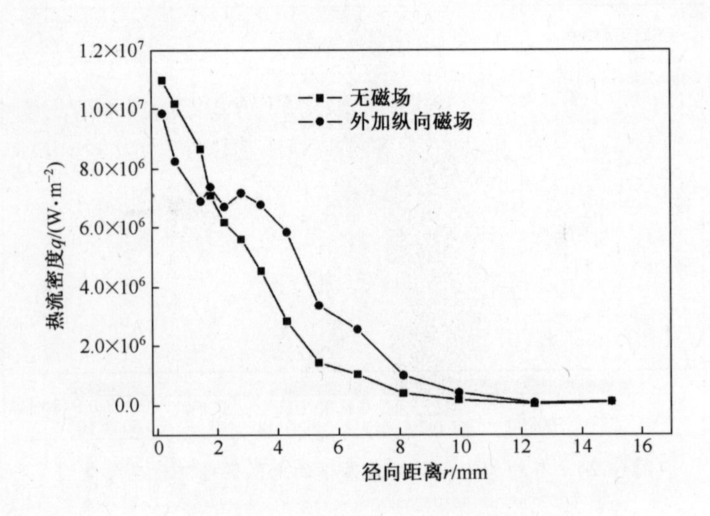

图 6-26　阳极表面的热流密度分布

4. 电弧压力

电弧压力是衡量电弧电磁收缩效应的一个重要指标,是电弧主要的物理特性之一。研究表明[13],电弧压力大小与电流密度相关,电弧不同高度处的截面积变化造成了电流密度的差异,由此产生自上而下的压力差,这种压差不断推动等离子流对阳极产生持续的压力,即电弧压力。电流密度较大的区域,电弧压力较大,而电流密度较小的区域,电弧压力较小。

图 6-27、图 6-28 所示为电弧压力图。可以看出,无外加纵向磁场时,电弧压力的最大值为 95Pa;随着距离焊丝端部距离的增加,电弧压力先是逐渐减小,中间部位的电弧压力值约为 20~30Pa;而后,随着距离工件表面距离的减小,电弧压力又逐渐增大。外加纵向磁场后,电弧压力的最大值为 57. 125Pa,相较于无外加磁场时显著降低;电弧压力的径向分布发生了明显改变,形成了轴对称空心区域,焊丝中心附近区域的电弧压力较低,距离电弧轴线较远区域的电弧压力较大。产生这一现象的主要原因是由于纵向磁场的作用,使得带电粒子围绕焊丝旋转并逐渐远离焊丝轴线,导致电弧中心区域带电粒子的密度减小,电弧中心区域压力也随之减小。

图 6-29 所示为阳极表面的电弧压力分布曲线。可以看出,无外加纵向磁场时,在阳极表面电弧产生的压力较大,峰值出现在电弧轴线上,当 $I=120$A 时,电弧压力达到了 53Pa;沿径向方向,电弧压力快速下降,在距离电弧轴线约 8mm 处,电弧压力数值开始近似为 0。引入外加纵向磁场后,在阳极表面电弧产生的压力明

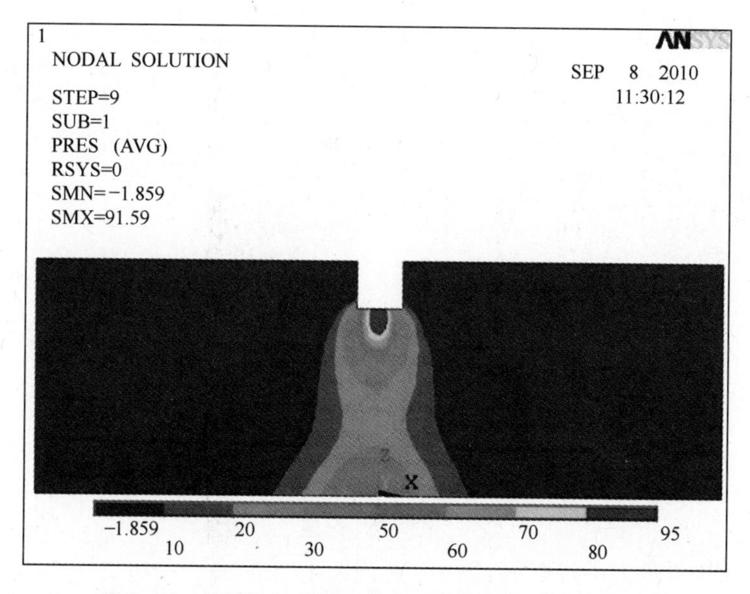

图 6-27 无外加纵向磁场条件下的电弧压力分布云图

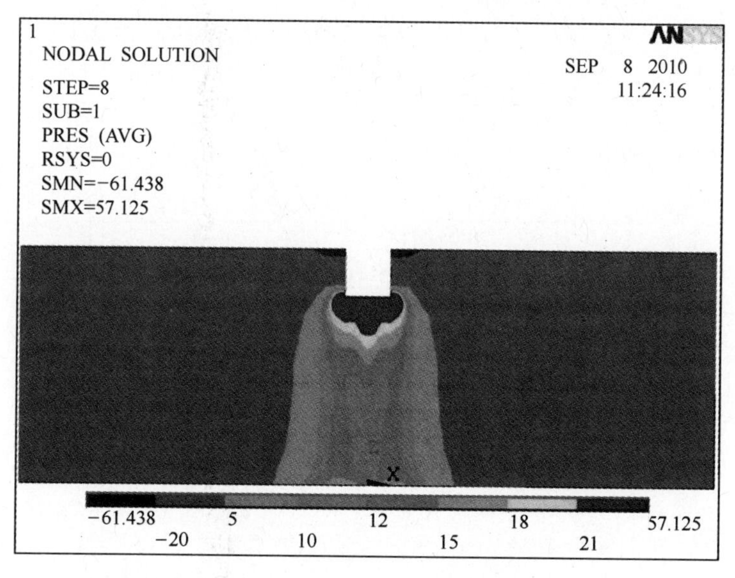

图 6-28 有外加纵向磁场条件下的电弧压力分布云图

显降低，且峰值不在电弧轴线上，而是位于距离电弧轴线约 0.8mm 处，数值为 20Pa，形成双峰分布。产生这一现象的主要原因是引入外加纵向磁场后，带电粒子在洛伦兹力作用下发生旋转，使得电弧形成空心结构，导致电弧轴线上的压力明显降低，而轴线附近区域的压力则增大；同时，引入外加纵向磁场后，整个电弧的截面积明显增大，电流密度必然减小，造成弧体轴向的电磁收缩力差值即轴向压力差减小，其驱动等离子体气流对阳极的冲击力也必然随之降低，从而导致电弧压力整体减小。

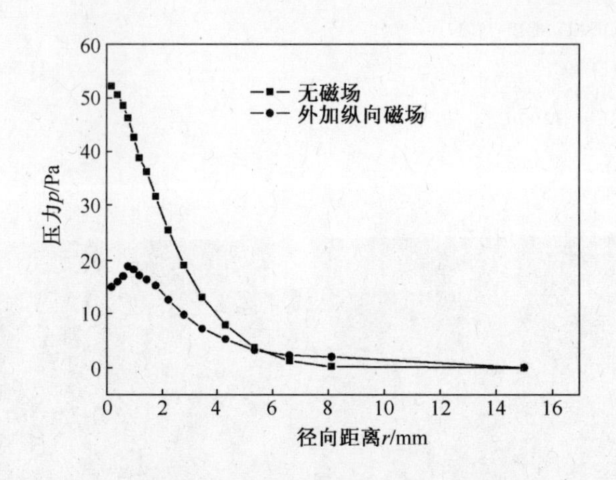

图 6-29　阳极表面的电弧压力分布

图 6-30 所示为沿焊丝轴线的电弧压力分布曲线。可以看出，无外加纵向磁场时，电弧压力峰值为 95Pa；随着距焊丝端部距离的增大，电弧压力先是逐渐减小，中间部位的电弧压力介于 20～30Pa 之间；而后，随着距离工件表面距离的减小，电弧压力又开始逐渐增大。外加纵向磁场后，电弧压力相较于无磁场时整体降低，在焊丝端部的最大值为 31.797Pa；在电弧中心，电弧压力约为 10Pa；在阳极表面，电弧压力约为 15Pa。

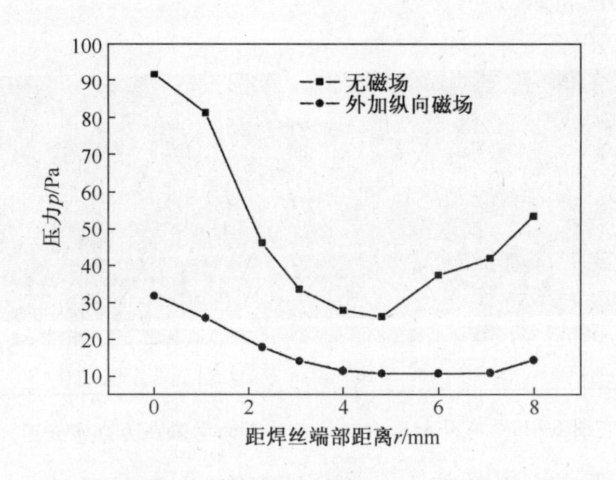

图 6-30　沿焊丝轴线的电弧压力分布

5. 电弧电势

图 6-31、图 6-32 所示为电弧电势云图。可以看出，无论外加纵向磁场与否，阳极表面的电弧电势均为 0；无外加纵向磁场时，焊丝端的电弧电势为-11.42V；外加纵向磁场后，焊丝端的电弧电势为-12.36V，略有升高。

图 6-33 所示为沿电弧轴线的电弧电势分布。可以看出，无论外加纵向磁场

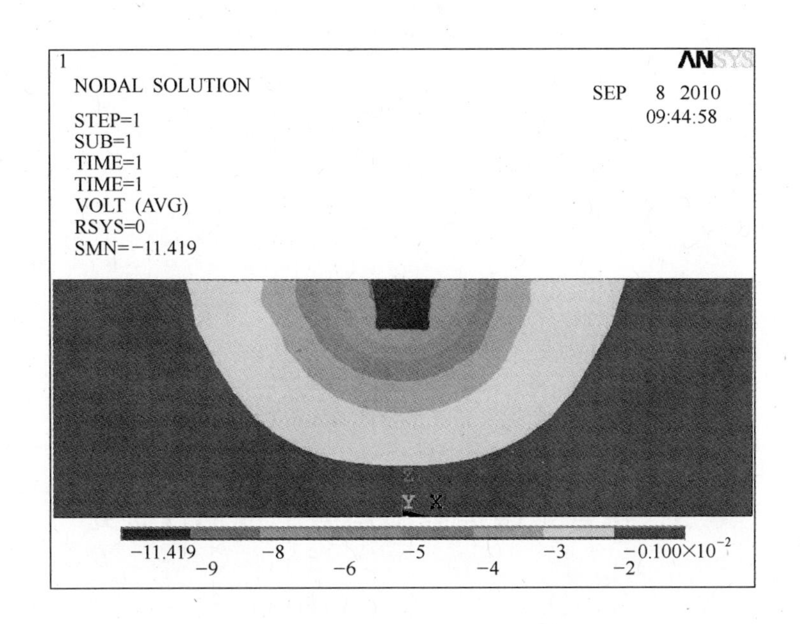

图 6-31　无外加纵向磁场时的电弧电势云图

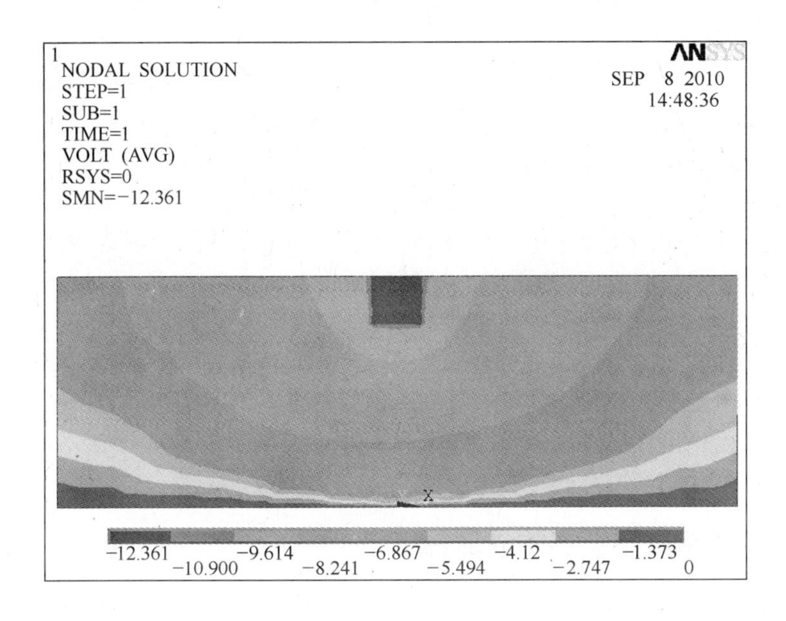

图 6-32　外加纵向磁场时的电弧电势云图

与否,随着距离阳极表面距离的增加,电弧电势均逐渐降低。无外加纵向磁场时,在阳极表面附近,电弧电势的下降趋势较为平缓;在焊丝端部附近,电弧电势的下降速率增大。外加纵向磁场后,在阳极表面附近,电弧电势的下降速率较大;在焊丝端部附近,电弧电势的下降趋势较为平缓。

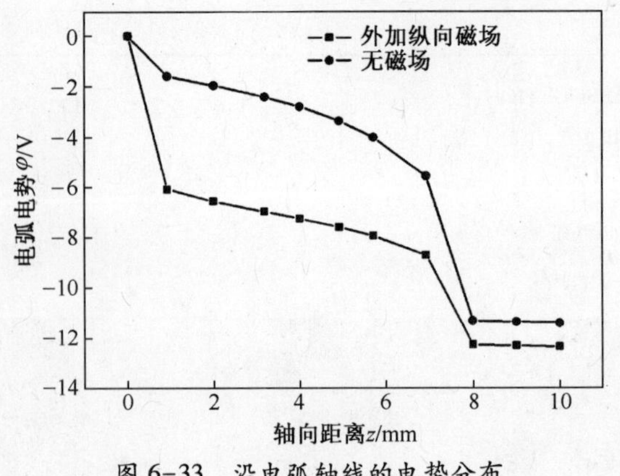

图 6-33　沿电弧轴线的电势分布

6.3　铝合金磁控电弧熔敷的成形性研究

根据快速成形技术中成形性的定义，电弧熔敷的成形性主要与成形工艺、成形件结构特征有关。在成形性的研究过程中，成形精度是我们关心的问题之一。成形精度取决于分层的厚度与单道焊道的形貌尺寸，当分层厚度较小时，成形精度较高，但熔敷层数增多，成形时间增长，成形效率降低；当分层厚度较大时，成形效率较高，但成形表面会出现"台阶"，导致成形精度降低。在实际成形过程中，需要依据具体情况选择合适的焊道余高，兼顾成形效率和成形精度；同时，为保证焊道之间的良好搭接以及整体成分的均匀性，焊道应具有一定的熔宽，若熔宽过小，不利于焊道之间的搭接，容易出现未融合、空隙等缺陷，降低成形质量。因此，为获得符合设计几何形状和性能要求的成形件，研究不同工艺条件下成形焊道的形状，建立焊道尺寸的数学预测模型，为再制造模型的数字化分层与路径规划提供理论支撑至关重要。

本书针对纵向磁场作用下的电弧熔敷过程，研究了磁场与焊接参数对焊道几何形状的影响，工艺参数与搭接方式对成形层表面平整度的影响，优化了电弧熔敷成形工艺参数并建立了焊道尺寸预测模型，为磁控电弧熔敷成形技术的工程应用奠定了基础。

6.3.1　单层单道熔覆层的成形性

焊道的几何尺寸通常采用熔宽 W、余高 R 和熔深 H 来表示，如图 6-34 所示。焊道的上述参量决定于焊接工艺参数，建立纵向磁场作用下焊接工艺参数与焊道几何尺寸之间的关联关系，是保证成形精度的前提。本节以铝合金材料为成形对象，研究纵向磁场作用下各工艺参数对单道焊道几何尺寸的影响。

6.3.1.1　工艺参数对焊道几何尺寸的影响

磁控电弧熔敷成形过程中，成形精度与单道焊道的几何尺寸密切相关。本节

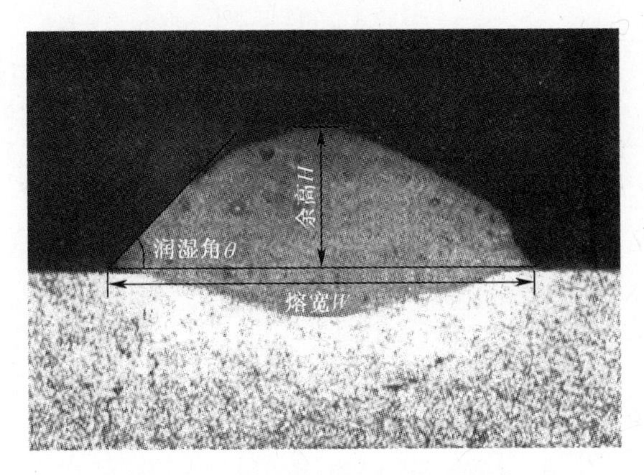

图 6-34　焊道形状参数与测量方法

以熔敷速度、送丝速度、弧长修正、电弧吹力修正、励磁电流和励磁频率等工艺参数为考察因素，以余高和熔宽为试验指标，采用正交试验分析各参数对焊道几何尺寸的影响；选用 $L_{49}(7^8)$ 正交表，每个参数取 7 个水平，正交试验的因素与水平如表6-1 所列。

表 6-1　正交试验因素水平表

水平	弧长修正 L_c/%	磁场电流 I/A	熔敷速度 v_w/(mm/s)	送丝速度 v_f/(m/min)	电弧吹力修正 P_c	励磁频率 f/Hz
1	-9	5	9	5.0	-5	15
2	-6	10	12	5.5	-4	20
3	-3	15	15	6.0	-2	25
4	0	20	18	6.5	0	30
5	3	25	21	7.0	2	35
6	6	30	24	7.5	4	40
7	9	35	27	8.0	5	45

图 6-35 所示为磁场与焊接参数对焊道几何尺寸的影响。可以看出，焊道余高呈现出了随着熔敷速度的增大而逐渐减小的变化趋势，主要原因是随着熔敷速度的提高，单位时间的热输入量减少，单位长度焊道上的金属熔敷量与焊速成反比，故余高亦随之减小。同时，焊道余高呈现出了随着送丝速度的增大而增大的变化趋势，主要原因是当送丝速度增大时，焊丝熔化量成比例增多，故余高亦随之增大。

焊道熔宽呈现出了随着送丝速度的增大而逐渐增大的变化趋势，主要原因是一元化焊机送丝速度增大时，电弧电压和焊接电流同时增大，工件热输入量增大，单位时间内焊丝的熔化量增加，从而导致熔宽增大。焊道熔宽呈现出了随着熔敷速度的增大而逐渐减小的变化趋势，主要原因是熔敷速度提高时单位时间内的热

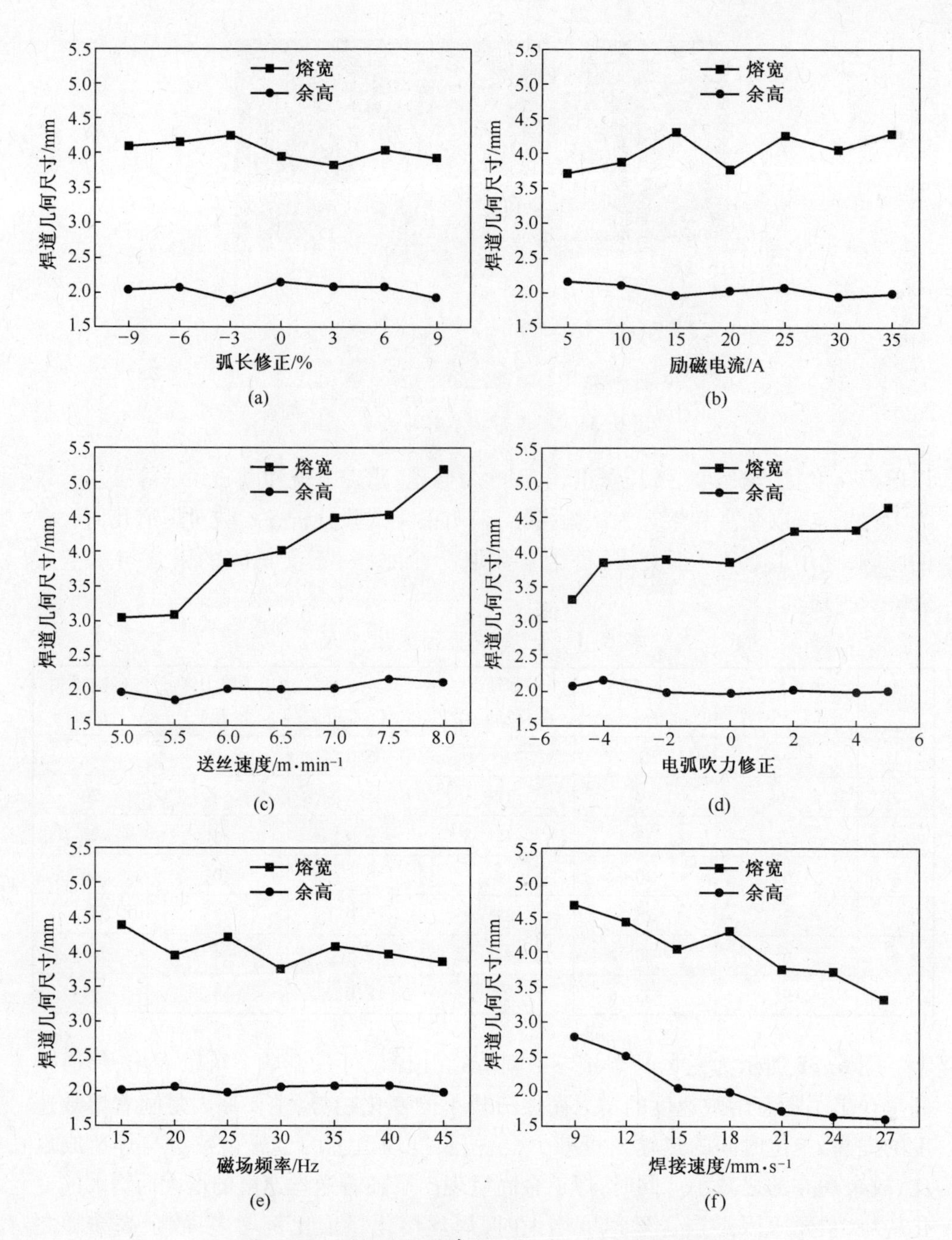

图 6-35　磁场和焊接参数对焊道几何尺寸的影响

(a)弧长修正的影响;(b)励磁电流的影响;(c)送丝速度的影响;

(d)电弧吹力修正的影响;(e)励磁频率的影响;(f)焊接速度的影响。

输入量减少,熔宽减小。焊道熔宽呈现出了随着电弧吹力的增大而逐渐增大的变化趋势,主要原因是电弧吹力增加时,电弧对熔池的冲击作用增大,熔池面积扩张,导致熔宽增大。焊道熔宽呈现出了随着励磁电流的增大而逐渐增大的变化趋势，随着频率的增大而逐渐减小的变化趋势，主要原因是本试验的励磁线圈安装于铝质外套内部，由于铝的磁导率较空气低，当频率增大时，其产生的磁场由于集肤作用，使作用于成形区的磁场强度减弱，熔宽减小。

根据正交试验结果，采用方差法对各工艺参数对余高和熔宽影响的显著水平进行分析，经计算、处理后的数据见表6-2和表6-3。比较$F_{比}$的大小可知，各参数对余高影响的主次顺序排序为：熔敷速度>送丝速度>弧长修正>励磁电流>电弧吹力修正>励磁频率。其中，熔敷速度的$F_{比}$为33.741，远大于$F_{0.01}(6,12)$，对余高的影响异常显著，贡献率为83.25%，是决定成形焊道余高的最主要因素；送丝速度的$F_{比}$为1.647，仅大于$F_{0.25}(6,12)$，对余高的影响一般显著，贡献率为4.08%；弧长修正、励磁电流、电弧吹力修正、励磁频率的$F_{比}$值都小于$F_{0.25}(6,12)$，对成形余高的贡献率分别为3.08%，2.75%，0.997%和0.9%，与误差列的贡献率相当，其对余高的影响不显著。

表6-2　工艺参数对余高影响的方差分析

	偏差平方和S	自由度f	均方和V	$F_{比}$	F_{α}	显著水平	贡献率
弧长修正	0.318	6	0.053	1.247			3.08%
励磁电流	0.284	6	0.047	1.106			2.75%
熔敷速度	8.601	6	1.434	33.741		★★★	83.25%
送丝速度	0.422	6	0.070	1.647	$F_{0.01}(6,12)=4.82$ $F_{0.05}(6,12)=3.0$ $F_{0.1}(6,12)=2.33$ $F_{0.25}(6,12)=1.53$	△	4.08%
电弧吹力修正	0.103	6	0.017	0.400			0.997%
励磁频率	0.093	6	0.016	0.376			0.9%
空列1	0.213	6	0.036				2.06%
空列2	0.297	6	0.050				2.87%
误差$e^{\triangle}$	0.51	12	0.0425				
总和	10.331						

$F_{比}>F_{0.01}$因素影响异常显著，记为★★★。$F_{0.01}\geq F_{比}>F_{0.05}$因素影响特别显著，记为★★。$F_{0.05}\geq F_{比}>F_{0.1}$因素影响显著，记为★。$F_{0.1}\geq F_{比}>F_{0.25}$因素影响一般显著，记为△。$F_{0.25}>F_{比}$看不出因素对指标有影响，不作记号。

依据表6-3，对比各列$F_{比}$大小可知，各因素对熔宽影响的主次顺序排序为：送丝速度>熔敷速度>电弧吹力修正>励磁电流>励磁频率>弧长修正。其中，送丝速度的$F_{比}$为17.18，远大于$F_{0.01}(6,12)$，对熔宽的影响异常显著，贡献率为

49.85%，是影响焊道熔宽的最主要因素；熔敷速度的 $F_{比}$ 为 6.216，大于 $F_{0.01}(6,12)$，对熔宽的影响特别显著，贡献率为 18.04%，是影响熔宽的主要因素；电弧吹力修正的 $F_{比}$ 为 5.332，大于 $F_{0.01}(6,12)$，对熔宽的影响特别显著，影响贡献率为 15.48%，略低于熔敷速度的影响，也是影响熔宽的主要因素；励磁电流的 $F_{比}$ 为 1.8，大于 $F_{0.25}(6,12)$，对熔宽的影响一般显著，贡献率为 5.22%；励磁频率和弧长修正的 $F_{比}$ 分别为 1.292 和 0.644，均小于 $F_{0.25}(6,12)$，影响熔宽的贡献率分别为 3.75% 和 1.87%，与误差列的贡献率相当，对熔宽的影响不显著。

表 6-3　工艺参数对熔宽影响的方差分析

	偏差平方和 S	自由度 f	均方和 V	$F_{比}$	F_{α}	显著水平	贡献率
弧长修正	0.967	6	0.161	0.644	$F_{0.01}(6,12)=4.82$ $F_{0.05}(6,12)=3.0$ $F_{0.1}(6,12)=2.33$ $F_{0.25}(6,12)=1.53$		1.87%
励磁电流	2.699	6	0.450	1.8		△	5.22%
熔敷速度	9.323	6	1.554	6.216		★★★	18.04%
送丝速度	25.767	6	4.295	17.18		★★★	49.85%
电弧吹力修正	8	6	1.333	5.332		★★	15.48%
励磁频率	1.939	6	0.323	1.292			3.75%
空列 1	1.965	6	0.328				3.8%
空列 2	1.032	6	0.172				1.996%
误差 $e^{\triangle}$	2.997	12	0.250				
总和	51.692						

$F_{比}>F_{0.01}$ 因素影响异常显著，记为★★★。$F_{0.01}\geq F_{比}>F_{0.05}$ 因素影响特别显著，记为★★。$F_{0.05}\geq F_{比}>F_{0.1}$ 因素影响显著，记为★。$F_{0.1}\geq F_{比}>F_{0.25}$ 因素影响一般显著，记为△。$F_{0.25}>F_{比}$ 看不出因素对指标有影响，不作记号。

在熔敷成形时，弧长修正和励磁电流应有合理匹配，当这两个参数都比较大时，焊道易形成未熔合缺陷和大量飞溅，焊道质量变差或不能成形。图 6-36、图 6-37所示分别为弧长修正对焊道表面形貌与几何尺寸的影响。可以看出，励磁电流 $I=30\text{A}$，弧长修正 $L_c=-3\%$ 时，焊道可成形，当弧长修正增大到 $L_c=9\%$ 时，焊道不能成形，分析认为主要原因是过渡熔滴在洛仑兹力的作用下和带电粒子的带动下高速旋转，并偏离焊丝轴线，当电弧长度增大时，磁场对熔滴和带电粒子的作用时间增加，当磁感应强度较大时，熔滴偏离焊丝轴线较远，不能顺利地过渡到熔池中，形成了大量飞溅，不能成形。

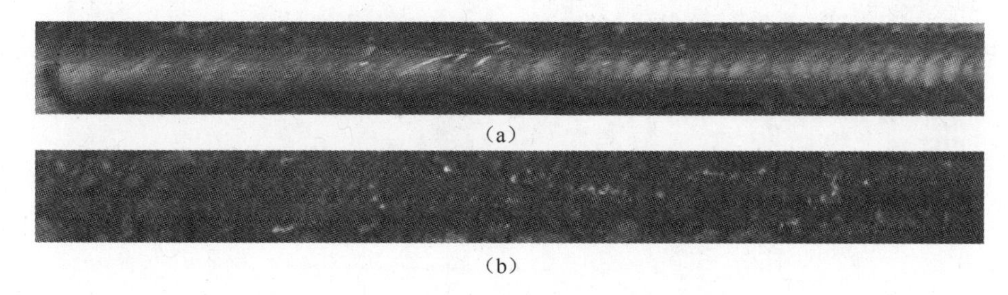
(a)

(b)

图 6-36　弧长修正对焊道表面形貌的影响
(a)L_c=-3%;(b)L_c=9%。

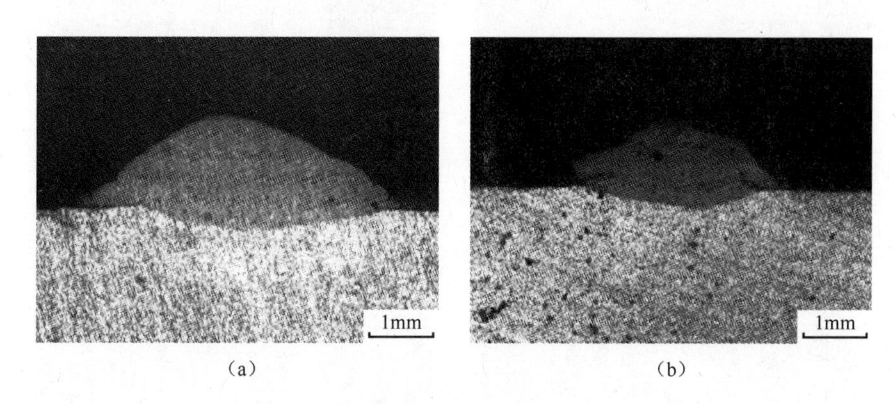

(a)　(b)

图 6-37　弧长修正对焊道几何尺寸的影响
(a)L_c=-3%;(b)L_c=9%。

6.3.1.2　磁场特性对焊道润湿角的影响

金属材料的润湿铺展性不但能够决定焊道是否适合于熔敷成形,而且对成形件的精度和性能也具有重要影响[14,15]。本节主要研究励磁电流强度对焊道润湿铺展性的影响。

图 6-38 所示为不同励磁电流强度作用下的焊道截面图。可以看出,当励磁电流较小时,焊道的熔宽较小,余高和润湿角较大,形成了窄而高的焊道;这种形状的焊道在熔敷过程中极容易造成搭接不良,并形成气孔缺陷,不适于快速成形。随着励磁电流的增加,余高减小,熔宽增大,润湿角较小,焊道变为扁平状;这种形状的焊道易于搭接,空隙缺陷少,有利于提高成形件的力学性能。金属材料的润湿铺展性与焊道的余高、熔宽密切相关,余高越小、熔宽越大,润湿铺展性越好。

图 6-39 所示为励磁电流与焊道润湿角的影响。可以看出,随着励磁电流的增加,焊道的润湿角逐渐减小。分析可知,纵向磁场作用下磁场对焊道润湿铺展性的影响,主要是通过磁场影响熔池中液态金属的流动方式而实现的。

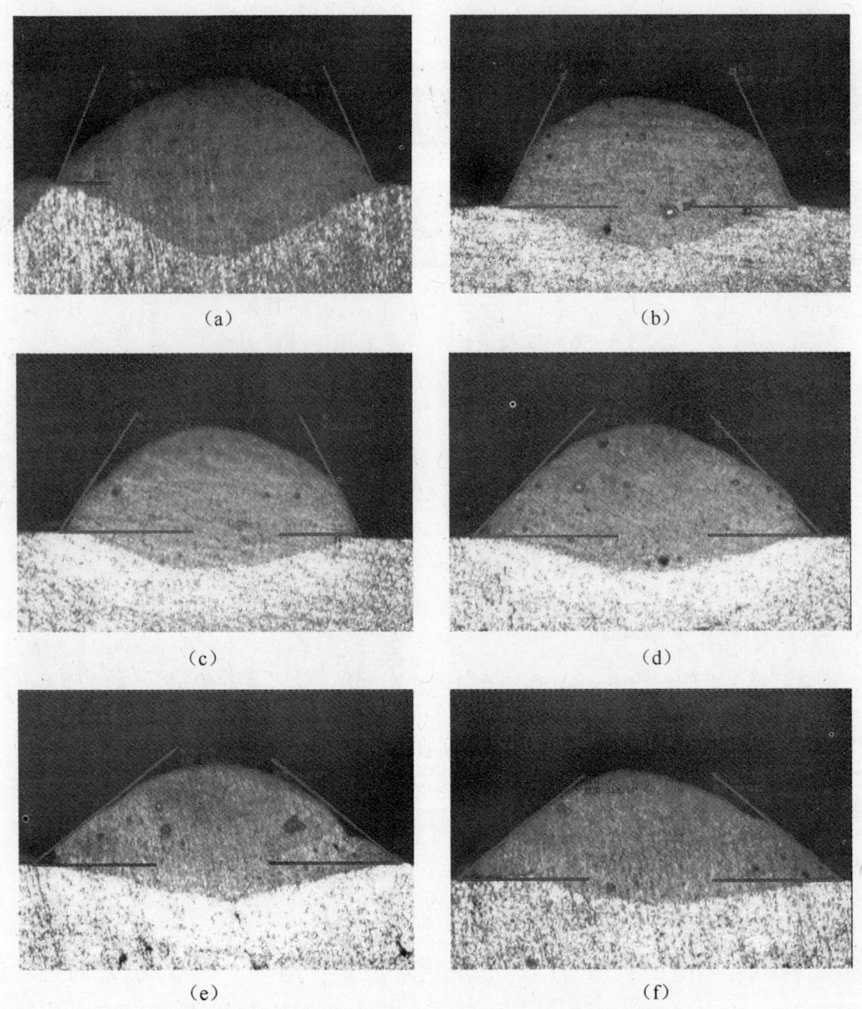

图 6-38　不同励磁电流强度作用下的焊道截面图

(a)$I=0$A;(b)$I=10$A;(c)$I=15$A;(d)$I=20$A;(e)$I=25$A;(f)$I=30$A。

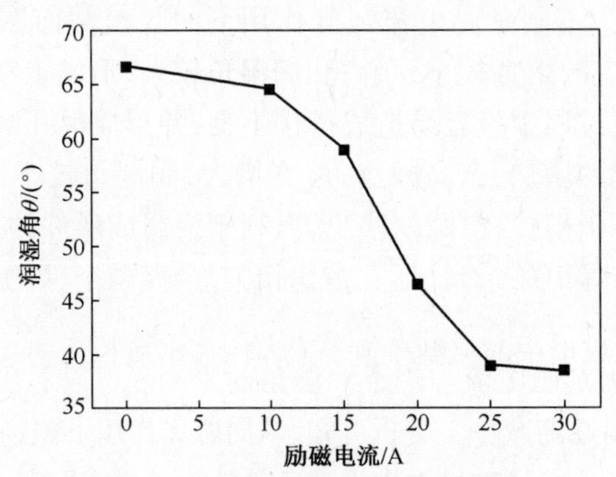

图 6-39　励磁电流对润湿角的影响

6.3.2 单层多道熔敷层的成形性

6.3.2.1 熔敷层表面成形质量评定方法

电弧熔敷成形过程中，由于液态金属的表面张力较大，按成形轨迹搭接形成的平面并不理想，而是周期性波峰、波谷的波纹面，此时表面粗糙度不再适用于表征电弧熔敷成形件的表面精度。为评价多道熔敷成形件的表面质量，引入了“成形表面平整度”的概念[16]。这里定义 δ 为表面平整度，含义是搭接试样断面中波峰与波谷高度的差值，如图 6-40 所示。

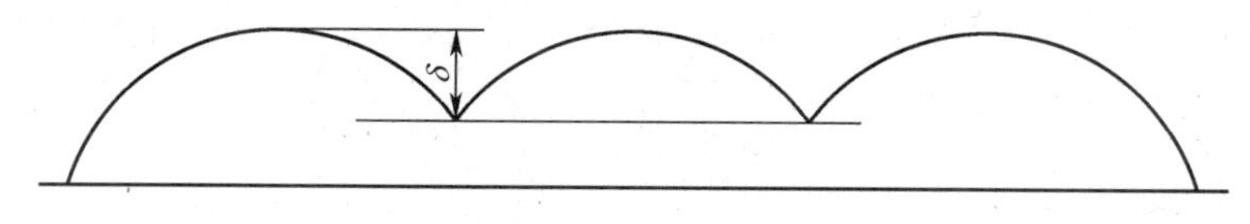

图 6-40　平整度表征方法

在显微镜下测量 δ 的数值即可确定成形平面的平整度，再依据平整度的大小来分析成形表面的质量，可采用两个指标进行评价[17]。

1. 表面最大高度变化量 δ_{max}

在一定长度范围内，得到截面图中波峰的最高点 $Y_{f\max}$（像素点）和波谷的最低点 $Y_{g\min}$（像素点），则表面最大高度变化量为

$$\delta_{\max} = h_{f\max} - h_{g\max} \tag{6-16}$$

δ_{max} 可反映成形件平面高度变化的最大量。

2. 表面平均高度变化量 $\bar{\delta}_{max}$

在一定长度范围内，取 n 个波峰和波谷，表面平均高度变化量指 n 个波峰波谷高度差的平均值。

$$\bar{\delta}_{\max} = \frac{1}{n}\sum_{i=1}^{n}(h_{f\max i} - h_{g\max i}) \tag{6-17}$$

$\bar{\delta}_{max}$ 值能较充分反映成形件表面几何参数高度的变化特性。在相同长度范围内，$\bar{\delta}_{max}$ 值越小，成形平面越平整，表面质量越好。

6.3.2.2 焊道间距对表面成形质量的影响

1. 焊道截面模型及验证

电弧熔敷成形件全部由焊道组成，而焊道的特点是由于熔滴的流动使其中间较高两边较低。因此，成形中相邻焊道间的路径间距是影响零件成形精度的原因之一。

为确定焊道间的最优搭接系数、合理规划熔敷成形路径、提高磁场作用下的控形精度，须对熔敷成形中的典型单道焊道截面形态进行精确数学建模，并选择合理的路径间距。单道焊道截面形态可以分为球形、驼峰形、优弧形、劣弧形、扁平形以及高斯形[18]，在实际电弧熔敷成形工艺中，弧形焊道与扁平形焊道更适于快速成形。焊道形态特征通常采用熔宽、余高、熔深和宽高比等参数进行表征。熔敷焊道

的熔宽和余高的比值，即宽高比可定义为

$$\lambda = \frac{w}{h} \tag{6-18}$$

式中：w 为熔宽；h 为余高。即焊道的宽高比值 λ 越大，焊道形状越接近扁平形。在建立焊道截面轮廓模型并计算时，首先需要确定焊道截面轮廓的数学方程，研究结果表明[19]，采用圆弧函数、抛物线函数和正弦函数可近似表征焊道截面形态。因此，本书分别采用圆弧函数，抛物线函数和正弦函数给出焊道截面轮廓的曲线方程，并与纵向磁场作用下的成形焊道形态做对比。焊道的余高和熔宽可以直接测量，设定焊道的熔宽为 w，余高为 h，可分别得到焊道轮廓的圆弧、抛物线和正弦曲线方程：

$$x^2 + \left(y + \frac{w^2}{8h} - \frac{h}{2}\right)^2 = \left(\frac{w^2}{8h} + \frac{h}{2}\right)^2 \tag{6-19}$$

$$y = -\frac{4h}{w^2}x^2 + h \tag{6-20}$$

$$y = h\cos\frac{\pi}{w}x \tag{6-21}$$

根据焊道轮廓方程分别绘制出曲线，并与实际焊道轮廓对比，如图 6-41 所示。可以看出，在三种曲线中，抛物线和正弦曲线能较好地描述焊道截面轮廓曲线，而圆弧曲线对焊道截面形貌的描述效果较差。

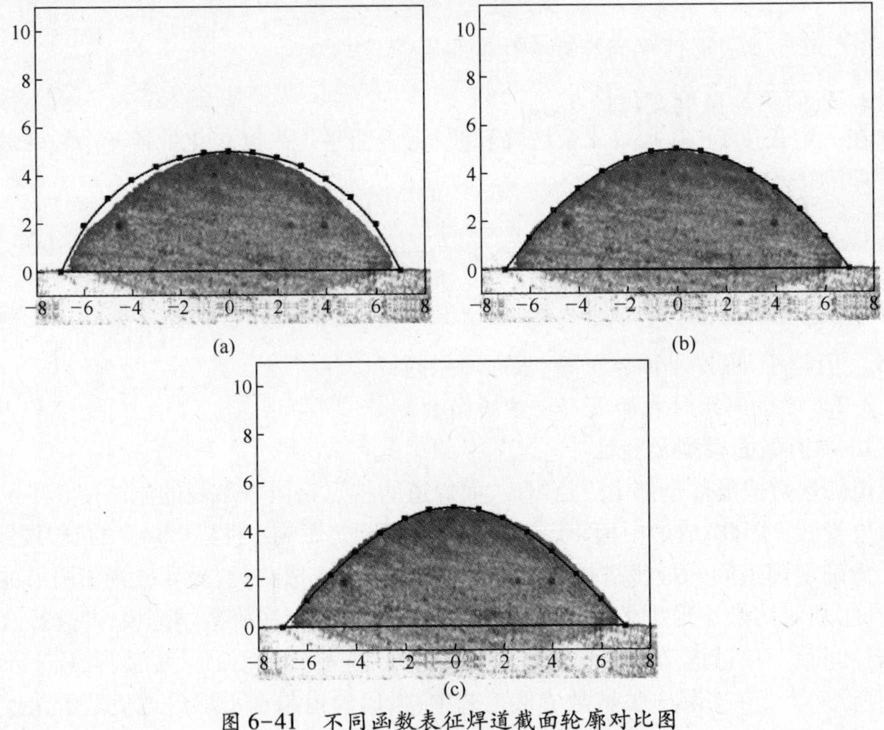

图 6-41 不同函数表征焊道截面轮廓对比图

(a)圆弧曲线；(b)抛物线曲线；(c)正弦曲线。

2. 不同截面模型搭接间距的计算

电弧熔敷成形过程中,相邻焊道的搭接间距不同,会产生不同的搭接关系,如图 6-42 所示。若相邻焊道之间的间距过大,会造成焊道间未完全熔合或形成空洞缺陷;若相邻焊道之间的间距过小,会造成后一道焊道与前一道焊道重合,既降低堆积效率又会使得表面平整度变差;也就是说,无论搭接间距过大或过小,都会使得表面平整度变差。因此,成形轨迹的间距应最大限度保证焊道实现理想搭接,即成形后的表面为平面,如图 6-42(c)所示。

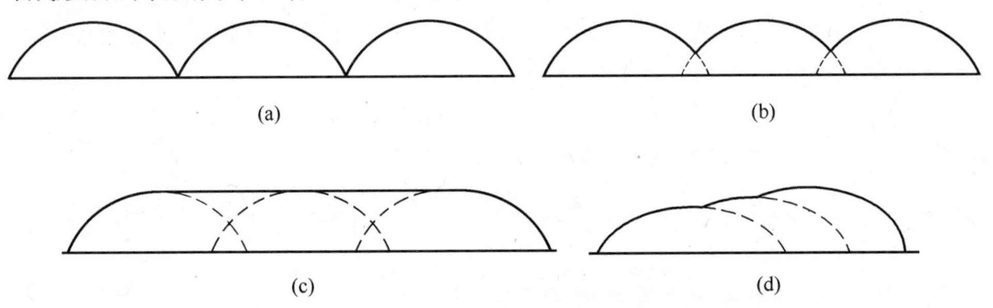

图 6-42　不同搭接间距的熔敷层表面

(a)未搭接;(b)搭接量不足;(c)理想搭接;(d)搭接过度。

根据焊道搭接的"等面积"理论[20],后续焊道与前道焊道之间搭接部分的"多余"面积与它们之间的"凹谷"面积相等时,即 $S_{AMP}=S_{CPN}$ 时,成形后的表面为平面,熔敷层表面平整度最好,如图 6-43 所示。

根据焊道截面模型验证结果,分别采用抛物线和正弦曲线表征焊道的截面形态,依据"等面积理论"计算相邻焊道间距 L。

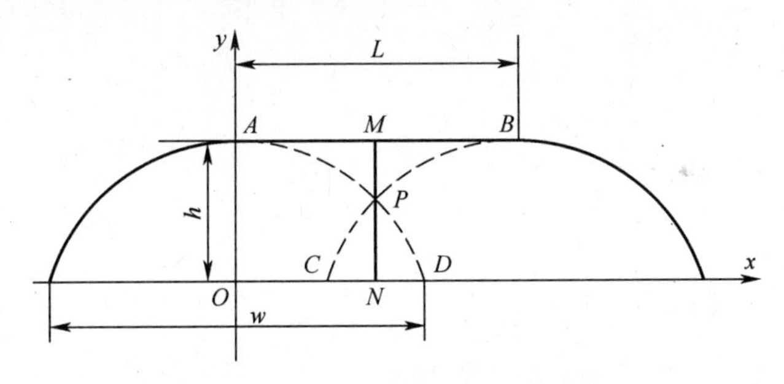

图 6-43　焊道搭接等面积理论模型

设焊道截面轮廓曲线方程为 $y=f(x)$,下一焊道的截面轮廓曲线方程为 $y=f(x-L)$,搭接过程中希望得到图 6-43 所示的理想效果,两者的面积分别为

$$S_{AMP}=\int_{0}^{\frac{L}{2}}[h-f(x)]\mathrm{d}x \tag{6-22}$$

$$S_{CPN}=\int_{L-\frac{w}{2}}^{\frac{L}{2}}f(x-L)\mathrm{d}x \tag{6-23}$$

根据“等面积堆积”理论，则有

$$\int_{0}^{\frac{L}{2}}[h-f(x)]\mathrm{d}x=\int_{L-\frac{w}{2}}^{\frac{L}{2}}f(x-L)\mathrm{d}x \tag{6-24}$$

将抛物线方程(6-22)代入式(6-24)，求解出采用抛物线模型表征熔敷焊道时的搭接间距：

$$L=\frac{2}{3}w \tag{6-25}$$

将正弦曲线方程(6-23)代入式(6-24)，求解出采用正弦曲线模型表征熔敷焊道时的搭接间距：

$$L=\frac{2}{\pi}w \tag{6-26}$$

根据上述计算结果，只需测量出熔敷焊道的熔宽，就可以确定出熔敷焊道的搭接间距 L。

3. 不同截面模型焊道搭接表面的平整度对比

进行单层多道电弧熔敷搭接试验，每层熔敷 5 道，焊道间距分别取 $L=2w/3$ 和 $L=2w/\pi$，计算不同搭接间距下的熔敷层平整度。

图 6-44 所示为熔敷层截面，图 6-45 所示为平整度计算结果。可以看出，当焊道搭接间距 $L=2w/3$ 时，熔敷层的平整度为 0.43mm；当焊道搭接间距 $L=2w/\pi$ 时，熔敷层的平整度为 0.30mm。对比可知，当采用正弦曲线表征焊道截面模型时，熔敷层的表面平整度更好，表面质量更高。

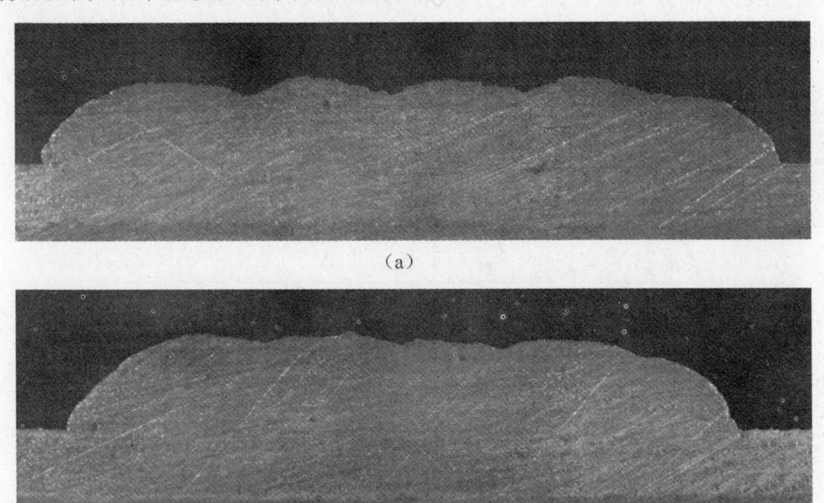

(a)

(b)

图 6-44 不同搭接间距时的熔敷层截面

(a) $L=\frac{2}{3}w$ 时熔敷层截面；(b) $L=\frac{2}{\pi}w$ 时熔敷层截面。

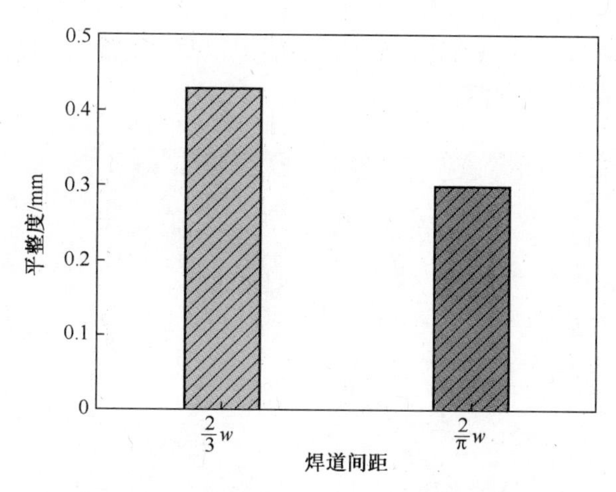

图 6-45　不同搭接间距的熔敷层表面平整度

6.3.3　磁场特性对熔敷层表面质量的影响

6.3.3.1　对单层单道熔覆层表面成形质量的影响

图 6-46、图 6-47 所示分别为励磁电流对单层单道熔覆层表面形貌与几何尺寸的影响。可以看出,无外加纵向磁场时,单层单道熔覆层表面在电磁吹力的作用下形成了美观的鱼鳞纹。在励磁电流由 $I=0$A 增加到 $I=30$A 的过程中,鱼鳞纹宽度间距逐步增大,单层单道熔覆层的熔深变浅,熔宽增大,几何尺寸更加均匀,表面质量更佳;产生这一现象的主要原因是在外加磁场作用下,电弧扩张,电弧端部对基体的作用面积增大,熔宽增大;同时,电弧扩张使得电弧电流密度降低,单位面积上的热输入减少,使得熔深变小。而当励磁电流达到 $I=30$A 时,单层单道熔覆层

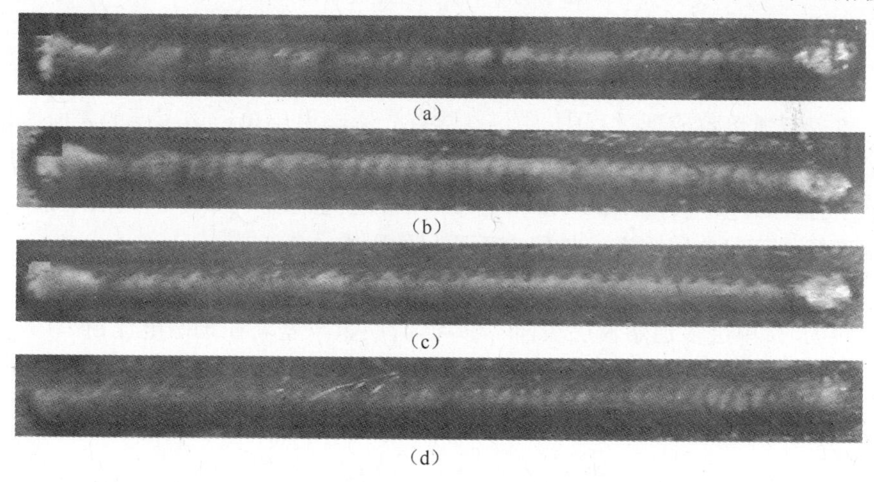

图 6-46　励磁电流对单层单道熔覆层表面形貌的影响

(a) $I=0$A;(b) $I=10$A;(c) $I=20$A;(d) $I=30$A。

的边缘出现了未熔合缺陷;产生这一现象的主要原因是由于励磁电流过大,导致电弧过度扩张,电弧边缘的热流密度较低,不能提供足够的热量使基体熔化,使得熔滴下落后形成了未熔合缺陷。

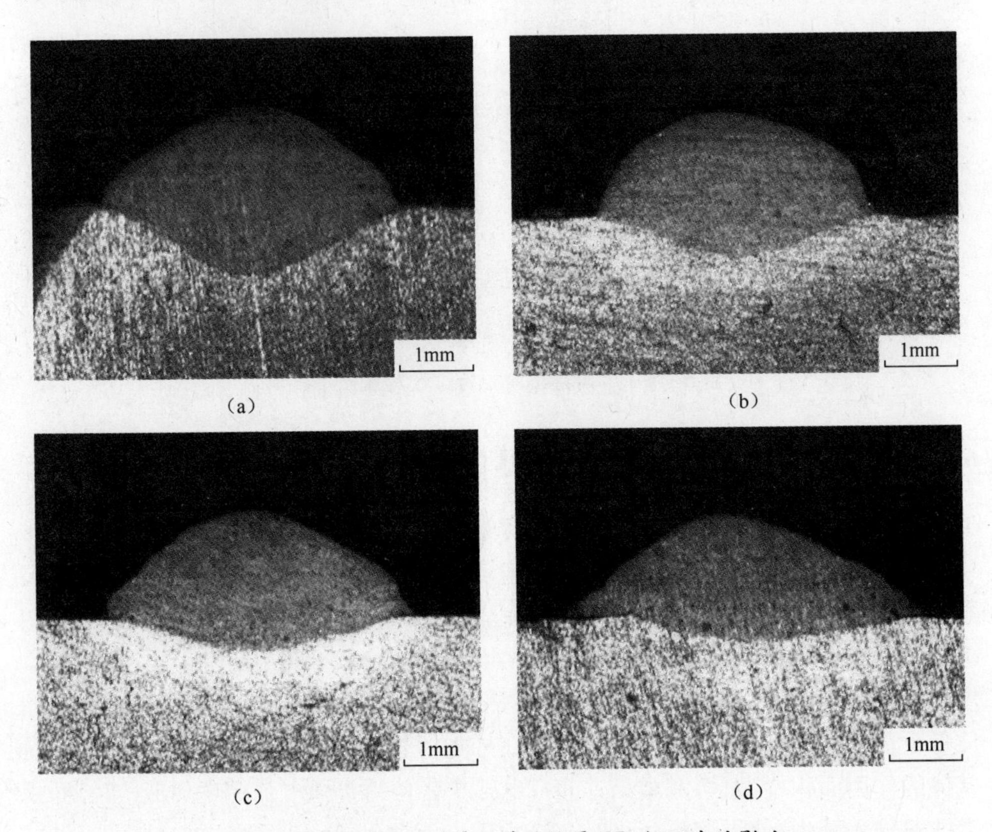

(a) (b) (c) (d)

图 6-47 励磁电流对单层单道熔覆层几何尺寸的影响
(a) $I=0$A;(b) $I=10$A;(c) $I=20$A;(d) $I=30$A。

6.3.3.2 对单层多道熔敷层表面成形质量的影响

磁控电弧熔敷成形过程中,磁场参数首先影响单层单道熔覆层的表面质量,进而影响单层多道熔敷层的表面质量。本节实验过程中,保持其他参数不变,励磁电流 I 分别取 0A,10A,15A,20A,25A 和 30A,焊道间距取 $L=2w/\pi$,每层熔敷 10 道,考察磁场强度对单层多道熔敷层表面质量的影响。

图 6-48 所示为不同励磁电流作用下的熔敷层表面形貌。可以看出,无外加纵向磁场时,单层多道熔覆层表面不够均匀,质量较差。在励磁电流由 $I=0$A 增加到 $I=30$A 的过程中,单层多道熔覆层表面逐步均匀,表面质量有所提高。而当励磁电流达到 I=30A 时,熔敷层表面出现了明显的由飞溅引起的焊瘤现象,表面质量下降。

图 6-49、图 6-50 所示分别为不同励磁电流作用下的单层多道熔敷层截面形貌及表面平整度变化曲线。可以看出,无外加纵向磁场时,单层多道熔敷层的表面

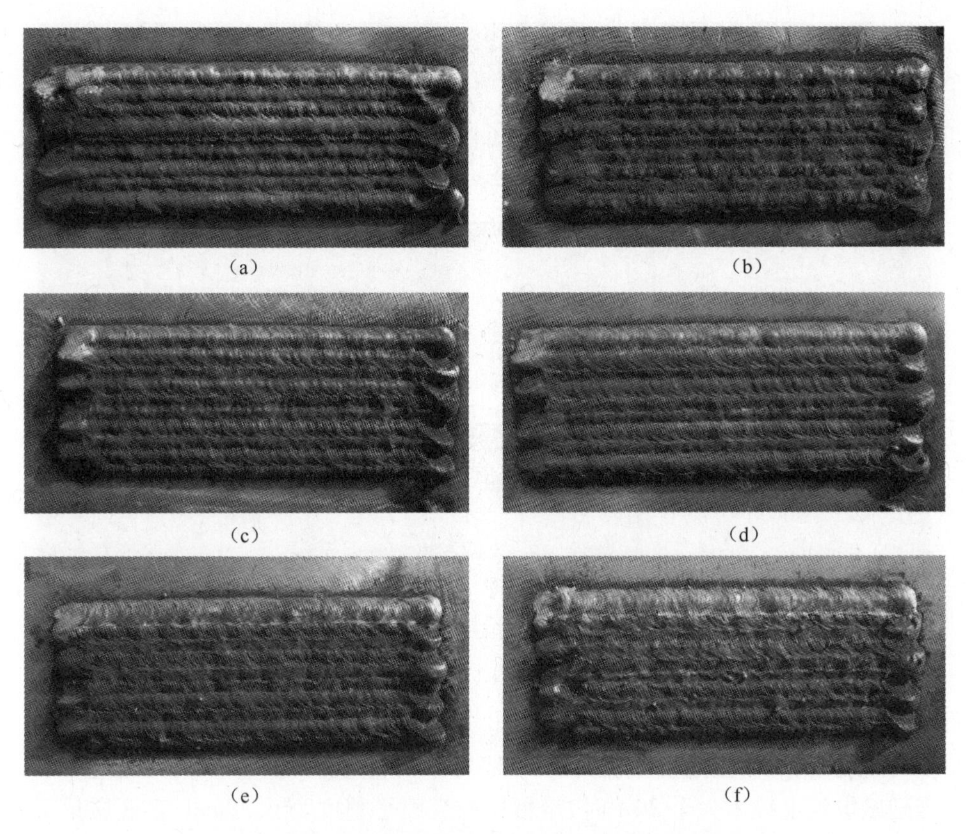

图 6-48　不同励磁电流作用下的熔敷层表面形貌

(a) I=0A；(b) I=10A；(c) I=15A；(d) I=20A；(e) I=25A；(f) I=30A。

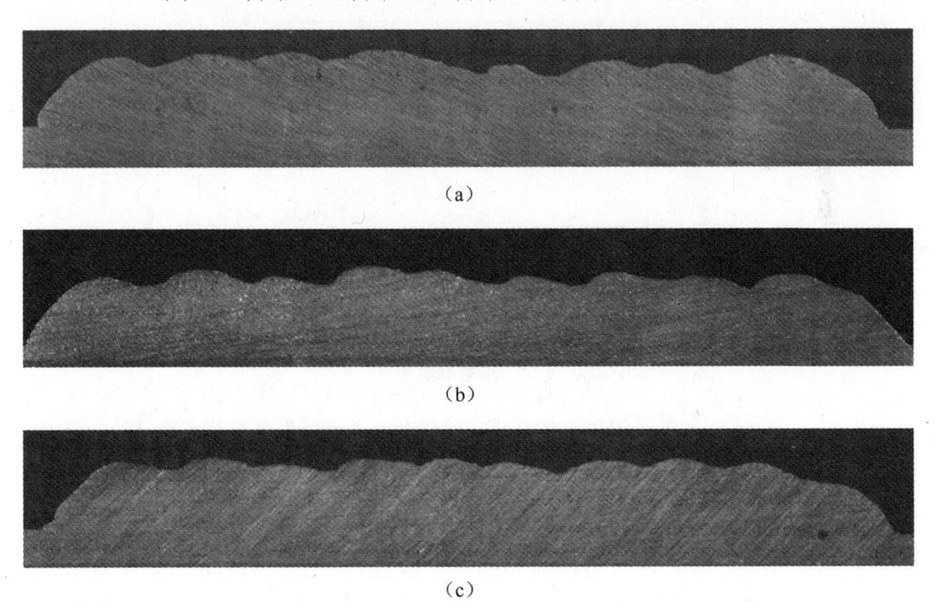

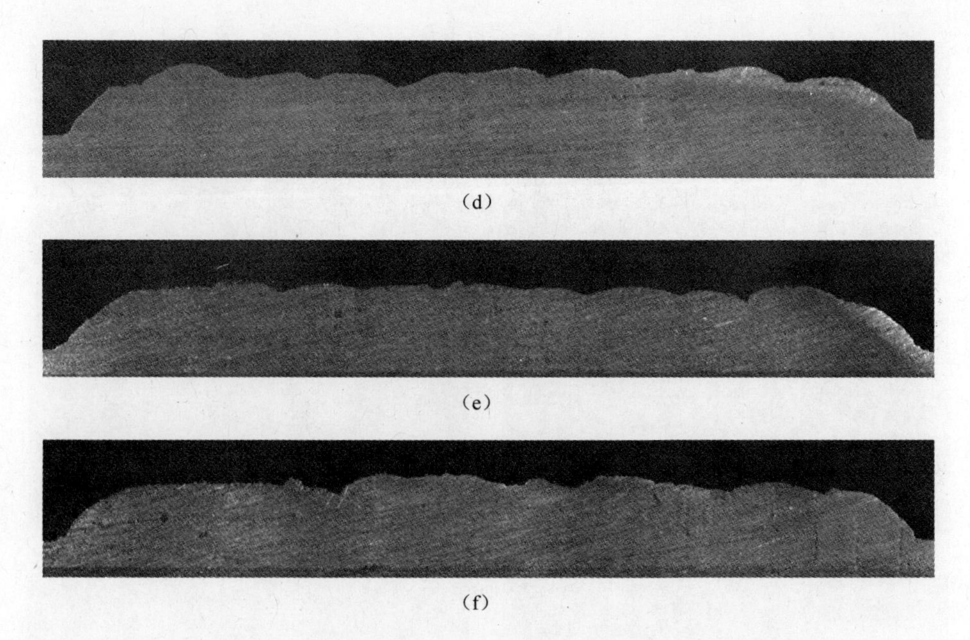

图 6-49 不同励磁电流作用下的单层多道熔敷层截面形貌

(a)I=0A;(b)I=10A;(c)I=15A;(d)I=20A;(e)I=25;(f)I=30A。

质量较差,平整度为 0.44mm;随着励磁电流的增加,熔敷层表面趋于平整度,表面质量有所提高,尤其当励磁电流为 25A 时,表面平整度为 0.27mm,表面质量最好;而当励磁电流继续增大至 30A 时,熔覆层的表面平整度为 0.38mm,表面质量又有所下降。

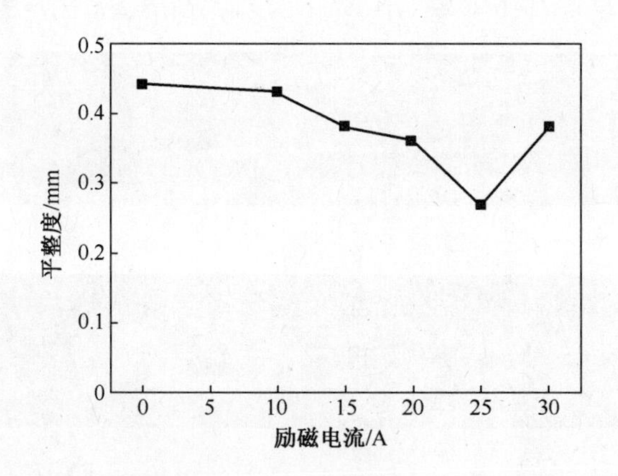

图 6-50 不同励磁电流作用下的熔敷层表面平整度变化曲线

6.3.3.3 对多层多道熔敷层表面成形质量的影响

图 6-51、图 6-52 所示分别为工艺参数优化后的多层多道熔敷层的表面及截面形貌。可以看出,当工艺参数匹配时,单层多道熔敷层的表面比较平整,平整度仅为 0.26mm。当前一层表面质量较好时,在后续的熔敷过程中,控制好磁场与电

弧成形工艺参数可得到表面质量较高的多层熔敷层。

图 6-51　工艺参数优化后的多层多道熔敷层表面形貌

图 6-52　工艺参数优化后的多层多道熔敷层截面形貌

6.4　铝合金磁控电弧熔敷层的组织性能优化

6.4.1　磁场特性对熔敷层显微结构的影响

本节主要采用 XRD、SEM、EDS 等手段，对比分析有无外加电磁场作用时，铝合金熔敷层的 X 射线衍射图谱、晶格常数及表面形貌等，探索磁控电弧熔敷成形过程中铝合金材料微观组织结构的变化规律。

6.4.1.1　磁场特性对熔敷层晶格结构的影响

X 射线照射到晶体上产生的衍射现象实质是 X 射线与电子交互作用的结果[21]。采用日本理学 Rigaku 型衍射仪进行铝合金熔覆层的 X 射线检测，工作条件为：Cu 靶、λ=1.54056Å、Ni 滤波片、管电压 40kV，管电流 150mA。

金属铝的 X 射线衍射图谱中一般有五个比较明显的衍射峰，其衍射角由小到大依次对应(111)、(200)、(220)、(311)与(222)晶面。铝的 2θ 角对应的晶面指数如表 6-4[22] 所列，对应的衍射图谱如图 6-53 所示。

表 6-4　X 射线中 Al 的 2θ 角对应的晶面指数

2θ/(°)	38	44	65	78	82
晶面指数	111	200	220	311	222

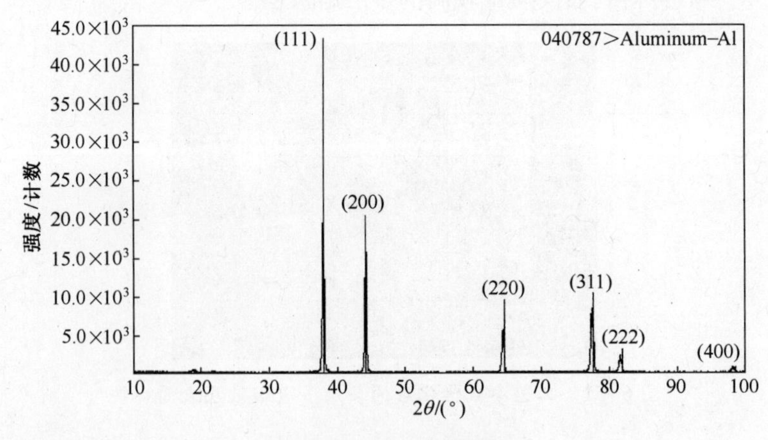

图 6-53 铝的衍射图谱

晶格常数 α[23,24] 可在 X 射线衍射图谱中选取一个高角度的衍射峰,确定峰对应的角度 2θ,利用下式计算:

$$\alpha = d\sqrt{H^2 + K^2 + L^2} \tag{6-27}$$

式中:d 为实测晶面间距;H,K,L 为晶面指数。

1. 磁场频率的影响

图 6-54 所示为不同磁场频率下铝合金熔覆层的 X 射线衍射图谱,其中 1 和 2 分别代表磁场频率为 20Hz 和 10Hz 时的 X 射线衍射图谱,3 代表无磁场作用时的 X 射线衍射图谱。可以看出,外加纵向磁场后,铝合金熔覆层的 X 射线衍射图谱并未发生明显变化,无新相生成。不同磁场频率下,铝合金熔覆层不同晶面对应的峰值强度略有不同。无论外加纵向磁场与否,铝合金熔敷层在(111)晶面处的峰值均特别高,可能是因为样品中含有的 Al_8Mg_5 第二相在 Al(111)晶面处也存在衍射峰,并与 Al 的衍射峰形成叠加,故表现为 Al(111)晶面的峰值特别高。增大磁场频率,(200)晶面与(220)晶面对应的衍射峰强度均增大,这表明外加电磁场促使晶粒在上述晶面上形成了择优取向。

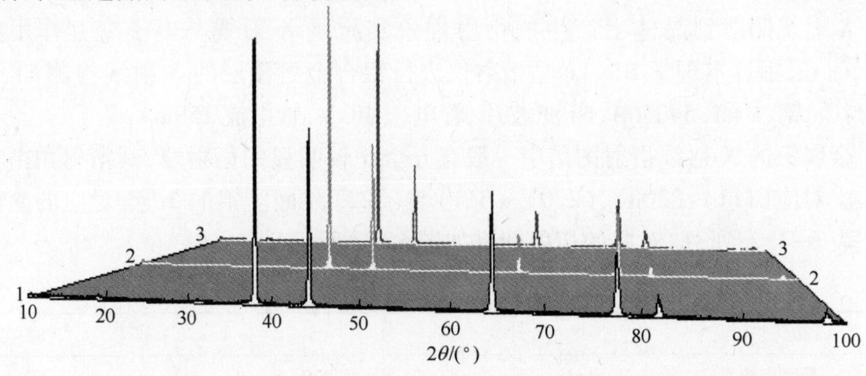

图 6-54 不同磁场频率下铝合金熔覆层的 X 射线衍射图谱

根据式(6-41),计算不同磁场频率下的铝合金熔覆层的晶格常数,结果如表6-5 所示。

表 6-5　不同磁场频率下铝合金熔覆层的晶格常数(Å)

晶面	参数	0Hz	10Hz	20Hz
(111)	d/nm	2.3636	2.3642	2.3655
	a/nm	4.0939	4.0949	4.0972
(200)	d/nm	2.0461	2.0470	2.0482
	a/nm	4.0922	4.0940	4.0964
(220)	d/nm	1.4441	1.4443	1.4445
	a/nm	4.0845	4.0851	4.0857
(311)	d/nm	1.1781	1.2306	1.2313
	a/nm	4.0811	4.0814	4.0838
(222)	d/nm	1.1781	1.1784	1.1787
	a/nm	4.0811	4.0821	4.0831

图 6-55 所示为磁场频率对铝合金熔覆层晶格常数的影响。可以看出,外加纵向磁场后,铝合金熔覆层的晶格常数有所增大;分析认为,由于合金的主要成分是 Mg 与 Al,而 Mg 的原子半径比 Al 大,合金中主要的第二相粒子为 Al_8Mg_5,溶质 Mg 在 Al 中含量的增加,导致了 α-Al(Mg) 晶格常数的变大。

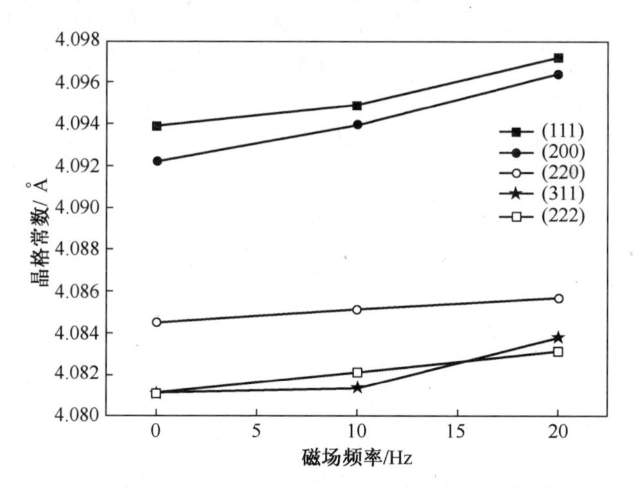

图 6-55　磁场频率对铝合金熔覆层晶格常数的影响

2. 励磁电流的影响

图 6-56 所示为不同励磁电流下铝合金熔覆层的 X 射线衍射图谱,由上至下三条谱线对应的励磁电流分别为 0A,10A 和 30A。可以看出,保持励磁频率不变,

仅改变励磁电流,铝合金电弧熔覆层的 X 射线衍射图谱无明显变化。

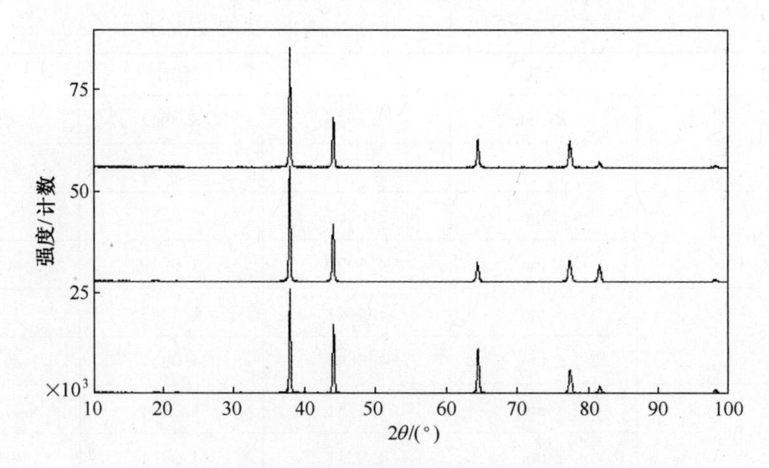

图 6-56 不同励磁电流下铝合金熔覆层的 X 射线衍射图谱

根据式(6-41),计算不同励磁电流下的铝合金熔覆层的晶格常数,结果如表 6-6 所列。

表 6-6 不同励磁电流下铝合金的晶格常数(Å)

晶面	参数	0A	10A	30A
(111)	d/nm	2. 3636	2. 3654	2. 3655
	a/nm	4. 0939	4. 0970	4. 0972
(200)	d/nm	2. 0461	2. 0470	2. 0482
	a/nm	4. 0922	4. 0940	4. 0964
(220)	d/nm	1. 4441	1. 4443	1. 4447
	a/nm	4. 0845	4. 0851	4. 0862
(311)	d/nm	1. 1781	1. 2307	1. 2305
	a/nm	4. 0811	4. 0818	4. 0811
(222)	d/nm	1. 1781	1. 1784	1. 1784
	a/nm	4. 0811	4. 0821	4. 0821

图 6-57 所示为励磁电流对铝合金熔覆层晶格常数的影响。可以看出,外加纵向磁场后,铝合金熔覆层的晶格常数亦有所增大。分析认为,外加磁场作用使得溶质 Mg 在 Al 中的固溶度增加,根据 Al-Mg 系合金的理化特性,这可能会改善熔覆层的耐腐蚀性能。

6. 4. 1. 2 磁场特性对熔敷层元素偏析的影响

Al-Mg 系合金中,Mg 是最主要的合金化元素。本节主要研究 Mg 元素在铝合

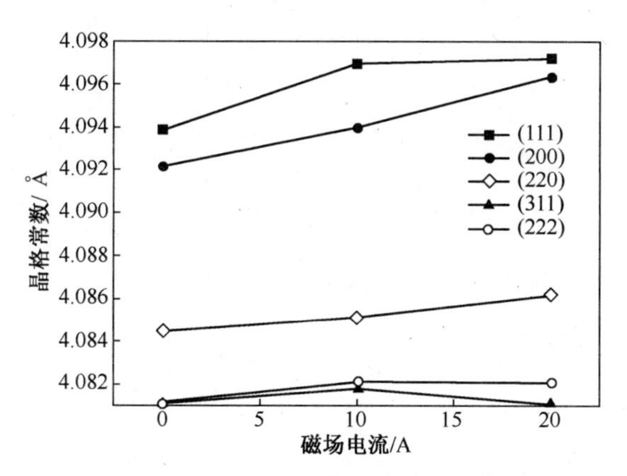

图 6-57　励磁电流对铝合金熔覆层晶格常数的影响

金熔覆层中的偏析情况。

定义 η 为偏析率:

$$\eta = \left| \frac{C_i - C_a}{C_a} \times 100\% \right| \tag{6-28}$$

式中:C_i 为某位置的溶质质量分数;C_a 为平均溶质质量分数。

1. 磁场频率的影响

分别对不同磁场频率条件下制备的铝合金熔敷层的上部区域和下部区域进行面扫描,确定相应区域的溶质分布,结果如表 6-7 所列。

表 6-7　不同磁场频率下的 Mg 元素分布　　%(质量分数)

励磁频率/Hz	下部区域 (C_1)	上部区域 (C_2)	平均值 (C_a)	$\left\| \frac{C_i - C_a}{C_a} \times 100\% \right\|$
0	4.26	5.73	5.00	14.8
10	5.31	5.75	5.53	3.90
20	4.27	4.52	4.40	3.00
30	5.51	5.90	5.71	3.50

图 6-58 所示为磁场频率对铝合金熔覆层中 Mg 元素偏析的影响。可以看出,无外加纵向磁场时,Mg 元素的偏析较为严重;外加纵向磁场后,Mg 元素的偏析程度明显减弱,在本试验条件下,频率为 20Hz 时熔覆层的偏析改善情况最佳。虽然随着磁场频率的改变,Mg 元素的成分偏析控制规律并不明显,但可以肯定的是外加电磁场明显改善了 Mg 元素的偏析程度。

外加电磁场的频率对磁感应强度在导体内的分布有着重要影响,可以通过调节电磁场频率来改变熔体中的流场及温度场分布。随着磁场频率的增大,磁感应电流以及相应的洛仑兹力均逐渐增大,电磁力中的有旋力场逐渐占据主导地位,其强迫对流作用亦会增强。因此,在磁场强度一定的情况下,可以通过施加合适的励磁频率在熔体中获得理想的流场及温度场，进而最大程度地改善合金元素的偏析[25,26]。

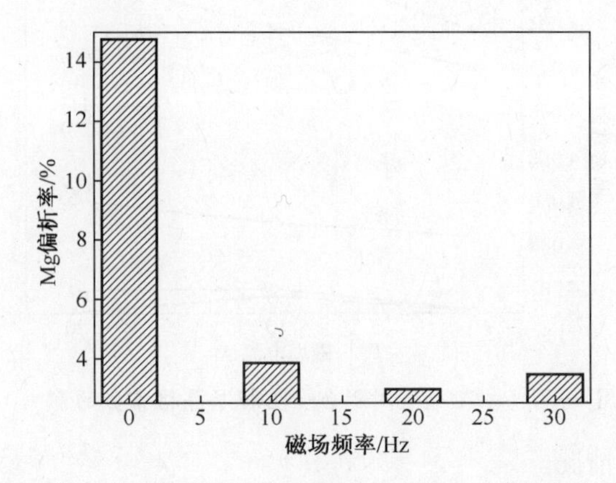

图 6-58　励磁频率对铝合金熔覆层中 Mg 元素偏析的影响

2. 励磁电流的影响

保持励磁频率为 20Hz 不变，研究励磁电流对 Mg 元素在铝合金熔覆层中的偏析情况的影响，结果如表 6-8 所列。

表 6-8　不同励磁电流下的 Mg 元素分布　　%(质量分数)

磁场电流/A	下部区域(C_1)	上部区域(C_2)	平均值(C_a)	$\left\|\frac{C_i-C_a}{C_a}\times 100\%\right\|$
0	4.26	5.73	5.00	14.8
10	5.00	5.98	5.49	8.90
20	5.30	5.20	5.25	1.00
30	5.51	5.66	5.59	1.43

图 6-59 所示为励磁电流对铝合金熔覆层中 Mg 元素偏析的影响。可以看出，外加纵向磁场后，Mg 元素在试样不同部位的分布均匀性均得到改善，偏析程度均

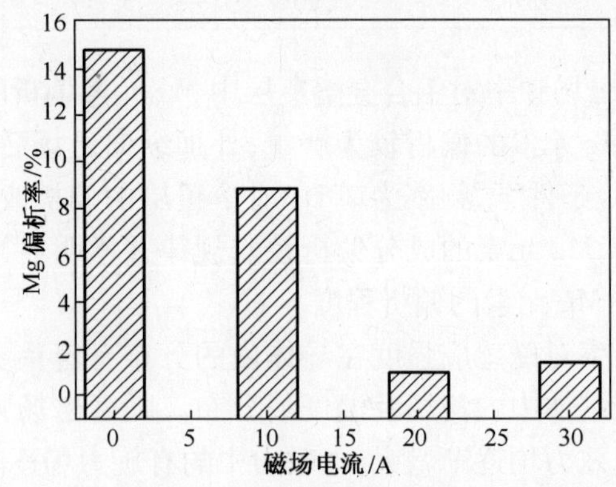

图 6-59　励磁电流对铝合金熔覆层中 Mg 元素偏析的影响

得到了一定程度的抑制。分析可知,金属熔体是由大量带电粒子组成的体系,磁场作用加强了溶质元素在金属熔体中的扩散,导致合金元素的固溶度增加,进而使得合金元素在整个熔体中的分布更加均匀。

6.4.2 工艺参数对母材组织与性能的影响

在电弧熔敷成形过程中,引入外加纵向磁场来提升损伤件的修复质量与综合使役性能是本研究的根本目的。纵向磁场通过影响电弧熔敷的热传递过程、电弧形态、熔滴过渡和熔池液态金属流动来优化熔敷层的组织与性能,主要包括两个方面的内容:一是外加磁场通过干预成形热输入,来实现对母材组织劣化的控制,从而影响修复件的性能;二是外加磁场通过干预熔池内部液态金属的结晶过程,来实现对熔敷层成形组织的控制,从而影响修复件的性能。

本章依据熔敷成形实验结果,分析纵向磁场工艺参数对母材及熔敷层组织与性能的影响。熔敷实验母材及焊丝化学成分如表 6-9 所列。

表 6-9 母材及焊丝化学成分 %(质量分数)

原料	Si	Fe	Cu	Mn	Mg	Cr	Zn	Ti	Al
6061	0.4~0.80	0.7	0.15~0.4	0.15	0.8~1.2	0.04~0.35	0.25	0.15	余量
ER5356	0.25	0.10	0.10	0.05~0.20	4.5~5.5	0.05~0.20	0.10		余量

测量熔覆层、熔合线、热影响区及距熔合线不同距离处的显微硬度,硬度采集测量点如图 6-60 所示。

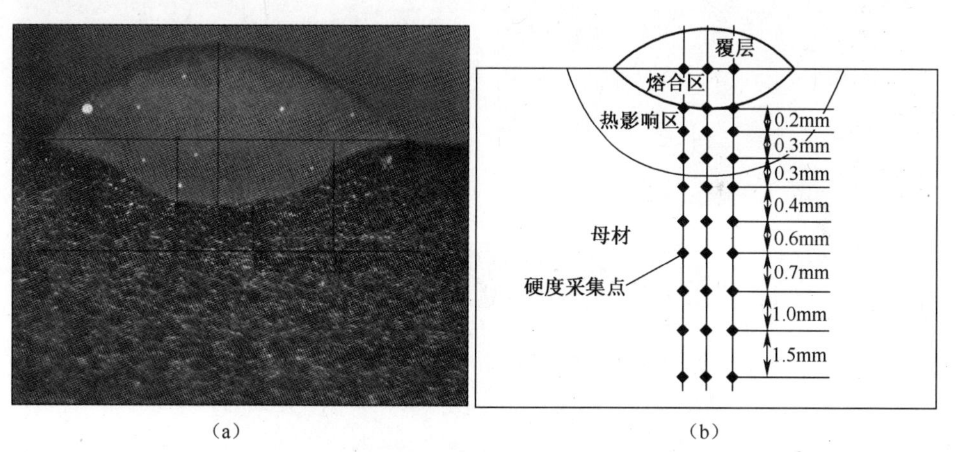

图 6-60 硬度测量点位置

(a)焊道熔深和热影响区实际测量图;(b)焊道熔深和热影响区测量图。

6.4.2.1 励磁电流对母材组织与性能的影响

引入外加磁场后,随着励磁电流的增加,焊接电流随之减小,使成形热输入和热效率都发生变化,电流密度和热流密度在工件表面的分布也随磁场的变化而变化，从而影响电弧热输入对母材的作用。

图6-61所示为不同励磁电流下的母材热影响区微观组织。可以看出，无外加纵向磁场时，相较于原始基体，母材热影响区的晶粒明显增大，属典型的过热组织。随着励磁电流的增加，母材热影响区的晶粒长大趋势减缓，热输入对母材组织的影响程度降低。产生这一现象的主要原因如下：纵向磁场作用下，电弧围绕焊丝旋转并向外扩张，母材表面的电流密度和热流密度均较无磁场熔敷时减小，单位面积上的成形热输入减少。因此，外加纵向磁场时，热输入对母材的影响降低，有利于改善母材热影响区晶粒的组织形态。

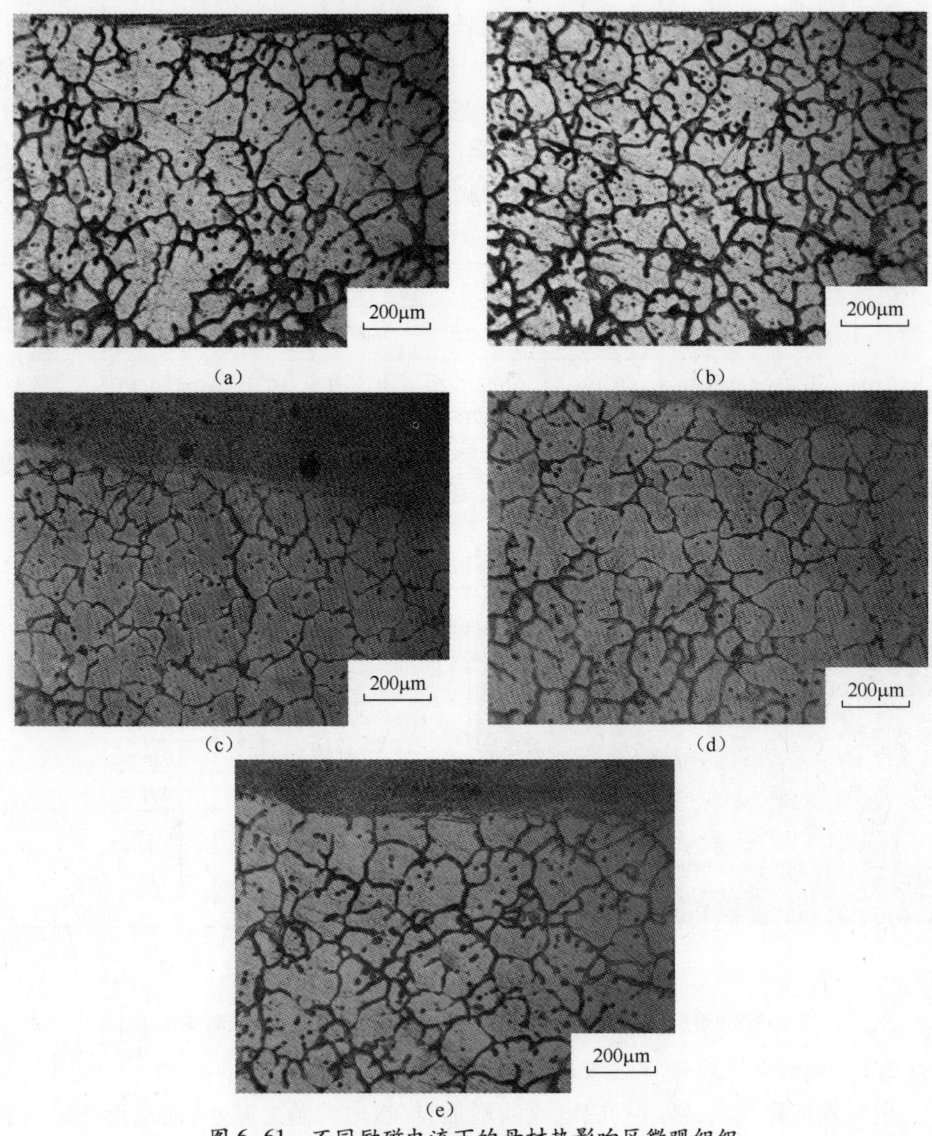

图6-61　不同励磁电流下的母材热影响区微观组织

(a) $I=0A$；(b) $I=10A$；(c) $I=15A$；(d) $I=20A$；(e) $I=25A$。

图 6-62 所示为不同励磁电流下母材热影响区的硬度分布曲线。可以看出，无论外加纵向磁场与否，在靠近熔合线区域的显微硬度明显下降，软化行为较为明显；随着距离熔合线距离的增大，热影响区域的显微硬度逐步增大。当励磁电流为 0A 时，受成形热输入的影响，母材热影响区的整体硬度较低；当外加纵向磁场熔覆时，成形热输入减少，母材热影响区的整体硬度较无磁场时提高。当励磁电流为 20A 时，母材各个区域的显微硬度值均达到最高；当励磁电流继续增大时，母材显微硬度变化不明显。上述结果表明，在纵向磁场作用下，随着励磁电流的增大，电弧的热作用对热影响区和母材软化行为的影响减弱。

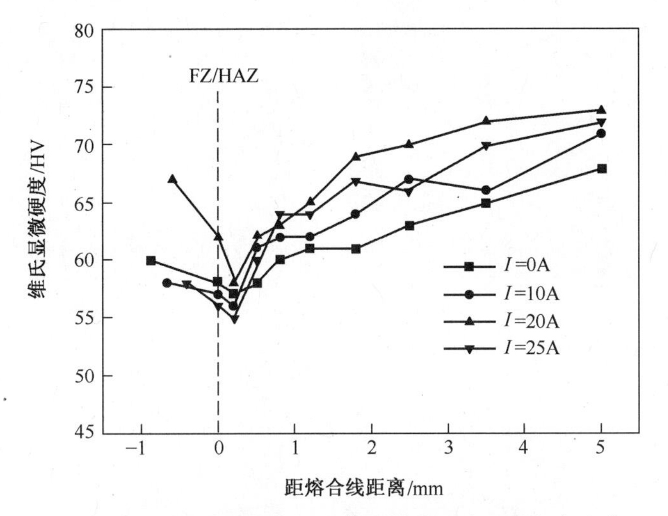

图 6-62　不同励磁电流下母材热影响区的硬度分布曲线

图 6-63 所示为励磁电流对熔深与母材热影响深度的影响。可以看出，外加纵向磁场后，熔深逐步变浅；当励磁电流为 25A 时，熔深值达到最小，仅为 0.41mm。在励磁电流由 0A 增大至 20A 过程中，热影响区宽度变化不大，平均值约

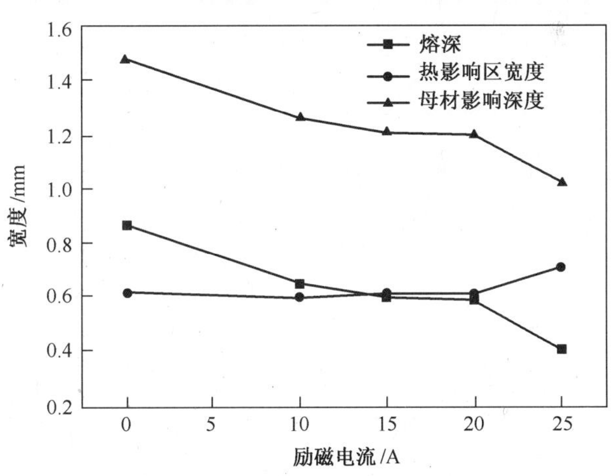

图 6-63　励磁电流对熔深和母材热影响深度的影响

为 0.6mm。成形过程对母材总的影响深度应为熔深与热影响区深度之和,研究结果表明随着励磁电流的增大,热输入对母材的影响深度总体上有所减弱。

6.4.2.2 *磁场频率对母材组织与性能的影响*

图 6-64 所示为不同励磁频率下的热影响区微观组织。可以看出,相较于传统电弧熔敷过程,外加磁场熔敷时的热影响区组织明显细化。当励磁电流为 10A、磁场频率为 10Hz 时,热输入对母材组织的影响程度降低。

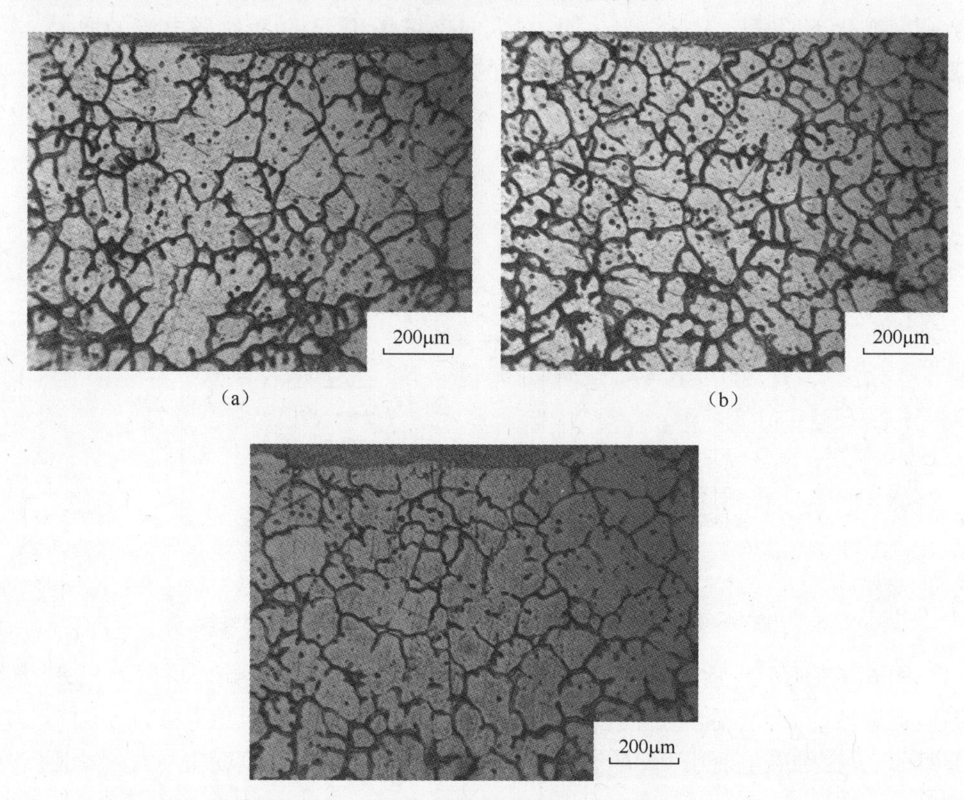

(a)　(b)　(c)

图 6-64　不同励磁频率下的热影响区微观组织

(a) f= 0Hz; (b) f= 10Hz; (c) f= 15Hz。

图 6-65 所示为不同励磁频率作用下的热影响区显微硬度分布曲线。可以看出,无外加磁场时,母材热影响区的整体硬度较低,受成形热输入的影响较大。当外加纵向磁场的励磁电流 I= 10A、磁场频率 f= 10Hz 时,成形热输入减少,母材热影响区的整体显微硬度最高。当外加纵向磁场的励磁电流 I= 10A、磁场频率 f= 15Hz 时,母材热影响区的显微硬度值较磁场频率为 10Hz 时有所降低,但整体上均高于无磁场作用时的相应情况。

上述研究结果表明,纵向磁场作用下,电弧热作用对母材软化行为的影响减弱。磁场频率较低时,电弧对基体的热输入较少,磁场频率较高时,电弧对基体的

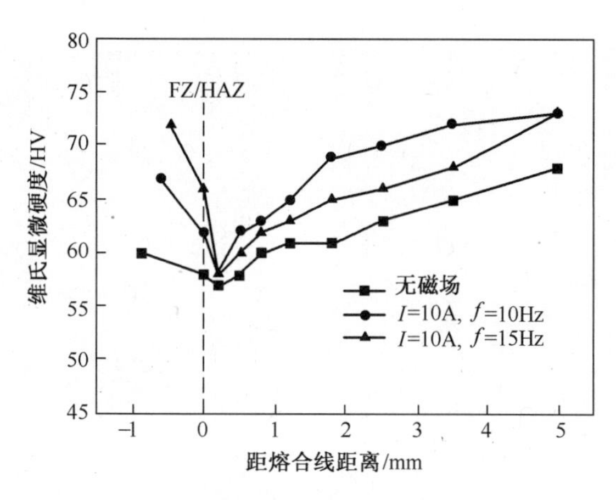

图 6-65　不同励磁频率作用下的热影响区显微硬度分布曲线

热输入较大。分析可知，励磁线圈工作过程中存在涡流热效应与趋肤效应，且随着磁场频率的增大，趋肤效应增强，线圈电阻增加，热损耗也随之增加，使得电磁场能量降低，磁感应强度减弱，从而影响电弧对母材的作用。

6.4.2.3　熔敷速度对母材组织与性能的影响

电弧熔敷成形过程中，熔敷速度的大小直接影响成形热输入，熔敷速度越大，成形热输入越小，进而减小电弧对基体的热影响。

图 6-66 所示为不同熔敷速度下的热影响区微观组织。可以看出，保持励磁电流 15A 不变，当熔敷速度为 21mm·s^{-1}时，母材热影响区的组织较为粗大；当熔敷速度为 24mm·s^{-1}时，母材热影响区的组织相对较为细小，热输入对母材组织的影响程度降低。而保持励磁电流为 25A 不变，将熔敷速度由 21mm·s^{-1}提升至 24mm·s^{-1}过程中，母材热影响区的组织变化不大。

图 6-67 所示为不同熔敷速度下的热影响区显微硬度变化曲线。可以看出，当励磁电流为 15A、熔敷速度为 21mm·s^{-1}和 24mm·s^{-1}时，母材热影响区的显微硬度差别不大；随着距熔合线距离的增加，相较于熔敷速度为 21mm·s^{-1}时，熔敷

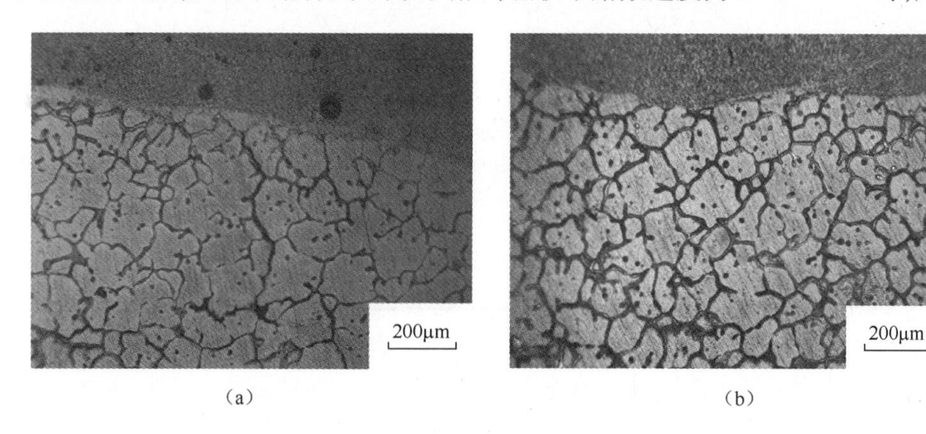

(a)　　　　　　　　　　　　　　　　(b)

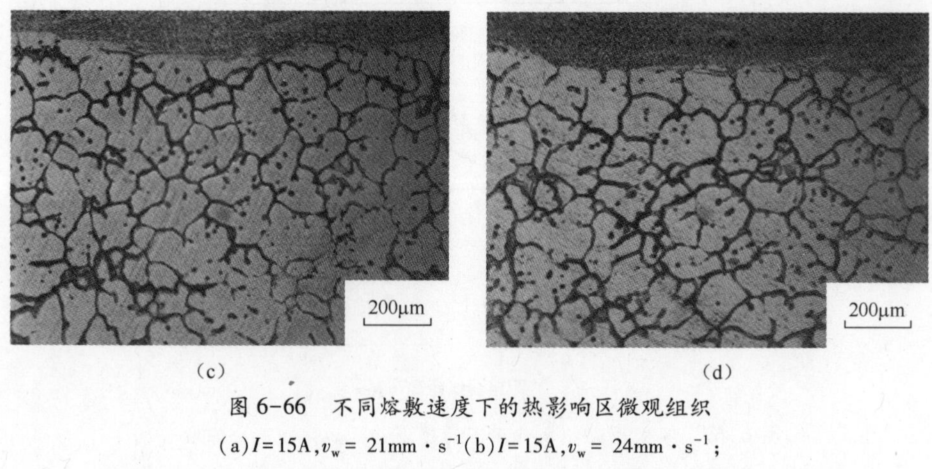

图 6-66　不同熔敷速度下的热影响区微观组织

(a)I=15A,v_w= 21mm·s^{-1}(b)I=15A,v_w= 24mm·s^{-1};

(c)I=25A,v_w=21mm·s^{-1};(d)I=25A,v_w=24mm·s^{-1}。

速度为24mm·s^{-1}时的母材热影响区显微硬度有所提高。当励磁电流为25A时、熔敷速度为24mm·s^{-1}与熔敷速度为21mm·s^{-1}时,母材硬度相差不大。上述研究结果表明,当励磁电流增加时,熔敷速度变化对母材热作用的影响降低。

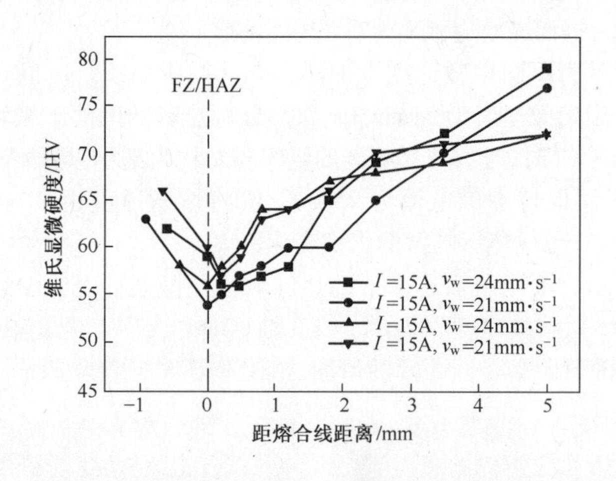

图 6-67　不同熔敷速度下的热影响区显微硬度变化曲线

图 6-68 所示为熔敷速度对熔深与母材热影响深度的影响。可以看出,当熔敷速度由 21mm·s^{-1}增加至 24mm·s^{-1}时,焊道熔深变浅,热输入对母材的热影响程度降低。熔敷速度为 21mm·s^{-1},励磁电流为 15A 时,焊道熔深为 0.91mm,励磁电流增加到 25A 时,焊道熔深为 0.65mm,熔深减小,热输入对母材的热影响深度也减少。当熔敷速度为 24mm·s^{-1}时,随着励磁电流的变化,热输入对熔深和母材热影响深度的影响趋势相同。因此,随着熔敷速度和励磁电流的增加,热输入对母材的影响深度总体有所减少。

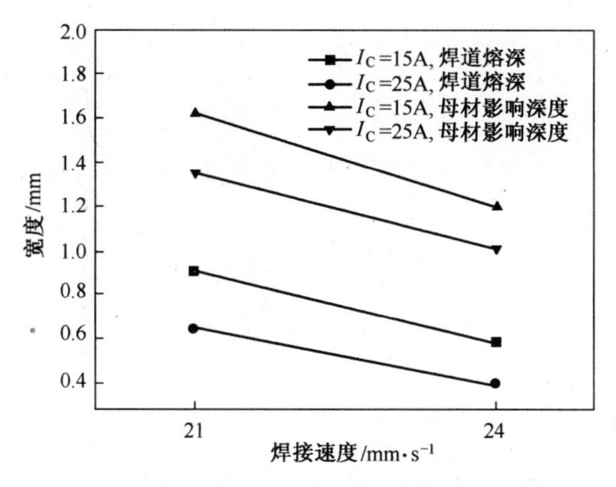

图 6-68　熔敷速度对熔深与母材热影响深度的影响

6.4.3　工艺参数对熔敷层组织与性能的影响

6.4.3.1　*励磁电流对熔敷层组织与性能的影响*

电弧熔敷成形过程中,交变纵向磁场对熔体起到搅拌作用,本节主要研究磁感应强度对熔敷层组织与性能的影响。

1. 熔敷层微观组织

图 6-69 所示为不同励磁电流作用下的熔敷层显微组织。可以看出,无外加纵向磁场时,熔敷层组织晶粒粗大,晶粒度级别数为 4.0,参照金属平均晶粒度测定方法(GB/T 6394—2002)中的晶粒度级别数与晶粒尺寸关系可知,晶粒平均尺寸约为 90μm。外加纵向磁场后,随着励磁电流的增加,晶粒度级别数增大,细化效果增强。同时,研究发现,磁场励磁电流对熔覆层的晶粒细化存在一个最佳区间,励磁电流过低或过高都会影响细化效果,如表 6-10 所列;在本实验条件下,当励磁电流为 15A 与 20A 时,晶粒细化效果最好,此时的晶粒级别数为 5.0,晶粒平均尺寸约为 63μm。

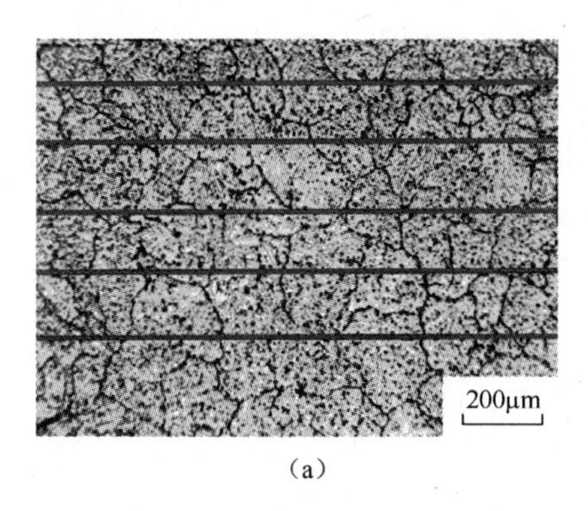

(a)

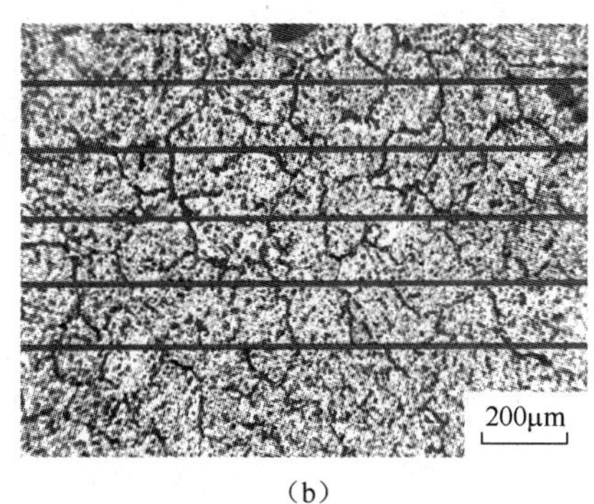

(b)

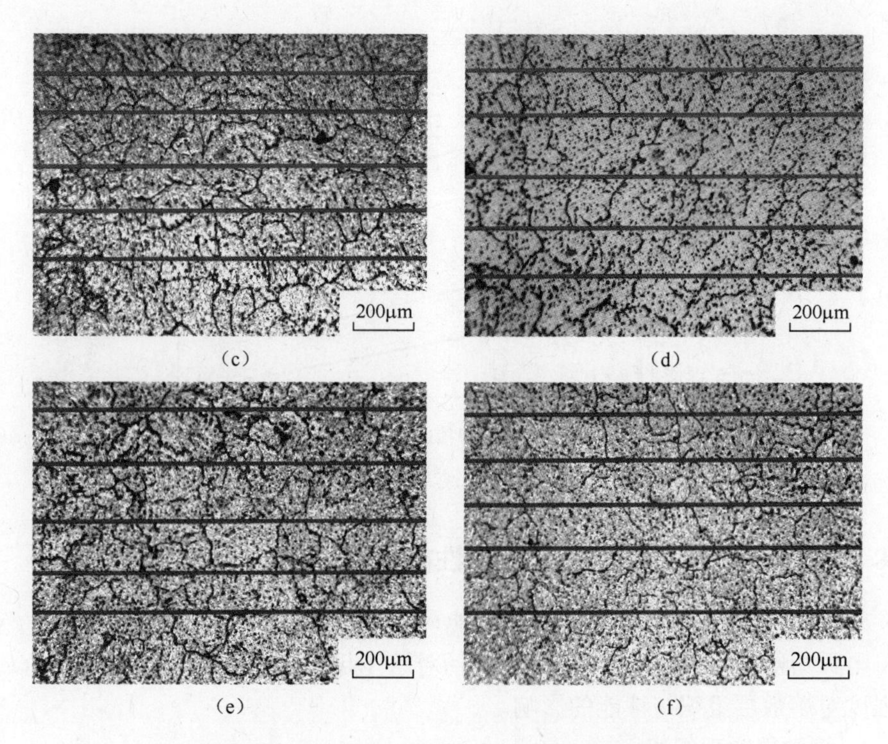

(c) (d) (e) (f)

图 6-69 不同励磁电流作用下的熔敷层显微组织
(a) f=0Hz, I=0A; (b) f=20Hz, I=10A; (c) f=20Hz, I=15A;
(d) f=20Hz, I=20A; (e) f=20Hz, I=25A; (f) f=20Hz, I=30A。

表 6-10 不同励磁电流作用下熔敷层组织晶粒度对照表

励磁电流/A	0	10	15	20	25	30
晶粒度	4.0	4.1	5.1	5.0	4.2	4.2

熔覆层晶粒细化的主要原因是外加纵向磁场后，洛伦兹力起电磁搅拌作用，导致熔池内熔体产生强烈的对流运动。与常规电弧熔敷中的自然对流相比，这种强迫对流非常剧烈，使得在凝固前沿上形核的晶粒更容易游离，而不是在熔池边界上继续长大，这就增加了熔体的形核率；同时，强迫对流使熔池结晶前沿不断受到流动的液态金属冲刷，将凝固前沿处形成的枝晶臂熔断并带入熔池内部形成异质形核质点，使得晶粒细化；此外，磁场搅拌引起的强迫对流还会将凝固前沿处温度较低的熔体带入熔池内部，而将温度较高的熔体带来补充，降低了金属熔体的温度梯度，使得熔池中的温度变得更均衡，从而延缓了凝固前沿温度的降低，减少了凝固前沿晶粒的凝固，这就使更多游离晶粒在运动过程中得以保存下来。

在其他工艺条件一定时，提高励磁线圈的电流强度，使得外加磁场的磁感应强度增加，熔体受到的电磁体积力和表面力均增加，电磁体积力和表面力与施加的磁感应强度呈二次抛物线关系，励磁电流越大，搅拌强度越大，熔池内金属对流运动增强,晶粒细化效果越好。但励磁电流过大时,熔池内金属熔体产生大量的焦耳热,使熔体的过冷度减小,初生的形核重熔,形核数量降低,可能造成晶粒粗化。

2. 熔敷层致密度

铝合金电弧熔敷成形过程中,熔敷层内部易于出现气孔缺陷及氧化物夹杂等,导致密度值降低。本节主要研究不同磁场条件下铝合金熔敷层的密度值,分析磁场对熔覆层致密度的影响。

图 6-70 所示为励磁电流对熔敷层密度值的影响。可以看出,随着励磁电流的增加,熔敷层密度值随之增大,当励磁电流介于 15~25A 时,熔敷层密度值相对较高,最大值达 2.60g/cm^3;但是,当励磁电流继续增大时,熔敷层密度值又有所下降。

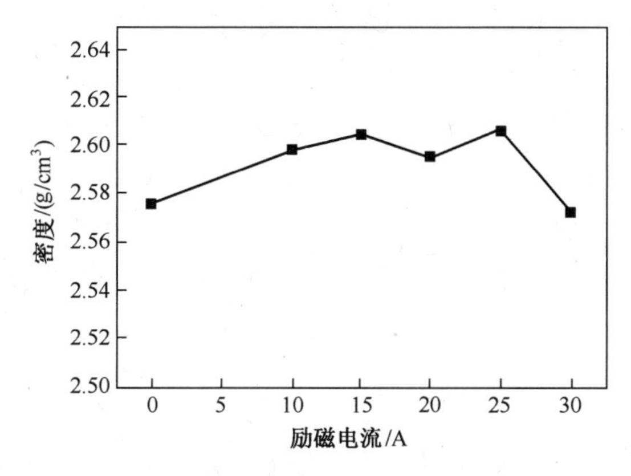

图 6-70　励磁电流对熔敷层密度值的影响

氢是铝及铝合金熔敷过程中产生气孔的主要原因[27]。铝的热导率高,其熔融金属冷却凝固速度快,且氢元素在铝合金中的溶解度随温度的降低而下降,导致大量析出的气体来不及逸出而在熔覆层中形成气孔。

熔敷过程中引入外加纵向磁场后,熔池中液态金属的流速增加,使得微小气孔聚集长大为大气泡的概率增加,气泡气孔的半径增大后,上浮速度增大,有利于逸出;同时,随着励磁电流的增加,熔池深度变浅,熔宽增加,从而使熔池形状变为扁平状,这使得气孔和夹杂从熔池中逸出的路径变短,更容易逸出。外加纵向磁场的综合作用,使得铝合金熔敷层气孔及氧化夹杂物减少,密度值增加。但是,当励磁电流过大时,电弧搅拌加剧,致使熔敷过程产生飞溅,导致氧化夹杂物含量增多,又使得熔覆层密度值急剧减小。

3. 熔敷层耐磨损性能

图 6-71 所示为励磁电流对熔敷层磨损体积的影响。可以看出,无外加纵向磁场时,熔敷层的磨损量最大。随着励磁电流的增加,磨损量随之降低,当励磁电流介于 10~20A、磁场频率为 20Hz 时,熔敷层的耐磨性最好,较无磁场时提高了 53%。当励磁电流继续增大时,磨损量增加,熔敷层的耐磨性能有所降低。纵向磁

场作用提升熔覆层耐磨损性能的主要原因如下：一是电磁搅拌作用有效细化了熔覆层的微观组织；二是在 Al-Mg-Si 系合金中，其基本组织为 α(A1)+Mg_2Si，黑色的 Mg_2Si 为合金的主要强化相，合金中强化相的数量、大小、形状和分布是影响合金强度的关键因素[28]，提高合金元素的晶内固溶度，增加合金中的强化相含量，可显著提高合金的力学性能。磁控电弧熔敷成形过程中，洛仑兹力使得 Al^{3+}、Zn^{2+}、Mg^{2+}、Cu^{+}等粒子产生相对运动，有利于凝固晶粒前沿溶质成分的均匀化，使得合金元素在晶粒内部的含量增加，强化相 Mg_2Si 的数量增多，耐磨损性能提高[29]。

磁感应强度越大，熔体受到的磁场作用越强，合金元素在熔体内的运动强度越大、范围越广。然而，当励磁电流过大时，熔覆层的磨损量又有所增大，主要是由于电磁搅拌的晶粒细化效果减弱和熔体的过冷度降低，导致强化相的析出量减少所致。

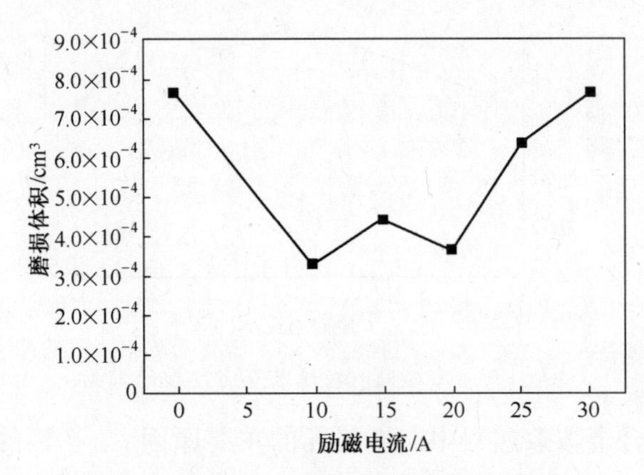

图 6-71　励磁电流对熔敷层磨损体积的影响

4. 熔敷层拉伸性能

图 6-72 所示为励磁电流对熔敷层拉伸强度的影响。可以看出，无外加纵向磁场时，熔敷层的拉伸强度为 259MPa；随着励磁电流的增加，熔敷层的抗拉强度呈现出了先增大后减小的变化趋势，当励磁电流为 20A 时，抗拉强度最高，达 276MPa；随着励磁电流的进一步增大，电磁搅拌的晶粒细化效果变差以及氧化夹杂含量的增加，导致熔覆层的抗拉强度有所降低。

根据 Hall-Petch 公式[30]，晶粒组织越细小，金属强度越高。随着电磁搅拌对晶粒细化作用的增强，熔覆层的拉伸强度提高；同时，纵向磁场作用下，凝固组织内部的气孔及氧化夹杂物的含量减少，对提升熔敷层的拉伸强度具有一定有益作用；另外，纵向磁场作用下，焊道熔深变浅、熔宽增加，使得焊道与焊道之间的搭接质量更高，搭接空隙等缺陷减少。

6.4.3.2　磁场频率对熔敷层组织与性能的影响

纵向磁场作用下，磁场频率的变化会引起电磁搅拌频率的变化，进而影响熔敷

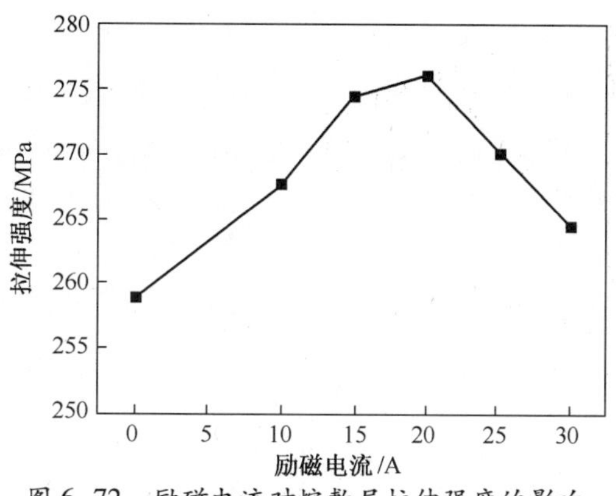

图 6-72　励磁电流对熔敷层拉伸强度的影响

层的微观组织。本节保持其他工艺参数不变,仅改变磁场频率,考察磁场频率对熔覆层组织与性能的影响。

1. 熔敷层微观组织

图 6-73 所示为不同磁场频率作用下的熔敷层显微组织,表 6-11 所示为不同磁场频率作用下的熔敷层组织晶粒度对照表。可以看出,无外加纵向磁场时,熔覆层的晶粒度级别数为 4.0,晶粒平均尺寸约为 90μm;随着磁场频率的增加,熔覆层的晶粒度级别数增大,细化效果增强,当磁场频率介于 15~20Hz 之间时,熔覆层的晶粒级别数为 5.0,晶粒平均尺寸为 63μm,晶粒细化效果最好;当磁场频率进一步增大时,熔覆层的晶粒尺寸变化不明显。

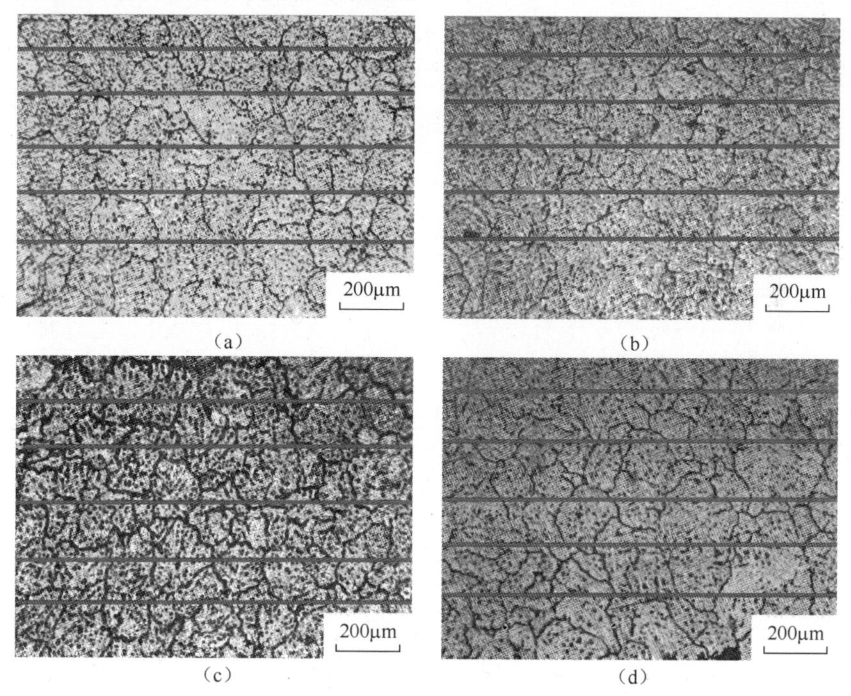

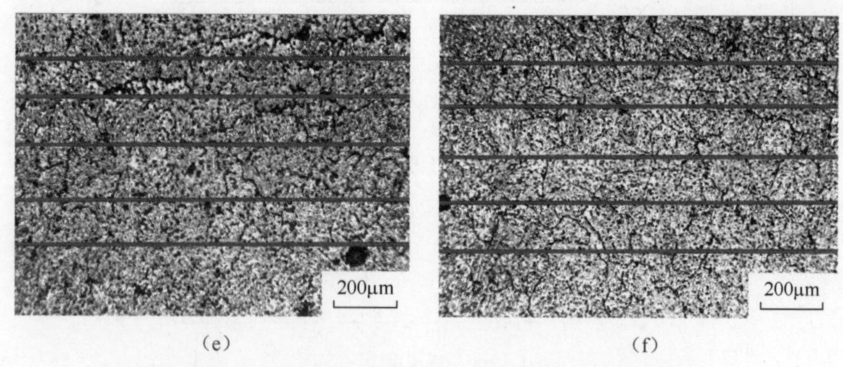

(e)　　　　　　　　　　　　　　(f)

图 6-73　不同磁场频率作用下的熔敷层显微组织

(a) $I=0A$, $f=0Hz$; (b) $I=15A$, $f=10Hz$; (c) $I=15A$, $f=15Hz$; (d) $I=15A$, $f=20Hz$; (e) $I=15A$, $f=25Hz$; (f) $I=15A$, $f=30Hz$。

表 6-11　不同磁场频率作用下的熔敷层组织晶粒度对照表

磁场频率/Hz	0	10	15	20	25	30
晶粒度	4.0	4.4	5.0	4.7	4.2	4.3

磁控电弧熔敷成形过程中,磁场频率的变化会产生两种效应:一是由于电磁的趋肤效应,当磁场频率增大时,电磁场的穿透深度降低,熔体内部的有效磁感应强度减弱;二是磁场频率增加会诱发电磁压力系数增大,使得熔体受到的电磁体积力和表面力增加,搅拌强度增大。在磁场频率由 0Hz 增加至 20Hz 的过程中,由磁场频率变化引起的电磁体积力与表面力的变化对熔体的作用占主导地位,晶粒细化效果良好;在磁场频率由 20Hz 继续增大的过程中,磁场频率变化引起的电磁场穿透深度变化对熔体的影响起主导作用,熔体内部的有效磁感应强度降低,晶粒细化效果减弱。

2. 熔敷层致密度

磁控电弧熔敷过程中,磁场频率既影响凝固组织的晶粒度,又影响凝固组织中的气孔及氧化夹杂物的含量与分布,进而造成熔覆层的密度值有所差别。

图 6-74 所示为磁场频率对熔敷层密度值的影响。可以看出,无外加纵向磁场时,熔敷层的平均密度值为 $2.57g/cm^3$;引入外加纵向磁场后,随着磁场频率的增加,熔敷层的密度值有所增大,当磁场频率为 20Hz 时,熔敷层的平均密度值最高,为 $2.60g/cm^3$;但是,当磁场频率过大时,由于凝固组织中的缺陷增多,熔敷层的密度值又急剧下降。

分析可知,当熔敷速度、送丝速度等参数保持不变时,熔体的冷却时间在理论上是保持不变的;若此时增大磁场频率,会导致单位时间内磁场对熔体搅拌的次数增加,使得微气孔集聚为大气泡的概率增大,有利于气孔逸出。

3. 熔敷层摩擦性能

图 6-75 所示为磁场频率对熔敷层耐磨损性能的影响。可以看出,当磁场频

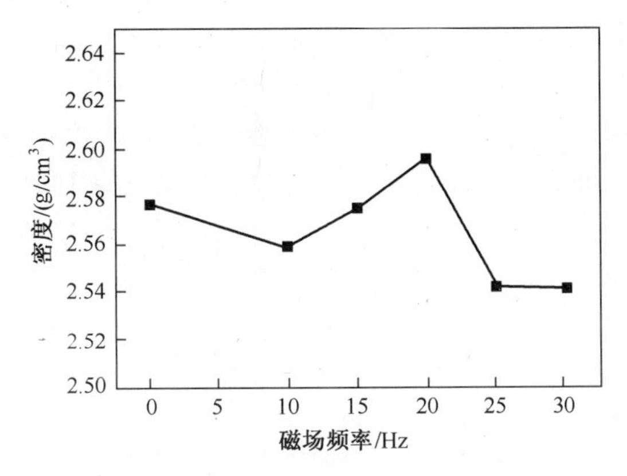

图 6-74　磁场频率对熔敷层密度值的影响

率由 0Hz 逐渐增大时，熔敷层的磨损量随之降低；当励磁电流为 15A、磁场频率为 20Hz 时，熔敷层的磨损量最小；当磁场频率继续增大时，熔覆层的磨损量急剧增大，耐磨损性能变差。

上述试验结果表明，外加纵向磁场对熔覆层耐磨损性能的优化存在一个最佳磁场频率区间，磁场频率过大或过小都会影响熔敷层的组织细化，不利于其耐磨损性能的提高。产生这一实验现象的主要原因如下：适当的电磁搅拌频率有利于熔覆层组织的细化与 Mg_2Si 强化相的析出；若磁场频率过大，熔覆层的晶粒会变得粗大，强化相的数量会减少，进而导致耐磨损性能降低。

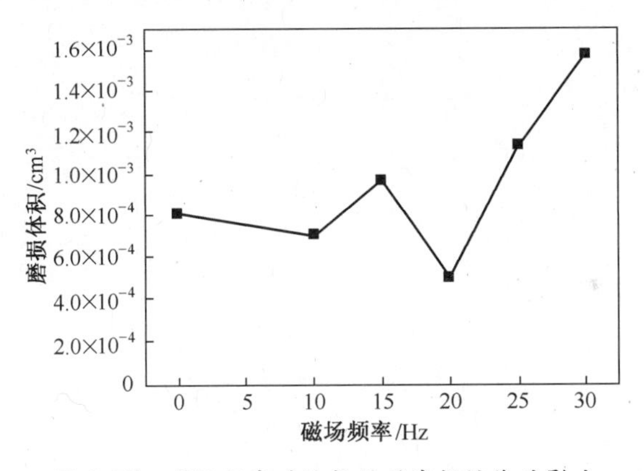

图 6-75　磁场频率对熔敷层耐磨损性能的影响

4. 熔敷层拉伸性能

图 6-76 所示为磁场频率对熔敷层拉伸强度的影响。可以看出，随着磁场频率的增加，熔敷层的抗拉强度增大；当磁场频率为 15Hz 时，熔覆层的抗拉强度最高，达 278MPa；当磁场频率继续增大时，熔覆层的抗拉强度有所降低。

6.4.3.3　熔敷速度对熔敷层组织与性能的影响

磁控电弧熔敷成形过程中，熔敷速度直接决定了成形热输入的大小和磁场对

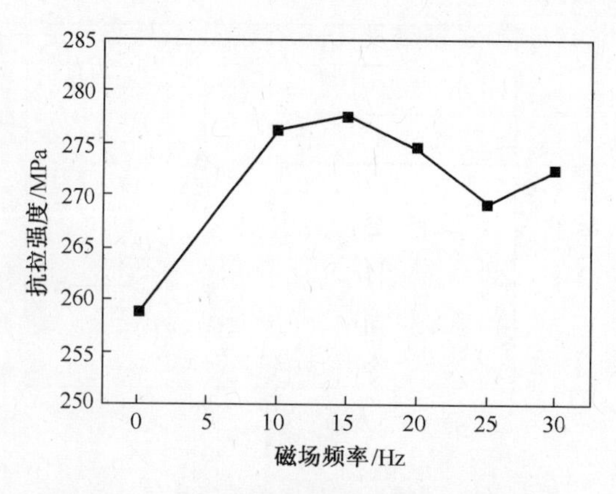

图 6-76　磁场频率对熔敷层拉伸强度的影响

熔体作用时间的长短,本节主要分析熔敷速度对熔敷层组织与性能的影响。

1. 熔敷层微观组织

图 6-77 所示为不同熔敷速度下的熔敷层显微组织,表 6-12 所示为不同熔敷速度下的熔敷层组织晶粒度对照表。可以看出,当熔敷速度较低时,熔敷层组织的晶粒度级别数为 3.8;随着熔敷速度的增加,熔覆层组织的晶粒度级别数增大,晶粒发生细化;但熔敷速度过大时,熔覆层中出现了气孔及氧化夹杂物等缺陷。

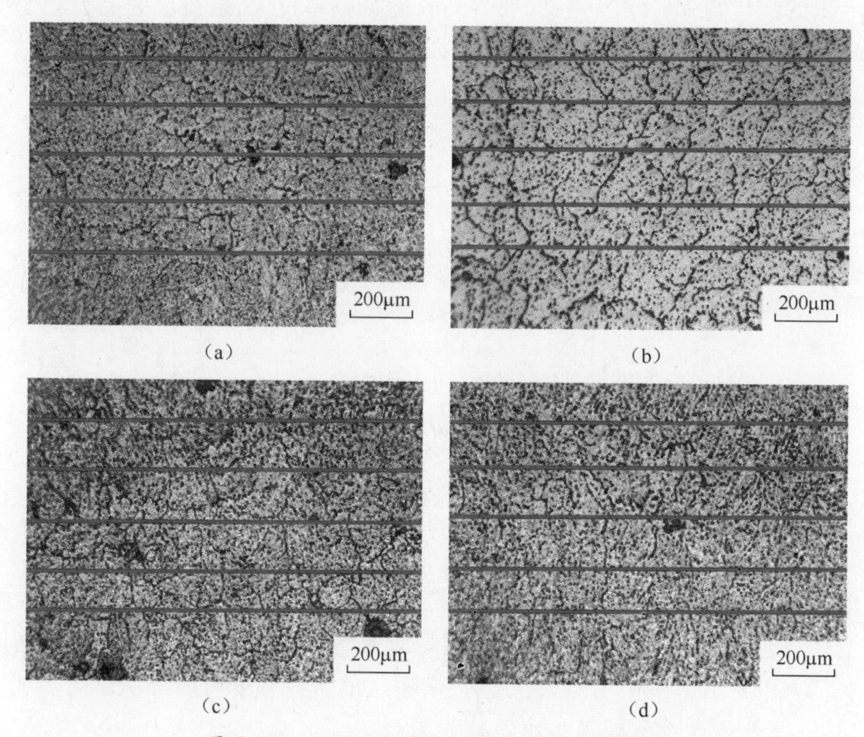

图 6-77　不同熔敷速度下的熔敷层显微组织

(a) $v=15\text{mm}\cdot\text{s}^{-1}$;(b) $v=18\text{mm}\cdot\text{s}^{-1}$;(c) $v=21\text{mm}\cdot\text{s}^{-1}$;(d) $v=24\text{mm}\cdot\text{s}^{-1}$。

表 6-12 不同熔敷速度下的熔敷层组织晶粒度对照表

熔敷速度/(mm/s)	15	18	21	24
晶粒度	3.8	5.0	5.2	5.0

分析可知,当熔敷速度较低时,熔池内金属的凝固时间较长,磁控电弧的热作用时间也会较长,对熔覆层组织的细化作用有限。当熔敷速度较大时,成形热输入减少,熔池冷却速度增加,熔体的凝固时间缩短,这有利于减少对基体的热影响和熔敷层的组织晶粒细化;同时,熔体冷却速度增加、凝固时间缩短使得磁场对熔体的作用时间减少,气孔及氧化物来不及逸出,使得结晶组织中的气孔等缺陷增多。因此,熔敷速度存在一个最佳的取值范围区间,在该区间内熔覆层的凝固组织良好,力学性能优良。

2. 熔敷层致密度

图 6-78 所示为电磁场频率对熔敷层密度值的影响。可以看出,熔敷速度存在一个最佳区间,过大或过小时都会降低熔敷层的密度值。

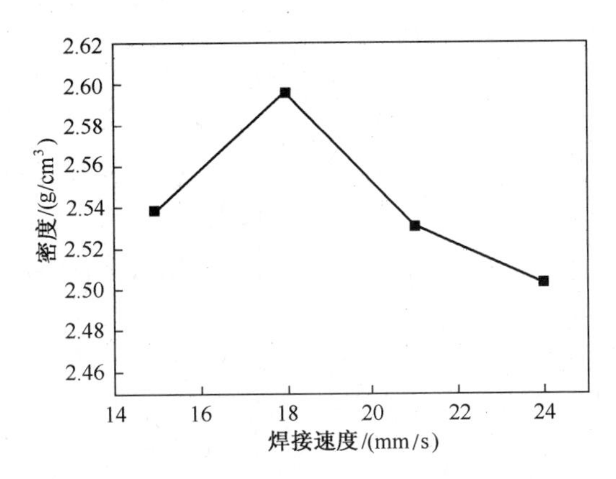

图 6-78 电磁场频率对熔敷层密度值的影响

气泡逸出的速度可由下式表示[31]:

$$v = \frac{2}{9}\frac{(\rho_1 - \rho_2)gr^2}{\eta} \tag{6-29}$$

式中:v 为气泡浮出的速度(cm/s);ρ_1为液体金属的密度(g/cm^3);ρ_2为气体的密度(g/cm^3);g 为重力加速度;r 为气泡的半径(cm);η 为液体金属的黏度(Pa·s)。

由式(6-43)可以看出,在降温过程中,液体金属的黏度迅速增大,密度增大,气泡上浮速度降低。当熔敷速度较快时,凝固过程较快,气泡上浮速度大大降低,使得气泡来不及逸出而残存在熔覆层内部形成气孔;同时,磁场作用的时间较短,微气孔聚集成大气孔的概率降低,气孔率增加。因此,熔敷速度较快时,不利于气泡的逸出,密度值降低;熔敷速度较慢时,电弧的热输入量增加,熔池温度较高,氢在熔池中的溶解度也增加,又容易使得外界的氢气又大量溶入,生成气孔的概率增大,且电弧作用时间长,氧化物的含量也有所增加,亦会使得熔覆层密度值有所降低。

3. 熔敷层耐磨损性能

图 6-79 所示为熔敷速度对熔敷层磨损体积的影响。可以看出,随着熔敷速度的增大,熔覆层的耐磨损性能整体上呈现除了先减小后增大的变化趋势。

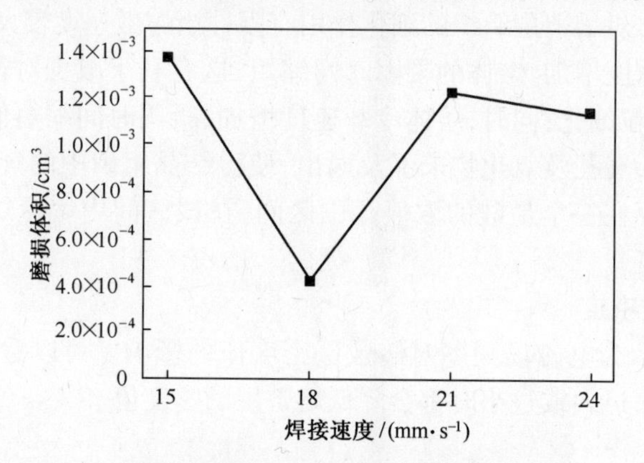

图 6-79　熔敷速度对熔敷层磨损体积的影响

熔敷速度对 Al-Mg-Si 合金的凝固组织与相析出的次序、种类及数量均有较大影响[32]。陈忠伟[33]研究了冷却速率对铝合金凝固组织中 Mg_2Si 含量的影响,结果表明,冷却速率增加时,合金凝固组织中 Mg_2Si 相的析出也受到抑制。因此,当熔敷速度过快时,冷却速率增加,强化相 Mg_2Si 的析出量也相对减少,从而使得耐磨损性能变差。

4. 熔敷层拉伸性能

图 6-80 所示为熔敷速度对熔敷层拉伸强度的影响。可以看出,随着熔敷速度的增加,熔敷层的抗拉强度呈现出了先增大后减小的变化趋势。

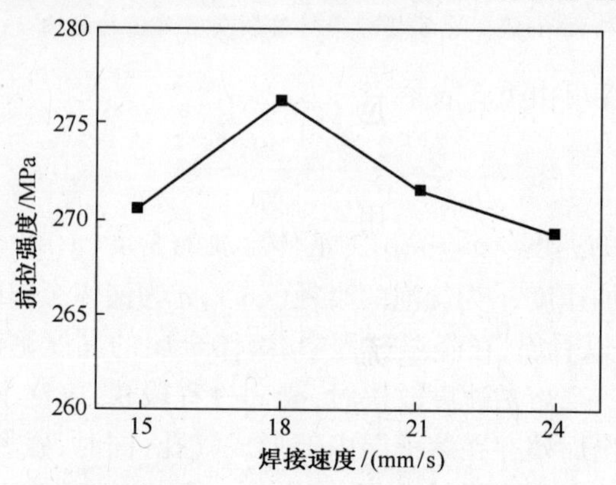

图 6-80　熔敷速度对熔敷层拉伸强度的影响

图 6-81 所示为不同熔敷速度作用下的拉伸断口形貌。可以看出,当熔敷速

度较低时，电弧的热作用时间较长，晶粒长大趋势明显，拉伸断口中的韧窝数量较少，韧窝深度较浅；随着熔敷速度的增大，拉伸断口中的韧窝数量增加。

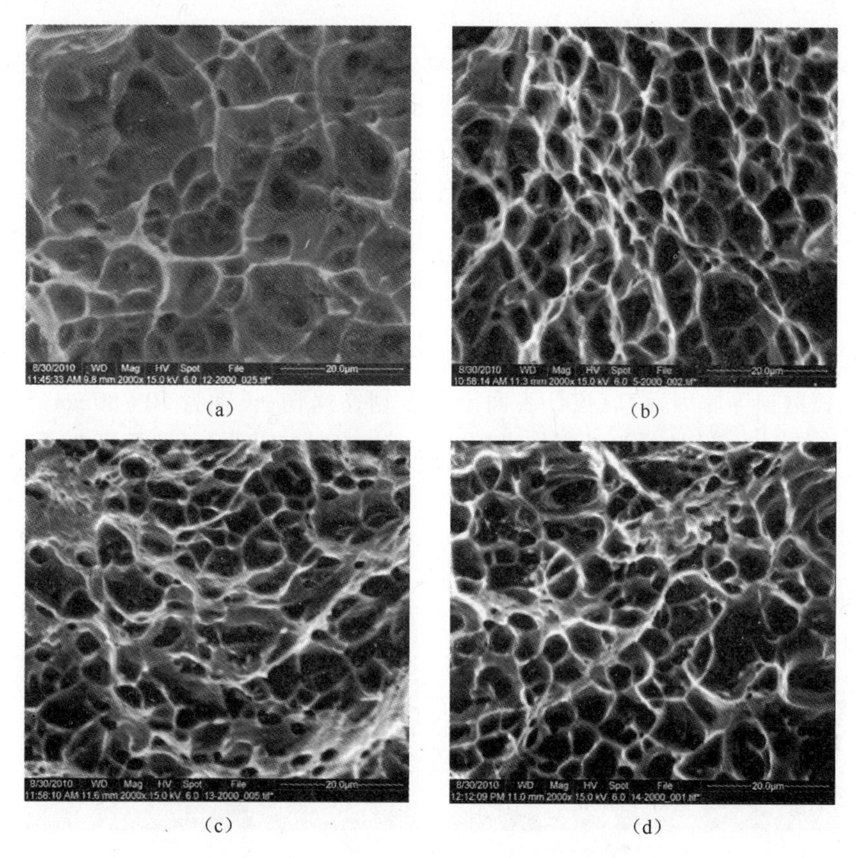

图 6-81 不同熔敷速度作用下的拉伸断口形貌

(a)v=15mm·s^{-1};(b)v=18mm·s^{-1};(c)v=21mm·s^{-1};(d)v=24mm·s^{-1}。

6.5 应用实例

本节结合装备实际修复需求，采用磁控电弧熔敷成形技术对典型铝合金损伤件进行实际修复。

6.5.1 磁控电弧熔敷成形工艺流程

磁控电弧熔敷成形技术通常应用于结构性体积型损伤零部件的修复，一般需要进行少量的后续加工处理，以满足实际应用的尺寸精度要求，其主要工艺流程如下[34]：

(1) 机器人抓取三维激光扫描仪，采集缺损零件表面点云数据，获取零件的三维模型；

(2) 使用点云数据处理软件，通过与标准零件模型比对，构建出修复部位模型；

(3) 采用离线编程进行修复路径规划，生成机器人电弧熔敷控制程序；

(4) 结合电弧熔敷工艺参数，进行成形路径规划；

(5) 机器人执行程序，抓取焊枪进行磁控电弧熔敷成形；

(6) 对近净成形件进行机械加工，恢复零部件的几何尺寸。

6.5.2 典型铝合金损伤件修复强化

1. 损伤评估

某飞机操纵拉杆的材质为 LY11 硬铝合金，内部为空心结构。在使用过程中，由于机械磨损等原因，造成拉杆表面出现了划伤损伤，长度为 50~80mm，深度为 1~2mm，如图 6-82 所示。该划伤大幅降低了拉杆的拉伸强度，严重影响了飞机的使用安全。

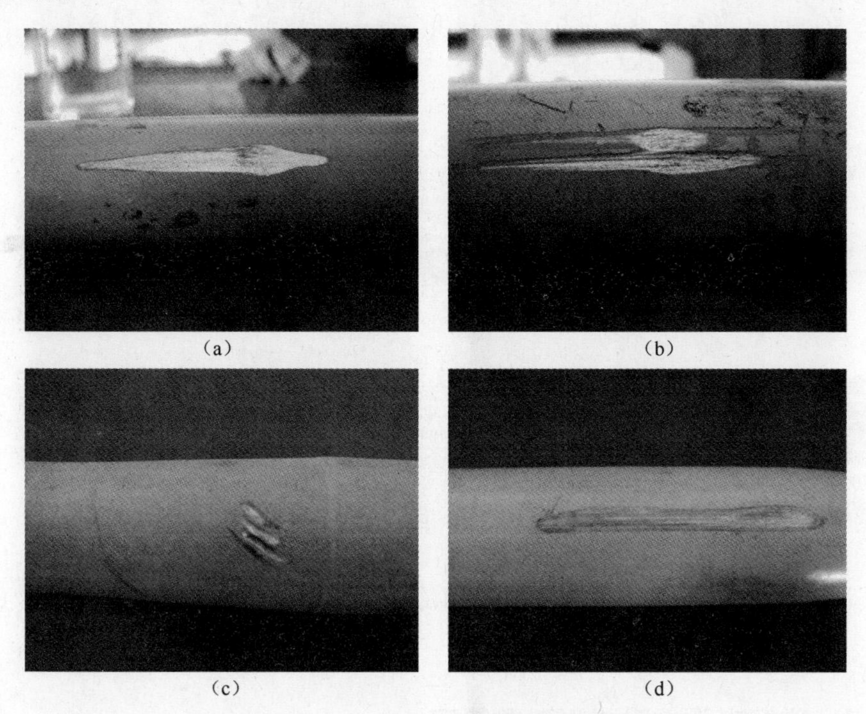

(a) (b) (c) (d)

图 6-82 飞机操纵系统拉杆表面划伤

2. 修复方案

采用磁控电弧熔敷成形工艺，依据上述工艺流程在损伤部位进行熔敷成形，具体修复方案如下：

拉杆材料 LY11 硬铝合金属铝-铜-镁系合金，焊接性良好，可热处理强化；拉杆划伤长度为 60cm、深度为 1.5mm；熔敷材料选用 2319 铝合金丝材，直径为 1.2mm。拉杆及焊丝化学成分如表 6-13 所列。

熔敷前对拉杆损伤部位进行打磨预处理，如图 6-83 所示。采用优化的磁控电弧熔敷工艺在划伤部位进行修复，工艺参数如表 6-14 所列，熔敷焊道长 65mm，熔敷 2 道，熔敷层为 2 层，如图 6-84 所示。熔敷后，对熔敷层进行机械加工处理，恢复拉杆的原始尺寸，如图 6-85 所示。

表 6-13 拉杆及焊丝化学成分 （质量分数，%）

材料	Si	Fe	Cu	Mn	Mg	Zn	Ti	Al
LY11	0.70	0.70	3.8~4.8	0.40~0.80	0.40~0.8	0.30	0.15	Bal
2319	0.20	0.30	5.8~6.8	0.20~0.40	0.02	0.10	0.10~0.20	Bal

表 6-14 焊接熔敷工艺参数

弧长修正/%	脉冲修正/%	熔敷速度/(mm·s^{-1})	送丝速度/(m·min^{-1})	磁场频率/Hz	励磁电流/A
-5	4	21	5	10	20

图 6-83 划伤表面预处理

图 6-84 划伤表面熔敷修复

图 6-85　修复后恢复拉杆表面尺寸

3. 性能测试

1）耐磨损性能

拉杆修复后，考察熔敷层的耐磨性，并与无磁场熔敷成形层及基体的耐磨损性能对比，结果如表 6-15 所列。

表 6-15　摩擦试验结果

试验号	试样	工艺条件	磨损前平均质量/g	磨损后平均质量/g	质量差/g
1	熔敷层	无磁场	29.9640	29.9561	0.0079
2	熔敷层	纵向磁场	31.2637	31.2566	0.0071
3	拉杆基体		28.0011	27.9551	0.0060

图 6-86 所示为熔敷层的磨损量对比图。可以看出，拉杆基体的磨损量为 0.0060g；无外加磁场熔敷成形时，熔敷层的磨损量为 0.0079g；外加纵向磁场熔敷成形时，熔敷层的磨损量为 0.0071g。对比可知，相较于传统电弧熔敷成形，引入外加磁场后，熔覆层的磨损量降低，耐磨损性能提高，可以恢复至基体的 84.5%。

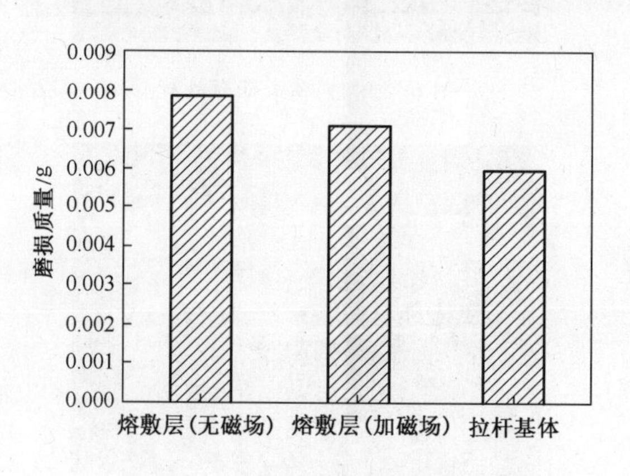

图 6-86　熔敷层的磨损量对比图

2）拉伸强度

拉杆在工作时主要承受拉应力，需考察修复后拉杆的拉伸强度是否满足服役要求。试验采用与拉杆相同材质的 LY11 硬铝合金，根据 GB 6397—86 制作空心拉杆试样，在表面铣出长 50mm，深 1.5mm 凹槽，模拟表面划伤拉杆。修复过程及尺寸如图 6-87、图 6-88 所示。

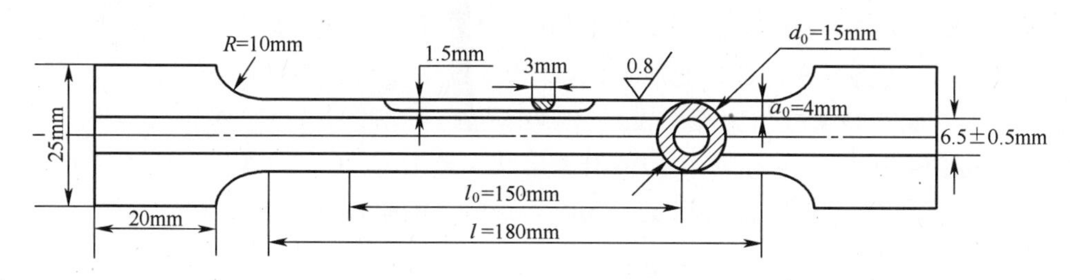

图 6-87 拉杆试样尺寸图

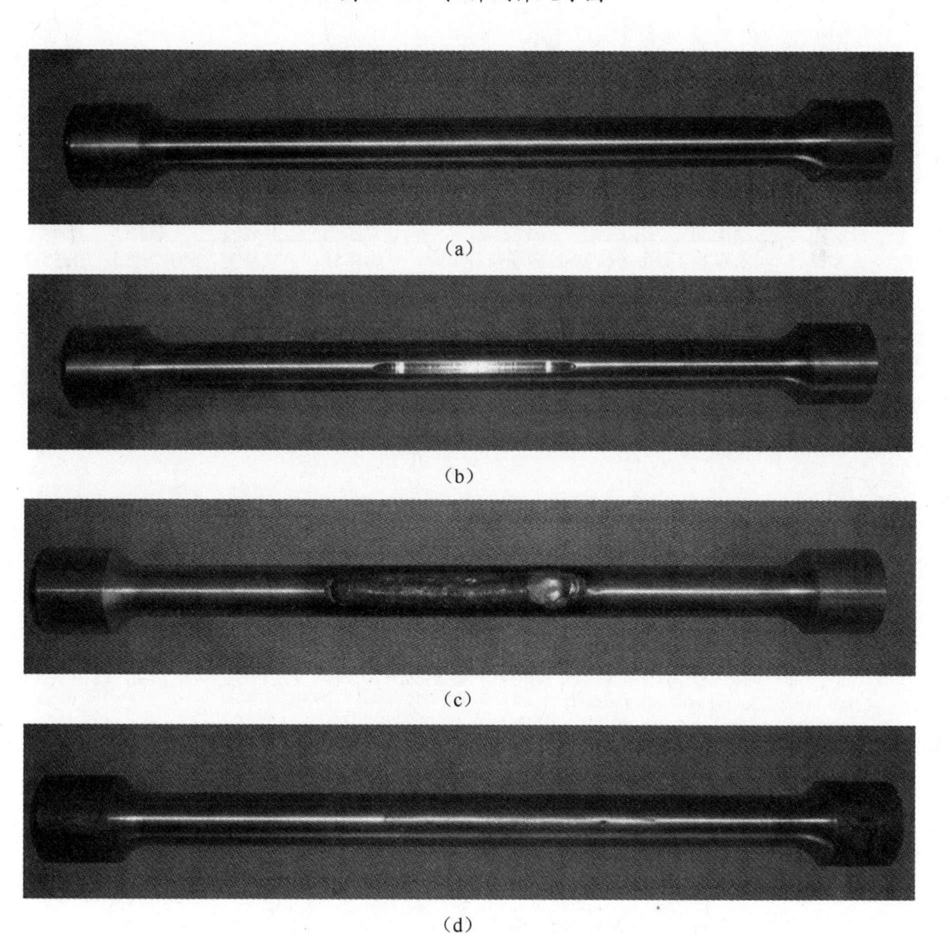

（a）

（b）

（c）

（d）

图 6-88 LY11 铝合金拉杆试样修复过程

（a）原拉杆；（b）拉杆表面铣槽；（c）拉杆表面修复后；（d）拉杆修复后恢复尺寸。

图 6-89 所示为拉杆试样修复前后拉伸强度与延伸率的对比图。可以看出，原拉杆的拉伸强度为 480.35MPa，屈服强度为 259.68MPa，延伸率为 9.6。划伤拉杆的拉伸强度下降为 372.55MPa，屈服强度下降为 221.77MPa，延伸率下降为 3.6。采用传统电弧熔敷成形工艺复后，拉杆的拉伸强度为 474.45MPa，屈服强度为 254.36MPa，延伸率为 7.0。采用磁控电弧熔敷成形工艺修复后，拉杆的拉伸强度为 480.79MPa，屈服强度为 259.63MPa，延伸率为 8.2。对比发现，相较于传统电弧熔敷工艺，引入外加磁场后，修复件的抗拉强度与屈服强度分别提高 1.4%和 2.0%，与原件的相应指标基本相当；延伸率提高 17.1%，可达原件的 85.4%。

综合上述研究表明，采用磁控电弧熔敷成形工艺，可有效恢复损伤拉杆的几何形状与综合力学性能，能够满足现场应急条件下的服役要求。

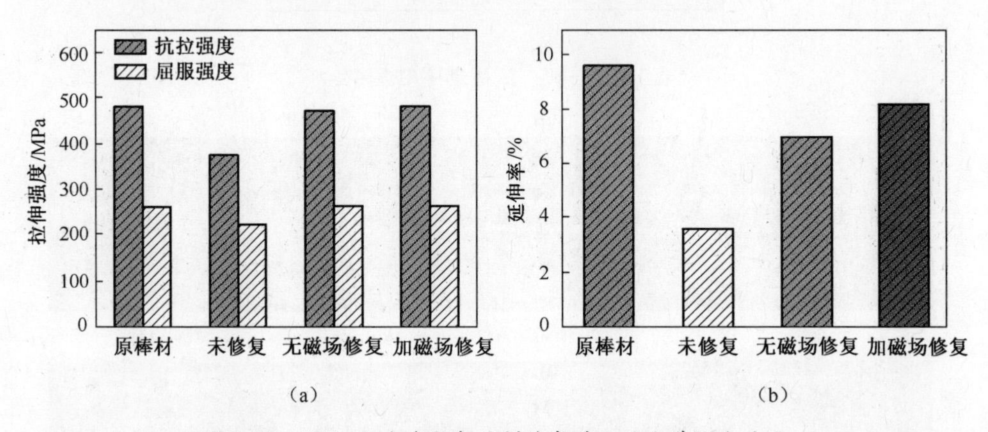

图 6-89　LY11 铝合金拉杆试样修复前后的力学性能对比

(a)拉伸强度；(b)延伸率。

参考文献

[1] 胡文瑞．宇宙磁流体力学[M]．北京：科学出版社，1987.

[2] Hunt J C R. Magneto hydrodynamic flow in rectangular ducts[J]. Journal of Fluid Mechanics，1965，21：577-590.

[3] 王启伟．外加纵向磁场作用下铝合金焊接熔敷再制造成形基础与应用研究[D]．北京：装甲兵工程学院，2011.

[4] 王军．磁场控制高效 MAG 焊接旋转射流过渡稳定性的研究[D]．北京：北京工业大学，2003.

[5] Kous，Le Y. Improve weld quality by low frequency arc oscillation[J]. Welding Journal，1985，64(3)：55-63.

[6] 雷银照．轴对称线圈磁场计算[M]．北京：中国计量出版社，1989.

[7] 程守洙，江之永．普通物理学[M]．北京：高等教育出版社，2006.

[8] 冯慈璋．电磁场[M]．北京：高等教育出版社，2006.

[9] 武传松．焊接热过程数值分析[M]．哈尔滨：哈尔滨工业大学出版社，1990.

[10] 陶文铨．数值传热学[M]．西安：西安交通大学出版社，1995.

[11] Lancaster J F. The Physics of Welding[M]. Pergamon Press，1986.

[12] Sumi F H, Tanaka M Y. Effects of welding current, arc length and shielding gas flow rate on arc pressure [C]. ASM proceedings of the international conference, 2002: 404 ~ 407

[13] 罗键,贾昌申,王雅生,等. 外加纵向磁场 GTAW 焊接机理[J]. 金属学报,2001,37(2):212~216

[14] Wurikaixi Aiyiti, Zhao W H, Tang Y P, et al. Study on the process parameters of MPAW based rapid prototyping[J]. Key engineering materials, 2007, 353 ~ 358: 1931 ~ 1934

[15] Wurikaixi Aiyiti, Zhao W H, Lu B H, et al. Investigation of the overlapping parameters of MPAW based rapid prototyping[J]. Rapid Prototyping Journal, 2006, 12(3): 165 ~ 172

[16] Luis Perez C J, Vivancos Calvet J, Sebastian Perez M A. Geometric roughness analysis in solid freeform manufacturing processes[J]. Journal of Materials Processing Technology, 2001, 119: 52-57.

[17] 胡熔华. 基于 TIG 堆焊技术的熔焊成型轨迹规划研究[D]. 南昌:南昌大学,2007:56-59.

[18] 曹勇. 机器人 GMAW 数控铣削复合快速制造与再制造研究[D]. 北京:装甲兵工程学院,2010.

[19] 曹勇,朱胜,孙磊,等. 基于小波变换的 MAG 快速成形焊缝截面建模[J]. 焊接学报,2008,29(12): 29-32.

[20] 孟凡军,朱胜,杜文博. 基于 GMAW 堆焊成形的顺序焊道搭接量模型[J]. 装甲兵工程学院学报,2009, 23(6):87-90.

[21] 刘德镇. 现代射线检测技术[M]. 北京: 中国标准出版社,1999.

[22] 班春燕. 电磁场作用下铝合金凝固理论基础研究[D]. 沈阳:东北大学,2002.

[23] 涂伟毅. 纳米颗粒对复合电刷镀过程的影响及其共沉积机理[D]. 北京:装甲兵工程学院,2004.

[24] 周玉. 材料分析方法[M]. 北京: 机械工业出版社,1988.

[25] 赵志浩,崔建忠,左玉波,等. 低频电磁水平半连续铸造中磁场的分布及其对宏观偏析的影响[J]. 铸造,54(3):241-245.

[26] Zhang Bei-jiang, Lu Gui-min, Cui Jian-zhong. Effect of Electro-magnetic Frequency on Microstructures of Continuous Casting Aluminum Alloys[J]. J Mater Sci & Tech, 2002, 18(5): 401-403.

[27] 李敬勇,章明明,赵勇,等. 铝合金 MIG 焊焊缝中气孔的控制[J]. 华东船舶工业学院学报,2004,18 (5):78-81.

[28] 闫志宙. Al-Mg-Si 系合金组织性能的变化特征[J]. 中国有色金属,2008,(23):70-71.

[29] 董杰,刘晓涛,赵志浩,等. 7A60 超高强铝合金的低频电磁铸造[J]. 中国有色金属学报,2004,14(1): 117-121.

[30] 常云龙,车小平,李敬雅,等. 外加磁场对 MIG 焊熔滴过渡形式和焊缝组织性能的影响[J]. 焊接, 2008,(10):25-28.

[31] 吕宏振. 铝合金激光立焊焊接特性及气孔问题研究[D]. 哈尔滨:哈尔滨工业大学,2006.

[32] Fei W D, Kang S B. Effects of cooling late on solidification process in Al-Mg-Si alloy[J]. Journal of Materials Science Letters, 1995, 141795-1797.

[33] 陈忠伟,王晓颖,张瑞杰,等. 冷却速率对 A357 合金凝固组织的影响[J]. 铸造,2004,53(3): 183-186.

[34] 孟凡军. 基于机器人 GMAW 堆焊再制造成形技术基础研究[D]. 北京:装甲兵工程学院,2008.